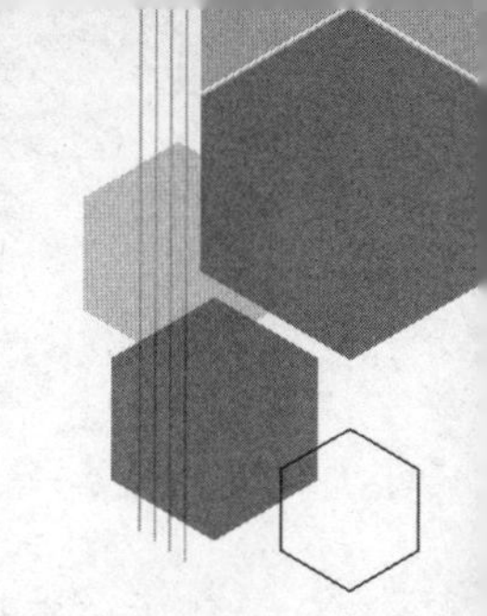

计算机应用基础

吕文丰　主　编

王添财　杨智业　潘战生　李丽萍　副主编

清華大学出版社

北京

内容简介

本书以 Windows 10 操作系统和 Office 2010 办公软件为平台，采用理论与案例结合的方式，讲解了计算机基础知识、Windows 操作系统及其应用、文档写作 Word、电子表格 Excel、演示文稿 PowerPoint、计算机网络基础、浏览器与其他网络应用、计算机多媒体技术共 9 章内容。

本书案例丰富、图文并茂，适合作为高等院校计算机基础的公共课程教学用书，也适合作为非全日制教育全国统一考试"计算机应用基础"的学习用书，还适合作为自学计算机应用基础的参考书。

图书在版编目(CIP)数据

计算机应用基础/吕文丰主编. —北京：清华大学出版社，2022.7
ISBN 978-7-302-61047-2

Ⅰ. ①计… Ⅱ. ①吕… Ⅲ. ①电子计算机－高等学校－教材 Ⅳ. ①TP3

中国版本图书馆 CIP 数据核字(2022)第 096447 号

责任编辑：田在儒
封面设计：刘　键
责任校对：刘　静
责任印制：朱雨萌

出版发行：清华大学出版社
　　网　　址：http://www.tup.com.cn，http://www.wqbook.com
　　地　　址：北京清华大学学研大厦 A 座　　**邮　　编**：100084
　　社 总 机：010-83470000　　**邮　　购**：010-62786544
　　投稿与读者服务：010-62776969，c-service@tup.tsinghua.edu.cn
　　质量反馈：010-62772015，zhiliang@tup.tsinghua.edu.cn
　　课件下载：http://www.tup.com.cn，010-83470410
印 装 者：三河市铭诚印务有限公司
经　　销：全国新华书店
开　　本：210mm×285mm　　**印　张**：19　　**字　　数**：552 千字
版　　次：2022 年 9 月第 1 版　　**印　　次**：2022 年 9 月第 1 次印刷
定　　价：59.00 元

产品编号：092070-01

前言

随着我国互联网信息技术的不断普及和发展，社会和企业对互联网信息技术人才的需求逐渐增加，各院校都加强了信息技术相关课程的创新和优化，以适应当今社会技术变革和职业人才发展的需求。

“计算机应用基础”是大学各专业广泛开设的基础实践课程，计算机基础课程教学的目的是为大学生提供计算机基本知识与应用技能方面的教育，使学生具备用计算机处理实际问题的基本能力，对于培养高素质复合型技能人才，具有基础性的作用。

本书内容包括计算机基础知识、Windows 操作系统及其应用、文档写作 Word、电子表格 Excel、演示文稿 PowerPoint、计算机网络基础、浏览器与其他网络应用、计算机多媒体技术共 9 章。其中，Windows 操作系统及其应用章节，本书用 Windows 10 代替 Windows 7，以切合当前实际。

本书每一章节包括了主要内容和内容详解，通过案例加强对知识点的理解，非常适合计算机应用基础教育的需要，也便于学生进行自主学习。

参加本书编写的作者是多年从事一线教学的教师和一线实践的工程师，具有较为丰富的教学和实践经验。在本书编写时注重理论与实践紧密结合，注重实用性和可操作性，案例的选取上注意从读者日常学习、工作和考试需要出发。本书适合作为高等院校计算机基础的公共课程教学用书，也适合作为非全日制教育统一考试“计算机应用基础”的学习用书，还适合作为自学计算机应用基础的参考书。

编　者

2022 年 6 月

目录

第1章 计算机基础知识

主要内容

- 计算机的发展过程及各代计算机的特点
- 计算机的分类、主要特点及用途
- 计算机系统的组成原理，硬件系统及软件系统概念
- 信息的基本概念；十进制、二进制、八进制及十六进制的概念及它们之间的转换关系；ASCII 字符以及中文字符编码
- 微型计算机的硬件组成，包括 CPU、内存、主板、总线以及常用外部设备

电子计算机是一种具有极快的处理速度、很强的存储能力、精确的计算和逻辑判断能力，由程序自动控制操作过程的电子装置。

1.1 计算机的基本概念

1.1.1 计算机的发展史

世界上第一台真正意义上的电子计算机于 1946 年在美国宾夕法尼亚大学诞生，取名为“电子数值积分器及计算机”(Electronic Numerical Integrator And Computer，ENIAC)。ENIAC 共用了 18000 个电子管，重约 30t，占地约 150m^2，耗电 150kW，如图 1.1 所示。

ENIAC 的结构在很大程度上还是依照机电系统设计的，要计算一个新的题目，就需要将线路重新搭接一次。ENIAC 的运算速度是每秒做 5000 次加法运算，功能远不及今天最普通的微型计算机，但在当时它已是运算速度的绝对冠军，并且其运算的精确度和准确度也是史无前例的。ENIAC 奠定了电子计算机的发展基础，在计算机发展史上具有划时代的意义，它的问世标志着电子计算机时代的到来。

图 1.1 第一台电子计算机 ENIAC

从 ENIAC 诞生至今已有七十多年的历史，计算机也有了飞速的发展，根据其基本构成元件的不同，计算机经历了电子管、晶体管、集成电路、大规模集成电路和超大规

模集成电路 4 个发展时代。

1. 第一代电子计算机

第一代电子计算机(1946—1957 年)使用电子管作为主要电子器件；用穿孔卡片机作为数据和指令的输入设备；主存储器采用汞延迟线和磁鼓；外存储器采用磁带机；使用机器语言或汇编语言编写程序。其主要特点是体积大、重量大、性能低、能耗大、成本高，主要应用于军事和科学研究领域。这一代计算机的主要标志如下。

- 形成了以冯·诺依曼原理为基础的电子计算机的基本结构。
- 确定了程序设计的基本方法，采用机器语言和汇编语言进行程序设计。
- 首次采用 CRT 作为计算机的输出显示。

2. 第二代电子计算机

第二代电子计算机(1958—1964 年)使用晶体管作为主要电子器件；主存储器采用磁芯；外存储器开始使用硬盘。第二代电子计算机体积相对小、功能强、可靠性高，除用于军事和科学研究外，还用于数据处理和事务处理。这一代计算机的主要标志如下。

- 开创了计算机处理文字和图形的新阶段。
- 开始有了系统软件，提出了操作系统概念。
- 程序设计开始使用高级语言，如 ALGOL、FORTRAN 等。
- 开始使用鼠标(1963 年)作为输入设备。
- 开始有了通用机和专用机之分。

3. 第三代电子计算机

第三代电子计算机(1965—1970 年)使用小规模集成电路(Small Scale Integration，SSI)和中规模集成电路(Medium Scale Integration，MSI)作为主要电子器件，主存储器开始使用半导体器件，存储容量进一步增大，而体积、重量、功耗则大幅降低。计算机开始广泛应用于企业管理、辅助设计制造等多个领域。这一代计算机的主要标志如下。

- 运算速度可高达几百万次。
- 出现分时操作系统。
- 出现结构化程序设计方法，使程序设计功能增强。
- 机器可根据其性能分为巨型机、大型机、中型机和小型机。

4. 第四代电子计算机

第四代电子计算机(1970 年至今)采用大规模集成电路(Large Scale Integration，LSI)和超大规模集成电路(Very Large Scale Integration，VLSI)作为主要电子器件，使得计算机更加小型化、微型化。其主存储器采用半导体存储器；中央处理器(CPU)高度集成化；外存储器进一步向容量大、体积小的方向发展。在这期间，1971 年，美国 Intel 公司研制成功 Intel 4004 微处理器，并在此基础上公布了世界上第一台微型计算机 MCS-4；1981 年，IBM 公司推出 16 位 IBM PC 微型计算机，使得微型计算机开始大量进入家庭，也使得 PC 成了个人计算机的代名词。这一代计算机的主要标志如下。

- 操作系统不断完善，应用软件的开发成为现代工业的一部分。
- 多媒体技术的发展，使计算机的应用渗透到更多的领域。
- 计算机的发展进入了以网络为特征的时代。

1.1.2 计算机的分类

计算机分类的方法有以下几种。

1. 按计算机处理数据的方式

(1) 数字计算机：参与运算的数值用断续(不连续)的数字量表示，其运算过程按数字位进行计算,速度快、精确度高。现代计算机一般就是指数字电子计算机。

(2) 模拟计算机:参与运算的数值由不间断的连续量表示,其运算过程是连续的,模拟计算机由于受元器件质量影响,计算精度较低,应用范围较窄,目前已很少生产。

(3) 数模混合计算机:既可以接收、处理和输出模拟量,也可以接收、处理和输出数字量。

2. 按计算机使用范围

(1) 通用计算机:通用计算机适应性很强,应用面很广,但其运行效率、速度和经济性依据不同的应用对象会受到不同程度的影响。

(2) 专用计算机:针对某类问题能显示出最有效、最快速和最经济的特性,但它的适应性较差,不适于其他方面的应用。在导弹和火箭上使用的计算机很大部分就是专用计算机。

3. 按计算机规模

(1) 巨型机:一种超大型电子计算机,具有很强的计算和处理数据的能力,主要特点表现为高速度和大容量,配有多种外部和外围设备及丰富的、高功能的软件系统,主要用于大型科学与工程计算和大规模数据处理。著名的机器有美国的CM-Z、CM-5、nCUBE等机器。中国的银河、天河系列计算机也属于此类。

(2) 大中型机:具有很快的运算速度和很大的存储容量,主要应用于大中型企业、计算中心和计算机网络。

(3) 小型机:一般是指介于PC服务器和大型机(Mainframe)之间、拥有8路~32路处理器能力的服务器产品。由于小型机是封闭专用的计算机系统,一般每个厂家的小型机的处理器、I/O总线、网卡、显示卡、SCSI卡和软件都是特别设计的,还有各个厂家的专利技术,所以一般不能通用。

(4) 微型机:一般来说,微型计算机是使用微处理器作为CPU的计算机。这类计算机的一个普遍特征就是占用很少的空间。桌面计算机、游戏机、笔记本电脑、Tablet PC,以及种类众多的手持设备都属于微型计算机。

(5) 工作站:介于微型机和小型机之间的高档微型计算机,其运算速度比微型机快,配备有大容量存储器和大屏幕显示器,具有较强的图形图像处理能力以及较强的通信功能,主要用于图像处理、计算机辅助设计等。

1.1.3 计算机的主要特点

1. 自动控制能力

计算机可以在程序的控制下自动完成预定任务。

2. 高速运算的能力

现代计算机的运算速度最高可达每秒几万亿次,远远高于人类手动的运算速度。

3. 强大的记忆能力

计算机拥有容量很大的存储设备(内存和外存),不但可以存储程序,也可以存储数据,这些数据可以用于进行各种分析处理,以满足不同的需求。

4. 计算精度高

计算机的计算精度与CPU的字长有关,字长越长,计算机能处理的有效数字越多,精度也就越高。目前,微型计算机的CPU字长已经达到64位,通过运用计算技巧等技术手段,可以获得千分之一、百万分之一甚至更高的精度。

5. 逻辑判断能力

计算机可以依靠软件的功能进行逻辑判断,因此具有逻辑判断能力。

6. 通用性

计算机能够在各行各业得到广泛的应用,具有很强的通用性。这主要体现在软件上,只要安装(或使用)不同的软件,就可以解决不同的问题。

1.1.4 计算机的主要用途

1. 科学计算

科学计算是指应用计算机处理科学研究和工程技术中所遇到的数学计算。应用计算机进行科学计算,如人造卫星轨道的计算、航天飞机飞行、天气预报、地质勘探和建筑设计等,可为问题求解带来质的进展,使往往需要几百名专家几周、几月甚至几年才能完成的计算,只要短时间就可得到正确结果。

2. 数据处理(信息处理)

信息处理是对原始数据进行收集、整理、分类、选择、存储、制表、检索、输出等的加工过程。信息处理是计算机应用的一个重要方面,涉及的范围和内容十分广泛,如自动阅卷、图书检索、财务管理、生产管理、医疗诊断、编辑排版、情报分析等。

3. 实时控制

实时控制是指及时搜集检测数据,按最佳值对事物进程的调节控制,如工业生产的自动控制。利用计算机进行实时控制,既可提高自动化水平,保证产品质量,也可降低成本,减轻劳动强度。

4. 计算机辅助系统

计算机辅助系统可帮助人们更好地完成各种任务。例如计算机辅助设计(Computer Aided Design,CAD)、计算机辅助制造(Computer Aided Manufacturing,CAM)、计算机辅助工程(Computer Aided Engineering,CAE)、计算机集成制造系统(Computer Integrated Manufacturing System,CIMS)、计算机辅助教学(Computer Aided Instruction,CAI)等。

5. 人工智能

利用计算机模拟人类智力活动,以替代人类部分脑力劳动,这是一个很有发展前途的学科方向。第五代计算机的开发,将成为智能模拟研究成果的集中体现。具有一定"学习、推理和联想"能力的机器人的不断出现,正是智能模拟研究工作取得进展的标志。智能计算机作为人类智能的辅助工具,将被越来越多地用到人类社会的各个领域。

6. 计算机网络

计算机技术和通信技术相结合产生了计算机网络,使计算机从独立的单机进入了相互连接的网络化时代,实现了所连接的计算机之间相互通信和资源共享。网络进一步强化了计算机的功能,网络中应用的多样化使计算机的使用更加广泛。

7. 多媒体计算机系统

多媒体技术就是利用计算机综合处理文字、图形、图像、声音、视频等多种媒体的技术,使多种信息建立逻辑连接,集成为一个系统,具有集成性、实时性和交互性。多媒体技术以计算机技术为核心,将现代声像技术和通信技术融为一体,其应用领域十分广泛。

近年来,多媒体技术得到迅速发展,多媒体计算机系统的应用更以极强的渗透力进入人类生活的各个领域,如游戏、教育、档案、图书、娱乐、艺术、股票债券、金融交易、建筑设计、家庭、通信,等等。

1.2 计算机系统的组成

虽然计算机的种类繁多,在规模、价格、复杂程度及设计技术等方面有很大的差别,但各种计算机的基本原理都是一样的。美籍匈牙利数学家冯·诺依曼于 1946 年提出了三个计算机设计的基本思想(冯·诺依曼原理)：

- 采用二进制形式表示计算机的指令和数据。
- 将程序(由一系列指令组成)和数据存放在存储器(内存)中，并让计算机自动地执行程序。
- 计算机由运算器、控制器、存储器、输入设备和输出设备五个基本部分组成。

依照冯·诺依曼原理设计的计算机系统由硬件系统和软件系统组成，如图1.2所示。

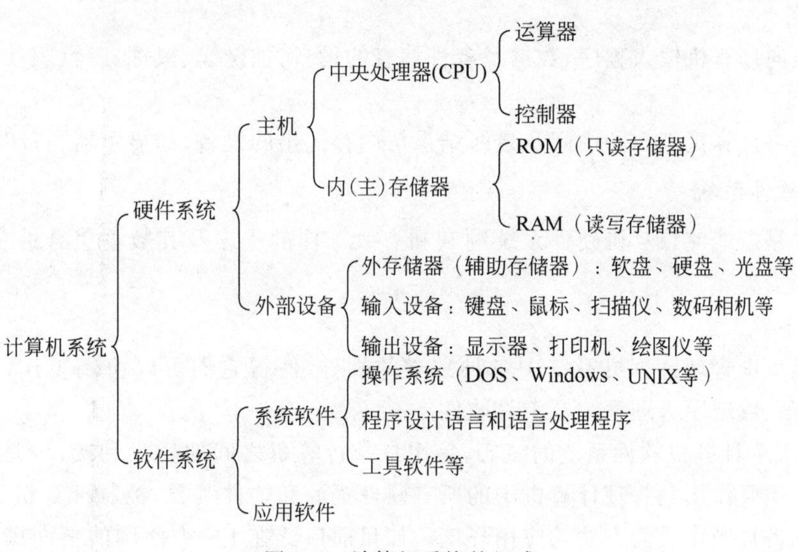

图1.2　计算机系统的组成

1. 计算机硬件系统

硬件是指计算机系统中所使用的电子线路和物理设备，是看得见、摸得着的实体，如中央处理器(CPU)、存储器、外部设备(输入输出设备)等。计算机的硬件系统由运算器、控制器、存储器、输入设备和输出设备五大部分组成，如图1.3所示。控制器和运算器合称为中央处理器(CPU)，存储器分为内存储器(内存)和外存储器(外存)，输入、输出设备合称为外部设备(外设)。

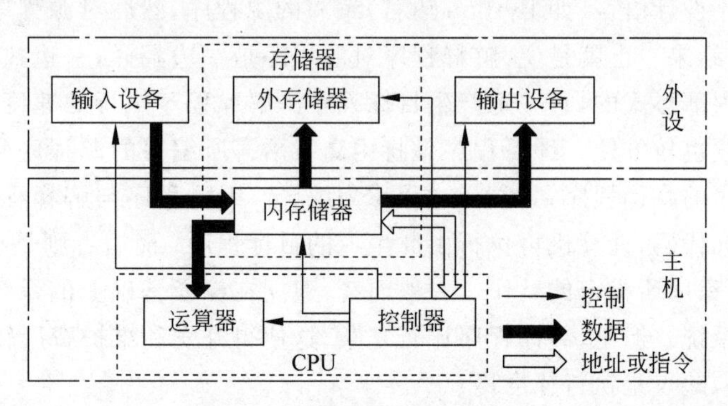

图1.3　计算机硬件组成

1) 运算器

运算器通常由算术逻辑部件ALU(Arithmetic Logic Unit)和一系列寄存器组成。它的功能是在控制器的控制下对内存或内部寄存器中的数据进行算术运算和逻辑运算(与、或、非、比较、移位)，运算结果保存在内存中。

2) 控制器

控制器是计算机的指挥控制中心。它负责从内存储器中逐条取出指令，并对指令进行分析，然后根据指令的要求，向各部件发出控制信号，使之自动、连续并协调动作，完成数据和程序的输入、运算并输出结果。

3）存储器

存储器是用于保存程序、数据、运算中间及最终结果的记忆设备，分为内存储器（主存储器，内存）及外存储器（辅助存储器，外存）。内存中存放程序指令和数据，外存中存放需要长期保存的程序和数据，外存中的程序和数据必须读到内存后，才能被计算机处理。

4）输入设备

输入设备是向计算机输入程序、数据及各种信息的设备，如键盘、鼠标、磁盘驱动器等。

5）输出设备

输出设备是将计算机工作的中间及最终结果从内存送出的设备，如显示器、打印机等。

2. 计算机软件系统

计算机软件是指能使计算机硬件系统顺利和有效工作的程序及其数据集合的总称，分为系统软件及应用软件两大类。

1）系统软件

系统软件是负责管理计算机系统中各种独立的硬件，使得它们可以协调工作，一般分为操作系统、语言处理程序、数据库管理系统及工具软件。

(1) 操作系统：计算机软件系统的核心，是用户与计算机之间的桥梁和接口，是最贴近计算机硬件的系统软件。主要作用是管理计算机中的所有硬件资源和软件资源，控制计算机中程序的执行，为用户提供功能完备且操作灵活方便的应用环境。如目前广泛在 PC 中使用的桌面操作系统 Windows 7/10、服务器使用的 Windows Server 2016/2022、UNIX 等。

(2) 语言处理程序：计算机只能执行用二进制数表示的机器代码（即机器语言程序），用汇编语言或高级语言编写的程序（称为源程序），计算机是不能识别和执行的。因此，必须配备一种工具，它的任务是把用汇编语言或高级语言编写的源程序翻译成机器可执行的机器语言程序，这种工具就是“语言处理程序”。语言处理程序包括汇编程序、解释程序和翻译程序。汇编程序是把用汇编语言写的汇编语言源程序翻译成机器可执行的由机器语言表示的目标程序的翻译程序，其翻译过程叫汇编。解释程序接受用某种程序设计语言（如 Python 语言）编写的源程序，然后对源程序中的每一个语句进行解释并执行，最后得出结果。也就是说，解释程序对源程序是一边翻译，一边执行。所以，它是直接执行源程序或源程序的内部形式的，它并不产生目标程序。解释程序执行的速度要比编译程序慢得多，但对源程序错误的修改也较方便。编译程序是将用高级语言所编写的源程序翻译成与之等价的用机器语言表示的目标程序的翻译程序，其翻译过程称为编译。编译程序与解释程序的区别在于，前者首先将源程序翻译成目标代码，计算机再执行由此生成的目标程序；而后者则是检查高级语言书写的源程序，然后直接执行源程序所指定的动作。一般而言，建立在编译基础上的系统在执行速度上都优于建立在解释基础上的系统。但是，编译程序比较复杂，这使得开发和维护费用较大；相反，解释程序比较简单，可移植性也好，缺点是执行速度慢。

(3) 数据库系统：数据库系统（Data Base System，DBS）主要包括数据库（Data Base，DB）和数据库管理系统（Data Base Management System，DBMS）。数据库是按一定的组织结构保存于某种存储介质的一批相关数据的集合。数据库管理系统是管理数据库的软件，用于控制数据库中数据的建立、存取、管理和维护，以实现数据库系统的各种功能。数据库存在多种模型。以关系数据库（Relational Database）的使用最为广泛，例如桌面型的 Access、企业级的 MS SQL Server、Oracle 等。

(4) 工具软件：主要指系统支持及服务程序，例如文件系统管理、网络连接管理、机器的调试、故障检查和诊断程序等程序。

2）应用软件

应用软件是用户利用计算机硬件和系统软件，为解决各种实际应用问题而编制的程序。应用软件分为用户程序和应用软件包。

(1) 用户程序：用户为解决自己的特定问题而开发的应用软件。

(2) 应用软件包：为实现某种特殊功能而设计的独立软件系统，如 Microsoft 的 Office、图像处理软件 Photoshop 等。

1.3　信息编码

1.3.1　数值在计算机中的表示形式

在计算机内部，数据都是采用二进制的形式进行存储、运算、处理和传输的。这主要是因为计算机所使用的电子器件（晶体管）具有两种稳定的状态（导通和截止），正好可以用二进制数的 1 和 0 表示。

数制是人们用一组统一规定的符号和规则来表示数的方法。数制通常使用的是进位计数制，即按进位的规则进行计数。在进位计数制中有“基数”和“位权”两个基本概念，如图 1.4 所示。

基数是进位计数制中所用的数字符号的个数。假设以 b 为基数进行计数，其规则是“逢 b 进一”，则称为 b 进制。例如，十进制的基数为 10，逢十进一；二进制的基数为 2，逢二进一。

在进位计数制中，把基数的若干次幂称为位权，幂的方次随该位数字所在的位置而变化，整数部分从最低位开始依次为 0，1，2，3，4…；小数部分从最高位开始依次为 −1，−2，−3，−4…。例如：

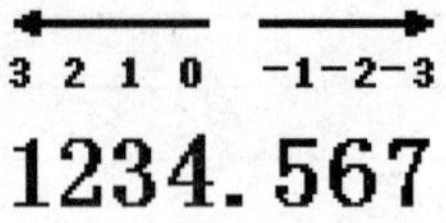

3 2 1 0　-1-2-3

1234.567

图 1.4　数制和位权

任何一种用进位计数制表示的数，其数值都可以写成按位权展开的多项式之和：

$$N = \pm(a_{n-1} \times b^{n-1} + a_{n-2} \times b^{n-2} + \cdots + a_1 \times b^1 + a_0 \times b^0 + a_{-1} \times b^{-1} + a_{-2} \times b^{-2} + \cdots + a_{-m} \times b^{-m})$$

$$= \sum_{i=n-1}^{-m} a_i \times b_i$$

式中，b 是基数；a_i 是第 i 位上的数字符号（或称系数）；b_i 是位权；n 和 m 分别是数的整数部分和小数部分的位数。

例如，十进制数 1234.567 可以写成：

$$1234.567 = 1 \times 10^3 + 2 \times 10^2 + 3 \times 10^1 + 4 \times 10^0 + 5 \times 10^{-1} + 6 \times 10^{-2} + 7 \times 10^{-3}$$

常用数制及其特点如表 1.1 所示。

表 1.1　常用数制及其特点

数　制	基　数	数　　码	进位规则
十进制	10	0,1,2,3,4,5,6,7,8,9	逢十进一
二进制	2	0,1	逢二进一
八进制	8	0,1,2,3,4,5,6,7	逢八进一
十六进制	16	0,1,2,3,4,5,6,7,8,9,A,B,C,D,E,F	逢十六进一

1. 十进制

十进制是人们日常生活中使用的进制，它有 10 个数码：0、1、2、3、4、5、6、7、8、9，逢十进一。任何一个十进制数都可以展开成以 10 为底的多项式之和：

$$(169)_{10} = 1 \times 10^2 + 6 \times 10^1 + 9 \times 10^0$$

2. 二进制

计算机内部采用二进制进行运算、存储和控制。二进制有 2 个数码：0、1，每位数逢二进一。任何一个二进制数可按如下规则展开成对应的十进制数：

$$(10110)_2 = 1 \times 2^4 + 0 \times 2^3 + 1 \times 2^2 + 1 \times 2^1 + 0 \times 2^0 = 22$$

3. 八进制

由于二进制在表示较大的数时书写不方便，因此计算机中(尤其是在编程语言中)也经常使用与二进制关系密切的八进制及十六进制，它们之间也可以很方便地转换。八进制有8个数码：0、1、2、3、4、5、6、7，各位数逢八进一。八进制与十进制的转换：

$$(127)_8 = 1 \times 8^2 + 2 \times 8^1 + 7 \times 8^0 = 87$$

4. 十六进制

十六进制有16个数码：0、1、2、3、4、5、6、7、8、9、A、B、C、D、E、F，9以上的数码10、11、12、13、14、15分别用A、B、C、D、E、F表示(大小写均可)，逢十六进一。十六进制数与十进制的转换：

$$(5FA)_{16} = 5 \times 16^2 + 15 \times 16^1 + 10 \times 16^0 = 1530$$

十进制、二进制、八进制和十六进制数对照表如表1.2所示。

表1.2　十进制、二进制、八进制和十六进制数对照表

十进制	二进制	八进制	十六进制
0	0	0	0
1	1	1	1
2	10	2	2
3	11	3	3
4	100	4	4
5	101	5	5
6	110	6	6
7	111	7	7
8	1000	10	8
9	1001	11	9
10	1010	12	A
11	1011	13	B
12	1100	14	C
13	1101	15	D
14	1110	16	E
15	1111	17	F
16	10000	20	10

1.3.2　数制转换

计算机内部使用二进制，而人们日常又使用十进制，这就涉及数制之间的转换问题。二进制、八进制及十六进制转换为十进制，按多项式展开即可，见以上示例。下面我们来看看十进制转换为二进制、八进制、十六进制以及二进制、八进制、十六进制之间的转换方法。

1. 十进制转换为二进制

十进制数转换成二进制时，先将十进制分成整数和纯小数两部分，整数部分和纯小数分别转换。例如：

$$(123.45)_{10} = (123)_{10} + (0.45)_{10}$$

可以预见，转换结果为

$$(\cdots B_3 B_2 B_1 B_0) + (0.B_{-1} B_{-2} B_{-3} B_{-4} B_{-5} \cdots)$$

1）整数部分

整数部分的转换用“除 2 取余”法，将待转换的十进制整数用 2 除，得到的商再除 2，如此反复，直到商为 0 时止。每次除得的余数按反次序排列（即首先得到的余数为二进制数的最低位，最后得到的余数为二进制数的最高位）即为相应的二进制数。例如：

$$(123)_{10}=(?)_2$$

除 2	商	余数二	进制位
123÷2	61	1	B_0
61÷2	30	1	B_1
30÷2	15	0	B_2
15÷2	7	1	B_3
7÷2	3	1	B_4
3÷2	1	1	B_5
1÷2	0	1	B_6

因此$(123)_{10}=(1111011)_2$。

2）纯小数部分

纯小数部分的转换采用“乘 2 取整”法，将被转换的十进制纯小数反复乘以 2，每次相乘乘积的整数部分若为 1，则二进制数的相应位为 1；若整数部分为 0，则相应位为 0，由高位向低位逐次进行，再用积的纯小数部分乘以 2，直到剩下的纯小数部分为 0 或达到所要求的精度为止。

乘以 2	积	积的整数部分	积的纯小数部分	二进制位
0.45×2	0.9	0	0.9	B_{-1}
0.9×2	1.8	1	0.8	B_{-2}
0.8×2	1.6	1	0.6	B_{-3}
0.6×2	1.2	1	0.2	B_{-4}
0.2×2	0.4	0	0.4	B_{-5}

因此，若转换结果保留 5 位小数，则转换结果为

$$(0.45)_{10}=(0.01110)_2$$

故

$$(123.45)_{10}=(1111011.01110)_2$$

2. 十进制转换为八进制

十进制转换成八进制的算法与十进制转换成二进制类似，只是将“除 2 取余”法改成“除 8 取余”法、“乘 2 取整”法改成“乘 8 取整”法即可。例如：

$$(123.45)_{10}=(?)_8$$

1）整数部分

除 8	商	余数	八进制位
123÷8	15	3	O_0
15÷8	1	7	O_1
1÷8	0	1	O_2

因此$(123)_{10}=(173)_8$。

2）纯小数部分

乘以 8	积	积的整数部分	积的纯小数部分	八进制位
0.45×8	3.6	3	0.6	O_{-1}
0.6×8	4.8	4	0.8	O_{-2}
0.8×8	6.4	6	0.4	O_{-3}
0.4×8	3.2	3	0.2	O_{-4}
0.2×8	1.6	1	0.6	O_{-5}

因此

$$(0.45)_{10}=(0.34631)_8\text{(小数部分要求保留 5 位)}$$

故

$$(123.45)_{10}=(173.34631)_8$$

3. 十进制转换为十六进制

十进制转换成十六进制的算法与十进制转换成二进制类似，只是将“除 2 取余”法改成“除 16 取余”法、“乘 2 取整”法改成“乘 16 取整”法即可。需要注意的是，十六进制的 10、11、12、13、14、15 分别用 A、B、C、D、E、F 表示。例如：

$$(123.45)_{10}=(?)_{16}$$

1）整数部分

除 16	商	余数	十六进制位
123÷16	7	11	H_0
7÷16	0	7	H_1

因此$(123)_{10}=(7B)_{16}$。

2）纯小数部分

乘以 16	积	积的整数部分	积的纯小数部分	十六进制位
0.45×16	7.2	7	0.2	H_{-1}
0.2×16	3.2	3	0.2	H_{-2}
0.2×16	3.2	3	0.2	H_{-3}
0.2×16	3.2	3	0.2	H_{-4}
0.2×16	3.2	3	0.2	H_{-5}

因此

$$(0.45)_{10}=(0.73333)_{16}$$

故

$$(123.45)_{10}=(7B.73333)_{16}$$

4. 二进制与八进制、十六进制间的转换

由于 $8=2^3$，$16=2^4$，所以 1 位八进制数相当于 3 位二进制数，1 位十六进制数相当于 4 位二进制数。二进制与八、十六进制间的转换，正是基于这个原理。

1）二进制转换成八、十六进制

以小数点为界向左和向右划分，小数点左边（整数部分）从右向左每三位（八进制）或每四位（十六进制）一组构成一位八进制或十六进制数，位数不足三位或四位时最左边补 0；小数点右边（小数部分)从左向右每三位(八进制)或每四位(十六进制)一组构成一位八进制或十六进制数,位数不足三位或四位时最右边补0。

例1: $(10010.0111)_2=(?)_8$

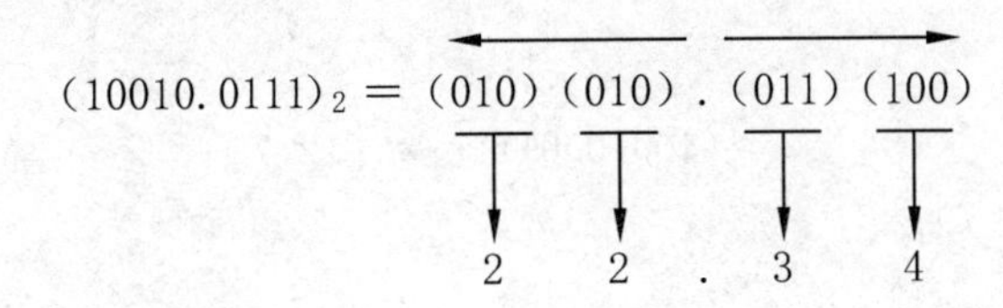

因此$(10010.0111)_2=(22.34)_8$。

例2: $(10010.0111)_2=(?)_{16}$

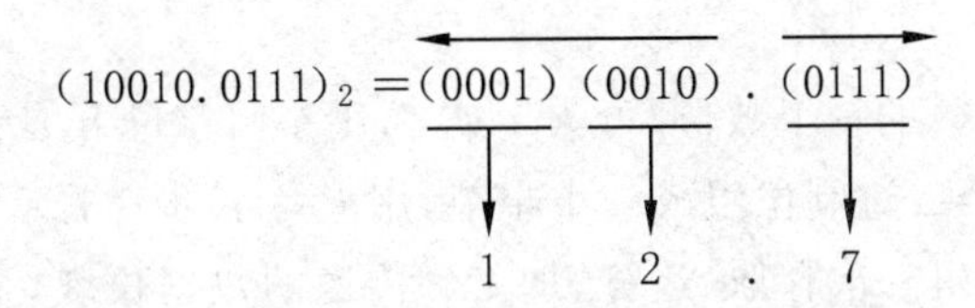

因此$(10010.0111)_2=(12.7)_{16}$。

2) 八进制、十六进制转换成二进制

转换过程与上述相反,把1位八进制数用3位二进制数表示,把1位十六进制数用4位二进制数表示。

例1: $(22.34)_8=(?)_2$

$(22.34)_8=$ 2 2 . 3 4

↓ ↓ ↓ ↓

010 010 . 011 100

因此$(22.34)_8=(10010.011100)_2$。

例2: $(12.B)_{16}=(?)_2$

$(12.B)_{16}=$ 1 2 . B

↓ ↓ ↓

0001 0010 . 1011

因此$(12.B)_{16}=(10010.1011)_2$。

5. 八进制与十六进制间的转换

八进制与十六进制间没有简便的直接转换方法。可以先将其中一种进制数先转换为二进制数,再将二进制数转换为另一种进制的数。

例: $(22.34)_8=(?)_{16}$

步骤1:八进制转换成二进制。

$(22.34)_8=$ 2 2 . 3 4

↓ ↓ ↓ ↓

010 010 . 011 100

中间结果: $(22.34)_8=(10010.011100)_2$

步骤2:二进制转换成十六进制。

$$(10010.0111)_2 = (?)_{16}$$

$$(10010.0111)_2 = (0001)\ (0010).(0111)$$

1 2 . 7

中间结果：$(10010.0111)_2 = (12.7)_{16}$

因此$(22.34)_8 = (12.7)_{16}$。

1.3.3 计算机中数据存储的单位

在计算机内部，数据都是采用二进制的形式进行存储、运算、处理和传输，数据存储的单位有位、字节、字等。

(1) 位(bit)：二进制数的一个数位，可为1或0，用小写字母b表示。

(2) 字节(byte)：8个二进制位组成一个字节，用大写字母B表示。

(3) 字(word)：计算机一次存取、运算、加工和传送的数据长度，是处理信息的基本单位，一个字由若干个字节组成，其中所包含的二进制位数称为字长。例如某CPU字长由8个字节组成，则称其字长为64位。字长是CPU一次能直接传输、处理的二进制数据位数，是计算机性能的一个重要指标。字长代表计算机的计算精度、处理数据的大小范围。字长越长，可以表示的有效位数就越多，运算精度越高，处理能力越强。

(4) 存储容量单位：存储容量以字节B为基本单位，另外还有KB(Kilo Byte，千字节)、MB(Mega Byte，兆字节)、GB(Giga Byte，吉字节)、TB(Tera Byte，太字节)等单位，它们的换算关系为

$$1B = 8bit$$

$$1KB = 1024B = 2^{10}B$$

$$1MB = 1024KB = 2^{10}KB$$

$$1GB = 1024MB = 2^{10}MB$$

$$1TB = 1024GB = 2^{10}GB$$

注意：存储设备制造商的容量定义是，1兆字节(MB)为1 000 000字节，1千兆字节(GB)为1 000 000 000字节，1兆兆字节(TB)为1 000 000 000 000字节。但计算机操作系统记录存储容量时使用2的幂数进行表示，即定义1GB=1 073 741 824字节，因此会出现存储容量变小的情况。根据不同的文件大小、格式、设置、软件和操作系统，如微软操作系统和/或预装软件应用程序或媒体内容，可用存储容量将存在差异，实际的格式化容量也可能存在差异。

1.3.4 字符编码

编码是指对输入到计算机中的非数值型数据(如字符、标点符号等)用二进制数来表示的转换规则。例如字符A在计算机中是以某个二进制数值来存储的，由于编码涉及世界范围内的信息交换、存储问题，因此必须使用国际标准编码。目前广泛使用的字符编码的国际标准为“美国标准信息交换码”(American Standard Code for Information Interchange，简称ASCII码)。ASCII码由7位二进制数对字符进行编码，即用0000000～1111111共128种不同的二进制数值分别表示常用的128个字符，其中包括10个数字、英文大小写字母各26个、32个标点和运算符号、34个控制符等，见表1.3。

表 1.3　常用数制及其特点

$b_3 b_2 b_1 b_0$	$b_6 b_5 b_4$							
	000	001	010	011	100	101	110	111
0000	NUL	DLE	SP	0	@	P	`	p
0001	SOH	DC1	!	1	A	Q	a	q
0010	STX	DC2	“	2	B	R	b	r
0011	ETX	DC3	#	3	C	S	c	s
0100	EOT	DC4	$	4	D	T	d	t
0101	ENQ	NAK	%	5	E	U	e	u
0110	ACK	SYN	&	6	F	V	f	v
0111	BEL	ETB	‘	7	G	W	g	w
1000	BS	CAN	(	8	H	X	h	x
1001	HT	EM	)	9	I	Y	i	y
1010	LF	SUB	*	:	J	Z	j	Z
1011	VT	ESC	+	;	K	[	k	{
1100	FF	FS	,	<	L	\	l	|
1101	CR	GS	—	=	M	]	m	}
1110	SO	RS	.	>	N	^	n	～
1111	SI	US	/	?	O	_	o	DEL

注：① 表中任何一个字符 ASCII 值的查找方法：从该字符横向左查处其 ASCII 码二进制的低四位 $b_3 b_2 b_1 b_0$，再纵向上查出二进制的高三位 $b_6 b_5 b_4$，排列成 $b_6 b_5 b_4 b_3 b_2 b_1 b_0$，即为该字符对应的二进制 ASCII 值。例如：字符 A，查表得知 $b_3 b_2 b_1 b_0$ 为 0001，$b_6 b_5 b_4$ 为 100，则其 ASCII 值为二进制 1000001，即十进制数 65。

② 表中值 0000000～0011111(十进制数 0～31)之间的字符为控制字符，代表一定的控制功能，为不可显示字符。

③ SP 为空格符(Space)。

④ DEL 为控制字符。

1.3.5　汉字编码

与英文字符用 ASCII 进行编码类似，计算机在处理汉字时也要进行编码。汉字的编码有多种形式，分为输入码、交换码、机内码等。计算机处理汉字的过程是，通过汉字输入码将汉字信息输入到计算机内部，以机内码的形式保存在计算机中，而在进行汉字传输时(即计算机间交换汉字信息时)，又都以交换码的形式发送和接收。

1. 汉字输入码

汉字输入码是为从键盘输入汉字而编制的汉字编码，也称汉字外部码，简称外码。英文字母只有 26 个，可以把所有的字符都放到键盘上，而使用这种办法把所有的汉字都放到键盘上，是不可能的。所以汉字系统需要有自己的输入码体系，使汉字与键盘能建立对应关系。目前常用的输入码有拼音码、五笔字型码、自然码、区位码和电报码等。输入码就是使用某种输入法输入汉字时的编码。如用拼音输入法输入汉字“张”时的编码就是 zhang，而使用五笔字型输入法输入“张”时，其编码(五笔字型码)就是 XTAY。一种好的编码应有编码规则，其具有简单、易学好记、操作方便、重码率低、输入速度快等优点，每个人可根据自己的需要进行选择。

2. 汉字交换码

1) GB 2312—1980 国标码

我国早在 1980 年指定了“中华人民共和国国家标准信息交换汉字编码”，标准代号为 GB 2312—1980，这种编码又称为国标码。在国标码的字符集中共收录了一级汉字 3755 个，二级汉字 3008 个，图形符号 682 个，三项字符总计 7445 个。

在国标 GB 2312—1980 中规定，所有的国标汉字及符号分配在一个 94 行、94 列的方阵中，方阵的每一行称为一个“区”，编号为01区到94区，每一列称为一个“位”，编号为01位到94位，方阵中的每一个汉字和符号所在的区号和位号组合在一起形成的四个阿拉伯数字就是它们的“区位码”。区位码的前两位是它的区号，后两位是它的位号。用区位码就可以唯一地确定一个汉字或符号，反过来说，任何一个汉字或符号也都对应着一个唯一的区位码。汉字“张”字的区位码是5337，表明它在方阵的53区37位，汉字“阿”的区位码为1602，则它在16区02位，如图1.5所示。

啊 (1601)	阿 (1602)	埃 (1603)	挨 (1604)	哎 (1605)	唉 (1606)	哀 (1607)	皑 (1608)	癌 (1609)	蔼 (1610)
矮 (1611)	艾 (1612)	碍 (1613)	爱 (1614)	隘 (1615)	鞍 (1616)	氨 (1617)	安 (1618)	俺 (1619)	按 (1620)
暗 (1621)	岸 (1622)	胺 (1623)	案 (1624)	肮 (1625)	昂 (1626)	盎 (1627)	凹 (1628)	敖 (1629)	熬 (1630)
翱 (1631)	袄 (1632)	傲 (1633)	奥 (1634)	懊 (1635)	澳 (1636)	芭 (1637)	捌 (1638)	扒 (1639)	叭 (1640)
吧 (1641)	笆 (1642)	八 (1643)	疤 (1644)	巴 (1645)	拔 (1646)	跋 (1647)	靶 (1648)	把 (1649)	耙 (1650)
坝 (1651)	霸 (1652)	罢 (1653)	爸 (1654)	白 (1655)	柏 (1656)	百 (1657)	摆 (1658)	佰 (1659)	败 (1660)
拜 (1661)	稗 (1662)	斑 (1663)	班 (1664)	搬 (1665)	扳 (1666)	般 (1667)	颁 (1668)	板 (1669)	版 (1670)
扮 (1671)	拌 (1672)	伴 (1673)	瓣 (1674)	半 (1675)	办 (1676)	绊 (1677)	邦 (1678)	帮 (1679)	梆 (1680)
榜 (1681)	膀 (1682)	绑 (1683)	棒 (1684)	磅 (1685)	蚌 (1686)	镑 (1687)	傍 (1688)	谤 (1689)	苞 (1690)
胞 (1691)	包 (1692)	褒 (1693)	剥 (1694)	薄 (1701)	雹 (1702)	保 (1703)	堡 (1704)	饱 (1705)	宝 (1706)

图1.5 部分汉字的区位码表

所有的汉字和符号所在的区分为以下四个组。

(1) 01区到15区。图形符号区，其中01区到09区为标准符号区，10区到15区为自定义符号区。01区到09区的具体内容如下。

- 01区。一般符号202个，如间隔符、标点、运算符、单位符号及制表符。
- 02区。序号60个，如1.～20.、(1)～(20)、①～⑩及(一)～(十)。
- 03区。数字22个，如0～9及Ⅹ～Ⅻ，英文字母52个，其中大写A～Z、小写a～z各26个。
- 04区。日文平假名83个。
- 05区。日文片假名86个。
- 06区。希腊字母48个。
- 07区。俄文字母66个。
- 08区。汉语拼音符号a～z共26个。
- 09区。汉语拼音字母37个。

(2) 16区到55区。一级常用汉字区，包括了3755个一级汉字。这40个区中的汉字是按汉语拼音排序的，同音字按笔画顺序排序。其中55区的90～94位未定义汉字。

(3) 56区到87区。二级汉字区，包括了3008个二级汉字，按部首排序。

(4) 88区到94区。自定义汉字区。

第10区到第15区的自定义符号区和第88区到第94区的自定义汉字区可由用户自行定义国标码中未定义的符号和汉字。

2) GBK汉字编码

由于GB 2312—1980只收录了6763个汉字，有不少汉字，如部分在GB 2312—1980推出以后才简化的汉字(如“啰”)，部分人名用字(如“镕”字)，中国台湾及香港使用的繁体字，日语及朝鲜语汉字等,并未有收录在内。中文计算机开发商于是利用 GB 2312—1980 未有使用的编码空间,收录了所有出现在 Unicode 1.1 及 GB 13000.1—1993 之中的汉字,制定了与 GB 2312—1980 兼容的 GBK 编码。GBK 来自中国国家标准代码 GB 13000.1—1993,仅仅是 GB 2312—1980 到 GB 13000.1—1993 之间的过渡方案。

3) GB 18030—2000 汉字编码

国家标准 GB 18030—2000《信息交换用汉字编码字符集基本集的扩充》是我国继 GB 2312—1980 和 GB 13000—1993 之后最重要的汉字编码标准,是未来我国计算机系统必须遵循的基础性标准之一。GB 18030—2000 收录了 27484 个汉字,总编码空间超过 150 万个码位,目前已编码的字符约 2.6 万,与 GB 2312—1980 及 GB 13000—1993 兼容。

3. 汉字机内码

汉字的机内码是指在计算机中表示一个汉字的编码。机内码用两个字节表示一个汉字,它与区位码稍有区别。如上所述,汉字区位码的区码和位码的取值均在 1～94 之间,如直接用区位码作为机内码,就会与基本 ASCII 码混淆。为了避免机内码与基本 ASCII 码的冲突,需要避开基本 ASCII 码中的控制码(00H～1FH),还需与基本 ASCII 码中的字符相区别。为了实现这两点,可以先在区码和位码分别加上 20H,在此基础上再加上 80H(此处"H"表示前两位数字为十六进制数)。经过这些处理,用机内码表示一个汉字需要占两个字节,分别称为高位字节和低位字节,这两位字节的机内码按如下规则表示:

高位字节 = 区码 + 20H + 80H(或区码 + A0H)

低位字节 = 位码 + 20H + 80H(或位码 + A0H)

由于汉字的区码与位码的取值范围的十六进制数均为 01H～5EH(即十进制的 01～94),所以汉字机内码的高位字节与低位字节的取值范围则为 A1H～FEH(即十进制的 161～254)。例如,汉字"啊"的区位码为 1601,区码和位码分别用十六进制表示即为 1001H,它的机内码的高位字节为 B0H,低位字节为 A1H,机内码就是 B0A1H。

1.4 微型计算机系统的硬件组成

1.4.1 CPU、内存、接口和总线

微型计算机是指由大规模集成电路组成的、体积较小的电子计算机,如图 1.6 所示。其特点是体积小、灵活性大、价格便宜、使用方便,又称为个人计算机(PC)。

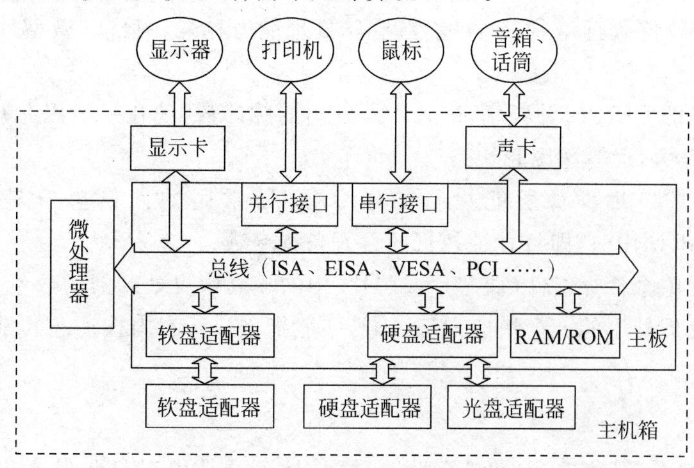

图 1.6 微型计算机的结构

1. 主板

主板(Mother Board)是固定在计算机主机箱内的一块电路板,是连接CPU、内存、外存、各种扩展卡和外部设备的中心枢纽。主板上布满了各种电子元件、插槽和接口等,主要分为以下几个主要部件:CPU、内存、芯片组、BIOS、CMOS、插槽(硬盘、软驱、光驱、总线扩展插槽)、外设接口(键盘、鼠标、串行口、并行口)等。计算机通过主板将CPU等各种器件和外部设备有机地结合起来形成一套完整的系统,如图1.7所示。

图1.7 AT主板(左)与ATX主板(右)

主板芯片组几乎决定着主板的全部功能,其中CPU的类型、主板的系统总线频率,内存类型、容量和性能,显卡插槽规格,是由芯片组中的北桥芯片决定的;而扩展槽的种类与数量、扩展接口的类型和数量(如USB 2.0/3.1,串口,并口,VGA、HDMI、DP输出接口)等,是由芯片组中的南桥芯片决定的。

主板的规格(Form Factor)是指主板上CPU、内存、芯片组、扩充插槽等组件在电路板上的位置、电路的布局(layout),同时还包括使用何种电源供应器、计算机机箱搭配等。主板规格按其历史发展过程主要分为AT、ATX、BTX等主板。

2. 中央处理器

中央处理器(Central Processing Unit,CPU)是整个计算机系统的核心,也是整个系统最高的执行单位。它负责整个计算机系统指令的执行、数学与逻辑运算、数据的存储与传送以及输入与输出的控制。CPU由运算器、控制器组成,在运算器和控制器中包括一些寄存器,用于CPU在处理数据过程中数据的暂时保存。CPU包括以下几个主要参数。

(1) 字长:计算机性能的一个重要指标。字长代表计算机的计算精度、处理数据的大小范围。字长越长,可以表示的有效位数就越多,运算精度越高,处理能力越强。目前,微型计算机的字长一般为32位或64位。

(2) 主频:计算机的CPU时钟频率,即每秒所发出的脉冲数,现在一般以兆赫兹(MHz)、吉赫兹(GHz)为单位。主频越大,运算速度越快。

(3) 运算速度:CPU每秒钟所能执行的指令数目,常用的衡量单位是MIPS(Millions of Instruction Per Second,MIPS),即每秒钟执行的百万条指令数。

(4) 内核数:表示单个计算组件(裸芯片或芯片)中的独立中央处理器的数量。

(5) 高速缓存:处理器上的一个快速记忆区域,一般指可让所有内核动态共享的最后一级高速缓存的架构。

3. 内存储器

存储器分为内存储器(简称内存)和外存储器(简称外存),是用来存储程序和数据的部件。CPU能直接存取内存中的数据,而外存中的数据必须调入内存后才能为CPU所用。构成存储器的存储介质，目前主要采用半导体器件和磁性材料。存储器中最小的存储单位就是一个双稳态半导体电路或一个CMOS晶体管或磁性材料的存储元，它可存储一个二进制代码(0或1)。由若干个存储元组成一个存储单元(一个字节Byte，由8个存储元组成)，然后再由许多存储单元组成一个存储器。存储器以字节(B)为单位。容量通常用KB、MB、GB、TB来表示。

内存用来存放计算机运行期间所需要的程序和数据，它是计算机的重要部件，是衡量计算机性能的重要指标之一，内存的大小及其性能的优劣直接影响程序的运行。微型计算机的内存目前一般为4GB、8GB、16GB等。内存可以直接与CPU进行数据交换，存取速度比外存快。内存主要有只读存储器(Read-Only Memory，ROM)、随机存取存储器(Random-Access Memory，RAM)。

1) 只读存储器(ROM)

ROM通过特别手段可将信息存入其中，并能长期保存被存储的信息。一般的情况，CPU只能对它进行读出操作，当断电后，ROM中所存储的信息不会消失。ROM中保存的一般是为计算机提供最低级、最直接的硬件控制程序，如BIOS(基本输入输出系统)以及开机自检程序(Power On Self Test，POST)等。

2) 随机存取存储器(RAM)

RAM主要用来临时存放正在运行的用户程序和数据。RAM中的数据可以读出和写入，在计算机断电后，RAM中的数据或信息将会全部丢失。

4. 接口

接口作为计算机主机与外部设备(以下简称外设)之间的桥梁，实现计算机与外部设备之间的信息交换。其作用如下。

(1) 匹配主机与外设之间的数据形式。一般来说，数据在不同介质上存储的形式不一定完全相同，接口可担负起它们之间的协调任务。

(2) 匹配主机与外设之间的工作速度。主机与外设之间、外设与外设之间的工作速度相差悬殊。为了提高系统效率，接口在它们之间起到了平衡的作用。

(3) 在主机与外设之间传递控制信息。为使主机能对外设起到很好的控制作用，主机控制信息与外设的某些状态信息需要相互交流，接口便在其间协助完成这种交流。

计算机的主板上内置多种设备的接口，如键盘、鼠标、硬盘、光驱、声卡、打印机等，也可通过板上扩展槽的插卡提供额外的接口，用于连接各种类型的外部设备，如显示器、以太网接口、视频压缩卡等，如图1.8所示。外部设备通过不同的连接器(Connector)与对应的接口连接。以下简述各种常用的外部设备的接口及连接器。

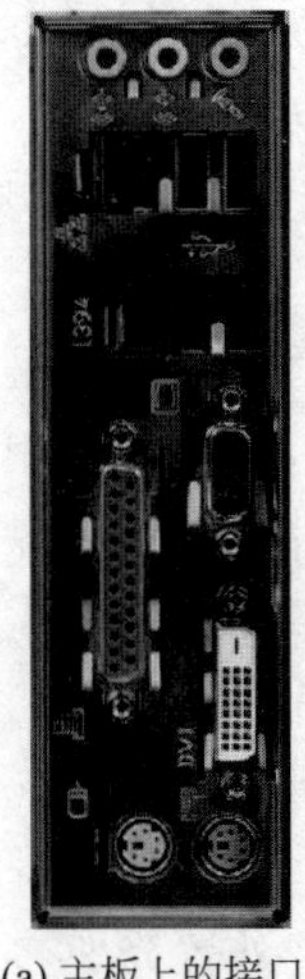

(a) 主板上的接口

(b) 主板通过扩展槽上的插卡提供额外的接口

图1.8　计算机主板上的接口

1) 硬盘接口

硬盘接口分为 IDE、SATA、SCSI、SAS 和光纤通道五种。

(1) IDE(Integrated Drive Electronics)接口：硬盘的早期接口类型，又称为并行 ATA(Advanced Technology Attachment)接口，它使用一条 40 或 80 针脚的数据线以并行方式传输数据，传输速度为 100MB/s 或 133MB/s。Ultra ATA、DMA、Ultra DMA 等接口都属于此种类型。

(2) SATA(Serial ATA)串口硬盘：一种完全不同于并行 ATA 接口的新型硬盘接口类型，由于采用串行方式传输数据而知名。相对于并行 ATA 接口来说，它具有非常多的优势。首先，Serial ATA 以连续串行的方式传送数据，一次只会传送 1 位数据。这样能减少 SATA 接口的针脚数目，使连接电缆数目变少，效率也会更高。实际上，Serial ATA 仅用四支针脚就能完成所有的工作，分别用于连接电缆、连接地线、发送数据和接收数据，同时这样的架构还能降低系统能耗和减小系统复杂性。其次，Serial ATA 的起点更高、发展潜力更大，Serial ATA 1.0 定义的数据传输率可达 150MB/s，而在 Serial ATA 2.0 的数据传输率将达到 300MB/s，最终 SATA 将实现 600MB/s 的最高数据传输率。SATA 接口是目前硬盘、光驱等设备的主要接口形式，如图 1.9 所示。

(3) SCSI(Small Computer System Interface，小型计算机系统接口)、与 IDE 接口完全不同的接口，IDE 接口是普通 PC 的标准接口，而 SCSI 接口并不是专门为硬盘设计的接口，是一种广泛应用于小型机上的高速数据传输技术。SCSI 接口具有应用范围广、多任务、带宽大、CPU 占用率低，以及支持热插拔等优点，但较高的价格使得它很难如 IDE 接口般普及，因此 SCSI 接口主要应用于中、高端服务器和高档工作站中，如图 1.10 所示。

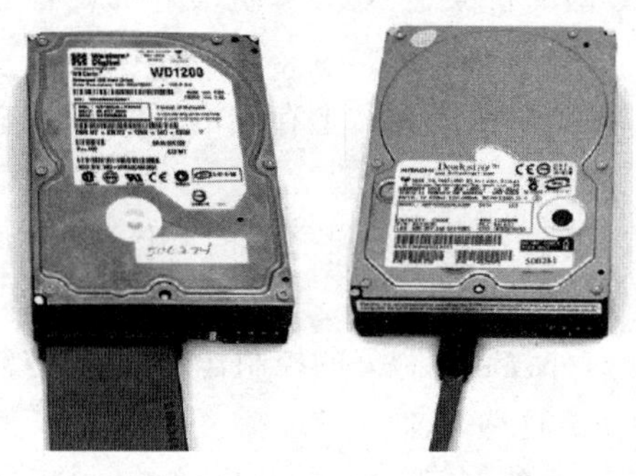

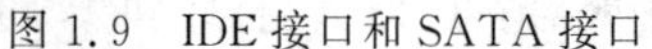

图 1.9　IDE 接口和 SATA 接口

图 1.10　SCSI 设备及 68 针脚线缆

(4) SAS：Serial Attached SCSI 的缩写，即串行连接 SCSI。和现在流行的 SATA 硬盘相同，都是采用串行技术以获得更高的传输速度，并通过缩短连接线改善内部空间等。SAS 是新一代的 SCSI 技术，它在 SCSI 的基础上引入了扩展器的概念，使之可以连接更多的设备。每个扩展器可以连接 128 个物理连接，可以方便地支持多点集群。例如，SAS 接口速率为 3Gbps 时其 SAS 扩展器有 12 端口，6Gbps 甚至 12Gbps 的高速接口也相继出现了，并且会有 28 或 36 端口的 SAS 扩展器出现，以适应不同的应用需求，其实际使用性能足以与光纤通道媲美。

(5) 光纤通道(Fiber Channel，FC)：和 SCSI 接口一样，光纤通道最初也不是为硬盘设计开发的接口技术，是专门为网络系统设计的，但随着存储系统对速度的需求，才逐渐应用到硬盘系统中。光纤通道硬盘是为提高多硬盘存储系统的速度和灵活性才开发的，这种接口的硬盘主要用于存储网络(Storage Area Network，SAN)中，它的出现大大提高了多硬盘系统的通信速度。光纤通道的主要特性有：热插拔性、高速带宽、远程连接、连接设备数量大等。作为串行接口，FC-AL 峰值可以达到 2Gbps 甚至是 4Gbps，而且通过光学连接设备，最大传输距离可以达到 10km。

2) 光驱接口

内置光盘驱动器早期使用 IDE 接口，目前多使用 SATA 接口。外置光驱多采用 USB 接口，如图 1.11 所示。

USB(Universal Serial Bus)接口是最通用的计算机外部设备的连接接口。它有多种不同的尺寸：A型(最常用)、B型、Mini-B型、Micro-B型和Type-C型，如图1.12所示。B型USB连接器的尺寸较大，一般用于连接打印机，Micro-B型和Type-C型常用于手机和平板设备。USB的特点是支持热插拔，另外，许多外设通过USB线获取电源，省去了设备另外的电源线。USB 2.0 传输速度为480Mbps，USB 3.0 传输速度为5Gbps。

图1.11　IDE接口的内置光驱及其电缆线

3）鼠标、键盘接口

鼠标及键盘早期使用MINI-DIN(PS/2)接口，如图1.13所示，目前大多使用USB接口或无线连接。

图1.12　部分USB接口类型

图1.13　键盘及鼠标的MINI-DIN接口

4）显卡、显示器接口

传统的显卡和显示器的连接使用VESA(Video Electronics Standards Association)接口，其为15针脚的DB连接端口/连接器，也称VGA接口。

VESA接口的显示器需要的是模拟信号，因此计算机中的数字信号需要进行数模转换后才输出到显示器。目前，新一代的显卡带有数字接口——DVI接口，它省去了数模转换过程，显示的信息更加清晰，如图1.14、图1.15所示。最新的显卡接口为HDMI和DP，它集成了视频和音频信号，已经得到广泛应用。

图1.14　DVI和VESA(VGA)接口

图1.15　VESA(VGA和DVI接口)接口

5）打印机接口

早期的打印机使用并行接口(即25针脚的DB接口)，如图1.16所示，目前打印机较多使用USB接口。

6）网卡接口

主板上内置的以太网接口为RJ45接口，如图1.17所示。

图 1.16 25 针脚的 DB 接口

图 1.17 计算机网络的 RJ45 接口

7）声卡接口

声卡的作用有两个：①将计算机中的数字信息转换为声音信息并输出到扬声器发声；②通过麦克风将声音信号转换成数字信息输入计算机中处理。声卡的接口为 3.5 寸的插孔和插头（音频输出、麦克风输入、Line in 输入），如图 1.18 所示。

图 1.18 声卡上的接口

5. 系统总线

CPU 要与一定数量的部件和外部设备连接，但如果将各部件和每一种外部设备都分别用一组线路与 CPU 直接连接，那么连线将会错综复杂，甚至难以实现。为了简化硬件电路设计、简化系统结构，常用一组线路配置以适当的接口电路，与各部件和外设连接，这组主板与各插件板间共用的连接线路被称为系统总线。采用总线结构便于部件和设备的扩充，只要制定总线的标准则可以使不同设备间实现互联。

ISA(Industrial Standard Architecture)总线标准是 IBM 公司 1984 年为推出 PC/AT 机而建立的系统总线标准，所以也叫 AT 总线。它是对 XT 总线的扩展，以适应 8/16 位数据总线要求。它在 80286 至 80486 时代应用非常广泛，现在的主板已经基本上不使用 ISA 总线了。ISA 总线有 98 只引脚。

EISA 总线是 1988 年由 Compaq 等 9 家公司联合推出的总线标准。它是在 ISA 总线的基础上使用双层插座，在原来 ISA 总线的 98 条信号线上又增加了 98 条信号线，也就是在两条 ISA 信号线之间添加一条 EISA 信号线。在实用中，EISA 总线完全兼容 ISA 总线信号。

PCI(Peripheral Component Interconnect)总线是由 Intel 公司推出的一种局部总线。它定义了 32 位数据总线，且可扩展为 64 位。PCI 总线主板插槽的体积比原 ISA 总线插槽还小，其功能比 VESA、ISA 有极大的改善，支持突发读写操作，最大传输速率可达 132MB/s～264MB/s，可同时支持多组外部设备。现在，新一代的 PCI Express 提供了更快的连接速度，使用广泛。

1.4.2 常用的外部设备

外部设备包括外存储器、输入和输出设备。外部设备通过线缆与计算机的主板相连，接口有多种，如鼠标、键盘、打印机、扫描仪等目前多用 USB 接口；显示器通过 VGA、DVI、HDMI 或 DP 接口与主板上的显卡连接；硬盘通过 SATA 或 M.2 等接口与主板连接。目前，操作系统（例如 Windows 7/10/11）都能自动识别大多数外部设备（即插即用，Plug and Play）。否则，必须在操作系统中手工安装设备驱动程序，外部设备才能在操作系统中使用。

1. 外存储器

外存储器又称外存或辅助存储器，用于长期保存数据，外存中的数据 CPU 不能直接访问，要被载入内存后才能被使用，计算机通过内外存之间不断的信息交换来使用外存中的信息。与内存相比，外存容量大、读写速度慢、价格便宜。目前常用的外存储器主要有以下三种。

1）硬盘

硬盘是重要的外部存储设备，其特点是容量大，读写速度快。硬盘分为机械硬盘和固态硬盘，机械硬盘内部的主要组成部分有：记录数据的刚性磁片、马达、磁头及定位系统、电子线路。磁片被固定在马达的转轴上，由马达带动它们一起转动。每个磁片的上下两面各有一个磁头，它们与磁片并不接触。与软盘一样，硬盘片的每个面上有若干个磁道，每个磁道分成若干个扇区，每个扇区有 512 个字节。硬盘尺寸目前常见的有 3.5、2.5、1.8 英寸等。硬盘的主要技术参数如表 1.4 所示。

表 1.4　硬盘的主要技术参数

参　数	描　述
容量	目前硬盘的容量有 250GB、500GB、1TB、2TB、4TB、6TB 等多种规格
转速	转速是指硬盘内电机主轴的旋转速度，也就是硬盘盘片在一分钟内所能完成的最大转数；转速的快慢是标示硬盘档次的重要参数，它是决定硬盘内部传输率的关键因素之一，在很大程度上直接影响硬盘的读取速度；硬盘的转速越快，硬盘寻找文件的速度也就越快，相对的硬盘的传输速度也就得到了提升；转数单位是 r/min(每分钟的转动数)，主要有 5400r/min、7200r/min、10000r/min、15000r/min 等
缓存	缓存英文名为 Cache，它也是内存的一种(主要是 SDRAM)，其数据交换速度快且运算频率高；硬盘的缓存是硬盘与外部总线交换数据的场所；硬盘读数据的过程是将磁信号转化为电信号后，通过缓存一次次地填充与清空，再填充，再清空，一步步按照 PCI 总线的周期送出，可见，缓存的作用是相当重要的；缓存可以提高硬盘数据读写的效率，大小主要有 32MB、64MB、128MB 等
平均寻道时间	单位是 ms(毫秒)，有 5.2ms、8.5ms、8.9ms、12ms 等规格

普通的硬盘是固定在计算机的机箱内的。目前，移动硬盘的使用越来越广泛，移动硬盘置于计算机机箱外，通过连线与主机连接，便于移动，使用方便。移动硬盘是普通硬盘外套一个硬盘盒，硬盘盒主要起到接口转换的作用，将 SATA、M.2 等转换为便于与计算机连接的 USB 接口，如图 1.19 所示。

图 1.19　固定硬盘的内部与外部

2）光盘

光盘是在玻璃或片基表面真空镀一薄层碲而成一圆盘，将影像或音响变为调频信号，再将此信号调制成几个毫瓦的激光束，此激光束照射在高速旋转的圆盘上时，在碲膜表面形成由椭圆形凹痕信息坑构成的螺旋形轨迹。每一凹痕的直径为 0.5～1μm，间距为 1.2μm，凹痕的长度和间距随信号而异，由此构成光盘。用另一低功率激光束照射在旋转的光盘上时，激光束被凹痕反射后即携带光盘中已记录的信息，可用来播放被记录的图像或音响。

光盘按读写方式可分为只读光盘、一次写入光盘和可擦除光盘三类。只读光盘就是只能读、不能写的光盘。这种光盘是一次成型的产品，在工厂生产中，通常先制作一张母盘，再由母盘压制出和其内容相同的光盘。这类光盘成本很低，只可以反复读，但不能写入。一般我们用来听音乐的 CD 盘、看电影的 VCD、DVD 盘，还有在计算机上用来安装程序或游戏的 CD-ROM、DVD-ROM，都属于只读光盘。可读写光盘不仅可读还可以写入数据，它又分为两类。一类是只可以写一次，但可以重复读的光盘，如 CD-R、DVD-R。这种光盘一旦写好，就不可以修改，但可以添加文件。另一类是可以反复擦写的光盘，如 CD-RW、DVD-RW，用起来就像 U 盘一样方便。可读写光盘在写入的时候需要一台刻录机，刻录好的光盘可以在普通的光驱里读出，若使用音乐 CD 格式刻录的光盘，则可以在传统 CD 唱机中直接播放。

光盘的直径一般都是 12cm，由光盘驱动器读取或读写，如图 1.20 所示。一张 CD 通常能容纳 660MB 的数据，而 DVD 存储量惊人——单面容量为 4.7GB，双面容量更可达 8.5GB。

3）闪存盘

闪存盘又称 U 盘或 USB 盘(因其通过 USB 电缆线与计算机连接)，其特点是小巧、便于携带、存储容量大、价格便宜，是移动存储设备之一，如图 1.21 所示。常见 U 盘容量有 8GB、16GB、32GB、

64GB、128GB甚至更大。

图 1.20 光盘及光盘驱动器

图 1.21 闪存盘

闪存盘工作的原理是：计算机把二进制数字信号转为复合二进制数字信号（加入分配、核对、堆栈等指令）读写到U盘芯片适配接口，通过芯片处理信号分配给EPROM2存储芯片的相应地址存储二进制数据，实现数据的存储。EPROM2数据存储器的控制原理是电压控制栅晶体管的电压高低值（高低电位），栅晶体管的结电容可长时间保存电压值，这也就是为什么U盘在断电后能保存数据的原因。

2. 键盘

键盘是计算机最主要的输入设备，可用来输入数据、文本、程序和命令等。在键盘内部有专门的控制电路，当用户按下键盘上的任意一个键时，键盘内部的控制电路会产生一个相应的二进制代码，并把这个代码输入计算机。

键盘的按键数目有83、101、103不等，一般把整个键盘分成：功能键区、打字键区、编辑键区和数字小键盘区，如图1.22和图1.23所示。

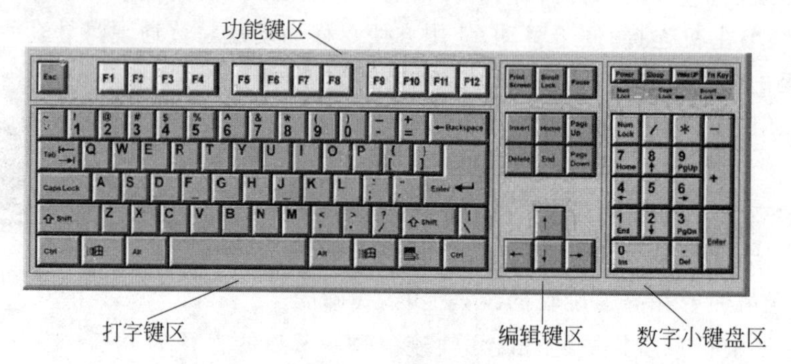

图 1.22 计算机键盘图

图 1.23 打字键区

键盘主要功能键、控制键及其功能如表1.5所示。

表 1.5 键盘主要功能键和控制键

键 号	键 名	功 能
1	Ctrl	功能键，为英文Control（控制）的缩写；有多种功能，如在Windows中拖动图标时，按其不放可复制文件；也可用鼠标+Ctrl来多选
2	Windows图标键	可用这个键来打开“开始”菜单（相当于单击左下角的“开始”菜单） Windows图标+D菜单全屏最小化

续表

键 号	键 名	功 能
3	Alt	功能键，是英文单词 Alter(改变)的缩写，可用它来拉下菜单，按下 Alt+对应菜单的字母键即可，如 IE 或常见浏览器上 Alt+F 组合键相当于鼠标左键调出菜单 Alt+F4 组合键可进行关闭操作 Alt+Tab 切换任务栏上的任务 Alt+Shift+Tab 倒退切换任务栏上的任务 Alt+Space+C 退出当前窗口 Alt+Space+X 最大化当前窗口
4	Shift	功能键，Shift 是转变转换的意思，也叫上档键，与其他键组合产生功能；按住该键不放，再敲击对应的字母键盘即为输入大写字母；与 Caps Lock 不同的是，这个功能键主要用于临时输入少量大写字母时；Shift 键也可以用于数字键的第二功能，例如：输入@ # $
5	Caps Lock	大小写切换键，为 Capital letters 的缩写，即大写字母的意思；可激活第二个指示灯，灯亮为大写，灯灭为小写，当在输入大量的大写字母时，该键很实用
6	Tab	是英文 Tabwidth 的缩写，用来进行切换功能，是一个快速操作的功能键，在 Word 中也可用于大纲的升降级，Tab 键的宽度设为 4 个字符宽度 Tab 键可用于切换焦点，按 Shift+Tab 组合键上移焦点，也可用于表格的切换，跳到下一表格
7	空格键	即 Space 键，可进行空格的输入，也可与组合键组合成新的功能，如 Ctrl+空格键可进行语言的切换
8	Enter(回车键)	可进行换行的操作或确认的操作等
9	Backspace	删除功能，与 Delete 键功能不同的是，是删除左边的字符，即光标前方的字符
10	F1～F12	特殊功能键，不同环境用法不同
11	Print Screen	即打印屏幕；结合画图功能，可用于屏幕的抓图；获取屏幕后要新建文件，可建立图像文件，或写字板文件，进入后粘贴即可 请注意，剪贴板中的内容关机会消失
12	Delete	删除功能，与上述 Backspace 键删除功能不同，是删除右边的字符，即光标后方的字符；若位于行末，可将下一行提前
13	Pause Break	暂停键，通常用于屏幕显示结果滚动时的暂停
14	PageUp、PageDown、Home、End	分别为上翻页、下翻页、回到首、回到尾
15	Numlock	数字键锁定，键盘指示灯的第一个灯亮，则指示小键盘中的数字键可用

3. 鼠标

鼠标的标准称呼应该是“鼠标器”，英文名为 Mouse。鼠标的使用是为了使计算机的操作更加简便，在图形化的程序界面中，使用鼠标键的点选来代替以前通过键盘输入烦琐指令的操作。

鼠标按其工作原理的不同可以分为机械鼠标和光电鼠标。机械鼠标主要由滚球、辊柱和光栅信号传感器组成。当用户拖动鼠标时，带动滚球转动，滚球又带动辊柱转动，装在辊柱端部的光栅信号传感器产生的光电脉冲信号反映出鼠标器在垂直和水平方向的位移变化，再通过计算机程序的处理和转换来控制屏幕上光标箭头的移动。光电鼠标是通过检测鼠标器的位移，将位移信号转换为电脉冲信号，再通过程序的处理和转换来控制屏幕上的光标箭头的移动。光电鼠标用光电传感器代替了滚球。

无线鼠标则是通过 2.4GHz 电波或蓝牙与计算机连接使用，此时无线鼠标配有一个与计算机连接(通常为 USB 接口)的接收器，鼠标移动的信息通过 2.4GHz 电波或蓝牙传输到接收器上，再进入计算机进行处理。

鼠标的主要性能指标有两个，一是分辨率，即鼠标每移动一英寸所经过的点数，分辨率越高，鼠标的移动距离就越短；二是传送速率。目前，鼠标的分辨率一般为 200～400ppi，传送速率一般为 1200bps，最高可达 9600bps。

图 1.24 CRT 显示器和 LCD 显示器

4. 显示器

显示器是计算机最基本的输出设备，能以数字、字符、图形或图像等形式将数据、程序运行结果等显示出来。显示器主要分为 CRT 显示器和 LCD 显示器，如图 1.24 所示。

1) CRT 显示器

CRT 显示器是一种使用阴极射线管(Cathode Ray Tube)的显示器，阴极射线管主要有五部分组成：电子枪(Electron Gun)、偏转线圈(Defiection coils)、荫罩(Shadow mask)，荧光粉层(Phosphor)及玻璃外壳。它是应用最广泛的显示器之一，具有可视角度大、无坏点、色彩还原度高、色度均匀、可调节的多分辨率模式、响应时间极短等优点。

CRT 的工作原理：CRT 显示器的核心部件是 CRT 显像管，其工作原理和电视机的显像管基本一样，可以把它看作是一个图像更加精细的电视机。经典的 CRT 显像管使用电子枪发射高速电子，经过垂直和水平的偏转线圈控制高速电子的偏转角度，最后高速电子击打屏幕上的磷光物质使其发光，通过电压来调节电子束的功率，就会在屏幕上形成明暗不同的光点，从而形成各种图案和文字。

2) LCD 显示器

LCD(Liquid Crystal Display)显示器也称液晶显示器，LCD 的构造是在两片平行的玻璃当中放置液态的晶体，两片玻璃中间有许多垂直和水平的细小电线，透过通电与否来控制杆状水晶分子改变方向，将光线折射出来产生画面。LCD 显示器具有显示质量高、没有电磁辐射、可视面积大、数字式接口、“身材”匀称小巧等特点，目前已经取代了 CRT 显示器。

显示器的主要技术指标如表 1.6 所示。

表 1.6 显示器的主要技术指标

指标名称	描 述
显示器尺寸	CRT 显示器的尺寸指显像管的对角线尺寸，LCD 显示器的尺寸是指液晶面板的对角线尺寸，以英寸为单位 1in=2.54cm；目前常用的显示器尺寸为 19 英寸、21 英寸甚至更大
可视面积	我们习惯用多少寸(英寸)来表示显示器的大小，实际上指的是显像管的对角线长度，而可视面积指的是显像管的长与宽的乘积，因此，同样是 21 英寸的显示器，宽屏显示器的可视面积可能会比标准屏的小
分辨率	分辨率是显示器的显像管上所有像素点的一个量化指标，定义了显示器的画面解析度，其通常用水平方向的像素点数与垂直方向的像素点数的乘积来表示。每台显示器通常都有多种分辨率模式，如 1920×1080、3840×2160(4K)等，但其最大分辨率是由点距和显像管面积决定的
点距	点距是最常见的一个显示器术语之一，它是指显示器的显像管上相邻的两个同色荧光像素点之间的间距；从某种意义上讲，点距决定了一台显示器的显示效果，点距越小，显示效果越好
刷新率	刷新率通常以赫兹(Hz)表示，刷新率足够高时，人眼就能看到持续、稳定的画面，否则就会感觉到明显的闪烁和抖动，闪烁情况越明显，眼睛就越疲劳
亮度值	液晶显示器的最大亮度，通常由冷阴极射线管(背光源)来决定，亮度值一般都在 200～250cd/m^2 间；液晶显示器的亮度略低，会觉得屏幕发暗；虽然技术上可以达到更高亮度，但是这并不代表亮度值越高越好，因为亮度太高的显示器有可能使观看者眼睛难受
对比值	对比值是定义最大亮度值(全白)除以最小亮度值(全黑)的比值；CRT 显示器的对比值通常高达 500∶1，以致在 CRT 显示器上呈现真正全黑的画面是很容易的；但对 LCD 显示器来说就不是很容易了，由冷阴极射线管所构成的背光源是很难去做快速地开关动作，因此背光源始终处于点亮的状态，为了要得到全黑画面，液晶模块必须完全把由背光源而来的光完全阻挡，但在物理特性上，这些元件并无法完全达到这样的要求，总是会有一些漏光发生；一般来说，人眼可以接受的对比值约为 250∶1

5. 扫描仪

图 1.25　扫描仪

扫描仪是一种计算机外部设备，通过捕获图像并将之转换成计算机可以显示、编辑、存储和输出的数字化输入设备，如图 1.25 所示。扫描仪可分为三大类型：滚筒式扫描仪、平面扫描仪和笔式扫描仪，与计算机的接口目前多为 USB 接口。其工作原理是利用光源照射原稿或者图片产生高亮度反射光线，光线通过反射镜、透射镜，由分光镜进行色彩分离，照射到电荷耦合器件(Charge Coupled Device，CCD)元件上，CCD 元件将光信号转换为电信号，传送到计算机中。

扫描仪主要包括以下技术参数。

1) 分辨率

分辨率是扫描仪最主要的技术指标，它表示扫描仪对图像细节上的表现能力，即决定了扫描仪所记录图像的细致度，其单位为 DPI(Dots Per Inch)，通常用每英寸长度上扫描图像所含有像素点的个数来表示。目前大多数扫描仪的分辨率在 300～2400dpi 之间。DPI 数值越大，扫描仪的分辨率越高，扫描图像的品质越好。

2) 灰度级

灰度级表示图像的亮度层次范围。级数越多，扫描仪图像亮度范围越大，层次越丰富，目前多数扫描仪的灰度级为 256 级。

3) 色彩数

就如显示卡输出图像有 16bit、24bit 色的一样，扫描仪也有自己的色彩深度值，较高的色彩深度位数可以保证扫描仪反映的图像色彩与实物的真实色彩尽可能的一致，而且图像色彩会更加丰富。扫描仪的色彩深度值一般有 24bit、30bit、32bit、36bit 等几种。

4) 扫描幅面

扫描幅面表示扫描图稿尺寸的大小，常见的有 A4、A3 等幅面。

6. 打印机

打印机是能将计算机的处理结果打印在纸上的常用输出设备，一般通过电缆线连接在主机箱的并行口或 USB 接口上。打印机的主要技术参数如表 1.7 所示。打印机按打印颜色可分为单色打印机和彩色打印机；按工作方式可分为击打式打印机和非击打式打印机，击打式打印机用得最多的是针式打印机，非击打式打印机用得最多的是喷墨打印机和激光打印机，如图 1.26 所示。

表 1.7　打印机的主要技术参数

参　数	描　述
分辨率	打印机分辨率又称为输出分辨率，是指在打印输出时横向和纵向两个方向上每英寸最多能够打印的点数，通常以"点/英寸"即 DPI(Dot Der Inch)表示；而所谓最高分辨率，就是指打印机所能打印的最大分辨率，也就是所说的打印输出的极限分辨率；平时所说的打印机分辨率一般指打印机的最大分辨率
打印速度	打印速度是指打印机每分钟打印输出的纸张(A4)页数，单位用 PPM(Pages Per Minute)表示；目前所有打印机厂商为用户所提供的标识速度都以打印速度作为标准衡量单位
打印幅面	打印幅面顾名思义也就是打印机可打印输出的面积；而所谓的最大打印幅面就是指打印机所能打印的最大纸张幅面；目前，打印机的打印幅面主要有为 A3、A4、A5 等幅面；打印机的打印幅面越大，打印的范围越大

1) 针式打印机

针式打印机主要是由打印头、字车结构、色带、输纸机构和控制电路组成。打印头是针式打印机的核心部件，它包括打印针、电磁铁等。这些钢针在纵向排成单列或双列构成打印头，某列钢针在电

(a) 针式打印机　(b) 喷墨打印机　(c) 激光打印机

图 1.26 针式、喷墨及激光打印机

磁铁的带动下击打色带(色带多数是由尼龙丝绸制成,带上浸涂有打印用的色料),色带后面是同步旋转的打印纸,从而打印出字符点阵,而整个字符就是由数根钢针打印出来的点拼凑而成的。针式打印机的打印头钢针数有 16 针及 24 针等,针数越多打印效果越好。针式打印机的优点是价格低廉,缺点是打印噪声大、打印效果较差,现在主要用于多层复写纸的打印。

2) 喷墨打印机

喷墨打印机的工作原理是打印时墨被加热后喷射到纸张上,并渗透其中,因此墨汁的附着性相当好,色彩极为鲜艳,主要用于彩色打印。

3) 激光打印机

激光打印机由激光器、声光调制器、高频驱动、扫描器、同步器及光偏转器等组成。它将来自计算机的数据转换成光,射向充有正电的旋转的感光鼓上。感光鼓的表面上镀有一层感光材料硒,因此又称为硒鼓。硒鼓上被照射的部分便带上负电,并能吸引带色粉末。硒鼓与纸接触后把粉末印在纸上,接着在一定压力和温度的作用下,色粉熔化固定在纸面上。激光打印机的优点是打印速度快。

1.4.3 微型计算机的主要性能指标及配置

影响微型计算机性能的技术指标主要有以下几个方面。

1. CPU

一般情况下,主要考虑 CPU 的主频、内核数和高速缓存等参数。

2. 内存

内存容量是衡量计算机存储、记忆能力的指标,一般是指随机存储器(RAM)的存储容量的大小。内存容量越大,所能存储的数据和运行的程序就越多,程序运行速度也越快,计算机处理信息的能力越强。

3. 硬盘

硬盘容量越大越好,读写性能越高越好,现在,SSD 固态硬盘的读写性能远远超过机械硬盘。

4. 显卡

一般情况下,主要考虑显卡的 GPU 架构、显存容量、频率、带宽,显卡分辨率和单精度性能等参数。

5. 外部设备的配置及扩展能力

外部设备的配置及扩展能力是指计算机配接各种外部设备的可能性、灵活性和适应性。

第2章

Windows操作系统及其应用

主要内容

- Windows 的基础知识与基本操作
- 汉字的输入
- 文件、文件夹的使用及管理
- Windows 设置的使用
- 记事本、计算器、画图等基本工具的简单使用

Windows 操作系统是美国微软公司(Microsoft Corporation)开发的具有图形用户界面 GUI(Graphical User Interface)的多任务操作系统。微软公司自 1985 年推出 Windows 1.0 以来,Windows 系统经历了 30 多年的变革,从最初运行在 DOS 下的 Windows 3.0,到风靡全球的 Windows XP、Windows 7 和 Windows 10,已经成为一个完全独立、多任务、功能强大的图形化操作系统,并几乎垄断了个人计算机的操作系统市场。本章以 Windows 10 专业版为例,讲述 Windows 操作系统的使用方法。

2.1 Windows 基本知识

2.1.1 操作系统概述

操作系统 OS(Operating System)是配置在计算机硬件上的第一层软件,是对硬件系统的第一次扩充。操作系统是最基本、最重要的系统软件,它负责管理计算机系统的各种硬件(CPU、存储器、I/O设备)及软件(数据和程序)资源,并负责解释用户对机器的管理命令,使它转换为机器实际的操作。操作系统为用户提供了一个使用方便、可扩展的工作环境,是整个计算机系统的控制和管理中心,是用户与计算机联系的桥梁。

按照操作系统所提供的功能进行分类,可以分为批处理操作系统、分时操作系统、实时操作系统、单用户操作系统、网络操作系统和分布式操作系统等。使用比较广泛的操作系统有 Windows、Linux、Unix、macOS、OS/2 等。其中 Windows 目前有针对桌面计算机的 Windows 10 和针对服务器的 Windows Server 2019 版本。

2.1.2 Windows 10 概述

1. Windows 10 简介

微软公司于 2015 年 7 月 29 日发行了基于 Windows NT 10.0 内核的,适合用于计算机和平板电脑等设备的桌面操作系统 Windows 10。Windows 10 家族有家庭版、专业版、企业版、教育版、专业工作站版、物联网核心版等 6 个版本。Windows 10 除了具有图形用户界面操作系统的多任务、即插即用、多用户账户等特点外，比以往版本在易用性和安全性方面有了极大的提升，除了针对云服务、智能移动设备、自然人机交互等新技术进行融合外，还对固态硬盘、生物识别、高分辨率屏幕等硬件进行了优化与支持。

本章以 Windows 10 专业版为例，阐述 Windows 操作系统的使用方法，如果没有特别指出，文中提到的 Windows 均指 Windows 10 专业版。

2. Windows 的运行环境

Windows 10 是目前微软最全面、最强大的操作系统，其拥有极佳的多媒体性能、网络性能和极高的安全性和稳定性，同时也具备良好的硬件兼容性。作为主流操作系统，它对硬件配置的要求指标如图表 2.1 所示。

表 2.1 Windows 10 的硬件配置要求

硬件模块	官方建议最低配置	推荐配置
处理器	1GHz 32 位或 64 位处理器	2GHz 32 位或 64 位处理器
内存容量	1GB	2GB 或 4GB
硬盘可用空间	40GB	500GB 或 1TB
显卡	支持 DirectX 9C、支持 WDDM 驱动 32 位色彩；128MB 显存	1GB 显存
光驱	DVD-ROM 驱动器	
光标定位设备	Microsoft 的鼠标或与其兼容的定位设备	
其他	若要使用触控，需要支持多点触控的平板电脑或显示器	

表 2.1 中最低配置要求只是可运行 Windows 操作系统的最低指标，如果系统需要运行更多的任务和更大型的软件，更高的硬件配置可以明显提高系统运行性能。如需要连入计算机网络和增加多媒体功能，则需配置网卡、声卡等附属设备。

2.2 Windows 的基本概念及操作

2.2.1 Windows 的启动和退出

1. 启动 Windows

在计算机上成功安装 Windows 10 后，只需打开计算机电源，计算机首先执行对硬件的检测，检测无误后开始引导 Windows 10。正常引导是自动完成的，当系统出现故障时，用户可以中断正常引导过程，让系统按指定的模式引导。Windows 10 成功启动后屏幕上将显示如图 2.1 所示的 Windows 10 的登录界面。

如果系统有多个用户，单击相应的用户名图标后，输入该用户的密码，按 Enter 键即可登录 Windows 10 系统；如果系统只有一个登录用户并且该用户的密码为空，则系统启动完毕后会自动登录为该用户。

2. 注销或切换用户

Windows 10 是多用户操作系统，当出现程序执行混乱等轻微故障时，可以注销当前用户重新登录，也可以在登录界面以其他用户身份登录计算机。每个使用计算机的用户都可以根据个人喜好自定义桌面和主题等设置。

注销计算机的方法是：在“开始”菜单中，单击左侧边栏最上面的用户图标，然后在弹出的列表项中选择“注销”命令，如图 2.2(a)所示。在该列表项中，也可以选择“锁定”“更改账户设置”命令，执行

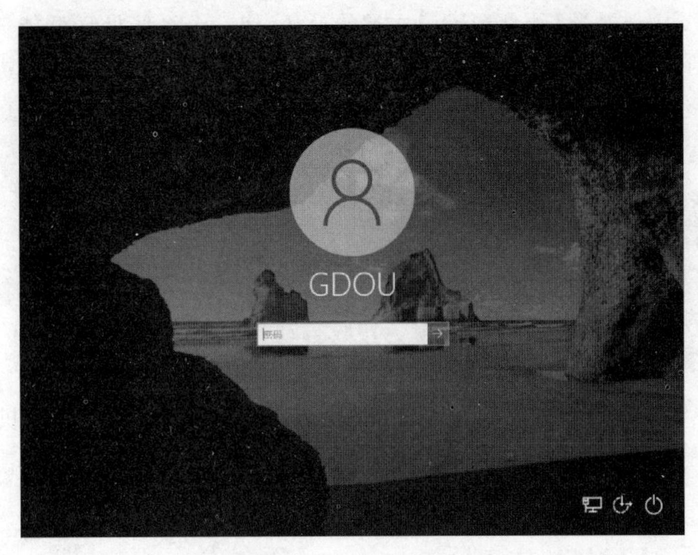

图 2.1 Windows 10 登录界面

相应的操作。

当计算机设置了多个登录用户时,单击“开始”菜单中的用户图标,还会列出其他用户图标,单击需要切换的登录用户图标即可去到所选用户的登录界面。

除上述操作外,注销计算机还可以在“开始”按钮上右击,在弹出的快捷菜单中选择“关机或注销”命令,然后在子菜单中选择“注销”命令,如图 2.2(b)所示。

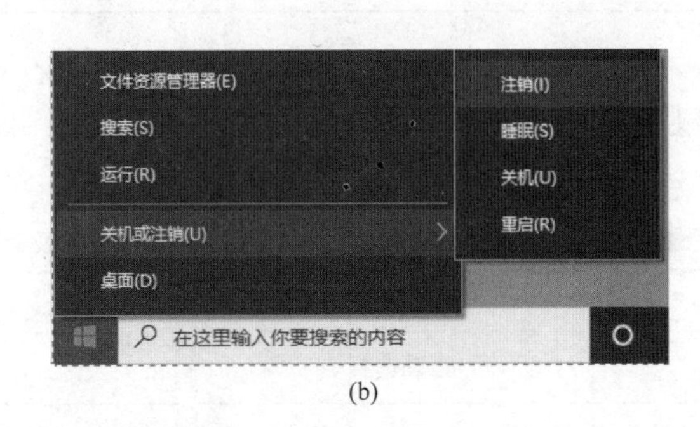

(a) (b)

图 2.2 切换或注销用户

(1) 切换用户:在不关闭当前登录用户打开的应用程序的情况下切换到另一个用户,当再次切换回来时系统会恢复到原来的状态。

(2) 注销:保存设置并关闭当前登录用户,用户不必重新启动计算机就可以选择其他用户登录。

(3) 锁定:锁定计算机可以防止他人于用户不在计算机旁的时候使用计算机。如果锁定计算机,则只有用户或管理员才能将其解除锁定。

(4) 重新启动:即重新启动计算机。当安装完系统补丁、驱动程序或更改了某些系统设置后系统提示需要重新启动计算机以应用设置时,可选择该项重新启动计算机。

(5) 睡眠:睡眠模式主要用于节省电源,该功能使用户无须重新启动计算机就可返回睡眠前的工作状态。睡眠模式会关闭监视器、硬盘和风扇之类的设备，使整个系统处于低能耗状态。在用户重新使用计算机时，它会迅速退出待机模式，而且桌面(包括打开的文档和程序)恢复到进入睡眠时的状态。如要解除睡眠状态并重新使用计算机，只需移动一下鼠标或按键盘上的任意键，或快速按一下计算机上的电源按钮即可。

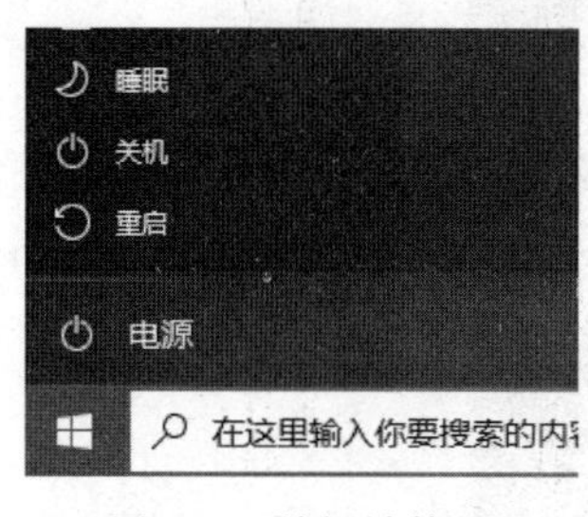

图 2.3 关闭计算机

3. 关闭 Windows

打开“开始”菜单，单击“电源”选项，在弹出的列表中单击“关机”按钮，计算机即进入关机进程，稍后将会正常关闭，如图 2.3 所示。如果用户将计算机设置为接收自动更新，并且已经下载好更新补丁，“关机”按钮会变为“安装更新并关机”，在这种情况下，单击“安装更新并关机”按钮时，Windows 会先安装更新，然后自动关闭计算机。

警告：安装更新的过程中切勿关闭插座电源，请耐心等候，此时断电可能导致 Windows 系统出现难以修复的故障。

2.2.2 Windows 中鼠标的使用

鼠标是 Windows 环境下的主要特色之一，它打破了 DOS 系统下只用键盘执行操作的常规，使常用操作更简单、容易，具有快捷、准确、直观的屏幕定位和选择能力。鼠标控制着屏幕上的指针( )。当鼠标移动时，指针就会随着鼠标的移动在屏幕上移动。鼠标有五种基本操作，可以用来实现不同的功能，如表 2.2 所示。

表 2.2 鼠标的基本操作

操作名	操作方法
单击	将指针指向某一对象，快速按一下鼠标左键
右击	将指针指向某一对象，快速按一下鼠标右键
双击	快速、连续地按两次鼠标左键
指向	移动鼠标指针到屏幕的一个特定位置或指定对象
拖曳	选定对象，按住鼠标左键不放，移动鼠标指针到目的地后松开左键

当用户进行不同的工作或系统处于不同的运行状态时，鼠标指针将会随之变为不同的形状。Windows 10 为鼠标形状设置了多种方案，用户可以通过控制面板定义自己喜欢的鼠标图标方案，表 2.3 列出了默认方案中几种常见的鼠标指针形状及它们代表的含义。

表 2.3 常见鼠标指针形状及意义

形　状	代表的含义	形　状	代表的含义
	正常选择		垂直调整
	帮助选择		水平调整
	后台运行		沿对角线调整 1
	忙		沿对角线调整 2
	精确选择		移动
	文本选择		候选
	手写		链接选择
	不可用		

2.2.3　Windows 中汉字的输入

1. 添加或删除中文输入法

中文版的 Windows 10 预装了微软拼音输入法和微软五笔中文输入法，默认只启用了微软拼音中文输入法，而微软五笔输入法需手动开启。用户也可以根据自己的需要添加或删除第三方提供的其他中文输入法。

Windows 10 系统启用微软五笔输入法的步骤如下。

(1) 右击桌面左下角的“开始”按钮，在打开的菜单中单击“设置”。

(2) 在 Windows 设置窗口中单击：“时间和语言”。

(3) 在时间和语言设置窗口中，先单击窗口左侧的“语言”，再单击右侧窗口中的“A 字 中文(简体，中国)”。

(4) 单击“A 字 中文(简体，中国)”项目里的“选项”按钮。

(5) 在打开的语言选项窗口中，单击“添加键盘”“微软五笔(输入法)”。

(6) 添加微软五笔输入法以后，在语言选项窗口中可以看到“键盘”栏目下有两个键盘，即微软拼音和微软五笔输入法。

要添加非 Windows 系统自带的第三方输入法，一般是到互联网上下载相应的安装文件再运行安装文件即可成功添加到输入法栏中。

如果用户要删除某个输入法，只需在“语言选项”窗口的“键盘”栏目里选择已经添加的输入法，再单击“删除”按钮，就能够删除选中的输入法了。

2. 切换输入法

在 Windows 10 中，对应不同的窗口可以使用不同的输入法。要切换输入法，可执行如下操作。在键盘上按 Ctrl＋Space 组合键，可以在中英文输入法之间切换；按 Ctrl＋Shift 组合键，可以依次在已安装并启用的中文输入法之间切换。也可以单击任务栏的语言栏上当前显示的输入法图标，然后在菜单中选择将要使用的输入法，如图 2.4 所示。

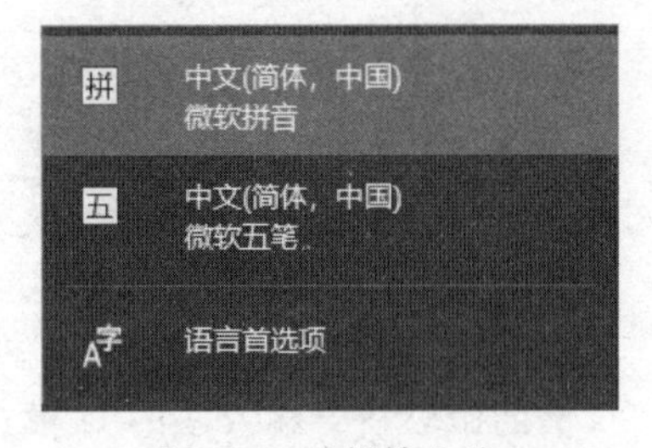

图 2.4　选择输入法

3. 微软拼音输入法的使用

微软拼音输入法是一种基于语句的智能型拼音输入法，它采用拼音作为汉字的录入方式，用户连续输入整句的拼音，不必人工分词、挑选候选词语，就可以方便使用并熟练掌握这种汉字输入技术。

微软拼音输入法更为一些地区说话带口音的用户着想，提供了模糊音设置，而不必担心自己的非标准普通话。微软拼音输入法还为用户提供了许多特性，比如自学习和自造词功能。使用这两种功能，经过与用户较短时间的磨合，微软拼音输入法能够学会用户的专业术语和用词习惯，从而微软拼音输入法的转换准确率会更高，用户的使用也更加得心应手。

1) 输入法设置

在 Windows 10 中，微软拼音输入法工具栏默认是隐藏的，需要去微软拼音的“外观”设置页面打开。微软拼音输入法的工具栏如图 2.5 所示。

‖ 中 ☽ °, 简 ☺ ⚙

图 2.5　微软拼音输入法工具栏

输入法工具栏表示当前的输入状态，可以通过单击相应的按钮来切换状态，从左到右其含义如表 2.4 所示。

表 2.4 微软拼音输入法工具栏各功能

按 钮	功 能	快捷键	按 钮	功 能	快捷键
中	切换中/英文模式	Shift	☽	全/半角	无
°,	切换中/英文标点模式	Ctrl+.	简	简体/繁体中文字符	Ctrl+Shift+F
☺	表情符号/符号	Win+.	⚙	工具栏设置	无

要对输入法进行设置，应执行如下操作。

(1) 单击输入法状态栏的“设置”按钮，弹出一个快捷菜单。

(2) 单击“输入法设置”命令，打开“微软拼音输入法”设置对话框。

(3) 用户可以在这个对话框中对“常规”“按键”“外观”“词库和自学习”和“高级”等项目进行设置。

2) 中文输入过程

在这里以输入“大家喜欢和她去打球”这 9 个字为例，介绍输入过程，可执行如下操作。

(1) 将光标定位到需要输入文字的地方，把输入法切换到“微软拼音输入法”。

(2) 以全拼的方式输入“大家喜欢和她去打球”这几个字的拼音，在输入过程中，会看到如图 2.6 所示的组字/拼音窗口，虚线附近的汉字是输入拼音的转换结果，下划线上的字母是正在输入的拼音。可以按左、右方向键定位光标来编辑拼音和汉字。拼音下面是候选窗口，列出了当前拼音可能对应的全部汉字或词组。在候选窗口中找到需要输入的汉字或词组后，按下相应的数字键来确认输入。如果在候选窗口中没有找到需要输入的汉字或词组，则可以按 PageDown 和 PageUp 翻页来查看更多的候选汉字或词组。

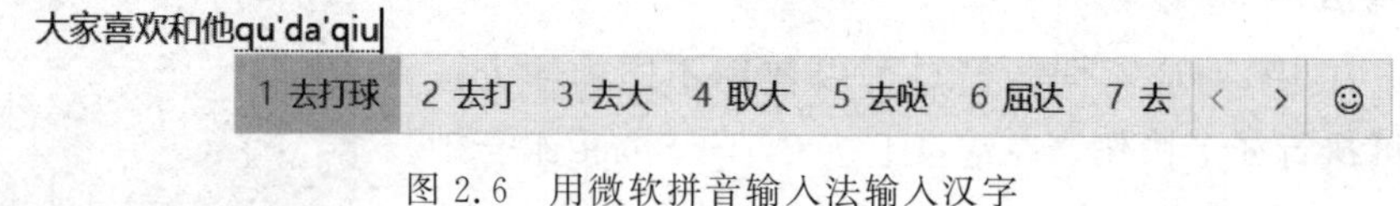

图 2.6 用微软拼音输入法输入汉字

3) U 模式

借助微软拼音输入法的 U 模式，可以很方便地用笔画、拆分和笔画拆分混合输入方式输入生僻字，也可以方便地输入单位、序号、数学等特殊符号。

只需要在输入状态下按下 U 键，就可以开启 U 模式，这时输入法上会显示 U 模式面板，如图 2.7 所示。比如我们不知道“彧”字的拼音，但这个字由“或”和“水”两个字上下结构组成，所以只要知道或和水两个字的拼音，就可以用 U 模式方便地输入“彧”字，输入法还会告诉我们这个字的读音。

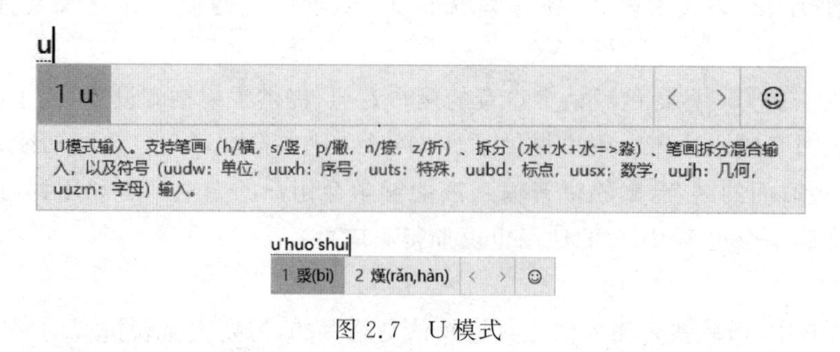

图 2.7 U 模式

2.2.4 Windows 桌面的组成

启动并登录 Windows 后，显示在屏幕上的画面称为桌面。如图 2.8 所示，Windows 桌面由桌面图标、“开始”按钮、桌面背景、任务栏组成。

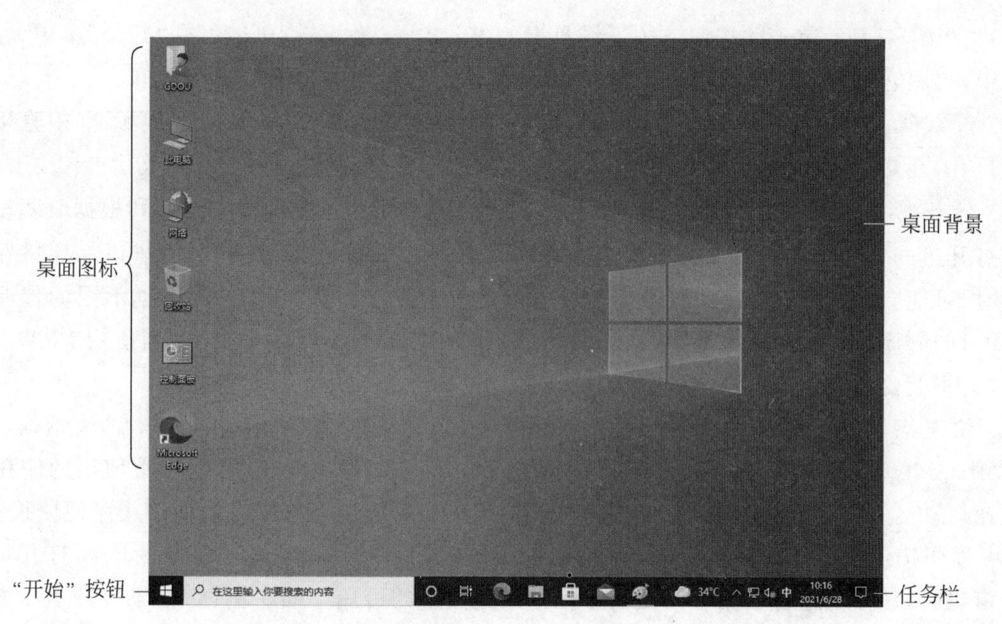

图 2.8 Windows 桌面

默认情况下 Windows 桌面上只有"回收站"和 Microsoft Edge 两个快捷方式(桌面图标),要把"计算机"等常用快捷方式显示在桌面上,可以在桌面空白处右击,在弹出的菜单中选择"个性化"菜单命令,在打开的"个性化"设置窗口中,单击左边的"主题"设置项,接着单击右边"相关的设置"栏目中的"桌面图标设置"选项,在打开的"桌面图标设置"对话框中把经常使用而又没有选上的桌面图标项都选上,然后单击"确定"按钮保存设置。下面介绍几个常用的桌面图标。

(1) "用户的文件夹"是 Windows 为用户创建的个人文件夹,它默认包含几个特殊的文件夹,即"收藏夹""视频""图片""文档""音乐""下载"和"桌面"等。默认情况下,这些个人文件夹设置为专用,也可以设置为此计算机上的所有用户都可以访问。"用户的文件夹"中的各个目录默认都位于系统安装盘下的"Users(用户)/用户名"目录,其中"用户名"为登录的用户名。

(2) "此电脑(计算机)"是用户访问计算机资源的一个入口,双击此图标,实际是打开了文件资源管理器,其中显示了硬盘、光盘驱动器和网络驱动器中的内容。也可以搜索和打开文件及文件夹,或者打开 Windows 设置以修改计算机设置。

(3) "网络"是显示指向共享计算机、打印机和网络上其他资源的快捷方式。只要打开共享网络资源(如打印机或共享文件夹),快捷方式就会自动创建在"网上邻居"上。"网上邻居"文件夹还包含指向计算机上的任务和位置的超级链接。这些链接可以帮助用户查看网络连接,将快捷方式添加到网络位置,以及查看网络域中或工作组中的计算机。

(4) "回收站"是硬盘中的特殊文件夹,Windows 将已经被用户删除的文件和文件夹暂时存放在回收站中。回收站中保留了被删除文件的名称、原位置、删除日期、项目类型和大小等信息,用户可以从回收站还原文件,也可以永久删除文件,被永久删除的文件将不能通过回收站恢复。

2.2.5 Windows 任务栏

任务栏是位于桌面最底部的长条,显示系统正在运行的程序、当前时间等,主要由"开始"按钮、搜索框、任务视图、快速启动区、程序按钮区通知区域和显示桌面按钮组成,如图 2.9 所示。

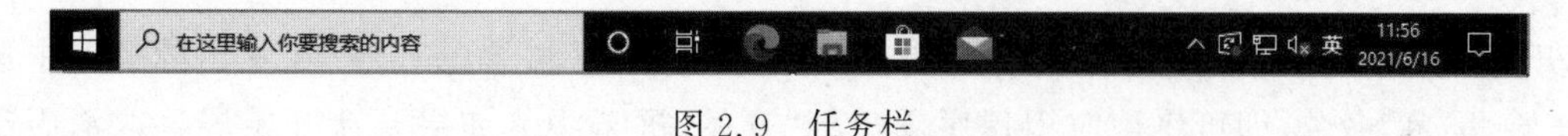

图 2.9 任务栏

(1)“开始”按钮：单击此按钮或按下键盘上的Windows徽标键，可以打开“开始”菜单，在用户操作过程中，会用它打开大多数的应用软件，在以后的章节中再详细介绍“开始”菜单。

(2)搜索框：在Windows 10中，搜索框和微软小娜(Cortana)高度集成，在搜索框中直接输入关键词或打开“开始”菜单输入关键词，即可搜索相关的应用程序、网页和用户文档等。

(3)任务视图：任务栏搜索框右侧的“任务视图”方便用户管理多个桌面和根据时间轴快速找到最近打开过的文件。我们经常需要开启多个程序或窗口，但是当所有开启的窗口都拥挤在同一个桌面上时，可能会影响工作效率。在任务视图里，用户可以新增多个桌面，并根据不同的作业环境需求，将开启的程序放在不同的桌面上。比如将微信和PPT放到不同的桌面上，当使用PPT进行投影演示时，就不会受到微信信息通知的影响。

(4)快速启动区：它由一些小型的按钮组成，单击可以快速启动程序，默认情况下，包括Microsoft Edge、文件资源管理器、Microsoft Store和邮件图标。用户可以把经常使用的应用程序固定在快速启动区，做到一键启动。该方式比从开始菜单或桌面快捷方式启动应用程序便捷很多。

(5)程序按钮区：程序按钮区中显示正在运行的应用程序和文件的按钮图标。在打开很多文档和程序窗口时，任务栏组合功能可以在任务栏上创建更多的可用空间。例如，如果打开了10个窗口，其中3个是写字板文档，则将这3个写字板文档的任务栏按钮组合在一起成为一个名为“写字板”的按钮。单击该按钮然后选择某个文档，即可把该文档的窗口设为当前窗口。

(6)通知区域：在任务栏的通知区域中可以查看当前时间。该区域中也会显示一些系统事件的通知图标(如检测到新硬件)。一些应用程序窗口最小化后也会出现在该区域，点击该区域的图标可以打开相应的程序窗口。如果通知区域里的图标在一段时间内未被使用，它们会自动隐藏起来。如果图标被隐藏，则单击通知区域左边的箭头可以临时显示隐藏的图标，还可以通过将通知区域中的图标拖动到所需的位置来更改图标在通知区域的顺序。

(7)显示桌面按钮：单击位于任务栏最右边的显示桌面按钮可以达到快捷显示桌面的目的，特别是计算机当前打开很多窗口而又要打开桌面资源的时候特别有用。

任务栏在非锁定状态时，把鼠标指针移动到任务栏上的非按钮区并按住鼠标左键拖动任务栏到桌面其他边缘再放手，这样任务栏可以被拖动到桌面的任意边缘。我们也可以改变任务栏的宽度和调节任务栏各组成部分所占的比例。

2.2.6 Windows“开始”菜单

“开始”菜单按钮是Windows操作系统中非常经典的一个功能。在Windows 10操作系统中，“开始”菜单重新回归，与Windows 7中的“开始”菜单相比，界面经过了全新的设计，如图2.10所示。“开始”菜单左半部分是本机已安装的按拼音排序的程序列表，右半部分则是与Windows 8类似风格的迷你版的开始屏幕。

1. 在“开始”菜单中查找程序

单击程序列表顶部的“最近添加”或排列的首字母，可以显示排序列表，单击排序列表中高亮显示的索引字符快速定位到应用程序。另外，在“开始”菜单下的搜索框中，输入应用程序关键字，也可以快速查找应用程序。也可以把常用的应用程序图标从程序列表拖动到“开始”菜单右侧的“高效工作”下方区域，达到快速打开应用程序的目的。

2. 将应用程序固定到“开始”屏幕

打开“开始”菜单，在所有程序列表中，右击要固定到“开始”屏幕的程序，在弹出的菜单中选择“固定到‘开始’屏幕”命令，即可将该应用程序固定到“开始”屏幕中。如果要从开始屏幕取消固定，右击“开始”屏幕中的程序，在弹出的菜单中选择“从‘开始’屏幕取消固定”命令即可。

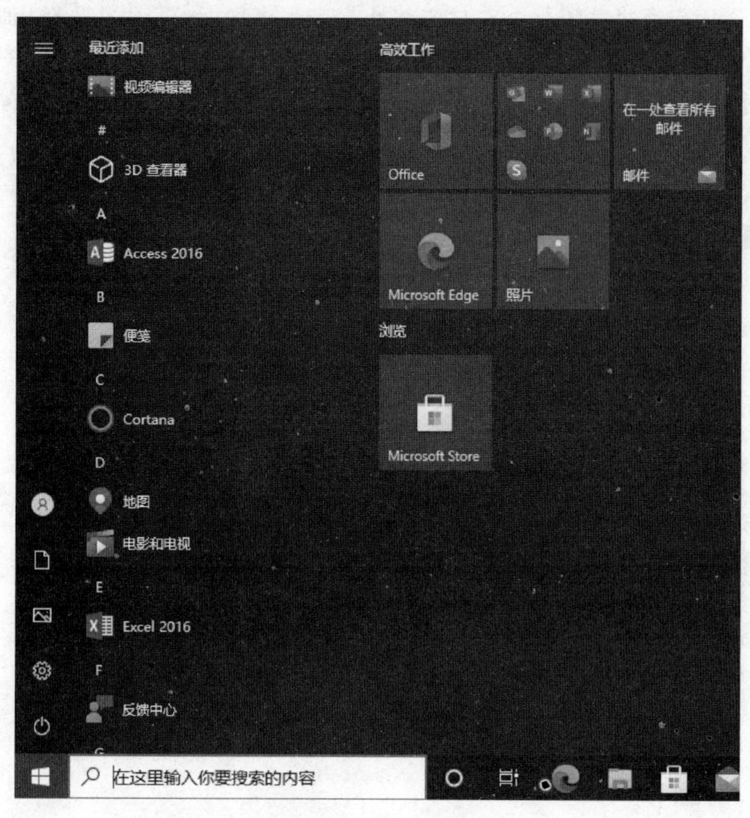

图 2.10 “开始”菜单

3. 动态磁贴的使用

动态磁贴是“开始”屏幕界面中的图形方块，通过它可以快速打开应用程序，磁贴中的信息会根据时间或事件动态变化，图 2.11(a)是开始屏幕中开启了动态磁贴的日历程序，图 2.11(b)则是未开启动态磁贴的日历程序，我们发现，动态磁贴显示了当前的日期和星期。

我们可以很方便地改变“开始”屏幕中磁贴的大小和位置。

(1) 磁贴大小的设置：在磁贴上右击，在弹出的快捷菜单中选择“调整大小”命令，在弹出的子菜单中有小、中、宽、大四种定义好的磁贴大小。

(2) 磁贴位置的调整：选择要调整位置的磁贴，按住鼠标左键不放，拖曳到任意位置或分组，松开鼠标即可完成磁贴位置的调整。

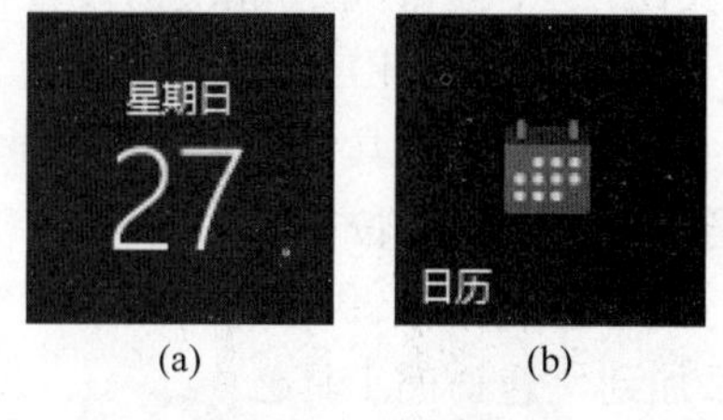

(a) (b)

图 2.11 动态磁贴

4. 调整“开始”菜单的大小

要调整“开始”菜单的大小，只需将鼠标放在“开始”菜单的边栏上，当鼠标指针变为水平调整或垂直调整形状时，按住鼠标左键拖曳，即可调整“开始”菜单的大小。

2.2.7 Windows 窗口的操作方法

当用户打开一个文件或者应用程序时，都会出现一个窗口，窗口是用户进行操作时的重要组成部分，应熟练地掌握对窗口的各项操作。

1. 窗口的组成

窗口是屏幕上与一个应用程序相对应的矩形区域，是用户与应用程序之间的可视操作界面。当用户开始运行一个应用程序时，应用程序就创建并显示一个窗口；当用户操作窗口中的对象时，程序会做出相应的反应。用户通过关闭一个窗口来终止一个程序的运行,通过选择相应的应用程序窗口来选择相应的应用程序。

如图 2.12 所示是“此电脑”窗口,由标题栏、地址栏、工具栏、导航窗格、内容窗格、搜索框和细节窗口等部分组成。

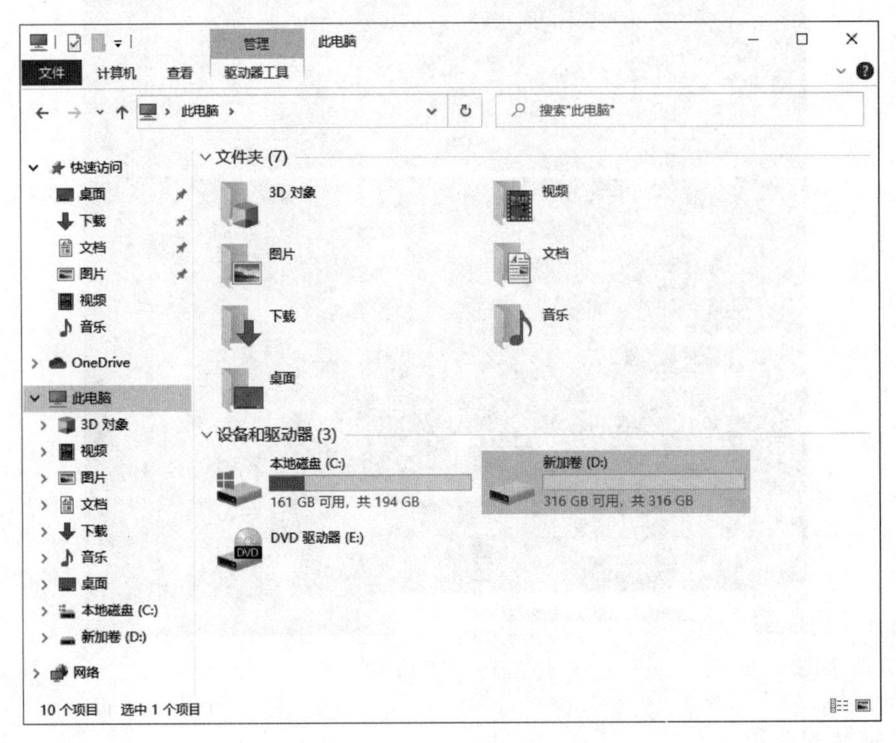

图 2.12 “此电脑”窗口

1) 标题栏

标题栏位于窗口的最上方,显示了当前的目录位置。标题栏右侧分别为“最小化”“最大化/还原”“关闭”三个按钮,单击相应的按钮可以执行相应的窗口操作。

2) 快速访问工具栏

快速访问工具栏位于标题栏的左侧,显示了当前窗口图标和查看属性、新建文件夹、自定义快捷访问工具栏三个按钮。

单击“自定义快速访问工具栏”按钮,弹出下拉列表,用户可以单击勾选列表中的功能选项,将其添加到快速访问工具栏中。

3) 菜单栏

菜单栏位于标题栏下方,包含了当前窗口或窗口内容的一些常用操作菜单。在菜单栏的最右侧为“展开功能区/最小化功能区”和“帮助”按钮。

4) 地址栏

地址栏位于菜单栏的下方,主要反映了从根目录开始到现在所在目录的路径,单击地址栏即可看到具体的路径。

在地址栏中直接输入路径地址,单击“转到”按钮或按 Enter 键,可以快速到达要访问的位置。

5) 控制按钮区

控制按钮区位于地址栏的左侧,主要用于返回、前进、上移到前一个目录位置。单击下三角按钮 ⌄ ,打开下拉菜单,可以查看最近访问的位置信息,单击下拉菜单中的位置信息,可以快速进入该位置目录。

6）搜索框

搜索框位于地址栏的右侧，通过在搜索框中输入要查看信息的关键字，可以快速查找当前目录中相关的文件、文件夹。

7）导航窗格

导航窗格位于控制按钮区下方，显示了计算机中包含的具体位置，如快速访问、OneDrive、此电脑、网络等，用户可以通过左侧的导航窗格，快速访问相应的目录。另外，用户也可以单击导航窗格中的“展开”按钮和“收缩”按钮，显示和隐藏详细的子目录。

8）内容窗口

内容窗口位于导航窗格右侧，是显示当前目录的内容区域，也叫工作区域。

9）状态栏

状态栏位于导航窗格下方，会显示当前目录文件中的项目数量，也会根据用户选择的内容，显示所选文件或文件夹的数量、容量等属性信息。

10）视图按钮

视图按钮位于状态栏的最右侧，包含了“在窗口中显示每一项的相关信息”和“使用大缩略图显示项”两个按钮，用户可以单击选择视图方式。

2. 打开和关闭窗口

打开和关闭窗口是应用程序的基本操作，下面主要介绍其操作方法。

1）打开窗口

在 Windows 10 中，双击桌面的应用程序图标，即可打开窗口。在“开始”菜单列表、快速启动工具栏中单击应用程序图标也可以打开应用程序的窗口。

另外，在桌面上的应用程序图标中右击，在弹出的快捷菜单中，选择“打开”命令，也可以打开窗口。

2）关闭窗口

窗口使用完后，用户可以将其关闭。常见的关闭窗口的方法有以下几种。

(1) 使用关闭按钮：单击窗口右上角的“关闭”按钮，即可关闭当前窗口。

(2) 使用快速访问工具栏：单击快速访问工具栏最左侧的窗口图标，在弹出的快捷菜单中单击“关闭”按钮，即可关闭当前窗口。

(3) 使用标题栏：在标题栏上右击，在弹出的快捷菜单中选择“关闭”菜单命令即可。

(4) 使用任务栏：在任务栏上右击需要关闭的程序，在弹出的快捷菜单中选择“关闭窗口”菜单命令。

(5) 使用快捷键：在当前窗口上按 Alt+F4 组合键，即可关闭窗口。

3）移动窗口的位置

当窗口没有处于最大化或最小化状态时，将鼠标指针放在需要移动位置的窗口的标题栏上，按住鼠标左键不放，拖曳标题栏到需要移动到的位置，松开鼠标，即可完成窗口位置的移动。

4）调整窗口的大小

默认情况下，打开的窗口大小和上次关闭时的大小一样。用户将鼠标指针移到窗口的边缘，当鼠标指针变为水平调整或垂直调整形状时，拖曳鼠标，可以上下或左右移动边框，以纵向或横向改变窗口大小。指针移动到窗口的四个角，鼠标指针变为沿对角线调整形状时，拖曳鼠标，可沿水平和垂直两个方向放大或缩小窗口。

另外，单击窗口右上角的最小化按钮，可使当前窗口最小化；单击最大化按钮，可以使当前窗口最大化；在窗口最大化时，单击“向下还原”按钮，可还原到窗口最大化之前的大小。

在当前窗口中，双击窗口的标题栏，可使当前窗口最大化，再次双击窗口的标题栏，可以向下还原窗口。

5）切换当前窗口

如果同时打开了多个窗口，用户有时会需要在各个窗口之间进行切换操作。

(1) 使用鼠标切换：如果打开了多个窗口，使用鼠标在需要切换的窗口中任意位置单击，该窗口即可出现在所有窗口的最前面。另外，将鼠标指针停留在任务栏的某个程序图标上，该程序图标上方会显示该程序的预览小窗口，在预览小窗口中移动鼠标指针，桌面上也会同时显示该程序窗口。如果是需要切换的窗口，单击该预览小窗口或任务栏上的程序图标即可把该程序窗口设为当前窗口。

(2) 使用 Alt+Tab 组合键切换：在 Windows 10 系统中，按键盘上主键盘区中的 Alt+Tab 组合键切换窗口时，桌面中间会出现当前打开的各程序预览小窗口，按住 Alt 键不放，每按一次 Tab 键，就会切换一次，直到切换到需要打开的窗口。

(3) 使用 Win+Tab 组合键切换：在 Windows 10 系统中，按键盘上主键盘区中的 Win+Tab 组合键或单击“任务视图”按钮，即可显示当前桌面环境中的所有窗口缩略图，在需要切换的窗口上单击，即可快速切换。

6）窗口贴边显示

在 Windows 10 系统中，当需要同时处理两个窗口时，可以按住一个窗口的标题栏，拖曳至屏幕左右边缘或角落位置，窗口会出现气泡，此时松开鼠标，窗口即会贴边显示。

2.2.8 Windows 菜单的基本操作

菜单是将命令用列表的形式组织起来，当用户需要执行某种操作时，只要从中选择对应的菜单项，即可完成相应的操作。

为了叙述方便，当连续选择多级菜单的菜单项时，用“一级菜单”→“二级菜单”来表示。例如叙述：选择“文件”→“关闭”命令就表示选择“文件”菜单的子菜单“关闭”命令。

Windows10 的菜单主要有下拉式菜单和弹出式快捷菜单两种类型。出现在菜单中的菜单选项，形态是各种各样的，菜单的不同形态代表不同的含义。

- 右端带箭头（>），表示该菜单项还有下一级菜单，选中该菜单项将自动弹出子菜单，如图 2.13 所示的菜单项“分组依据”。
- 右端带省略号（...），表示选中该菜单项时，将弹出一个对话框，要求用户指定一些必要的信息，如图 2.13 所示中的菜单项“自定义文件夹(F)...”。
- 呈灰色显示的菜单，表示该菜单项目前不能使用，原因是执行这个菜单项的条件不够，如图 2.13 所示中的菜单项“粘贴快捷方式”。

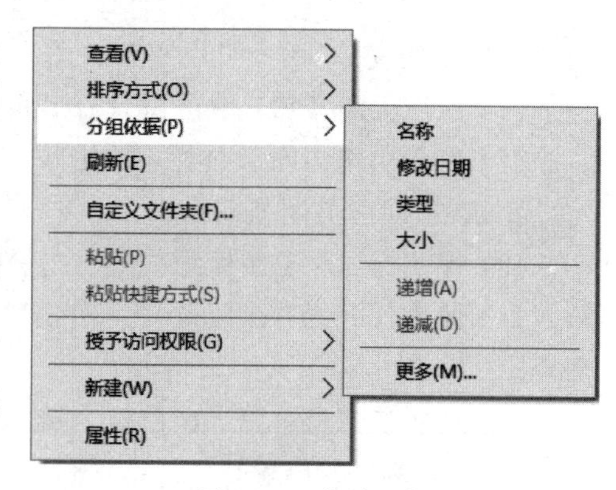

图 2.13 菜单示例

- 左侧带选中标记的菜单项是以选中和清除选中进行切换的。Windows 10 中选中标记常见的有 ✓ 或 ●。✓ 的作用像开关，有 ✓ 时表示该项正在起作用，无 ✓ 时表示不起作用，如图 2.14 所示中的菜单项“自动排列图标”。● 的作用是互斥的，在一组选项中，只有带 ● 的选项有效。所以图 2.14 中的“大图标”“中等图标”“小图标”3 个选项只能有一个被选中。
- 名字后面的字母和组合键。紧跟菜单名后的括号中的单个字母是当菜单被打开时，可通过键盘键入该字母执行菜单项。如图 2.14 所示中，当下拉式菜单已经弹出时，按 R 键或用鼠标单击“个性化”项都可以执行“个性化”菜单项。菜单后面的组合键是在菜单没有打开时执行该菜单项的快捷操作键，如图 2.15 所示中，在菜单尚未弹出时，按 Alt+F4 组合键，就可以执行“关闭”菜单项。

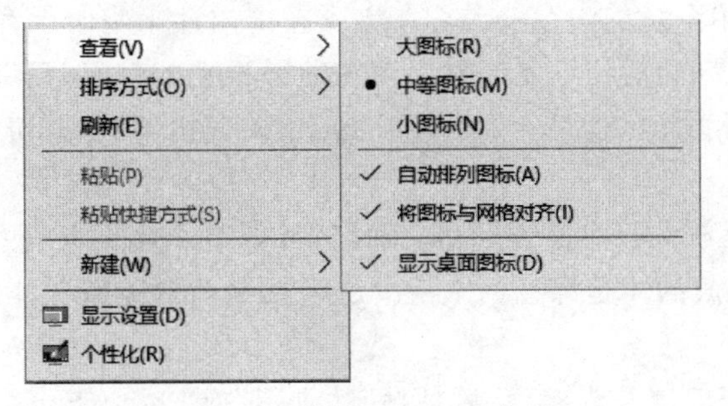

图 2.14 带选中标记的菜单

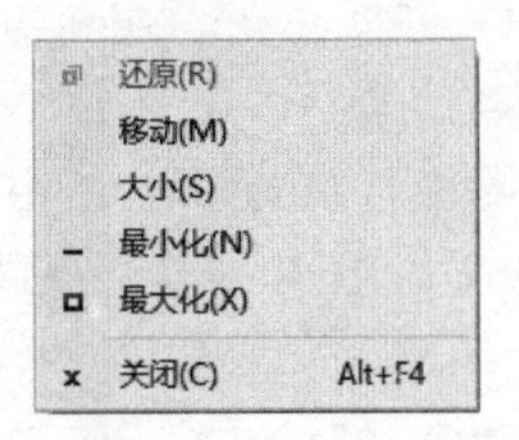

图 2.15 菜单组合键

2.2.9 Windows 对话框的操作

对话框是 Windows 的一种特殊窗口,是人机交互的基本手段。用户可以在对话框中设置选项,使程序按指定方式执行。对话框与一般窗口有许多共同之处,如系统菜单和标题栏等,但它有自己的特点,如对话框不能最大化和最小化,一个应用程序一旦弹出对话框,用户则不能忽略该对话框并在该应用程序中进行其他操作。在 Windows 系统中,对话框的形态有很多种,复杂程度也各不相同。如图 2.16 所示是一个比较复杂的对话框。

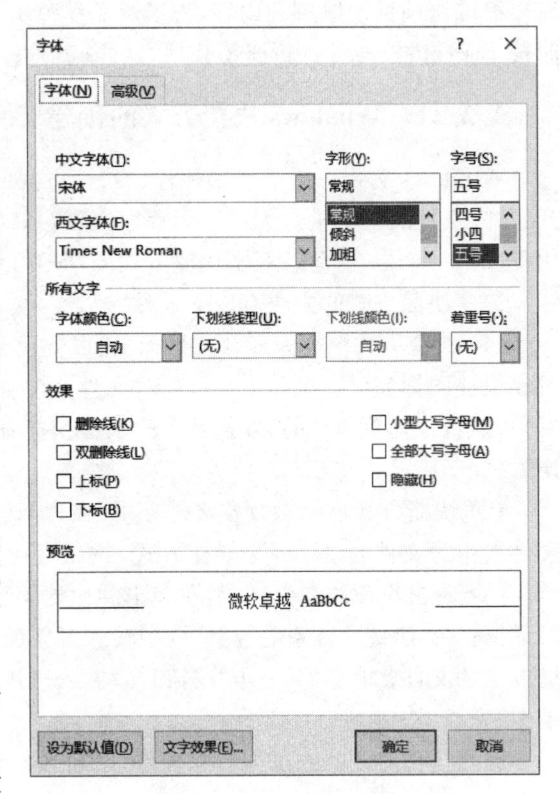

图 2.16 对话框示例

下面介绍在对话框中经常出现的对象。

(1) 标题栏:标题栏中给出对话框的名称。

(2) 命令按钮:命令按钮常用来确定输入项或打开一个辅助的对话框,常见的命令按钮有以下几种。

① “确定”按钮:保存对话框中的设置并关闭对话框。

② “取消”按钮:忽略对话框中刚刚修改过的设置并关闭对话框。

③ “应用”按钮:使对话框中的设置立即生效。可能不会关闭当前对话框。

(3) 列表框:用户可通过滚动条或下拉箭头在列表框中查看列表内容,然后选择需要的项目。

(4) 复选框:复选框是一个正方形的框,一个或多个同时出现。可以选中其中的一个或同时选中多个。当复选框中出现标记☑时,表示该选项将被使用;复选框没有选中时是☐,表示该选项将不起作用。

(5) 单选框:单选框是圆形的,通常以成组的形式出现,各选项之间互斥,在一组单选框中,每次只能选中其中的一个,选中的项目前有◉。

(6) 文本框:在文本框中单击后,出现编辑光标“|”,此时可以直接从键盘输入内容。

(7) 游标:拖曳游标中的滑块,可以在两个极限之间设定某一个值。

2.2.10 Windows 中剪贴板的操作

剪贴板实际上是 Windows 在计算机内存中开辟的一个临时存储区,用于在 Windows 程序之间、文件之间和文件内部传递信息。当对选定的内容进行复制、剪切或粘贴时就要用到剪贴板。

剪贴板内置在 Windows 中,并且使用系统的内存资源 RAM 或虚拟内存来临时保存剪切和复制的信息(如文件、文件夹、文本信息、图片等)。剪切或复制时保存在剪贴板上的信息,只有再剪切或复制其他的信息、断电、退出 Windows,或有意地清除时,才可能更新或清除其内容,即剪切或复制一次,就可以粘贴多次。

Windows 在复制文件时,剪贴板中存放的只是文件的信息而已,并非整个文件本身;只有在复制非文件,诸如文本、图片等时,剪贴板中存放的才是源数据本身。所以粘贴前删除原文件,粘贴操作将不能进行。

我们经常使用 Print Screen 键抓取当前屏幕内容,然后粘贴到"画图"或 Photoshop 之类的图像处理程序中进行后期的处理。当按下 Print Screen 键时,屏幕画面就被临时存放在剪贴板中。但通常只需要抓取当前活动窗口的内容,为了避免在每次截屏后都要进行适当的裁剪,可以在按住 Alt 键的同时按下 Print Screen 进行屏幕截图,这样截下来的图像仅仅是当前活动窗口的内容。

2.2.11 Windows 快捷方式的创建、使用及删除

Windows 为用户提供了一种称为快捷方式的资源访问形式。快捷方式指的是快速启动程序或打开文件/文件夹的手段。无论应用程序实际存储在磁盘的什么位置,相应的快捷方式都只是作为该应用程序的一个指针,通过双击快捷方式图标即可快速打开其指向的文件或文件夹。

创建快捷方式的方法有以下几种。

(1) 快捷方式图标一般放在桌面上,以方便用户快速访问磁盘中任意位置的文件或文件夹。要把对象快捷图标创建在桌面上,可以在"文件资源管理器"窗口中,右击要创建快捷方式的文件或文件夹对象,执行快捷菜单中的"发送到"→"桌面快捷方式"命令,便可以在桌面上创建了一个选定对象的快捷方式。

(2) 快捷方式也可以放在文件夹中,在资源管理器中右击文件后,选择"创建快捷方式",便在当前文件夹中为文件创建了一个快捷方式。然后我们可以把该快捷方式复制到其他地方,比如说桌面。

(3) 右击桌面的空白区域,在弹出的快捷菜单中选"新建"→"快捷方式"项,弹出"创建快捷方式"对话框;在"请键入对象的位置"框中输入对象的路径和文件名;或单击"浏览"按钮查找需要创建快捷方式的文件;单击"下一步"按钮,在"键入该快捷方式的名称"框中输入新创建的快捷方式的名称,单击"完成"按钮。

删除快捷方式的方法与删除文件方法相同,删除对象的快捷方式并不会删除对象本身。

2.2.12 Windows 中的命令行方式

要打开命令提示符,在任务栏的搜索框中输入 cmd 或者"命令提示符",在匹配栏中单击"命令提示符"图标或"打开"命令打开"命令提示符"窗口。命令提示符窗口如图 2.17 所示。

在命令提示符下执行得最多的应该要算 ping(检测网络连通性)和 ipconfig(查看网卡设置)这两个命令。大多数命令在应用中都会与一些定义好的参数配合使用。要在命令行查看相关命令的使用帮助,可在命令提示符下输入"命令名称 /?",然后按 Enter 键。

当我们需要复制命令的输出内容时,可以在要执行的命令后面添加定向符号">"和"指定一个文本文件的路径",把命令的输出重新定向到指定的文本文件中。比如要把 ipconfig /all 命令输出保存到 D 盘根目录下的 output.txt 文本文件中,则可以执行 ipconfig /all >D:\output.txt。

2.2.13 获取系统的帮助信息

可以通过以下几种方式获取 Windows 的帮助信息。

(1) 搜索帮助:在任务栏的搜索框中输入问题或关键字,以查找应用、文件和设置并从互联网中获取帮助。

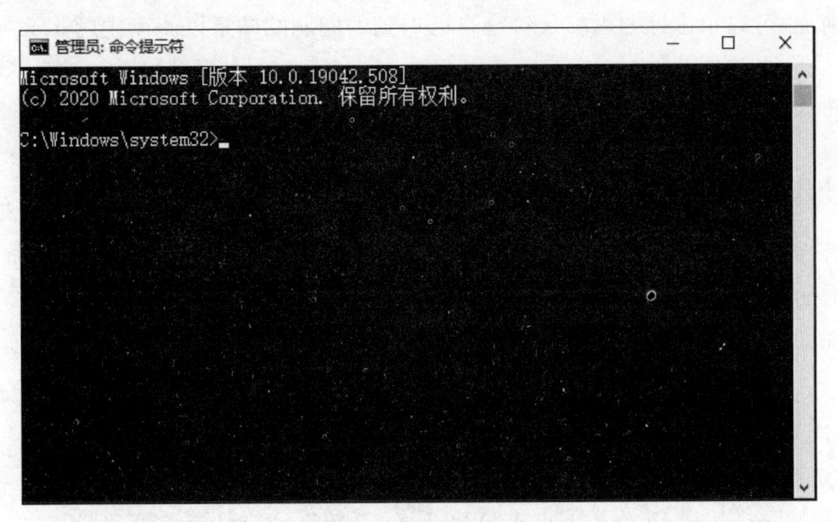

图 2.17　命令提示符窗口

(2) 访问微软的官网：可以访问 support. microsoft. com/windows，打开微软官方的 Windows 帮助和学习页面，在这里可以查找更加复杂的问题的答案，浏览不同类别的技术支持内容，甚至可以联系支持人员。

(3) 获取帮助：每个打开的“设置”窗口中都有一个“获取帮助”链接，单击该链接可以打开如图 2.18 所示的“获取帮助”窗口，了解所使用设置主题的详细信息，也可以在打开的“获取帮助”窗口的搜索框里输入想要查找的其他问题的关键字，以查找问题的解答。

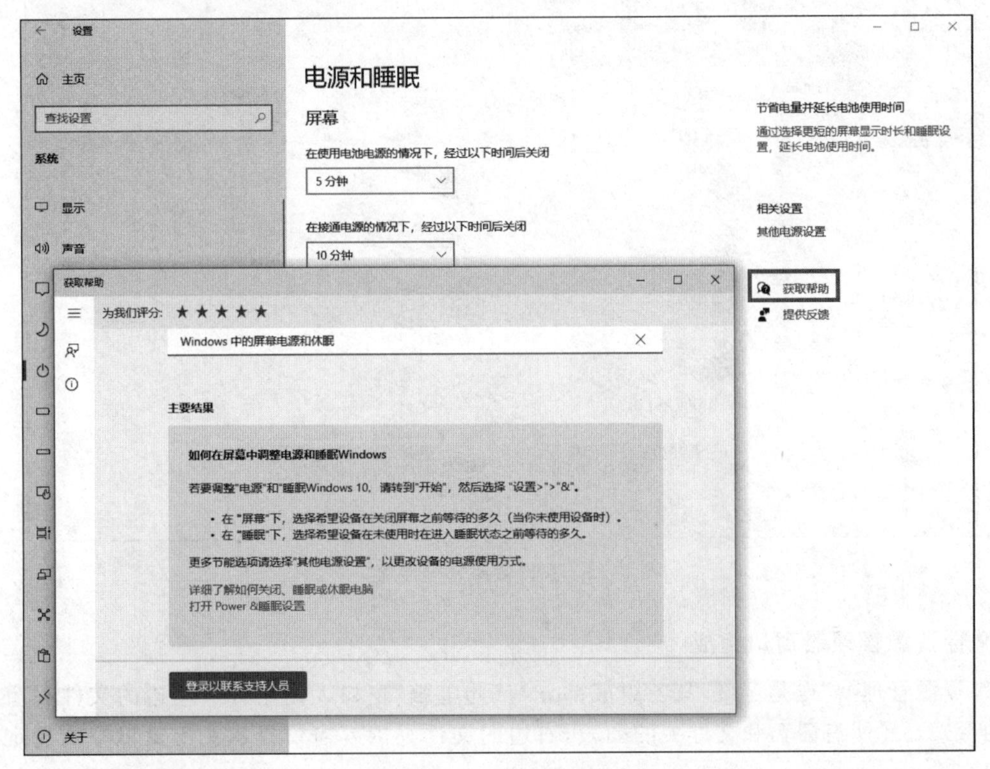

图 2.18　“获取帮助”窗口

Windows 10 针对操作系统中的所有功能提供了广泛的帮助。获得帮助的最快方法是在任务栏的搜索框中输入相应的关键字，以查找相关的帮助信息。例如，若要获得与无线网络有关的信息，在搜索框中输入“无线网络”，然后按 Enter 键开始查找与“无线网络”相关的帮助信息。一般最有用的结果显示在最前面，可以单击标题内容最符合自己遇到的问题的结果以阅读主题。

2.3 管理 Windows 的文件和文件夹

2.3.1 使用文件资源管理器

文件资源管理器显示了本地计算机上文件、文件夹和其他资源的分层结构，同时也可以浏览映射到用户计算机上的所有网络驱动器中的内容。使用文件资源管理器，可以复制、移动、重新命名以及搜索文件和文件夹。例如，可以打开要复制或移动其中文件的文件夹，然后将该文件拖动到其他文件夹或驱动器中。

1. 文件资源管理器的启动

启动“文件资源管理器”的常用方法有以下几种。

(1) 单击“开始”按钮，在 W 分类下点击“Windows 系统”→“文件资源管理器”。

(2) 在任务栏的快速启动区中，单击“文件资源管理器”按钮。

(3) 右击“开始”按钮，选择快捷菜单中的“文件资源管理器”。

(4) 使用 Win+E 组合键快速打开文件资源管理器。

文件资源管理器窗口如图 2.19 所示。

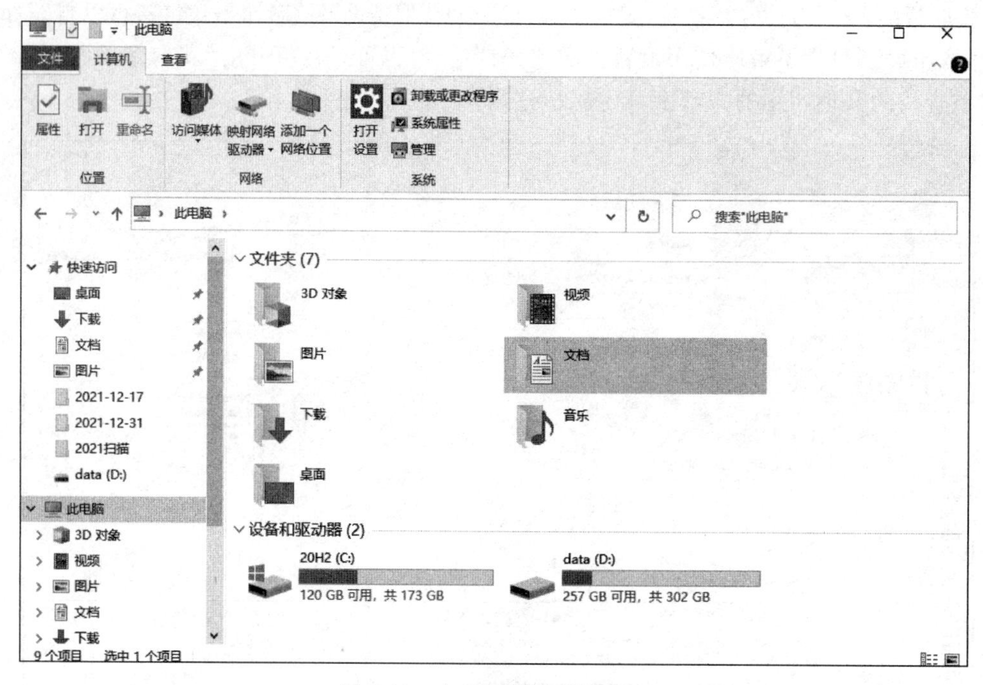

图 2.19 文件资源管理器窗口

2. 文件资源管理器窗口组成

“文件资源管理器”也是窗口，其各组成部分与“此电脑”窗口大同小异。左边的文件夹窗口以树形目录的形式显示所有磁盘和文件夹的列表，右边的文件夹内容窗口显示左边窗口中所选定的文件夹中的内容。

把鼠标移动至左边的窗格中，若驱动器或文件夹前面有 › 号，表明该驱动器或文件夹有下一级子文件夹，单击该 › 号可展开其所包含的子文件夹，当展开驱动器或文件夹后，› 号会变成 ⌄ 号，表明该驱动器或文件夹已展开，单击 ⌄ 号，可折叠已展开的内容。例如，单击左边窗格中“此电脑”前面的 › 号，将显示“此电脑”中所有的磁盘信息，选择需要的磁盘前面的 › 号，将显示该磁盘中所有的内容。

在文件资源管理器窗口的左窗口和右窗口之间，将鼠标指针置于窗口分隔条上，当鼠标指针变为水平调整样式时，按住鼠标左键左右拖曳，窗口分隔条随之移动，从而改变左右窗口的相对大小。

2.3.2　Windows的文件、文件夹(目录)、路径的概念

文件是操作系统用来存储和管理磁盘上信息的基本单位。计算机中的所有信息都是存放在文件中的。文件是按名存取的，每个文件必须有一个确定的名字，一个完整的文件名由“主文件名＋.＋扩展名”组成，如filename.exe。文件夹也叫目录，是文件的集合体，文件夹中可以包含多个文件、子文件夹。

文件路径就是文件在计算机中的具体位置，是操作系统在磁盘上寻找文件时，所经历的各级文件夹线路。要指定文件的完整路径，应先输入逻辑盘符号，后面紧跟一个冒号:和反斜杠\，然后依次输入各级文件夹名，各级文件夹之间用反斜杠\分隔，例如C盘下Windows文件夹下的子文件夹system下有一个文件file.exe，那么此文件所在目录的完整路径为：C:\Windows\system\file.exe。

1. 文件和文件夹的命名

计算机中的信息是以文件的形式存储在磁盘上的，所有的文件都按文件名访问。在Windows中文件结构采用树型目录结构。在同一级的同一文件夹中不能有同名文件或文件夹。

文件命名规则如下。

(1) 文件名或文件夹名的长度：默认情况下，Windows 10操作系统中路径加文件名的总长度不能超过260个字符。

(2) 文件名构成：主文件名.扩展名(其中扩展名用来标识文件类型)。

(3) 文件或文件夹名中不能含有以下圆括号中的9种字符:(\ / : * ? " ＜ ＞ |)。

(4) Windows文件名中的英文字母不区分大小写。

2. 文件类型

(1) 程序文件，扩展名常为.com、.bat和.exe，双击文件名或图标可直接运行。

(2) 文本文件，扩展名常为.txt、.doc、.docx。

(3) 图像文件，扩展名常为.bmp、.tif、.gif、.jpg等。

(4) 多媒体文件，扩展名常为.wav、.mid、.mp3、.avi、.mp4等。

(5) 其他类型文件。电子表格文件扩展名为.xls或.xlsx，演示文稿扩展名为.ppt或.pptx，因特网网页所用的超文本标识语言文件扩展名为.htm或.html等。

2.3.3　管理文件和文件夹

1. 新建文件或文件夹

创建新的文件夹可用来存放文件或文件夹，创建新文件夹可执行下列操作步骤。

(1) 双击桌面上“此电脑”图标，打开“此电脑”窗口。

(2) 按需进入需要新建文件夹或文件的目录中。

(3) 依次单击窗口功能区域的“主页”→“新建文件夹”命令，或在空白处右击，在弹出的快捷菜单中选择“新建”→“文件夹”命令，即可新建一个文件夹。

(4) 在新建的文件夹名称文本框中输入文件夹的名称，按Enter键或单击其他地方即可。

在创建文件夹的第(3)步中，如果选择“新建项目”列表中的某类文件，则可以新建所选类型的文件。当系统中安装了编辑类的应用软件后(如微软的Office应用软件)，在新建项目列表中会增加相应类型的新建文件命令。

2. 选定文件或文件夹

对文件和文件夹的选定、重命名、移动、复制、删除等操作都是一样的，所以下述相关小节，不再区

别对待。选定文件或文件夹操作分以下几种情况。

(1) 选择单个文件或文件夹：单击该文件或文件夹。

(2) 选择多个连续的文件或文件夹：按住 Shift 键不放，单击第一个文件或文件夹和最后一个文件或文件夹。

(3) 选择处于同一矩形区域内的多个文件或文件夹：在想要选定的区域的 4 个顶点之一按住鼠标左键并向矩形区域的对顶角拖动鼠标，则鼠标经过的区域内的文件或文件夹将被选中。

(4) 选择多个不连续的文件或文件夹：单击第一个文件或文件夹，按住 Ctrl 键，单击其余要选择的文件或文件夹。当选择完后发现选错了，同样可以按住 Ctrl 键，单击选错的那个文件或文件夹，让其取消选择。

(5) 选择所有文件或文件夹：按下 Ctrl＋A 组合键，或单击 Ribbon 功能区中的"主页"→"全部选择"命令。

当然也可以根据需要，综合应用以上五种选定文件或文件夹操作中的某几个，选定更加复杂情况的文件或文件夹组合。

3. 重命名文件或文件夹

重命名文件或文件夹操作一般都是针对单个文件或文件夹，但用户也可以同时对选定的多个文件、文件夹实施重命名操作。重命名文件或文件夹的具体操作步骤如下。

(1) 选定想要重命名的文件或文件夹。

(2) 进入重命名编辑状态，进入该状态有以下四种常用方法。

① 直接按下快捷键 F2。

② 依次单击窗口功能区域的"主页"→"重命名"命令。

③ 右击已选择的文件或文件夹，在弹出的菜单中选择"重命名"命令。

④ 在已选定的文件或文件夹的名称处单击，注意是名称处单击而不是在图标处单击。

(3) 输入文件或文件夹的新名称。

(4) 按 Enter 键让新名称生效。

4. 移动、复制文件或文件夹

移动文件或文件夹就是将文件或文件夹放到其他地方，执行移动命令后，原位置的文件或文件夹消失，出现在目标位置；复制文件或文件夹就是将文件或文件夹复制一份，放到其他地方，执行复制命令后，原位置和目标位置均有该文件或文件夹的相同备份。移动和复制文件或文件夹的操作步骤如下。

(1) 选择要进行移动或复制的文件或文件夹。

(2) 依次单击窗口功能区域的"主页"→"剪切"或"复制"命令，或右击，在弹出的快捷菜单中选择"剪切"或"复制"命令。

(3) 选择目标位置。

(4) 依次单击窗口功能区域的"主页"→"粘贴"命令，或右击，在弹出的快捷菜单中选择"粘贴"命令即可。

5. 删除文件或文件夹

删除磁盘中不再有用的文件或文件夹，可以释放磁盘空间。被删除的文件或文件夹通常只是被放入回收站，只要回收站没有清空，这些文件或文件夹还可以被恢复。只有当回收站中的文件或文件夹被清空后，文件或文件夹才真正被删除。

常用删除文件或文件夹的方法有以下几种。

(1) 选定要删除的文件或文件夹，单击 Ribbon 功能区中"主页"→"删除"命令，屏幕上弹出"删除文件"确认对话框，单击"是"确认删除，单击"否"则不删除。

(2) 将选中的文件或文件夹直接拖曳到桌面上的“回收站”图标上，松开鼠标，也可以实现文件的删除。

(3) 选定文件后，按键盘上的 Delete 键，可以将文件放入回收站；按 Shift+Delete 组合键，则直接将文件从 Windows 中永久删除。

6. 搜索文件或文件夹

当需要使用计算机中的某个文件或文件夹，却忘记了该文件或文件夹存放的具体位置和名称时，我们可以使用文件资源管理器窗口右上角的搜索框查找文件或文件夹。在搜索框中输入要搜索的对象名称并按 Enter 键之后，就会在文件资源管理器右边的“文件列表”区域中显示出对象名中包含此关键字的所有文件或文件夹。当文件或文件夹的名称不确定时，可以用通配符代替，Windows 中常用“*”代表任意多个字符，用“?”代表任意单个字符。如图 2.20 所示的搜索结果窗口中输入的搜索内容是“202112*.JPG”，就可以在文件夹中搜索文件名以 202112 开头的所有 JPG 图片。我们也可以通过搜索工具添加修改日期、类型、大小、其他属性等条件过滤搜索到的文件。

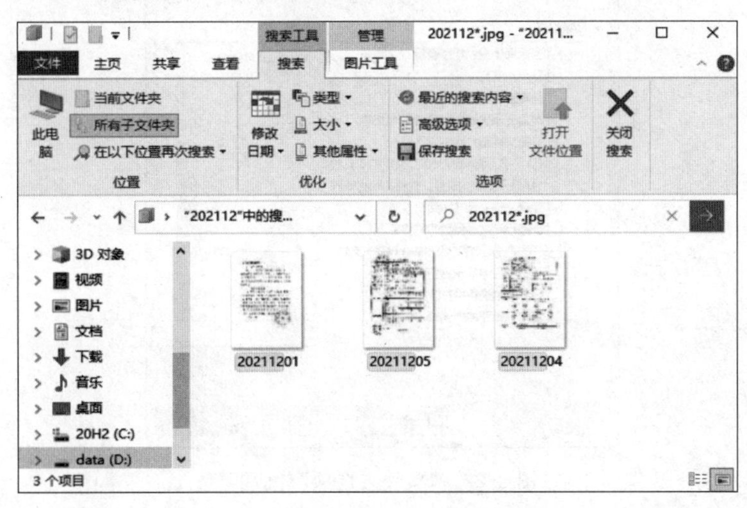

图 2.20 搜索结果窗口

还可以使用任务栏中的“搜索”框来快速查找存储在计算机上的文件、文件夹、程序和电子邮件。从任务栏搜索框搜索时，搜索结果中仅显示已建立索引的文件。计算机上的大多数文件会自动建立索引。例如，包含在库中的所有内容都会自动建立索引。

7. 更改文件或文件夹属性

右击某个文件或文件夹后，在弹出的快捷菜单中选择最下面的“属性”命令，在打开的属性窗口中显示有关文件或文件夹的信息，例如，大小、位置以及创建时间，文件是否为只读、隐藏等。若将文件或文件夹设置为“只读”，则该文件或文件夹不允许更改和删除；若将文件或文件夹设置为“隐藏”，则在常规显示方式中将看不到该文件或文件夹。

8. 设置文件夹查看属性

可以设置文件资源管理器中是否显示文件的扩展名和那些被设置为隐藏属性的文件，操作方法如下。

(1) 单击文件资源管理器中的“查看”选项卡，如图 2.21 所示，选中“显示/隐藏”栏目的“文件扩展名”和“隐藏的项目”选项。

(2) 在文件资源管理器中的“查看”选项卡中单击“选项”打开“文件夹选项”，弹出如图 2.22 所示的“文件夹选项”对话框，选择其中的“查看”标签，在“隐藏文件和文件夹”下面选中“显示隐藏的文件、文件夹和驱动器”，再取消选择“隐藏已知文件类型的扩展名”选项，按“确定”按钮退出对话框，就可以

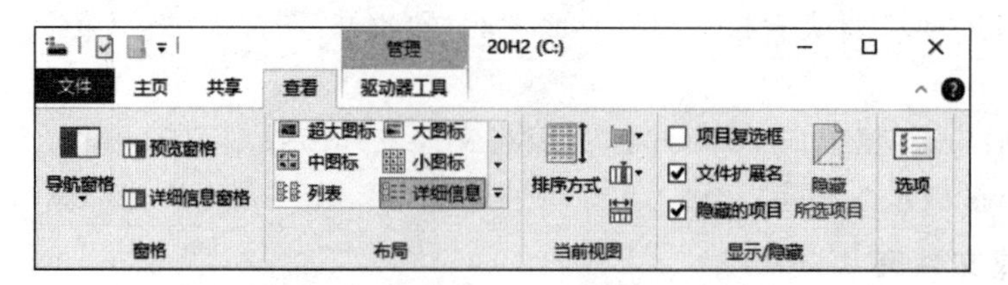

图 2.21　文件资源管理器中的“查看”选项卡

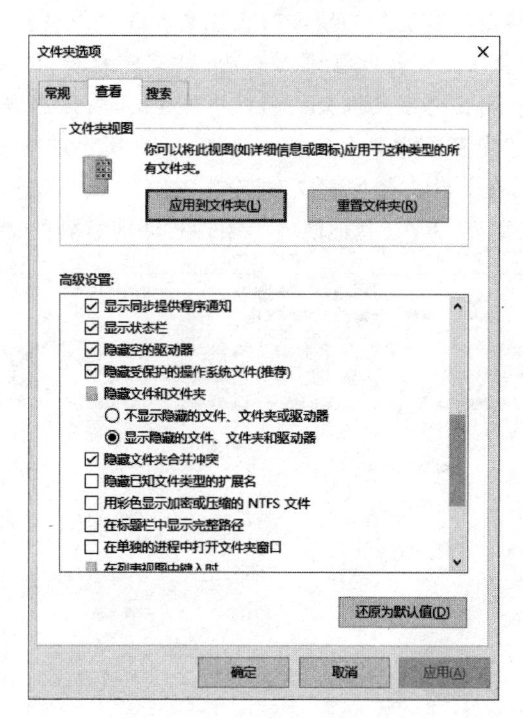

图 2.22　“文件夹选项”对话框

显示隐藏文件和全部文件的扩展名了。

其他选项也都是与文件资源管理器的显示内容有关的,可根据需要设置。

2.4　Windows 设置与系统环境设置

2.4.1　Windows 设置

Windows 在系统安装时,一般都给出了系统环境的最佳设置,但也允许用户对其系统环境中的各个对象的参数进行调整和重新设置。Windows 10 在保留控制面板的同时,推荐用户使用 Windows 设置来自定义系统的各类设置,提供了丰富的用于更改 Windows 的外观和行为方式的工具。用户可以使用它们对 Windows 进行设置,使其更适合用户的需要。例如,可以通过“鼠标”将标准鼠标指针替换为可以在屏幕上移动的动画图标,或通过“声音”将标准的系统声音替换为自己喜欢的声音。其他工具可以帮用户将 Windows 设置得更容易使用。例如,如果用户习惯使用左手,则可以利用“鼠标”更改鼠标按钮,以便利用鼠标右键执行选择和拖放等主要功能。

以下几种方法都可以快速打开 Windows 设置对话框。

(1) 单击“开始”菜单按钮,然后单击左侧的“设置”图标。

(2) 右击“开始”菜单按钮,在弹出的系统快捷菜单中单击“设置”选项。

(3) 在 Windows 10 任务栏中的搜索框中输入“设置”,在弹出的搜索结果中单击“设置”图标。

(4) 在文件资源管理器窗口中单击“此电脑”,然后把窗口顶部的菜单切换到“计算机”标签,在系统分类中单击“打开设置”按钮。

Windows 设置对话框如图 2.23 所示,它是 Windows 10 里的设置程序,相对于控制面板,它更加简洁、美观,使用起来更加方便、快捷。“Windows 设置”按照功能类别进行组织,单击类别图标或类别名即可打开相应项目的设置对话框。

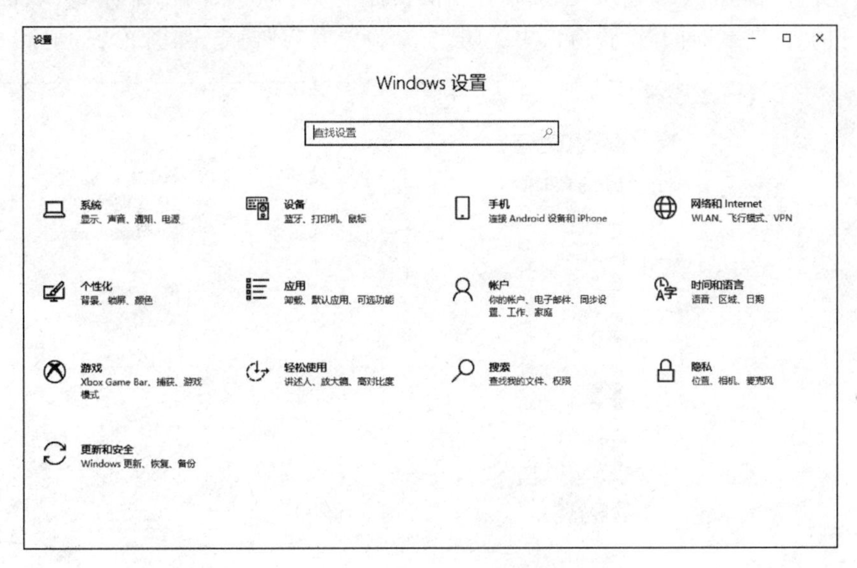

图 2.23 Windows 设置

除了使用“Windows 设置”进行系统设置,也可以使用“控制面板”进行系统设置。在任务栏中的搜索框或“Windows 设置”对话框的搜索框里输入“控制面板”,然后单击“控制面板”图标,即可打开控制面板按类别展示的窗口,如图 2.24 所示。选择右上角“查看方式”中的“大图标”或“小图标”选项,可以打开“控制面板”的经典视图。要打开某个项目,可单击它的图标。要查看“控制面板”中某一项目的详细信息,可以把鼠标指针指向该图标,会自动出现该项目的简要说明。

图 2.24 控制面板窗口

2.4.2 Windows 中时间与日期的设置

用户可以在任务栏中查看当前系统的日期和时间,也可以根据需要设置系统的日期、时间和更改自己所在的时区。

1. 更改日期和时间

在可以正常访问互联网的情况下，Windows 10 借助“同步时钟”功能，会自动跟系统设置的时间同步服务器(NTP)同步日期和时间。当然用户也可以手动更改系统中的日期和时间，操作步骤如下。

(1) 右击任务栏右侧的时间显示区域，在弹出的快捷菜单中选中“调整日期/时间”命令。

(2) 在打开的“日期和时间”设置窗口中关闭“自动设置时间”功能，如图 2.25 所示。

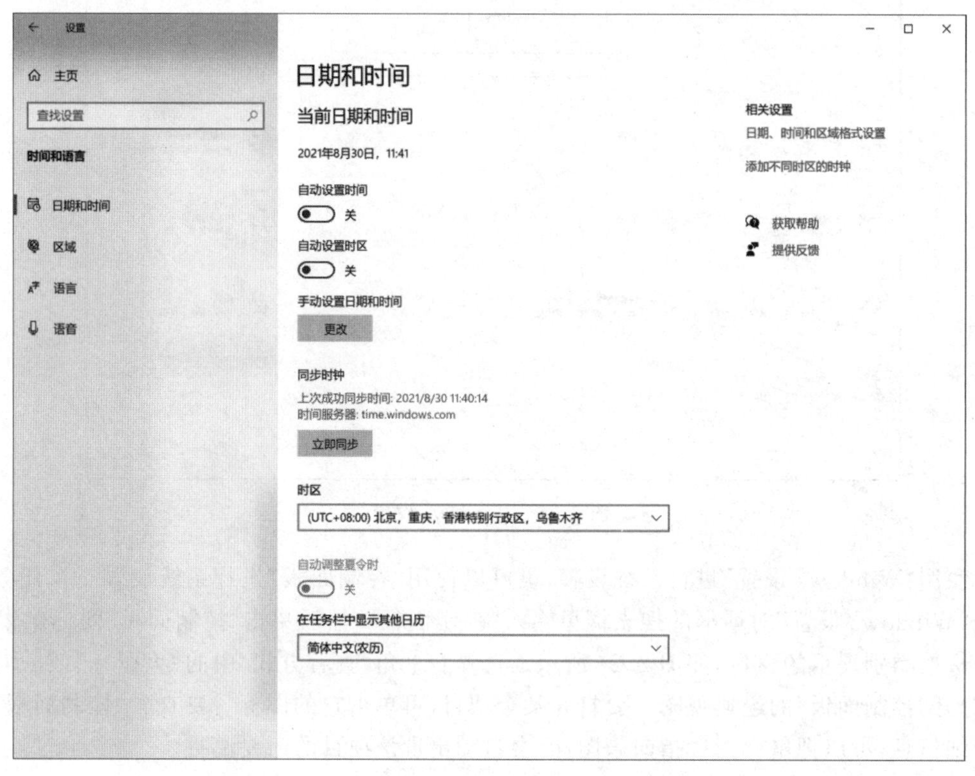

图 2.25 “日期和时间”设置窗口

(3) 单击“手动设置日期和时间”下的“更改”按钮，打开“更改日期和时间”设置框，如图 2.26 所示，设置好日期和时间后单击设置框中的“更改”按钮，即可完成系统日期和时间的设置。

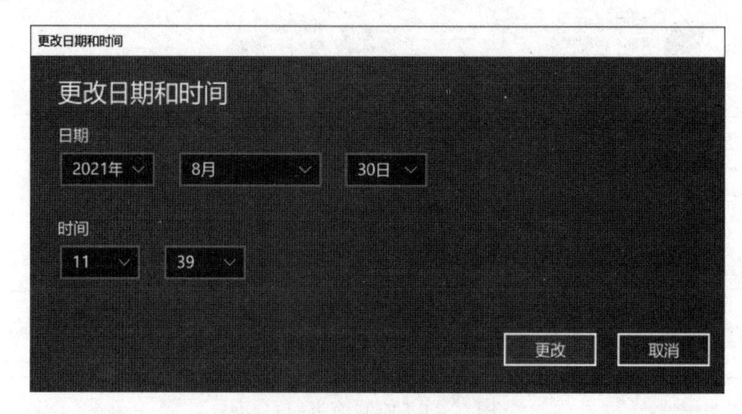

图 2.26 更改日期和时间

2. 设置附加时钟

通过对“附加时钟”选项卡的设置，可以让 Windows 最多显示三种时钟，第一种是本地时间，另外

两种是其他时区时间。设置其他时钟后，用户可以通过单击或指向任务栏时钟来查看。通过该功能可以轻松查看在其他国家和地区旅游或工作的亲人或朋友所在地的时间和日期。操作步骤如下。

(1) 在"日期和时间"设置窗口中，单击"相关设置"栏目下的"添加不同时区的时钟"链接。

(2) 在打开的"日期和时间"对话框中选择"附加时钟"选项卡，如图 2.27 所示，选中"显示此时钟"复选框，然后在"选择时区"下拉菜单中选中打算关注的城市所在的时区，在"输入显示名称"文本框中输入自定义的时钟名称，在本例中，选择并命名了东京和莫斯科两个时区的时钟。

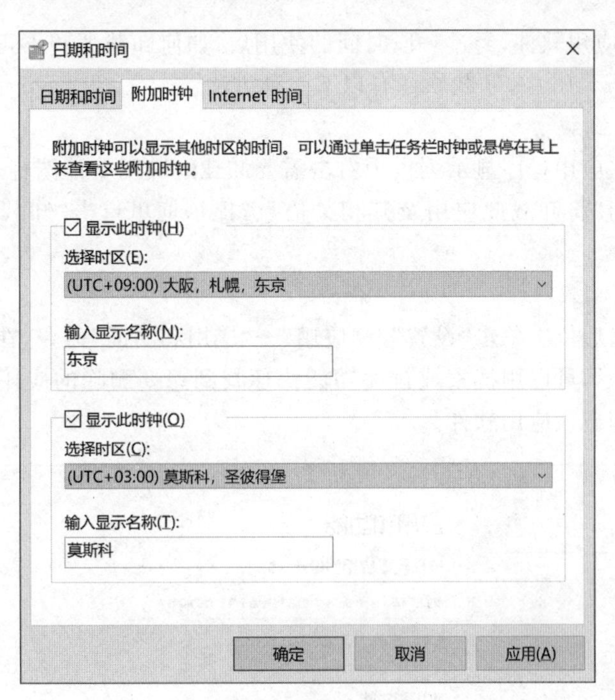

图 2.27　附加时钟

2.4.3　Windows 中添加和删除程序

Windows 作为操作系统，它的职责主要是对硬件的直接监管、对各种计算资源(如内存、CPU 资源等)的管理，以及提供诸如作业管理之类的面向应用软件的服务等。如果不在其上安装其他应用软件，那么只能利用 Windows 自带的一些应用软件，比如 Internet Explorer、记事本、画图等做一些很有限的事情。国内用户的计算机在安装完操作系统后，都会安装微软 Office 或金山 WPS 之类的办公软件、QQ 和微信等社交软件，以及视音频播放软件等常用软件。

1. 安装应用软件

在 Windows 中安装应用软件的方法取决于应用软件的安装文件所处的位置。通常，应用软件可以从安装光盘、Internet 或本地磁盘安装。

从安装光盘安装的大多数应用会自动打开程序的安装向导。在这种情况下，将显示"自动播放"对话框，然后用户可以选择运行该向导，并按照安装向导完成应用软件的安装。在安装的过程中如果出现"软件许可协议"对话框，则一定要选择"我同意此协议"，否则无法继续安装软件。其他步骤按照向导的默认设置，一直单击"下一步"按钮即可完成应用软件的安装。非免费软件可能需要输入软件厂商授权的序列号才能继续安装。安装过程中，可以选择应用软件安装的位置，默认是安装在系统盘下的 Program Files 目录中。如果安装向导没有自动打开，则可以尝试浏览光盘，看里面是否有安装说明。也可以浏览整张光盘，找到类似 Setup. exe 或 Install. exe 的安装文件并双击执行该文件启动程序的安装向导。

从 Internet 下载的程序安装文件的扩展名可能是.exe、.msi、.rar、.zip 或.iso 等。如果是后面三种,则需要用解压缩软件(如 WinRAR)解压后再找到安装文件执行安装操作。如果是前面两种,则直接双击即可打开安装向导。

在 Windows 10 系统中,可以通过单击“开始”菜单、桌面图标或任务栏上的快捷启动工具栏等运行已经安装的应用软件。

2. 卸载应用软件

在计算机中安装了应用软件,经过一段时间的使用后,如何卸载那些不再使用的应用软件以释放磁盘空间呢?在 Windows 10 中,卸载软件有以下三种方法。

1) 通过“开始”菜单卸载

打开“开始”菜单,在应用程序显示列表中右击需要卸载的应用软件图标,在弹出的快捷菜单中单击“卸载”命令,在弹出的“将卸载此应用及其相关信息”提示框里单击“卸载”按钮,即可卸载该应用软件。

2) 通过“设置”页面卸载

打开“开始”菜单,然后依次单击“设置”→“应用”→“应用和功能”命令,在打开的“应用和功能”设置窗口中,如图 2.28 所示,可以用搜索或排序功能快速找到想要删除的应用软件,选中应用软件后,单击“卸载”按钮,即可卸载该应用软件。

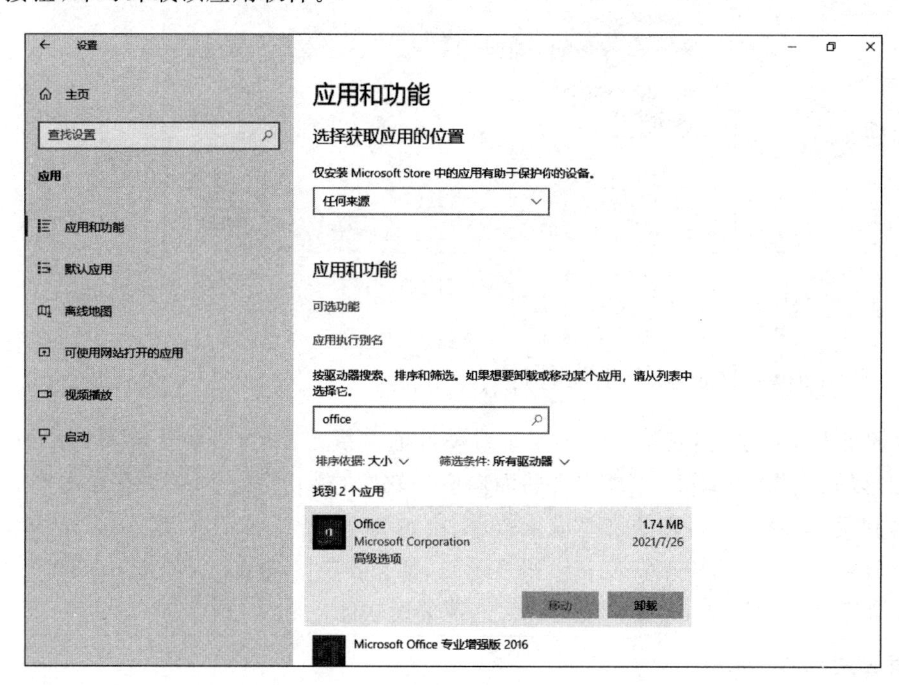

图 2.28 通过“设置”页面卸载

3) 从控制面板中卸载

在任务栏上的搜索框中输入“控制面板”,然后从结果中单击“控制面板”图标。在控制面板窗口中依次选择“程序”→“程序和功能”命令,在打开的“程序和功能”窗口中,如图 2.29 所示,右击要删除的程序,然后选择“卸载”或“卸载/更改”命令,接着按照应用程序卸载向导的提示完成应用程序的卸载。

2.4.4 显示属性的设置

1. Windows 10 主题的设置

Windows10 的主题包含了背景、颜色、声音和鼠标光标等方面的设置,不同的主题给用户不同的感受,根据个人喜好,可以选择一个系统自带的主题,也可以自定义一个让计算机看上去更加赏心悦

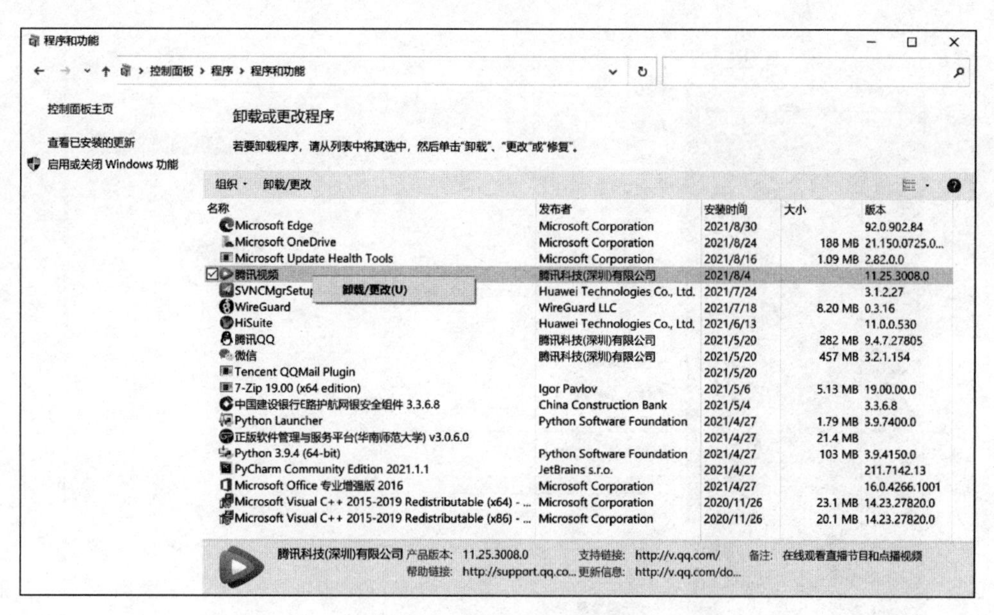

图 2.29　从控制面板中卸载

目的主题，还可以在 Microsoft Store 中获取并使用上百种免费主题。

1）更改当前主题

打开"开始"菜单，然后依次单击"设置"→"个性化"→"主题"命令，打开主题设置窗口。在"更改主题"列表下，单击相应主题磁贴即可更改为当前主题，Windows 的桌面背景、窗口颜色等相关内容立即更改。

还可以单击"在 Microsoft Store 中获取更多主题"链接，从 Microsoft Store 中添加各种免费、美观的主题。

2）删除主题

在主题设置窗口中的主题磁贴列表中，右击想要删除主题的磁贴，然后选择"删除"命令。

用户无法删除当前活动的和系统自带的主题。如果要删除当前活动的主题，则需要先更改为使用其他主题。

在 Windows 10 中，可以使用整个主题，也可以仅使用其中一部分。选择最接近自己喜好的主题后，可以分别单击在"当前主题"中的背景、颜色、声音和鼠标光标 4 个按钮，更改主题的某一部分内容。

2. 设置 Windows 显示属性

1）更改文本、应用等项目的大小

在 Windows 10 中，可以无须更改屏幕分辨率就可以让屏幕上的文本或其他项目（如图标）变得更大，更易于查看。这样便允许用户在保持显示器设置为其最佳分辨率的同时，增加或减小屏幕上文本和其他项目的大小。

打开"开始"菜单，然后依次单击"设置"→"系统"→"显示"命令，打开如图 2.30 所示的"显示"设置对话框，在"缩放与布局"栏目的"更改文本、应用等项目的大小"下拉列表中选择下列选项之一。

- 100%，该选项使文本和其他项目保持正常大小。
- 125%，该选项将文本和其他项目设置为正常大小的 125%。
- 150%，该选项将文本和其他项目设置为正常大小的 150%。

2）设置屏幕分辨率

屏幕分辨率指的是屏幕上显示的文本和图像的清晰度，分辨率越高（如 1920×1080 像素），项目

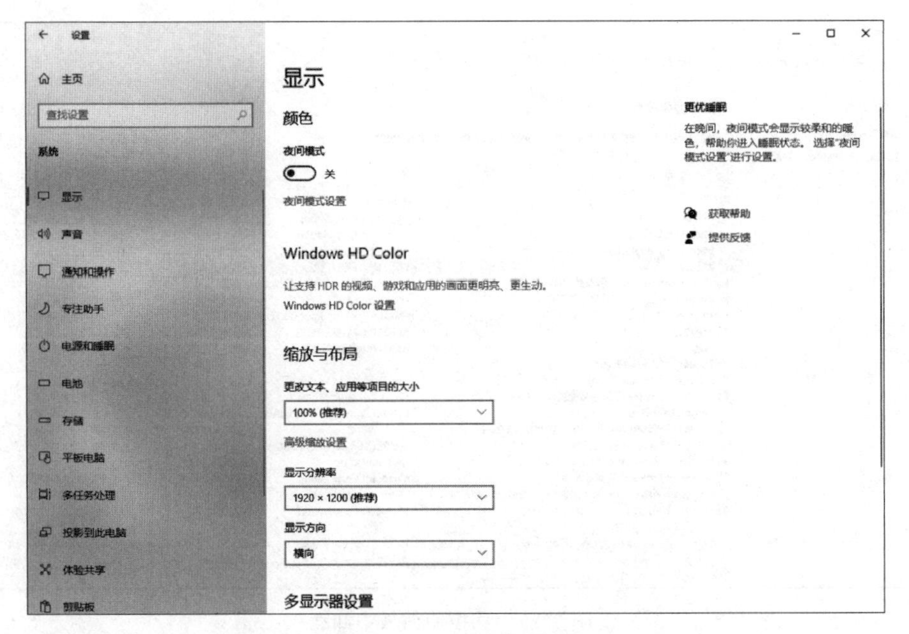

图 2.30 “显示”设置对话框

越清楚。同时,屏幕上的项目越小,屏幕可以容纳的项目越多;分辨率越低(如 800×600 像素),在屏幕上显示的项目越少,但尺寸越大。可以使用的分辨率取决于显示器的大小和功能及显卡的类型。

打开“显示”设置对话框,在“缩放与布局”栏目的“显示器分辨率”下拉列表中选择合适的分辨率,并在弹出的对话框中单击“保留更改”按钮,即可应用新设置的分辨率。如果设置了显示器不支持的屏幕分辨率,那么屏幕会变为黑色并在几秒后还原到原始分辨率。

2.4.5 用户账户管理

Windows 10 支持两种账户登录,一种是使用了多年的本地账户,另一种则是使用 Microsoft 账户来登录系统。使用 Microsoft 账户登录系统可以把个人的设置和使用习惯同步到 OneDrive,从而让用户在不同计算机上使用同一个 Microsoft 账户登录,能够获得一致的体验。

1. Microsoft 账户

使用 Microsoft 账户登录 Windows 系统,具有以下几个优点。

(1) 在安装了 Windows 10 的多种设备中使用同一个 Microsoft 账户登录时,账户信息、个人设置和系统设置(如桌面主题、语言首选项、浏览器收藏夹等)会自动进行同步,从而可以在不同设备中享受相同的操作体验,可以避免重复设置个人和系统的相关选项。

(2) 微软将以前的多种账户统一整合为 Microsoft 账户,现在使用一个 Microsoft 账户就可以同时登录 Windows 10 中的各种网络应用,如 OneDrive、Office Online、Outlook、Xbox 等。只要使用 Microsoft 账户登录 Windows 10,那么在启动 Windows 10 的各种内置网络应用时将不再需要输入账户名和密码。利用 Microsoft 账户的漫游功能,在其他设备中登录相同的 Windows 10 内置网络应用时也不再需要重复输入密码。

(3) 可以通过在 Windows 应用商店中下载和安装所需的应用软件来不断扩展 Windows 10 的功能。

(4) 只有使用 Microsoft 账户登录系统才能使用 Windows 10 内置的某些应用和功能,如应用商店和家庭安全功能。

当使用本地账户登录计算机后,可以在“Windows 设置”对话框里依次单击“账户”→“账户信息”→“改用 Microsoft 账户登录”命令。在打开的“Microsoft 账户”对话框里单击“创建一个链接”,并按向导完成 Microsoft 账户的创建，也可以直接使用之前创建好的 Microsoft 账户切换到 Microsoft 账户登录。

2. 本地账户

在 Windows 7 及更早版本的 Windows 操作系统中，只能使用本地账户登录系统。本地账户的配置信息只保存在创建该用户的计算机上，在重装系统或删除账户时账户信息会彻底消失。

第一个添加到计算机的账户会被系统自动指派为计算机管理员账户。可以按以下步骤添加新的本地账户。

(1) 打开"开始"菜单，单击左侧的"设置"图标，打开"Windows 设置"对话框。

(2) 在"Windows 设置"对话框里依次单击"账户"→"家庭和其他用户"→"将其他人添加到这台电脑"→"我没有这个人的登录信息"→"添加一个没有 Microsoft 账户的用户"。

(3) 在"为这台电脑创建用户"对话框输入相应的用户名、密码、忘记了密码的安全问题与答案等信息，单击"下一步"按钮即可完成本账户的添加。

按以上步骤添加的本地账户默认为"标准用户"，可以在 Windows 设置"家庭和其他用户"对话框里选中刚刚新建的账户，然后单击"更改账户类型"修改本地账户。

2.5 Windows 自带的实用工具

Windows 系统提供了许多实用的小程序，如记事本、写字板、计算器和画图程序等，下面简单介绍这些实用工具的使用技巧。

2.5.1 记事本

记事本是 Windows 自带的一个用于创建纯文本文档的编辑器，适于编写一些篇幅短小的纯文字文档。它与微软的 Word 相比功能确实显得单薄了点，只有新建、保存、打印、查找、替换等几个功能。但是记事本拥有打开速度快、文件小的优势。记事本另一项不可取代的功能是：可以保存无格式文件，如可以把记事本编辑的文件另保存为.BAT、HTML、JAVA、ASP 等任意格式，这使得"记事本"可以作为程序语言的简单编辑器。注意，在记事本中设置文字的字体、字形、字号等属性时，只能一视同仁地为所有文字指定同样的属性，并且这些文本属性的显示效果仅在本地计算机的记事本中打开才有效，将这些文本文件复制到其他计算机再打开，显示效果会根据他人计算机的设置而发生变化，若需要保留各种排版效果，则必须使用 Word 等其他专用文字处理工具。

1. 打开记事本

在任务栏的搜索栏中输入"记事本"关键字，在最佳匹配列表中单击"记事本"程序的图标或"打开"命令，就可以打开"记事本"，如图 2.31 所示。

2. 编辑文档

在记事本中，可以通过复制、剪切、粘贴等操作，满足用户快速编辑文档的需要。下面简单介绍几种常用的操作。

(1) 选择：先把光标定位到需要选择的文字的开始或结尾处，按住鼠标左键，在所需要操作的文字上拖动，当文字呈反白显示时，说明已经选中了该文字。当需要选择全文时，可执行"编辑"→"全选"命令，或者使用 Ctrl+A 组合键即可选定文档中的所有内容。

(2) 删除：当用户选定不再需要的文字进行删除时，可以在键盘上按下 Delete 键，也可以在"编辑"菜单中执行"删除"命令，即可删除所选内容。

(3) 复制：如要对文档内容进行复制时，可以先选定对象，使用"编辑"菜单中的"复制"命令，或使用 Ctrl+C 组合键把选定的内容先复制到剪贴板，然后把光标定位到目标位置，再执行"编辑"菜单中

图 2.31 记事本

的"粘贴"命令,或使用 Ctrl+V 组合键来把剪贴板中的内容粘贴到目标位置。

(4) 查找:当需要在文档中寻找一些相关的字词时,利用"查找"功能就能轻松地找到想要的内容。要进行"查找"时,可选择"编辑"→"查找"命令,在弹出的"查找"对话框中输入要查找的内容,单击"查找下一个"按钮即会定位并反白显示查找到的内容。当文档中没有匹配的内容时,会弹出一个"找不到"的确认框。

区分大小写:当选择后,在查找的过程中,默认不会区分大小写。用户如需要,可选中其复选框。

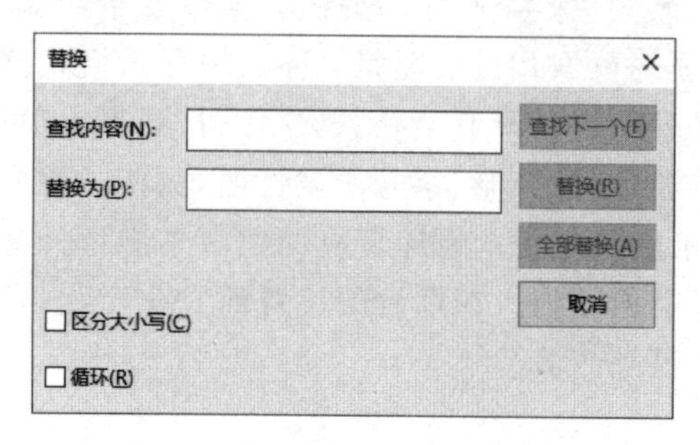

图 2.32 "替换"对话框

(5) 替换:当需要把某些内容替换为其他内容时,可以选择"编辑"→"替换"命令,出现"替换"对话框,如图 2.32 所示。

在"查找内容"文本框中输入文档中将要被替换掉的内容,在"替换为"文本框中输入替换后的内容,输入完成后,单击"查找下一个"按钮,即可查找到相关内容,单击"替换"只替换目前反白显示处的内容,单击"全部替换"则把文档中所有匹配的内容都替换掉。

2.5.2 写字板

写字板是一个可用来创建和编辑文档的文本编辑程序。与记事本不同的是,写字可以包括复杂的格式和图形,并且可以在写字板内链接或嵌入对象(如图片或其他文档)。

在任务栏的搜索栏中输入"写字板"关键字,在最佳匹配列表中单击"写字板"程序的图标或"打开"命令,就可以打开"写字板",如图 2.33 所示。

从图 2.33 中可以看到,它由标题栏、快速访问工具栏、"写字板"按钮、功能区、水平标尺、工作区和状态栏几部分组成。

位于标题栏左边的快速访问工具栏默认只显示了保存、撤销、重做 3 个命令的图标,可以单击快速访问工具栏右边的倒三角按钮,打开"自定义快速访问工具栏"菜单,把新建、打开、快速打印、打印预览等功能选上,以让其显示出来。

单击"写字板"按钮,可以看到如图 2.34 所示的文件菜单,在该菜单中可以执行新建、打开、保存、

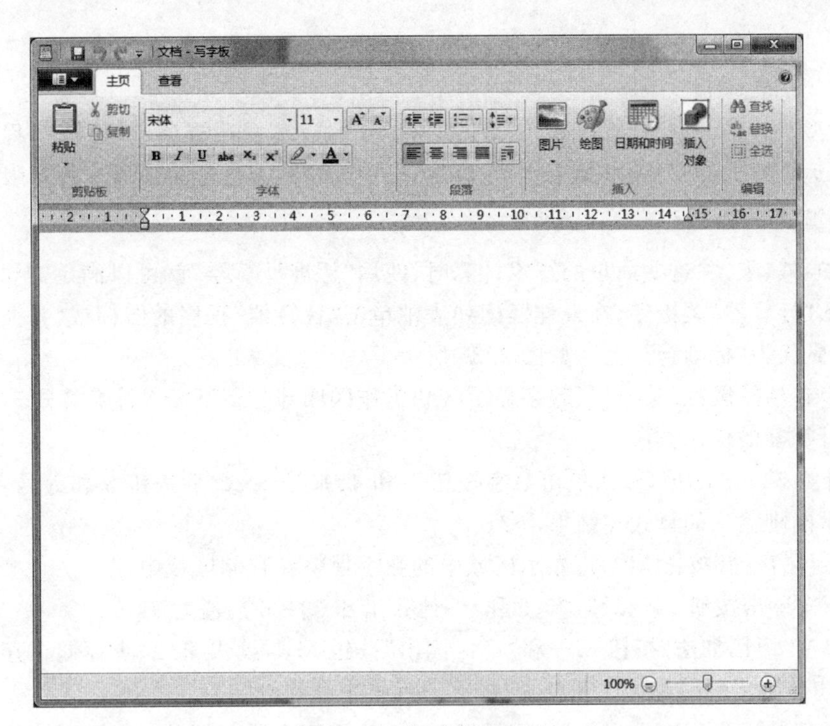

图 2.33　“写字板”界面

另存为、打印、页面设置、退出等操作。

与之前版本的写字板不同的是，Windows 10 的写字板用直观的功能区替换了工具栏和菜单，以帮助用户快速找到完成任务所需的命令。新建或打开写字板文档后，默认显示“主页”功能区，该功能区分为剪贴板、字体、段落、插入、编辑 5 个组，可以把鼠标停留在各个功能图标上以查看该功能的详细描述。如图 2.35 所示，可以为选定的文字单独设置不同的字体、字号等属性，也可以用插入组中的插入图片功能在文档中插入图片。

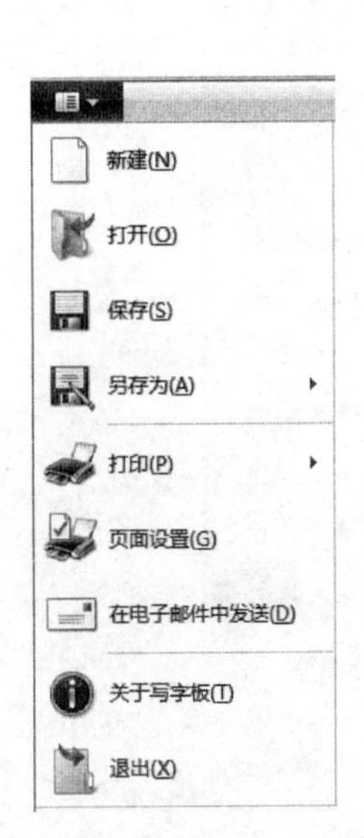

图 2.34　写字板文件菜单

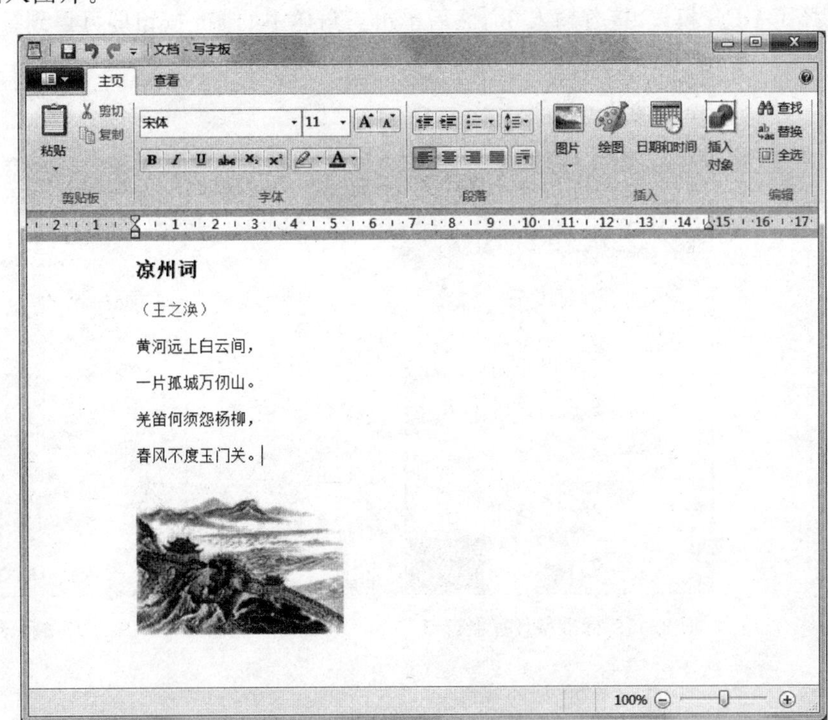

图 2.35　编辑写字板文档

2.5.3 计算器

除了“标准型”和“科学型”计算模式外，Windows 10 的计算器还提供了“绘图”“程序员”“日期计算”这些高级的运算模式，并且还增加了货币、容量、长度、重量、温度等转换器这些实用的计算工具。

1. 标准计算器

进行诸如加、减、乘、除这些简单的算术计算时，使用“标准计算器”就可以满足需要了。在任务栏的搜索栏中输入“计算器”关键字，在最佳匹配列表中单击“计算器”程序的图标或“打开”命令，就可以打开“计算器”，默认为“标准计算器”，如图 2.36 所示。

计算器窗口包括标题栏、菜单栏、数字显示区和工作区四部分。下面以计算算式 54×3+65.3×6 为例说明标准计算器的使用方法。

(1) 先来计算 54×3 的值，依次单击数字按钮 5 和 4、乘号×、数字按钮 3 和等号=，在计算器的显示区域会显示刚刚输入的算式和结果 162。

(2) 单击“记忆存储”按钮 MS，将显示区域中的数字保持在存储区域中。

(3) 然后依次单击按钮 6、5、.、3、×、6 和=，计算出 65.3×6 的值为 391.8。

(4) 依次单击“记忆加法”按钮 M+和“记忆读出”按钮 MR，读出第(2)步存储在存储区域的数字 162 并与第(3)步计算出的结果 391.8 相加，最终得到整个算式的结果 553.8。

当在进行数值输入过程中出现错误时，可以单击 ⌫ 键逐个进行删除；当需要清除当前用户所输入的整行数字时，可以单击 CE 按钮；当一次运算完成后，单击 C 按钮即可清除当前的运算结果，再次输入时可开始新的运算。

2. 科学计算器

在标准计算器中单击导航按钮≡，在弹出的菜单中选中“科学”选项，即可将标准计算器切换到科学计算器模式，如图 2.37 所示。科学计算器可以完成较为复杂的科学运算，比如函数运算等。可以通过单击计算器上的按钮来取值，也可以通过键盘输入数值来操作。比如要计算 sin30°的值，首先确保选择了 DEG 模式，接着输入 30，然后单击三角学中的 sin 按钮即可得到结果。

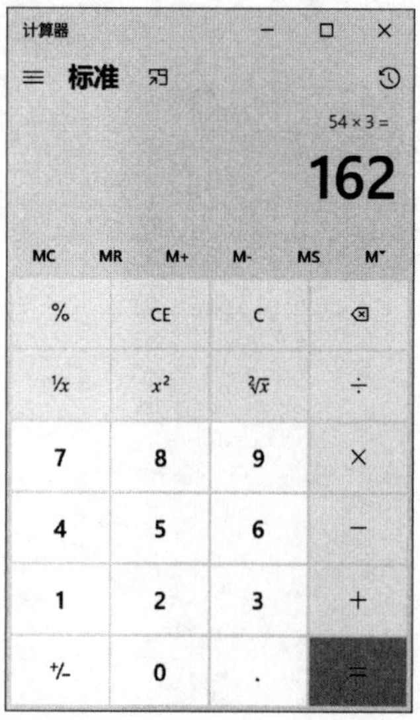

图 2.36 标准型计算器窗口

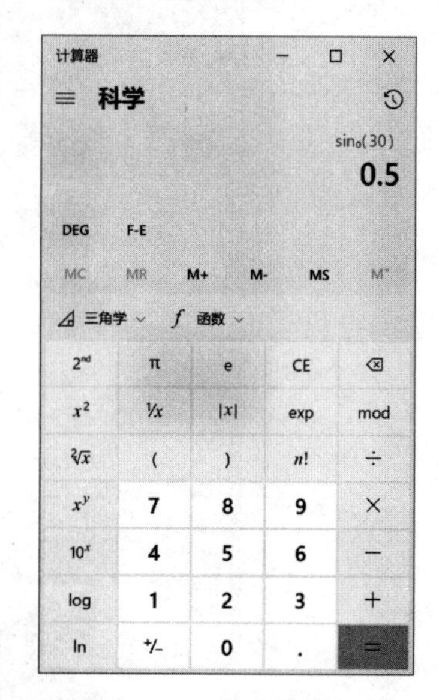

图 2.37 科学计算器

2.5.4 画图程序

在处理图像时，经常用到 Windows 画图程序，虽然目前市面上专业图像处理软件很多，但从处理方法和功能来看，Windows 画图程序仍不失为一种简单快捷的图像处理工具。Windows 画图程序具备一般绘图软件所必需的基本功能。

在任务栏的搜索栏中输入“画图”关键字，在最佳匹配列表中单击“画图”程序的图标或“打开”命令，可以启动画图程序，如图 2.38 所示。画图程序除了拥有标题栏、状态栏、滚动条等普通窗口所拥有的元素外，全新的功能区(横跨窗口顶部的条带，显示画图程序可执行的操作)可使画图更加简单易用，其选项均已展开显示，而不是隐藏在菜单中。它集中了最常用的特性，以便用户更加直观地访问它们，从而减少菜单查找操作。

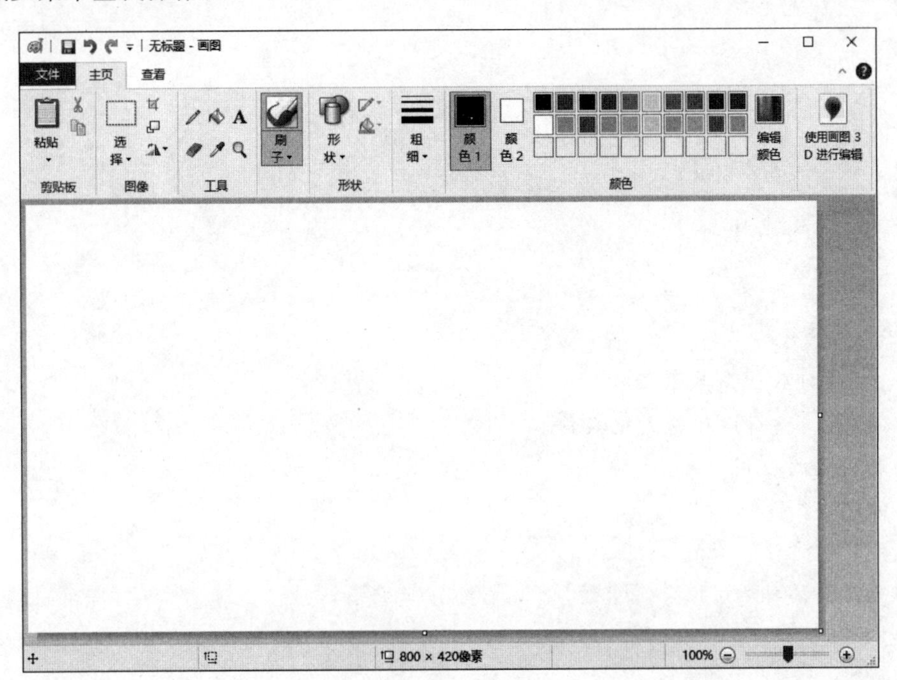

图 2.38 画图窗口

利用画图程序，可以编辑、处理图片，为图片加上文字说明，对图片进行挖、补、裁剪，还支持翻转、拉伸等操作。它包括画笔、点、线框及橡皮擦、喷枪、刷子等一系列工具，具有完成一些常见的图片编辑器的基本功能，还可以把用画图软件编辑好的图片另存为 PNG、JPEG、BMP、GIF 等格式来实现图形格式的转换。

第3章

文档写作Word

主要内容

- Word 的基础知识与基本操作
- 文档的建立、编辑以及格式化操作
- 样式和模板的应用
- 表格的创建
- 图表处理的方法
- 文档中对象的插入
- 打印文档

Word 是 Microsoft 公司开发的 Office 办公组件之一，主要用于文字处理工作。它适合制作各种文档，如公文、信函、报告、传真和简历等，并且能在文档中插入表格、图片等，是一个功能强大、界面友好的文字处理和编辑软件。截至本书出版，Office 办公组件的最新版本为 2021 版，各版本的操作技巧原理相通，本书采用用户较多、版本比较稳定的 Office 2010 版作为讲解版本。

3.1 简述

通常，将由 Word 编排的文件称为 Word 文档，扩展名是.docx（旧版 Word 文档扩展名是.doc），它可以是文章、信函、通知、简历等。要灵活掌握和运用 Word 文档，就要对它的基本操作知识和功能有所了解。本节主要介绍 Word 2010 的启动、工作环境及各功能区的作用等，新版本的 Word 操作界面和操作方式有些变化，但基础操作的变化很小。

3.1.1 Word 的工作窗口

1. 启动 Word 2010

通过“开始”→Microsoft Office 命令，或在任务栏找到 Microsoft Word 2010 快捷图标（若已固定到任务栏），单击它即可启动 Microsoft Word。

2. Word 2010 的用户界面

启动 Word 后，Word 窗口打开，在默认情况下，系统会新建一个空白 Word 文档，如图 3.1 所示，组成 Word 窗口的主要元素包括：标题栏、选项卡、功能区、文档编辑区、滚动条、标尺、视图栏、状态栏、窗口控制按钮等。

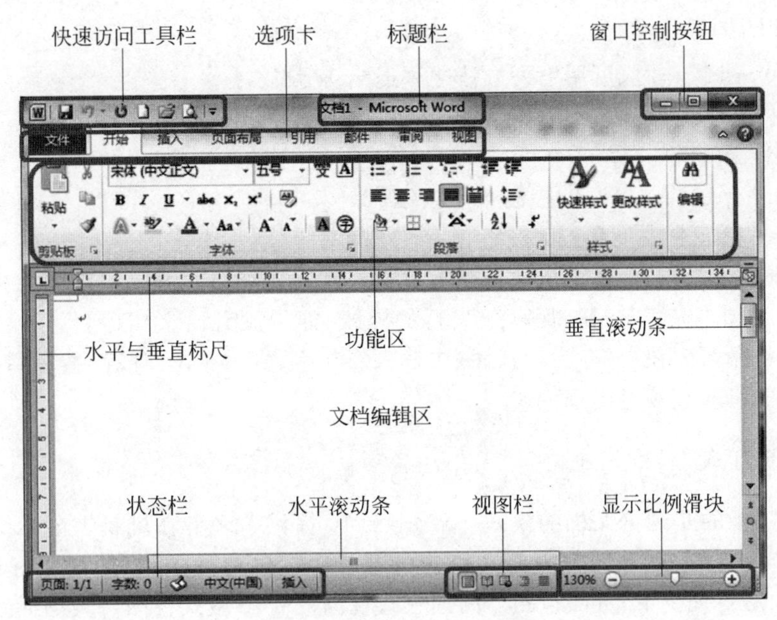

图 3.1 Word 2010 工作界面

3. Word 2010 的功能区

Word 2010 取消了传统的菜单操作方式,取而代之的是各种功能区。在 Word 2010 窗口上方看起来像菜单的名称,其实是功能区(选项卡)的名称,当单击这些名称时并不会打开菜单,而是会切换到与之相对应的功能区面板。每个功能区根据功能的不同又分为若干个组,每个功能区所拥有的功能如下所述。

1)"开始"功能区

"开始"功能区中包括剪贴板、字体、段落、样式和编辑 5 个组,该功能区主要用于帮助用户对 Word 文档进行文字编辑和格式设置,是用户最常用的功能区。

2)"插入"功能区

"插入"功能区包括页、表格、插图、链接、页眉和页脚、文本、符号和特殊符号等几个组,主要用于在 Word 文档中插入各种元素。

3)"页面布局"功能区

"页面布局"功能区包括主题、页面设置、稿纸、页面背景、段落、排列等几个组,用于帮助用户设置 Word 文档页面样式。

4)"引用"功能区

"引用"功能区包括目录、脚注、引文与书目、题注、索引和引文目录等几个组,用于实现在 Word 文档中插入目录等比较高级的功能。

5)"邮件"功能区

"邮件"功能区包括创建、开始邮件合并、编写和插入域、预览结果和完成几个组,该功能区的作用比较专一,专门用于在 Word 文档中进行邮件合并方面的操作。

6)"审阅"功能区

"审阅"功能区包括校对、语言、中文简繁转换、批注、修订、更改、比较和保护几个组,主要用于对 Word 文档进行校对和修订等操作,适用于多人协作处理 Word 长文档。

7)"视图"功能区

"视图"功能区包括文档视图、显示、显示比例、窗口和宏几个组,主要用于帮助用户设置 Word 操作窗口的视图类型，以方便操作。

4. 退出 Word 2010

当用户结束 Word 操作时，可用下列方法之一退出 Word。

(1) 执行"文件"→"退出"命令。

(2) 按 Alt＋F4 组合键。

(3) 双击 Word 标题栏左上角的控制菜单按钮。

(4) 单击 Word 标题栏右上角的✖按钮。

如果对文档进行了操作，且在退出之前没有保存文件时，Word 会显示一个消息框，询问是否在退出之前保存文件。单击"保存"按钮，保存所进行的修改(如果没有给文档命名，还会出现"另存为"对话框，让用户给文档命名。在"另存为"对话框中输入新名字之后，单击"保存"按钮)；单击"不保存"按钮，不保存所进行的修改直接退出 Word。

3.1.2 视图方式

所谓视图方式，指的是浏览文档的模式。Word 2010 提供了多种在屏幕上显示文档的视图方式，目的是为了让用户能更好、更方便地浏览文档的内容、格式、段落等效果，从而更好地完成不同的操作。Word 2010 为用户提供了"页面视图""阅读版式视图""Web 版式视图""大纲视图"和"草稿"五种视图模式，如图 3.2 所示。用户可以在"视图"功能区中选择需要的文档视图模式，也可以在 Word 2010 文档窗口的右下方视图栏中单击"视图"按钮选择视图模式。

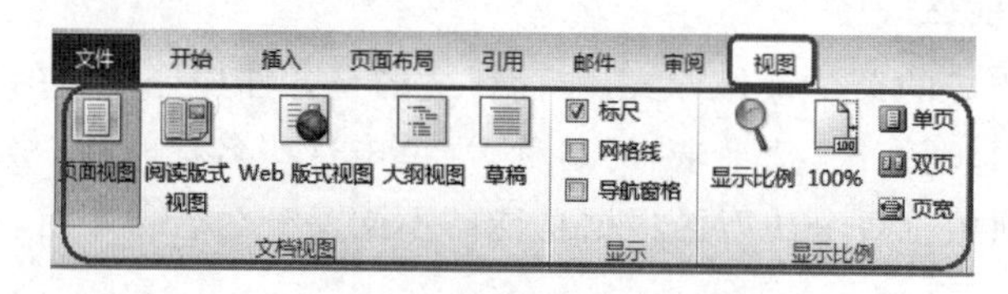

图 3.2 Word 2010 视图方式

1. 页面视图

"页面视图"适用于概览整个文章的总体效果。它可以显示出页面大小、布局，编辑页眉和页脚，查看、调整页边距，处理分栏及图形对象。"页面视图"能够在屏幕上模拟打印文档的效果，是真正体现"所见即所得"功能，如图 3.3 所示。

要快速切换到"页面视图"，可在窗口右下方的视图栏中进行切换。

2. 阅读版式视图

"阅读版式视图"以图书的分栏样式显示 Word 2010 文档，"文件"按钮、功能区等窗口元素被隐藏起来，如图 3.4 所示。

"阅读版式视图"方式下最适合阅读长篇文章。"阅读版式视图"将原来的文章编辑区缩小，而文字大小保持不变。如果字数多，则它会自动分成多屏，视觉效果好。"阅读版式视图"会隐藏大部分工具栏，这样的好处是扩大显示区且方便用户进行审阅。

"阅读版式视图"的目标是增加可读性。想要停止阅读文档时，请单击"阅读版式视图"工具栏上的"关闭"按钮或按 Esc 键，可以从"阅读版式视图"切换回来。

3. Web 版式视图

"Web 版式视图"以网页的形式显示 Word 2010 文档，使用"Web 版式视图"可快速预览当前文本在浏览器中的显示效果，在"Web 版式视图"下，文档会跟随浏览器窗口的大小自动调整每行文本显示的宽度，以适应窗口的大小。文本中图形位置与在 Web 浏览器中的位置一致。它不以实际的打印效果显示文字。"Web 版式视图"适用于创建网页，如图 3.5 所示。

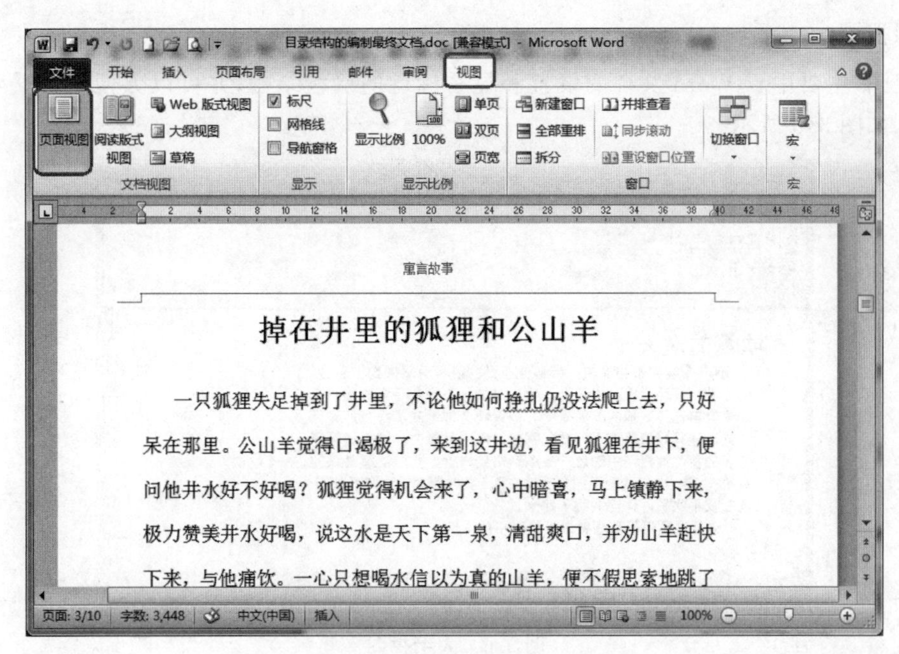

图 3.3　页面视图

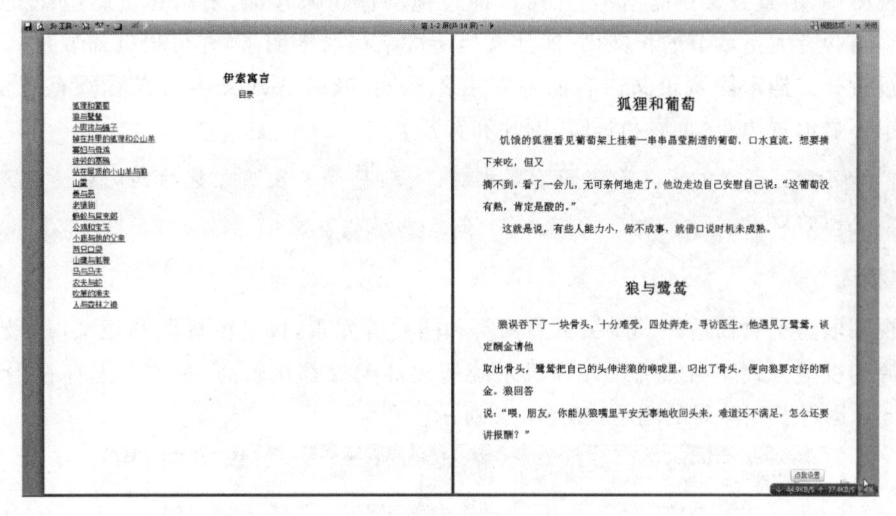

图 3.4　阅读版式视图

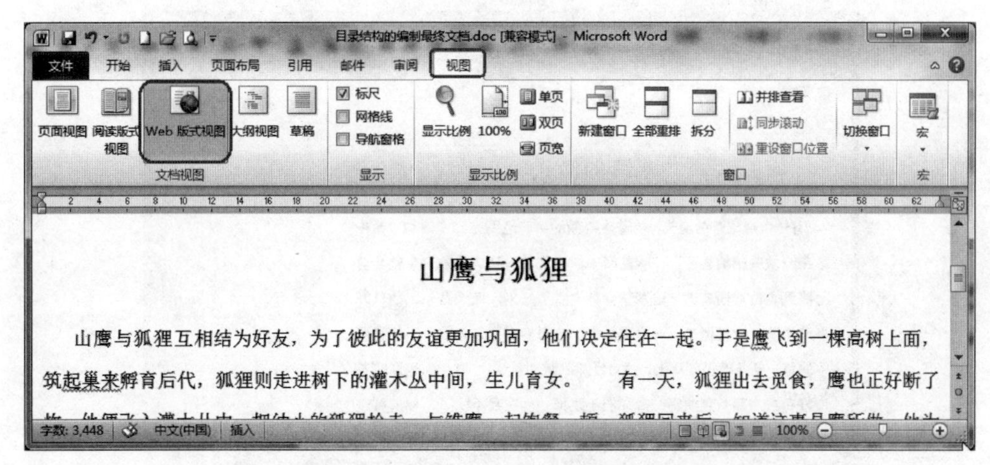

图 3.5　Web 版式视图

4. 大纲视图

“大纲视图”主要用于 Word 文档的设置和显示标题的层级结构，并可以方便地折叠和展开各种层级的文档，如图 3.6 所示。

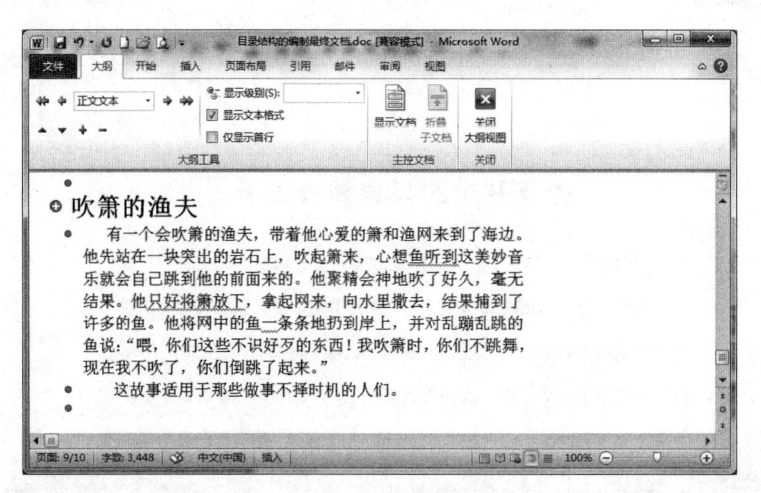

图 3.6　大纲视图

在大纲视图中，能查看文档的结构，还可以通过拖动标题来移动、复制和重新组织文本。这种视图特别适合编辑含有大量章节的长文档，能让文档层次结构清晰明了，并可根据需要进行调整。在查看时可以通过折叠文档来隐藏正文内容而只看主要标题，或者展开文档以查看所有的正文。另外，“大纲视图”中不显示页边距、页眉和页脚、图片和背景。

小贴士：大纲视图要求文章具备诸如标题样式、大纲符号等表明文章结构的元素，否则不一定都能显示出大纲视图的效果。

5. 草稿视图

“草稿”视图取消了页面边距、分栏、页眉页脚和图片等元素，仅显示标题和正文，是最节省计算机系统硬件资源的视图方式。当然现在计算机系统的硬件配置都比较高，基本上不存在由于硬件配置偏低而使 Word 运行遇到障碍的问题，如图 3.7 所示。

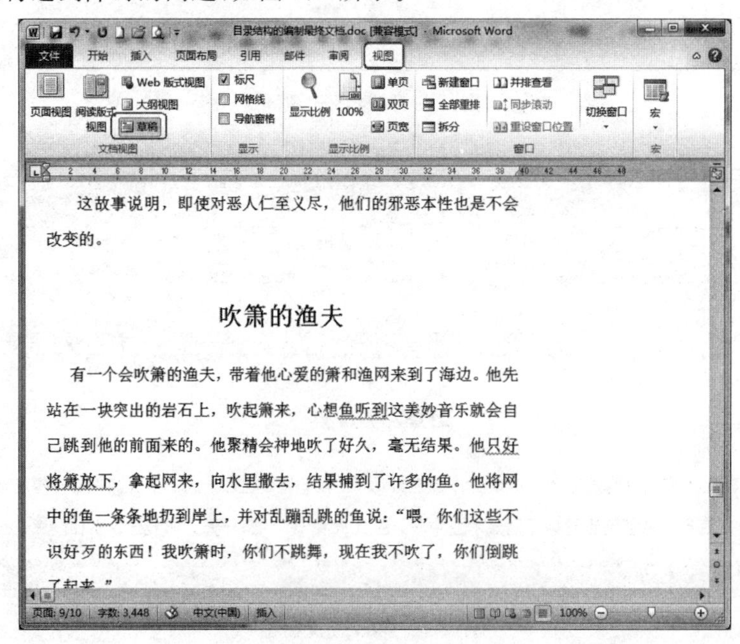

图 3.7　草稿视图

3.1.3　Word的帮助和培训

在使用Word的过程中，可以对文档进行编辑修改，在此过程中，我们可能对如何完成任务存在疑问，在请邻居、同事、家人、朋友或熟人给予帮助之前，可以先利用程序中有用的资源自我学习。Word为用户提供了非常完整的在线帮助培训内容，还有本地脱机手册。

1. 在线Office帮助培训

Office帮助培训是一个网站，可以搜索帮助，它提供许多其他资源以帮助用户使用Office完成工作。该网站上的内容会定期更新，并根据用户使用Office做出的反馈来处理特定请求和解决特定问题。登录的网址是https://support.office.com/。

2. Microsoft Office Word帮助

在Word程序中单击帮助按钮或直接按F1键，此时会显示“Word帮助”界面，如图3.8所示在搜索框中键入需要帮助的问题，搜索结果按与问题的相关程度在“搜索结果”任务窗格中列出。不想要联网帮助时，在帮助窗口右下角单击“已连接到Office.com”→“仅显示来自此计算机的内容”命令，可以切换到脱机帮助，查找速度更快。

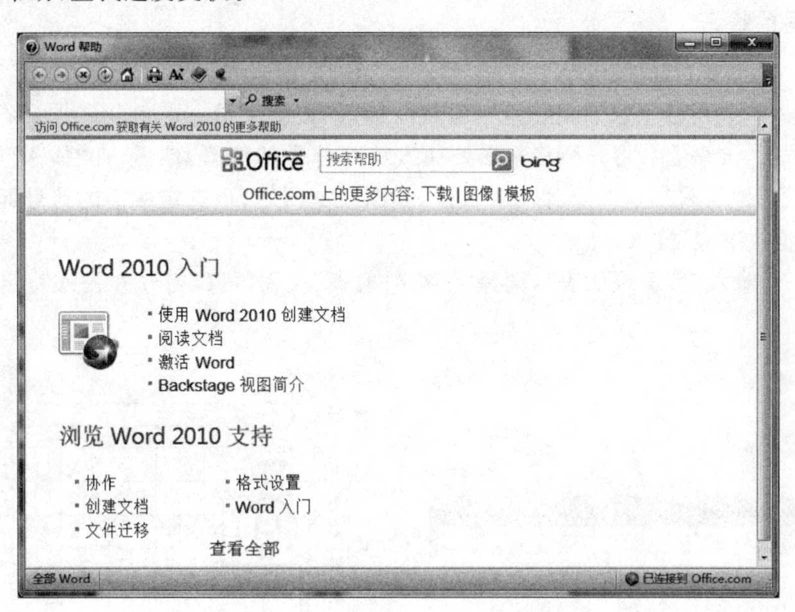

图3.8　Microsoft Office Word帮助

3.2　文档的基本操作

3.2.1　文档的建立与保存

1. 新建文档

Word 2010启动后，会自动新建一个空文档，默认的文件名为“文档1”。空文档就如一张白纸一样，可以随意在里面输入和编辑。

此外，还可以通过“文件”→“新建”命令，通过内置的模板或搜索Office.com上提供的各种模板来建立适合自己使用的文档格式。关于模板将在3.4节详细介绍。

创建空白新文档的步骤如下。

(1) 单击“文件”选项卡，然后单击“新建”。

(2) 在“可用模板”下，单击“空白文档”。

（3）单击“创建”。

2. 输入文本

在空文档中可以直接输入所需的内容，在每行结束处不要按 Enter 键（也称回车键），当输入内容到达右边界时，系统会自动移到下一行，这样有利于以后段落重排。输入到段落结束处，需要再按 Enter 键表示段落结束。

小贴士：在 Word 中，以 Enter 键作为一个段落的结束。

Word 在文本编辑时有两种方式：“插入”和“改写”。插入是指将输入的文本添加到插入点（闪烁光标）“I”所在位置，插入点后面的文本将依次往后移。Word 默认的编辑方式是插入，这时状态栏左侧有“插入”标志显示。改写是指输入的文本会覆盖当前插入点所在位置的文本。例如，输入 123456 后，将插入点移到 3 的右边，在“插入”方式下输入 aaa，结果为 123aaa456，若在“改写”方式下，则结果是 123aaa。

小贴士：单击状态栏左侧的“插入/改写”图标，或按一下 Insert 键，可在插入和改写方式之间进行切换。

3. 特殊符号的输入

1）选择“插入”选项卡的“符号”组

有时需要输入一些键盘上没有的特殊字符或图形，如希腊字母、数字序号、图形符号等，这就需要使用符号插入功能。方法是：将光标移至需要插入特殊符号的位置，然后，在“插入”选项卡的“符号”组下选择“符号”“其他符号”，这时会弹出对话框，如图 3.9 所示，再选定所需的符号即可。

2）使用“字符映射表”输入

单击“开始”→ 输入“字符映射表”，选择“字符映射表”应用，可以打开并输入特定字符，如图 3.10 所示。

图 3.9　插入符号

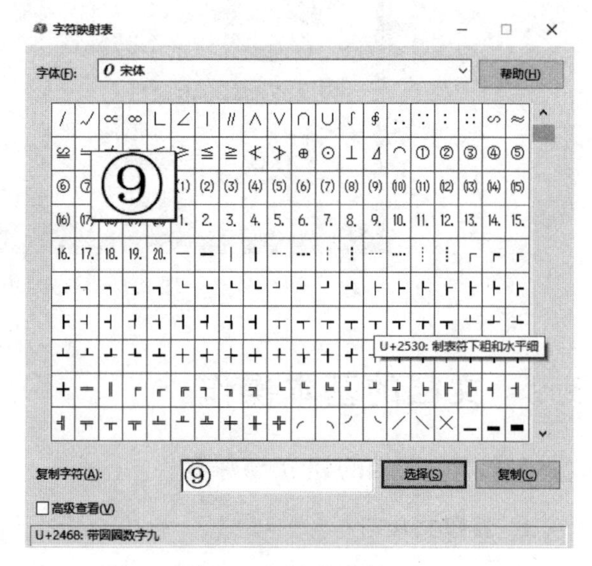

图 3.10　字符映射表

3）使用软键盘输入

有些输入法可以使用软键盘输入特殊字符，如帮助用户方便快捷地输入希腊字母、日文片/平假名、俄文字母、拼音字母、注音符号、中文数字单位、标点符号、数学符号序号以及制表符等。

单击特定输入法语言栏上的“软键盘”按钮，会立即弹出与键盘字母一致的 PC 软键盘。右击软键盘按钮则可以选择各种不同的特殊软键盘，如希腊字母、俄文字母、汉语注音符号、数字序号、中文数字/单位符号等。图 3.11 通过软键盘选取了日文平假名。

图 3.11 通过软键盘选取了日文平假名

4. 公式的输入

在编辑科技性的文档时,通常需要输入一些较复杂的数理公式,其中含有许多的数学符号,如积分符号、根式符号、带矩阵的公式等。Word 的“插入”“公式”功能可以满足大多数公式和简单符号的输入和编辑。

要输入公式可在“插入”选项卡的“符号”区选择“公式”,如图 3.12 所示。可通过以下三种途径输入公式。

(1) 使用内置公式。

(2) 使用“插入新公式”手动输入公式。

(3) 到 office.com 网站寻找其他符合要求的公式。

选择以上任一方式后,即出现图 3.13 所示的“公式工具”,利用这些工具可方便对公式进行编辑修改。

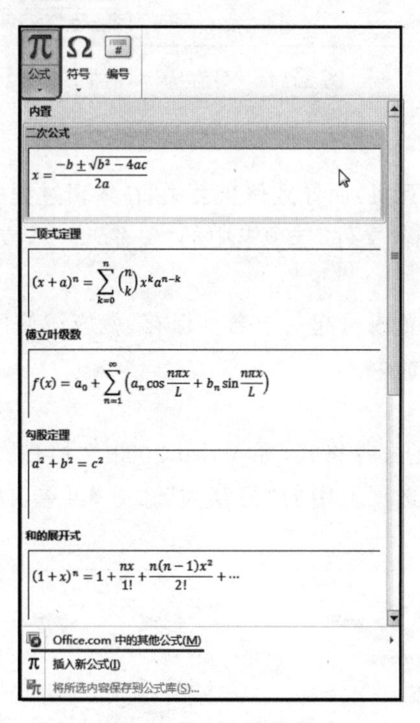

图 3.12 插入公式

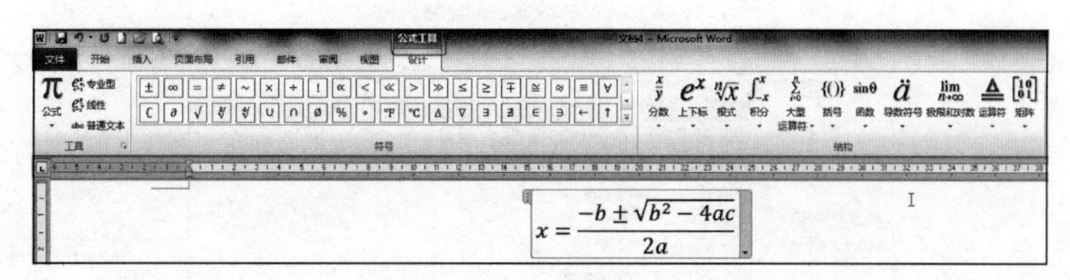

图 3.13 公式工具

5. 保存文档

保存文档的方法可以是以下操作之一。选择“文件”选项卡中的“保存”命令,或单击“快速访问工具栏”上的“保存”按钮 ；选择“文件”菜单中的“另存为”命令。

1）保存新建文档

如果是新建立的文档，选择“文件”菜单中的“保存”命令时会以“另存为”命令的方式保存文件，此时将出现“另存为”对话框，如图 3.14 所示。要求输入文件名，并指定所存文件的类型、存储路径。输入文件名后，再单击右下角的“保存”按钮，文档就被保存起来了。

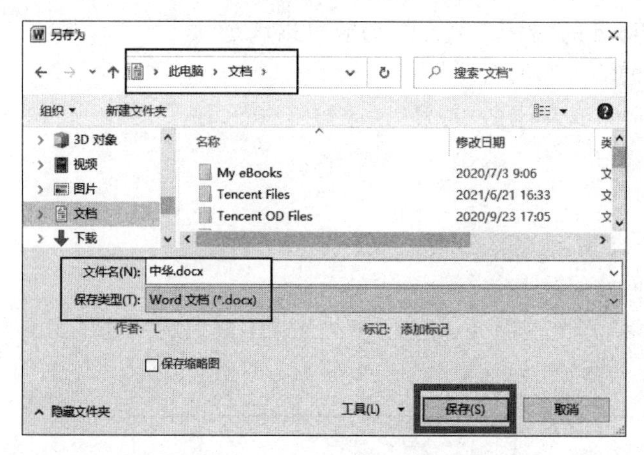

图 3.14 “另存为”对话框

2）保存已有文档

为了防止突发情况（如停电、死机）而导致信息丢失，在编辑过程中最好每隔一段时间就执行一次保存操作。保存文档方法是：选择“文件”选项卡中的“保存”命令，或单击“快速访问工具栏”上的“保存”按钮。

如果想将文档保存到另一位置或另起一个名字保存，就应该使用“另存为”命令，操作的方法是：选择“文件”选项卡中的“另存为”命令。

3）保存为其他文件格式

Word 允许将文档保存为其他文件格式，如 Word 2003 文档格式、PDF 格式等，以便在其他软件中打开。操作方法：选择“文件”选项卡中的“另存为”命令，再单击“保存类型”的下拉列表按钮，如图 3.15 所示。

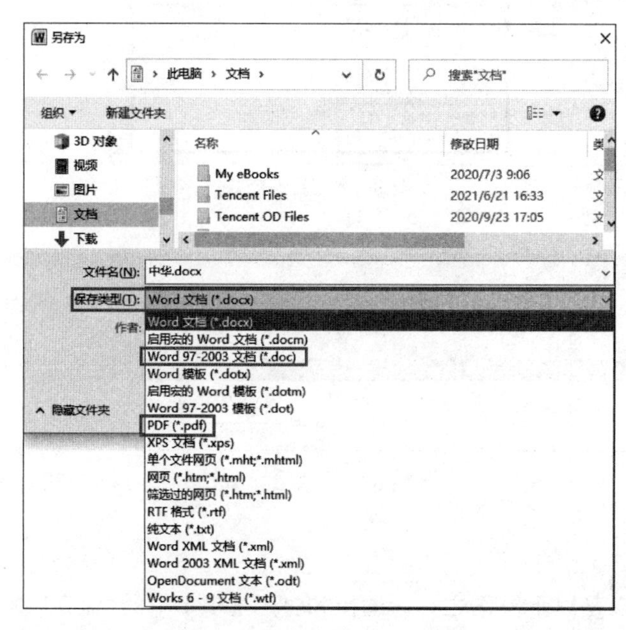

图 3.15 保存为其他文件格式

3.2.2　文档的编辑与修改

文档内容录入过程中或录入完毕后，需要对文档的内容进行校对与修改。

1. 常用编辑键

对文档的文字进行编辑时，除了可以单击菜单的命令进行操作外，还可以使用键盘的编辑键。恰当地应用键盘的编辑键，有时能使某些编辑操作事半功倍，如删除字符或翻页等。常用编辑键及其功能如表 3.1 所示。

表 3.1　常用编辑键及其功能

功能键	作　用	功能键	作　用
Backspace	删除光标左边的字符	PageUp	上翻一屏
Delete	删除光标右边的字符	PageDown	下翻一屏
→	光标右移	Home	光标移至行首
←	光标左移	End	光标移至行尾
↑	光标上移	Ctrl+PageUp	光标移至文本区左上角
↓	光标下移	Ctrl+PageDown	光标移至文本区右下角
Ctrl+↑	光标上移行首	Ctrl+Home	光称移至文档开头
Ctrl+↓	光标下移行首	Ctrl+End	光标移至文档末尾

2. 选定文本

在文档的编辑操作中需要选定了相应的文本之后，才能有效地对其进行删除、复制、移动等操作。当文本被选定后有阴影呈现，Word 提供多种选定文本的方法。

1) 使用鼠标选定

(1) 拖动选定：把插入点光标"I"移至要选定部分的开始，并按鼠标左键一直拖动到选定部分的末端，然后松开鼠标的左键。该方法可以选择任何长度的文本块，甚至整个文档。

(2) 对字词的选定：把插入光标放在某个汉字(或英文单词)上，快速双击，则该字词被选定，如图 3.16 所示。

(3) 对句子的选定：按住 Ctrl 键并单击句子中的任何位置，如图 3.16 所示。

(4) 对一行的选定：单击这一行的选定栏(该行的左边界)。

(5) 对多行的选定：选择一行，然后在选定栏中向上或向下拖动。

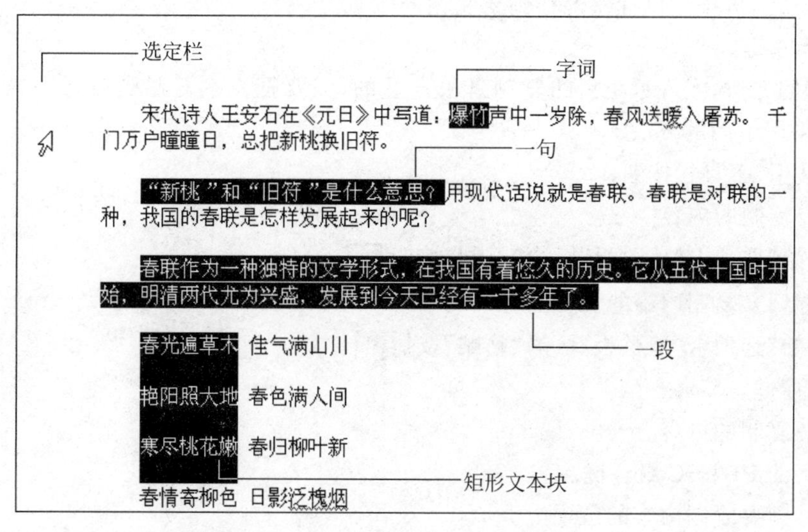

图 3.16　各种选定文本的方式

(6) 对段落的选定：双击段落左边的选定栏，或三击段落中的任何位置，如图 3.16 所示。

(7) 对整个文档的选定：将光标移到选定栏，鼠标变成一个向右指的箭头，然后三击鼠标。

(8) 对任意部分的快速选定：用鼠标单击要选定的文本的开始位置，按住 Shift 键，然后单击要选定的文本的结束位置。

(9) 对矩形文本块的选定：把插入光标置于要选定文本的左上角，然后按住 Alt 键和鼠标左键，拖动到文本块的右下角，即可选定一块矩形的文本，如图 3.16 所示。

2) 使用键盘选定

(1) 用 Shift 和↑、↓、←、→键：按住 Shift 键，再按↑、↓、←、→箭头键可以选定一个字、一行、一段，甚至整个文档。例如，将光标移到文档的最左边，按住 Shift 键的同时，再按一下↑箭头键，可选定上一行的所有文本；按住 Shift 键的同时，再按一下↓箭头键，可选定光标所在行的所有文本。

(2) 用 Shift 和 End、Home 键：按 Shift+End 组合键可以选光标右边的文本；按 Shift+Home 键可选定光标左边的文本。

(3) 用 Ctrl 和 A 键：按 Ctrl+A 组合键，可快速选定整个文档。

3. 删除、复制和移动文本

在进行文本编辑时，删除、移动和复制文本是常用的操作。对文档中多余的部分进行删除；当遇到重复的文字时，复制是最省时间的方法；而当发现文字的位置不合适时，移动操作能快速地调整位置。

1) 删除

删除是将文档中的字符或图形去掉，删除的方法通常有以下两种。

(1) 将要删除的内容直接清除。操作方法是：先选定要删除的内容，再按 Backspace 或 Delete 键。

(2) 用“剪切”命令将要删除的内容剪去放入剪贴板。操作方法是：选定要删除的内容后，单击“开始”选项卡的“剪贴板”区的“剪切”按钮。

2) 复制

复制是指将选定的内容复制一份，并放到目标位置。常用以下方法之一实现复制。

(1) 用鼠标拖动。

① 选定所要复制的内容。

② 把鼠标指针指向所选定的内容。

③ 按住 Ctrl 键，再按住鼠标左键移到要复制的位置上。

④ 松开鼠标左键。

用鼠标拖动的方法，实现近距离的复制是很合适的，但要把文本复制到较远距离的地方，则不太合适，这时最好采用下面的方法。

(2) 使用“常用”工具栏按钮。

① 选定所要复制的内容。

② 单击“开始”选项卡“剪贴板”区的“复制”按钮。

③ 把光标移到要复制内容的位置上。

④ 单击“开始”选项卡“剪贴板”区的“粘贴”按钮。

(3) 使用快捷键。

① 选定所要复制的内容。

② 按键盘上的 Ctrl+C 组合键。

③ 把光标移到要复制内容的位置上。

④ 再按 Ctrl+V 组合键。

3）移动

移动是指将选定的内容放到目标位置，并清除原位置的内容。移动常用以下方法之一实现。

（1）用鼠标拖动。

① 选定所要移动的内容。

② 把鼠标指针指向要移动的内容。

③ 按住鼠标左键，等到出现一个小的虚线框和一个虚线插入点后，拖动到新的位置。

④ 松开鼠标左键。

（2）使用“常用”工具栏按钮。

① 选定所要移动的内容。

② 单击“开始”选项卡“剪贴板”区的“剪切”按钮。

③ 将光标移到新的位置上。

④ 单击“开始”选项卡“剪贴板”区的“粘贴”按钮。

（3）使用快捷键

① 选定所要移动的内容。

② 按键盘上的 Ctrl＋X 组合键。

③ 把光标移到新的位置上。

④ 再按 Ctrl＋V 组合键。

4. 查找和替换

输入好一篇文档后，往往要对其进行校对，如果文档的错误较多，用传统的手工方法一一检查和纠正，不但麻烦而且效率低。但利用 Word 的查找、替换功能，则非常便捷。Word 有着强大的查找和替换功能，它不但可以对文字进行查找和替换，还可以对文档的格式和特殊字符（包括制表符、可选连字符和段落标记）进行查找和替换。

1）查找

在编辑文本时，如果需要查看某些内容，则可通过“查找”命令快速定位到相应的文本位置。

操作步骤如下。

（1）单击“开始”选项卡“编辑”区的“查找”命令，左侧弹出“导航”窗口。

（2）在“搜索文档”文本框中，输入待查找的文字（如“善与恶”），如图 3.17 所示。单击搜索按钮后，文档中满足条件的内容将被突出显示。单击搜索按钮右边的下三角箭头，在弹出的菜单中可以选择查找的对象类型。

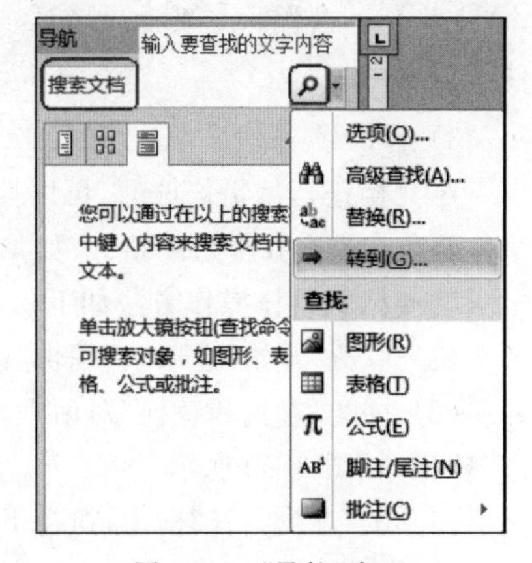

图 3.17　“导航”窗口

（3）或者单击“高级查找”命令，在“查找和替换”对话框中，输入待查找的文字，如图 3.18 所示。

（4）单击“查找下一处”按钮，系统会将光标快速定位到第一处出现“善与恶”文字的地方，同时选中找到的文字。如果文中有多处“善与恶”的文字，可继续单击“查找下一处”按钮，光标将快速定位到下一处出现“善与恶”文字的地方。

2）替换文字

如果要将文档中的某些文字进行批量修改，可以利用“替换”命令实现。

例如，我们需要将文中“蚪蚪”两字更改为“蝌蚪”，操作步骤如下。

（1）单击“开始”选项卡“编辑”区的“替换”命令，在“查找与和替换”对话框的“查找内容”文本框中，输入被替换的文字“蚪蚪”两个字。

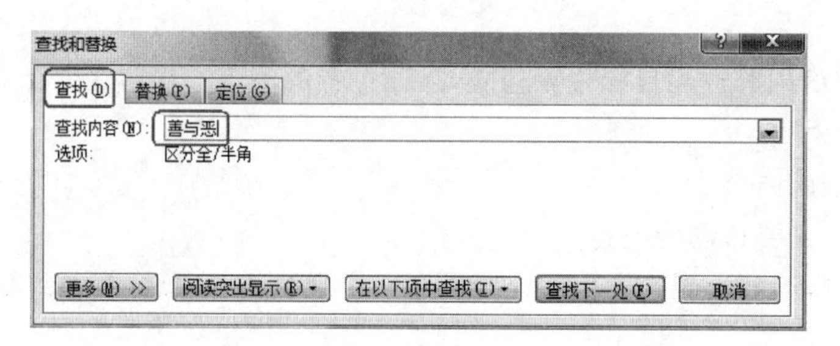

图 3.18 “查找和替换”对话框

(2) 在“替换为”文本框中,输入要替换的文字“蝌蚪”两个字,如图 3.19 所示。

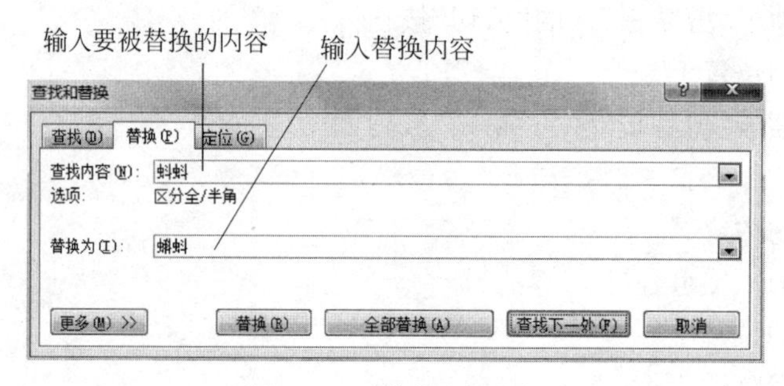

图 3.19 “替换”选项卡

(3) 找到需要替换的字符时,字符将会有阴影显示。若想替换当前找到的文字,则单击“替换”按钮,若按“全部替换”按钮,则会将文档中的所有要替换的文字都进行替换。

小贴士:当文中不是所有查找的内容都要进行替换时,那么请在找到某一对象后,单击“替换”按钮替换内容,同时光标自动跳转到下一个符合查找条件的对象上;如果不单击“替换”按钮,而直接单击“查找下一处”按钮,则表示跳过当前定位的文字而不替换,同时光标自动跳转到下一个符合查找条件的对象上。

3) 替换格式

对文档进行编辑修改时,可以搜索、替换或删除字符格式。例如,查找指定的单词或词组并更改字体颜色;或查找指定的格式(如加粗)并删除或更改它。

替换格式具体操作方法如下。

(1) 单击“开始”选项卡“编辑”区的“替换”命令。

(2) 打开“查找和替换”对话框,单击“更多”按钮,显示扩展的“查找和替换”对话框,并可看到“格式”按钮,如图 3.20 所示。

(3) 在“查找内容”框中,执行下列操作之一:

- 若要只搜索文字,而不考虑特定的格式,可输入文字。
- 若要搜索带有特定格式的文字,可输入文字,再单击“格式”按钮,然后选择所需格式。
- 若要只搜索特定的格式,可删除所有文字,再单击“格式”按钮,然后选择所需格式。

(4) 在“替换为”框中,可执行下列操作之一:

- 若只是替换为常规的文字,而不考虑特定的格式,可直接输入文字。
- 若要替换为特定格式的文字,可输入文字,再单击“格式”按钮,然后选择所需格式。
- 若只替换为特定的格式,不需要输入文字,可直接单击“格式”按钮,然后选择所需格式。

例如,我们看看如何将文章中红色的字体套用“标题 1”样式。

本例是对格式进行修改,具体的操作步骤如下。

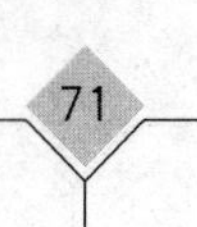

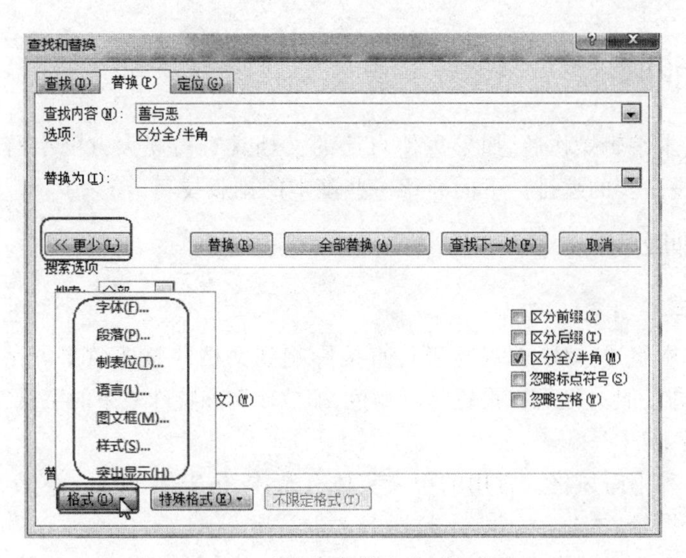

图 3.20　查找和替换中格式的设置

(1) 单击“开始”选项卡“编辑”区的“替换”命令，单击“更多”按钮，显示扩展的“查找和替换”对话框，如图 3.20 所示。

(2) 在“查找和替换”对话框的“查找内容”文本框中单击(注意，不需要输入任何文字)，然后单击“格式”按钮。

(3) 在弹出的列表中选择“字体...”命令。

(4) 弹出“查找字体”对话框，从“查找字体”对话框中选择字体颜色“红色”，并单击“确定”按钮。

(5) 返回“查找和替换”对话框后，单击“替换为”文本框(注意，不需要输入任何文字)，然后单击“格式”按钮。

(6) 在弹出的列表中选择“样式...”命令。

(7) 弹出“查找样式”对话框，从查看样式列表中选择“标题 1”样式。

(8) 单击“确定”按钮，完成设置后可看到图 3.21 所示的结果。

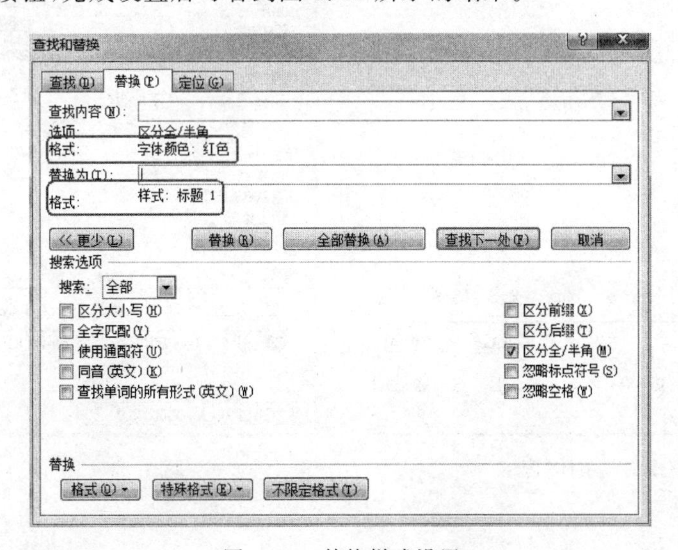

图 3.21　替换样式设置

(9) 单击“全部替换”按钮，文中红色的字体就套用了“标题 1”样式。

小贴士：如果在不正确的位置设置了格式，则可单击“不限定格式”按钮取消格式的设置。

3.3 文档的排版

完成了文档的基本编辑操作后，如果想使自己的文档具有美观大方的字符格式和舒适的版面布局，就需要对文档做进一步的编排。下面介绍一些基本的排版技巧。

3.3.1 基础排版

1. 设置字符格式

字符是文档的基本组成单位，美观与否将直接影响到文档的整体效果。字体、字号、字形的设置是文档排版的基本要求。此外还可以设置字符颜色、缩放比例和特殊效果的字符等。

1）字体、字号、字形

字体是文字的一种书写风格。常用的中文字体有宋体、仿宋体、黑体、隶书、幼圆、方正舒体、姚体和华文彩云、新魏、行楷等。

字号即是字符的大小。通常汉字字符的大小用初号、小二号、五号、八号等表示，字号越大尺寸越小。英文字符大小用“磅”的数值表示，数值越小表示的英文字符也越小。

字形是指附加于字符的属性，包括粗体、斜体、下划线等。

设置字符的字体、字号和字形，首先应选择设置对象，然后使用下列方法之一实现。

方法一：单击“开始”选项卡“字体”区的按钮组，单击 B 按钮为“加粗”、I 按钮为“倾斜”、U 按钮为“下划线”；再次单击上述按钮，则为取消对应的格式设置，如图 3.22 所示。

方法二：单击“开始”选项卡“字体”区右下角的按钮，在弹出的“字体”对话框中，可在“中文字体”下拉列表中选择所需的字体；在“字号”列表中选择所需的字号；在“字形”列表中选择所需的字形，如图 3.23 所示。

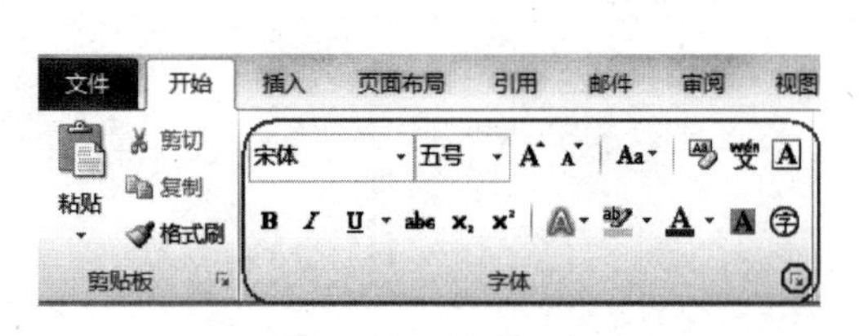

图 3.22 “字体”区

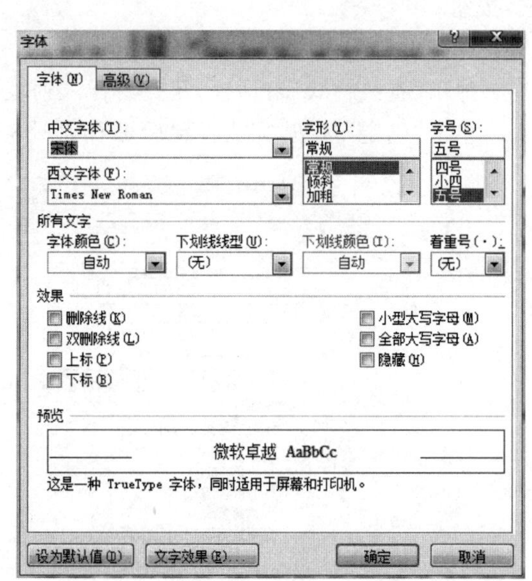

图 3.23 “字体”对话框

2）字符颜色

字符颜色是指字符的色彩。要选择字符的颜色，首先应选择设置对象，然后使用下列方法之一实现。

（1）单击“开始”选项卡“字体”区字体颜色按钮 A 旁的下三角按钮，会弹出“调色面板”对话框，在“调色面板”的方块中选择某种颜色，如图 3.24 所示。

(2) 单击"开始"选项卡"字体"区右下角的 按钮,在弹出的"字体"对话框中,可在"字体颜色"下拉列表中选择所需的颜色,如图 3.23 所示。

小贴士:在如图 3.22 所示的工具栏中,还可以设置文本效果(如阴影发光)、突出显示文本、带圈字符、上标下标、更改大小写等特殊的文字效果。

3) 字符缩放

缩放比例是指字符的缩小与放大,即将字符的宽度按比例加宽或缩窄。要实现字符缩放,首先应选择设置对象,然后单击"开始"选项卡"字体"组右下角的 按钮,在弹出的"字体"对话框中,选择"高级"标签,调整缩放百分比,如图 3.25 所示。

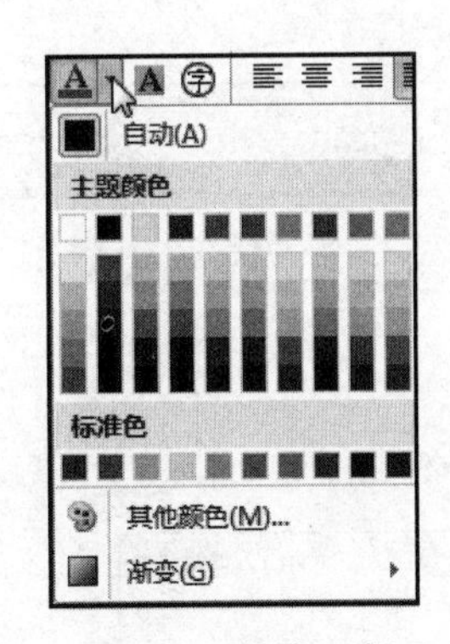

图 3.24　调色面板

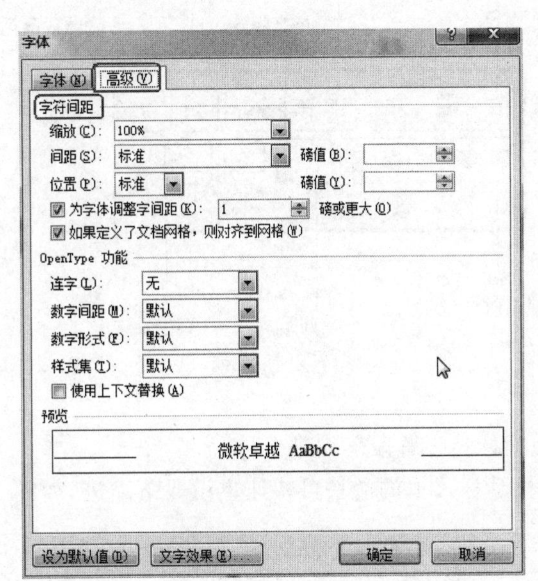

图 3.25　字符缩放

小贴士:在图 3.25 的"字体"对话框中,还可以通过"间距"下拉列表调整字符与字符之间的距离,通过"位置"下拉列表调整文字与文字垂直方向上的相对位置:提升或降低。

2. 设置段落格式

段落格式包括段落的对齐、缩进与间距等。

1) 使用"段落"功能区设置段落格式

选择"开始"选项卡"段落"组,各功能按钮如图 3.26 所示。

例如:要设置段落的对齐方式,可先选定要进行设置的段落(可以多段),然后在功能区中按下相应按钮。默认的对齐方式是两端对齐。

2) 使用"段落"对话框设置段落格式

单击"开始"选项卡"段落"组右下角的 按钮(对话框启动器),打开如图 3.27 所示的"段落"对话框,在对话框中对段落做相关的设置。

例如:为了使版面更美观,在文档编辑时,还需要对段落进行缩进设置。段落缩进是指段落文字与页边距之间的距离。它包括首行缩进、悬挂缩进、左缩进、右缩进四种方式。

要设置段落的缩进,可先选定要进行设置的段落(可以多段),然后使用"段落"对话框,对段落进行精确设置,如图 3.27 所示。

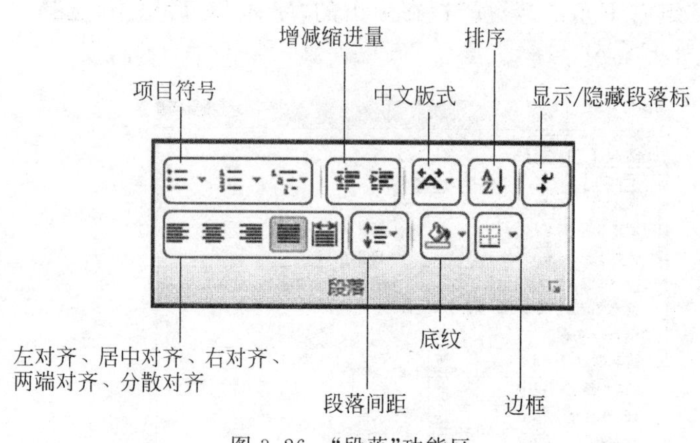

图 3.26 “段落”功能区

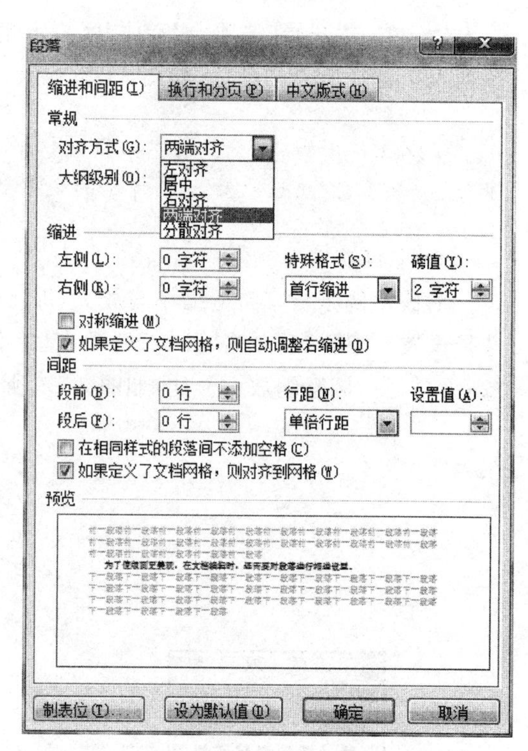

图 3.27 “段落”对话框

3）使用标尺设置段落缩进

通过移动标尺上的滑块可快速重设段落缩进，如图 3.28 所示。

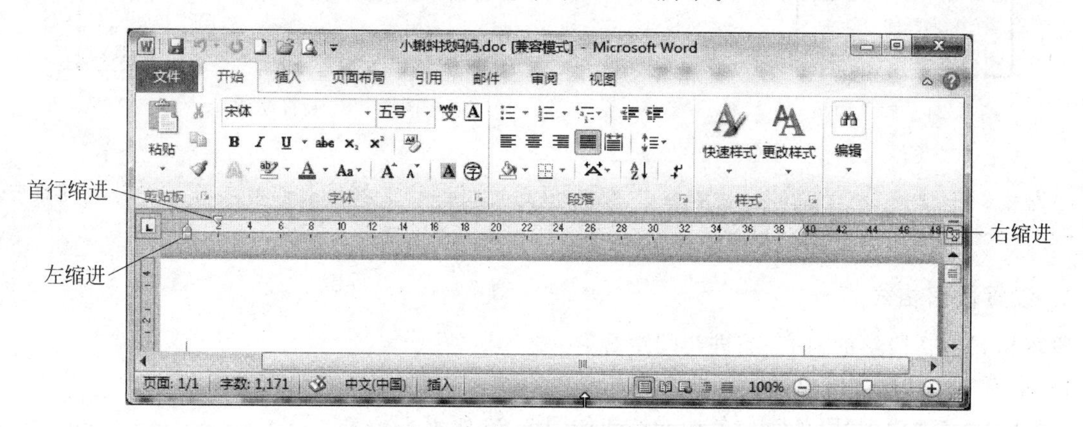

图 3.28 使用标尺缩进段落

4）设置行间距与段间距

一篇美观的文档，其版面的行与行之间的间距是很重要的。距离过大会使文档显得松垮，过小又显得密密麻麻，不易于阅读。

行间距和段间距分别是指文档中段内行与行、段与段之间的垂直距离。Word 的默认行距是单倍行距。间距的设置方法是：选择“开始”选项卡“段落”组，单击“段落间距”按钮(图 3.26)或在弹出的“段落”对话框中通过“行距”或“间距”选项设置(图 3.27)。

3. 页面布局

美观整洁的版面是排版的基本要求，在页面布局中可对纸张大小、方向、页边距等选项进行设置。设置页面格式的方法有以下两种。

(1) 通过“页面布局”选项卡中“页面设置”组的快捷按钮进行设置，如图 3.29 所示。

(2) 单击“页面设置”组右下角的↘按钮(对话框启动器),在弹出的“页面设置”对话框中(图3.30),进行页面的设置。

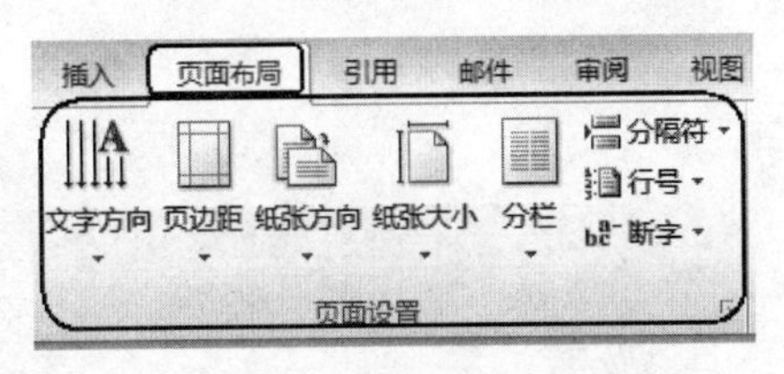

图3.29　“页面设置”快捷按钮

① 设置纸张大小

当文档编辑完后,如果需要打印出来,就要先了解所使用的打印纸的大小,然后在打印之前,将纸张的大小设置一下。设置纸张大小的方法和操作步骤有以下两种。

方法一:在“页面布局”选项卡的“页面设置”组中单击“纸张大小”按钮,在下拉列表中,选择合适的纸张,如图3.31所示。

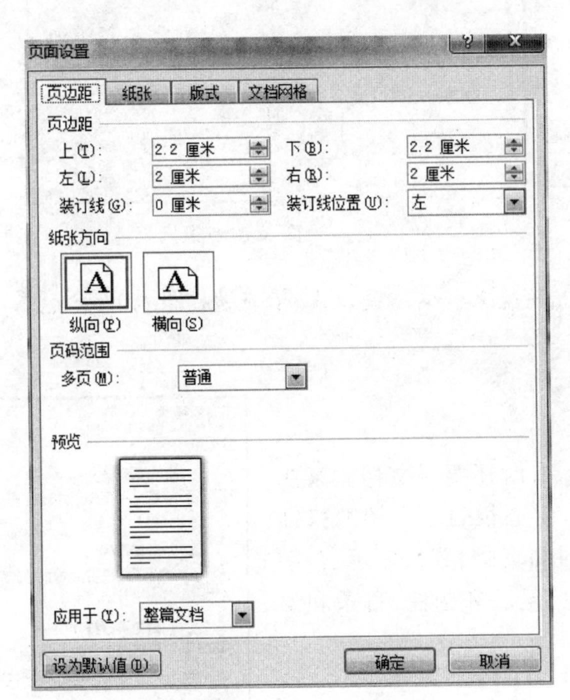

图3.30　“页面设置”对话框

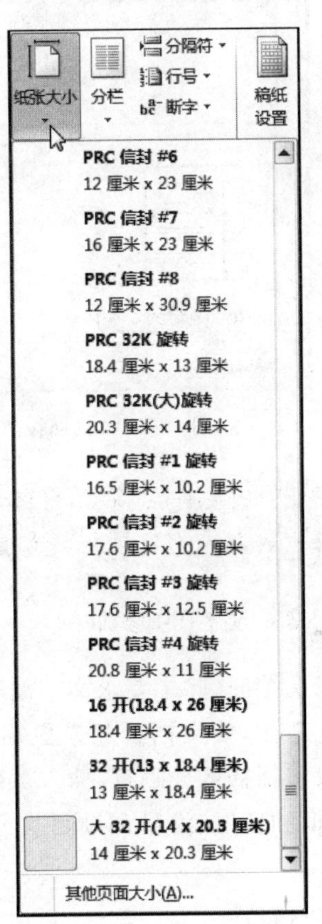

图3.31　设置纸张大小

方法二:使用“页面设置”对话框设置纸张大小,操作步骤如下。

a. 在如图3.30所示“页面设置”对话框中,打开“纸张”选项卡,如图3.32所示。

b. 单击“纸张大小”旁边的下三角按钮,在下拉列表框中,选择所需的纸张大小。

c. 单击“确定”按钮。

② 设置页边距

页边距是指正文与纸张边缘的距离,包括上、下、左、右页边距。页边距的设置方法有以下三种。

方法一:用“页边距”命令快捷按钮。

在“页面布局”选项卡的“页面设置”组中单击“页边距”按钮,在下拉列表中,选择合适的页边距,如图3.33所示。

方法二:使用“页面设置”对话框设置页边距,如图3.30所示。

方法三:用标尺设置页边距,如图3.28所示。简单的页边距设置可以通过标尺来完成,在页面视图或打印预览状态下,可通过拖动水平标尺或垂直标尺上的页边距线来改变页边距的宽度。

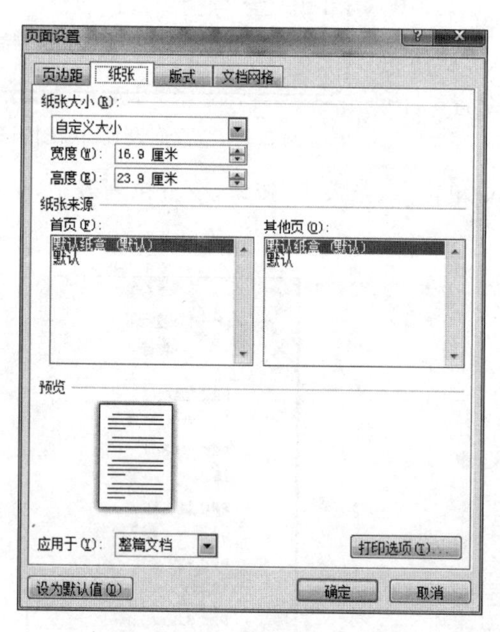

图 3.32 “页面设置”对话框

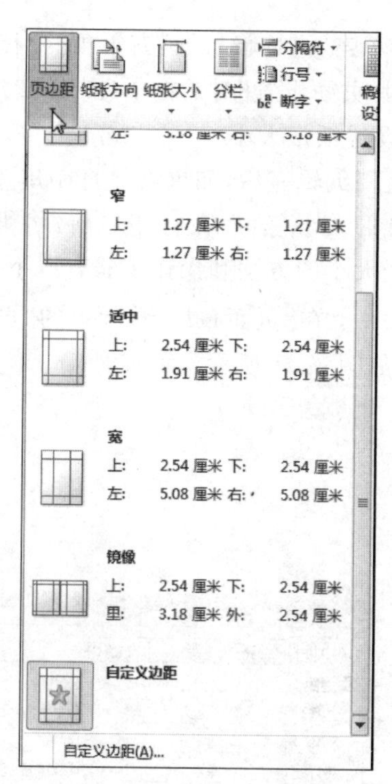

图 3.33 设置页边距

小贴士：不要将左、右页边距和段落缩进混同起来。缩进是以左、右页边距做为度量的基准，将段落文本移出或移入左页边距和右页边距。

3.3.2 文档的修饰

编辑文档时，除了要求文字没有错漏之外，有时还要对文档做某些修饰美化工作，使文档看起来更加美观、整洁，赏心悦目。文档的修饰工作可以包括插入分隔符、插入页码、设置页眉和页脚、分栏显示、首字下沉、边框和底纹、编号和项目符号、插入脚注、尾注和题注、目录和索引等。

1. 分隔符

在 Word 中，常用的分隔符有分页符、分节符、分栏符三种。

1）分页符

分页符是插入文档中的表明一页结束而另一页开始的格式符号。输入的内容满一页后，系统会自动分页，光标会自动跳到下一页的起始位置。有时，在未满一页时要进行分页，就要使用手工分页的方法，进行强制分页。

手工分页的方法：在“页面布局”选项卡的“页面设置”组中单击“分隔符”按钮，在下拉列表中，选择“分页符”选项，如图 3.34 所示。

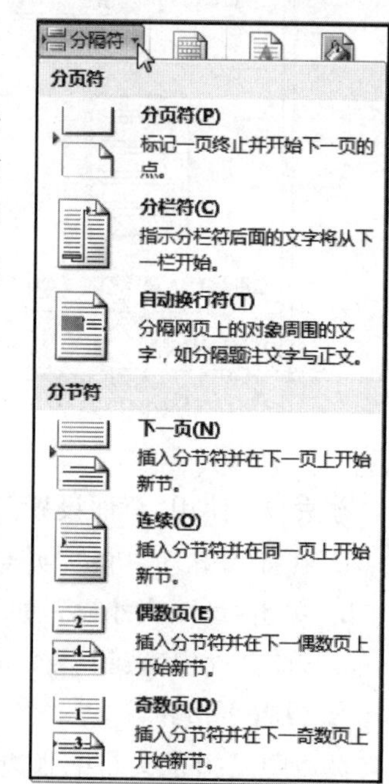

图 3.34 “分隔符”快捷按钮

例如，在目录和正文间往往需要加入强制分页的操作，使正文部分可以在新的一页开始显示。

小贴士：插入分页符还可以通过单击“插入”选项卡“页”组中的“分页”按钮实现。

2）分节符

通过在 Word 文档中插入分节符，可以将 Word 文档分成多个部分。每个部分可以有不同的页边距、页眉页脚、纸张大小等不同的页面设置。分节符是为在一节中设置相对独立的格式页面插入的标记。有时会在文档的不同部分使用不同的页面设置，比如，给两页设置不同的艺术型页面边框；又比如，希望将一部分内容变成分栏格式的排版，另一部分设置不同的页边距，都可以用分节的方式来设置其作用区域。

要在文档中插入分节符，可在如图 3.34 所示的下拉列表中选择分节符类型。

“分节符”区域列出了以下四种不同类型的分节符。

(1) 下一页：插入分节符并在下一页上开始新节。

(2) 连续：插入分节符并在同一页上开始新节。

(3) 偶数页：插入分节符并在下一偶数页上开始新节。

(4) 奇数页：插入分节符并在下一奇数页上开始新节。

3) 分栏符

分栏符是一种将文字分栏排列的页面格式符号。有时为了将一些重要的段落从新的一栏开始，插入一个分栏符就可以把在分栏符之后的内容移至另一栏。

要在文档中插入分栏符，可在“分隔符”下拉列表中选择分栏符。

小贴士：设置分栏符后，所选内容在设置分栏方起效。

2. 插入页码

页码用来表示每页在文档中的顺序，在 Word 中添加的页码会随着文档内容的增删而自动更新，页码可以通过单击“插入”选项卡“页眉页脚”组中的“页码”按钮插入到页面中，操作步骤如下。

(1) 单击“插入”选项卡中“页眉和页脚”功能区的“页码”按钮，如图 3.35 所示。

(2) 在弹出的下拉列表中选择页码的插入位置等。

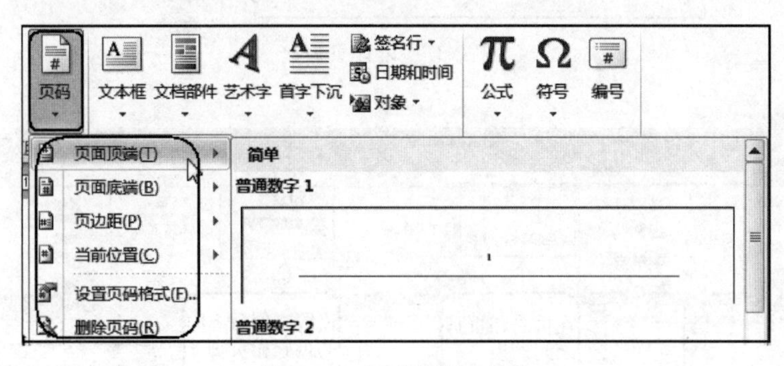

图 3.35　“页码”快捷按钮

如果要更改页码的格式，则单击“设置页码格式”按钮，在弹出的对话框中选择页码的编号格式和起始页码，如图 3.36 所示。

3. 页眉和页脚

一本完美的书刊往往会通过页眉和页脚让读者了解当前阅读的内容是哪篇文章或哪一章节等信息。页眉页脚通常包含公司徽标、书名、章节名、页码、日期等文字或图形。

页眉是指打印在文档中每页的顶部的文字或图形，页脚是指打印在文档中每页的底部的文字或图形，其中页眉和页脚的位置会分别打印在上下页边距内的位置。

1) 添加页眉或页脚

在“插入”选项卡的“页眉和页脚”组中单击“页眉”按钮(图 3.37)，在下拉列表中选择需要的页眉样式并单击，功能区将会出现“页眉

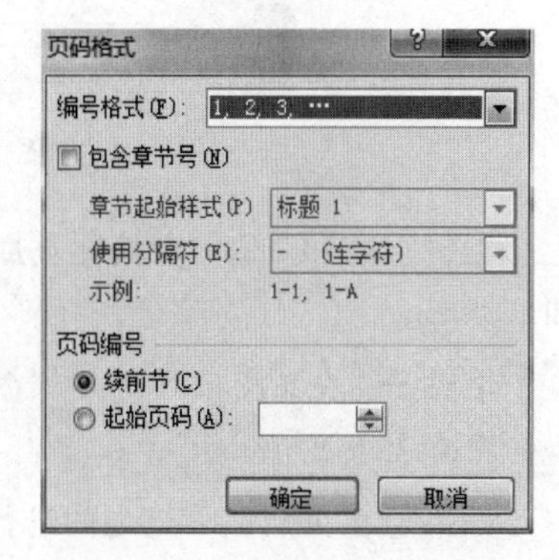

图 3.36　“页码格式”对话框

页脚工具”的“设计”选项卡，如图 3.38 所示。此时文档编辑区内容变灰显示，光标定位在编辑区内，等待输入文字或图形内容。添加页脚的方式相似。

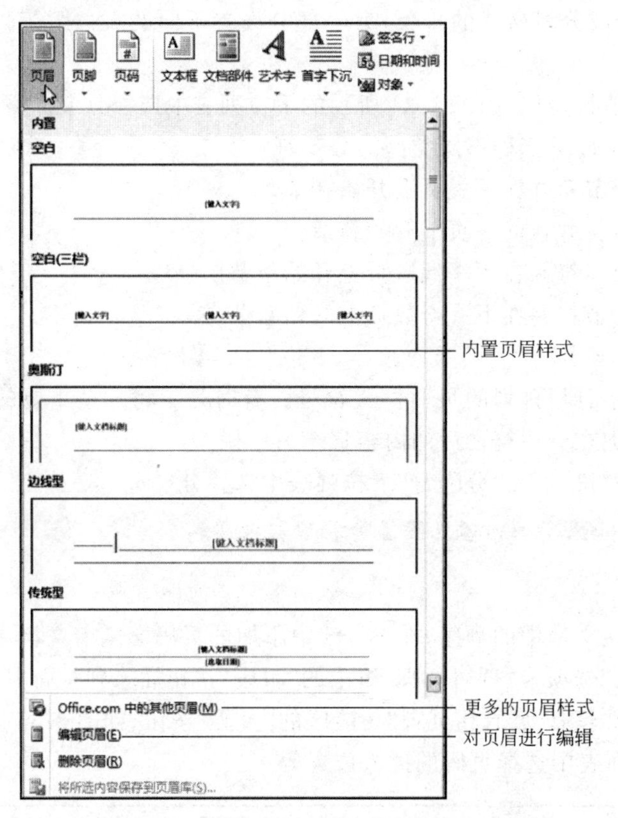

图 3.37 设计页眉

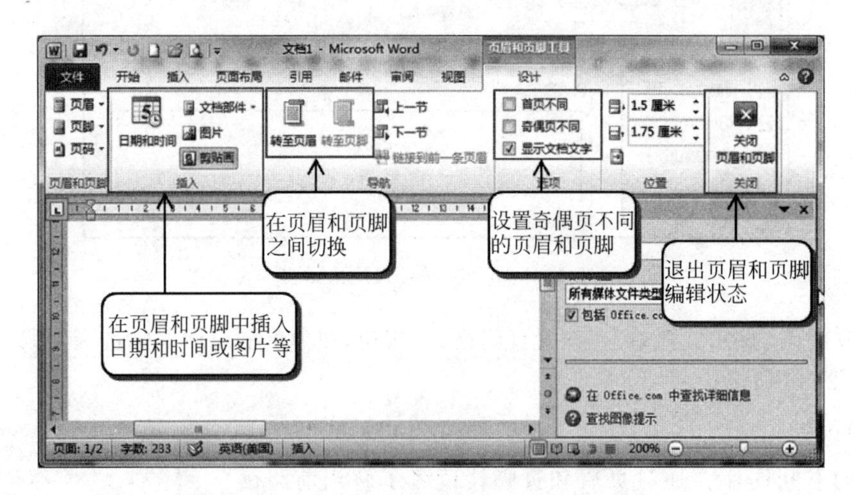

图 3.38 “页眉和页脚工具”的“设计”选项卡

编辑页眉和页脚：直接在页眉、页脚区输入内容，如书名、章节名等，还可以插入当前文档的页码和日期等。

小贴士：在正文区双击或单击“关闭页眉页脚”按钮，可以关闭页眉和页脚编辑状态。此时页眉页脚的内容变灰显示。

如果想在页眉和页脚之间进行切换，可以在“导航”组中单击“转至页眉”或“转至页脚”按钮进行切换。

例如,我们需要为文档设置页眉、页脚,页眉的内容为“寓言故事”,右对齐;页脚的内容为“第X页共Y页”左对齐。

操作步骤如下。

(1) 在“插入”选项卡的“页眉和页脚”组中单击“页眉”按钮,选择“内置”“空白”样式。

(2) 在页眉编辑区处单击,输入页眉的内容“寓言故事”,然后在“开始”选项卡中单击“段落”功能区的右对齐按钮 。

(3) 单击“转至页脚”按钮,转到页脚编辑区中。

(4) 单击“页脚”“页面底端”“X/Y”格式(图3.39),将格式改为“第X页共Y页”即可。

(5) 然后在“开始”选项卡“段落”组中单击左对齐按钮 。

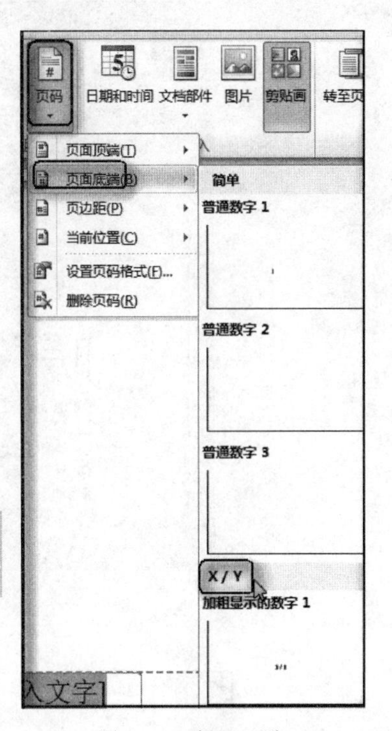

图3.39　插入页脚

小贴士:页眉和页脚对齐方式的设置方法和段落对齐的一致。

2) 设置首页不同的页眉页脚

对于书稿、论文等文档,通常首页是不需要显示页眉或有着和其他页面不同的页眉。这时,可按如下步骤操作。

(1) 在如图3.38所示“页眉和页脚工具”的“设计”选项卡的“选项”组中选中“首页不同”复选框。

(2) 在“插入”选项卡“页眉页脚”组单击页眉按钮,首先弹出首页页眉或首页页脚编辑区,在首页页眉或首页页脚编辑区中输入页眉或页脚内容。

(3) 在页眉或页脚编辑区中输入其他各页的页眉或页脚内容即可。

3) 设置奇偶页不同的页眉或页脚

在一些教材中,经常能看到在奇数页上显示书名,在偶数页上显示章节名。如果要对奇偶页设置不同的页眉或页脚,可按如下步骤操作。

(1) 在如图3.38所示“页眉和页脚工具”的“设计”选项卡的“选项”组中选中“奇偶页不同”复选框。

(2) 在“插入”选项卡“页眉页脚”组中单击页眉按钮,在页眉或页脚编辑区中,分别输入奇数页和偶数页的页眉或页脚内容。

4. 分栏

分栏排版就是将文档设置成多栏格式,从而使版面变得生动美观,如图3.40所示。分栏排版常在类似报纸或实物公告栏、新闻栏等排版中应用,既美化页面,又方便阅读。

设置段落的分栏,可按如下步骤操作。

(1) 先选择要设置分栏的段落。

(2) 在“页面布局”选项卡的“页面设置”组中单击“分栏”按钮。

(3) 在“分栏”下拉列表中选择分栏的样式(图3.41),或者单击“更多分栏...”按钮,在弹出的“分栏”对话框中,选择“栏数”。还可设置“宽度”“间距”或“分隔线”等选项,如图3.42所示。

5. 首字下沉

在一些报刊中,为了引起读者注意,同时也为了美化文档的版面,经常会看到段落第一个字符被放大了,在Word中利用首字下沉功能可以把段落第一个字符进行放大,如图3.40所示。

设置段落的首字下沉,可按如下步骤操作。

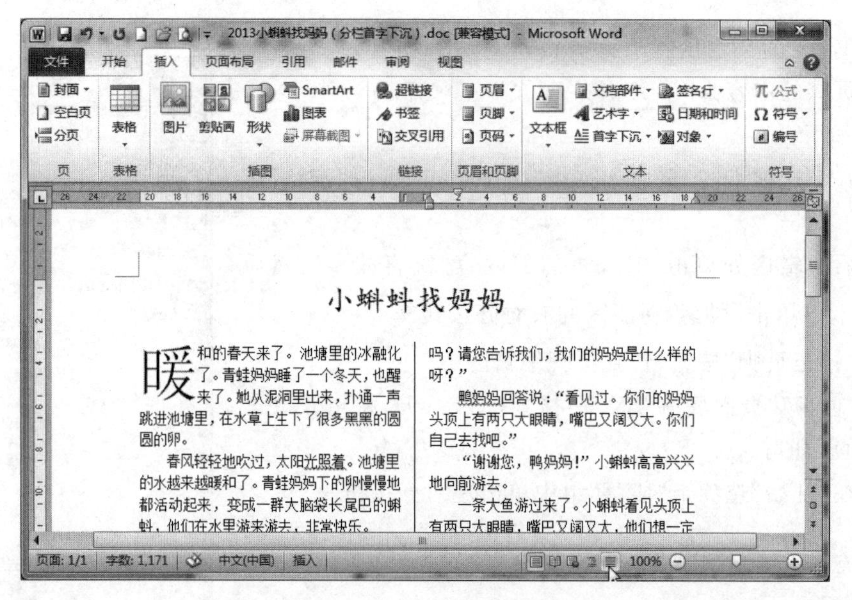

图 3.40 分栏、首字下沉示例

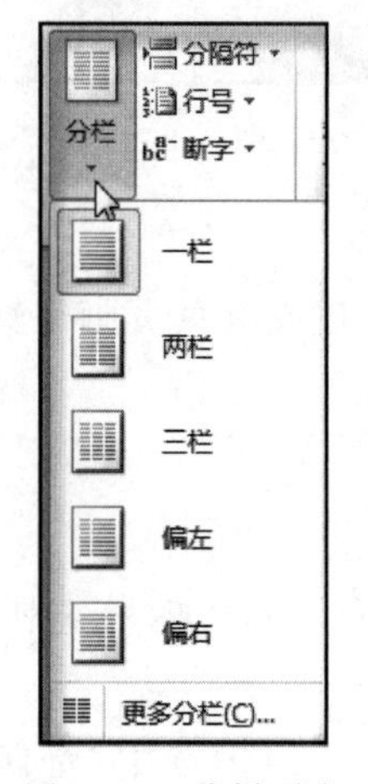

图 3.41 分栏列表

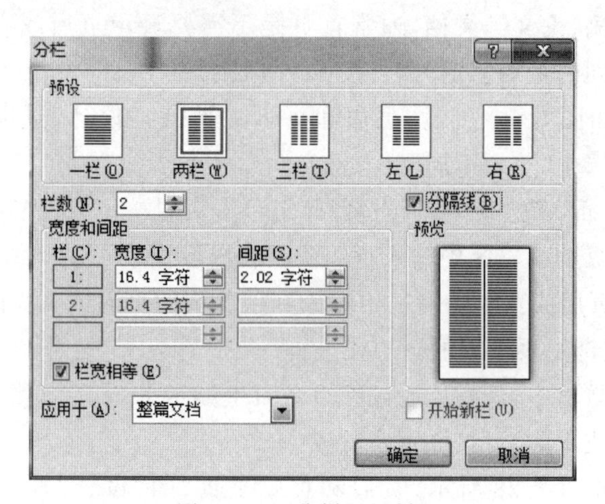

图 3.42 “分栏”对话框

(1) 选择要设置首字下沉的段落。

(2) 在“插入”选项卡的“文本”组中单击“首字下沉”按钮。

(3) 在“首字下沉”下拉列表中，选择“下沉”或“悬挂”方式，如图 3.43 所示，或者单击“首字下沉选项... ”按钮，在弹出的对话框中进行设置，如图 3.44 所示。

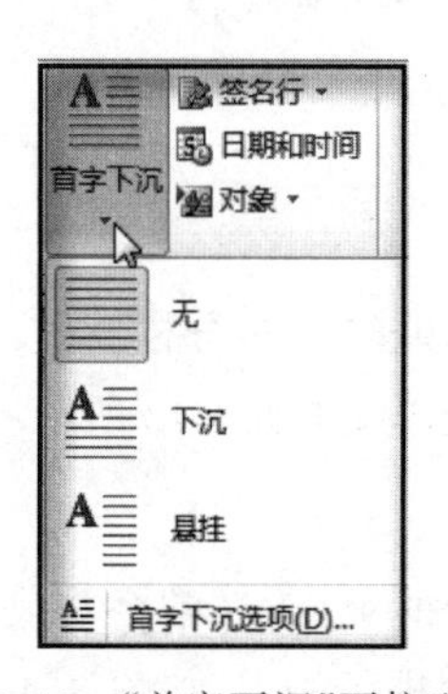

图 3.43 “首字下沉”下拉列表

图 3.44 “首字下沉”对话框

小贴士：若要取消首字下沉，可在"首字下沉"对话框中的"位置"区中选择"无"选项。

6. 边框和底纹

在文档中，为了得到突出和醒目的显示效果，可以为某些段落或文字添加边框和底纹。

1）文字或段落的底纹

设置文字或段落的底纹，操作步骤如下。

(1) 选择需要添加底纹或边框的文字或段落。

(2) 在"页面布局"选项卡的"页面背景"组中单击"页面边框"按钮。

(3) 在弹出的"边框和底纹"对话框中，打开"底纹"选项卡，如图3.45所示，设置底纹的"填充"颜色、图案的"样式"和"颜色"等。

(4) 通过"应用于"下拉列表选择应用的对象是文字还是段落。

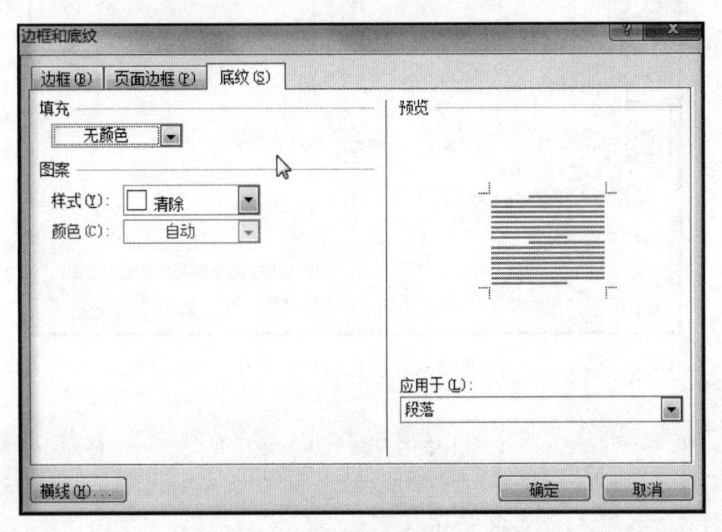

图3.45　"边框和底纹"对话框

小贴士："文字"与"段落"底纹的区别，在图3.46中，第一自然段的是段落底纹，第三自然段的是文字底纹。

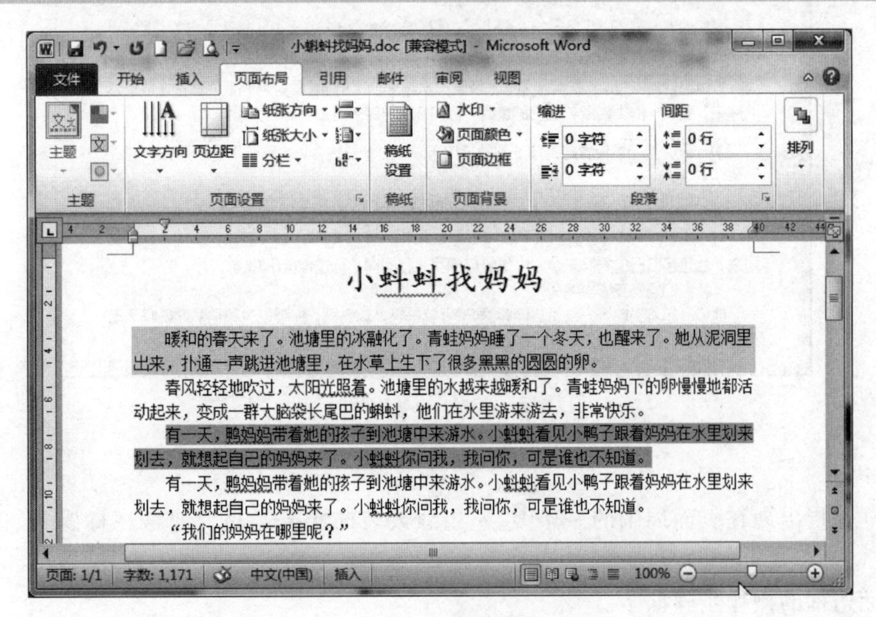

图3.46　设置底纹

2）文字或段落的边框

给文档中的文本添加边框，可以使文本与文档的其他部分区分开来，同时还可增强视觉效果。

为文字或段落设置边框，其操作步骤如下。

(1) 选择需要添加边框的文字或段落。

(2) 在“页面布局”选项卡的“页面背景”组中单击“页面边框”按钮。

(3) 在“边框和底纹”对话框中，打开“边框”选项卡，如图 3.47 所示，选择设置边框的“样式”“颜色”“宽度”等。

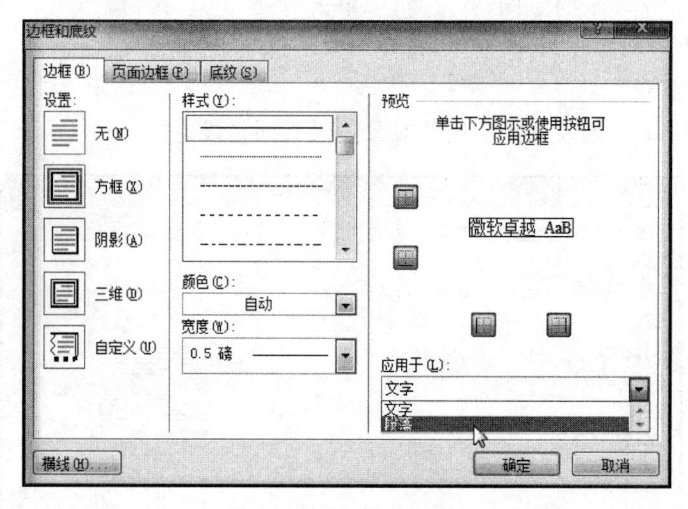

图 3.47 “边框”选项卡

小贴士：“文字”与“段落”边框的区别，在图 3.48 中，第一自然段是“段落”边框，边框线是“双波浪形”；第三自然段是“文字”边框。“文字”与“段落”边框在形式上的区别：前者是由行组成的边框，后者是一个段落方块的边框。底纹设置也一样。

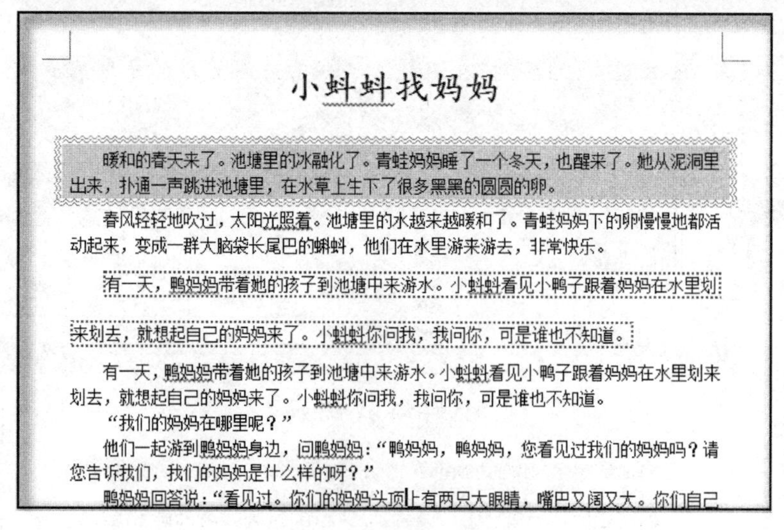

小蝌蚪找妈妈

暖和的春天来了。池塘里的冰融化了。青蛙妈妈睡了一个冬天，也醒来了。她从泥洞里出来，扑通一声跳进池塘里，在水草上生下了很多黑黑的圆圆的卵。

春风轻轻地吹过，太阳光照着。池塘里的水越来越暖和了。青蛙妈妈下的卵慢慢地都活动起来，变成一群大脑袋长尾巴的蝌蚪，他们在水里游来游去，非常快乐。

有一天，鸭妈妈带着她的孩子到池塘中来游水。小蝌蚪看见小鸭子跟着妈妈在水里划来划去，就想起自己的妈妈来了。小蝌蚪你问我，我问你，可是谁也不知道。

有一天，鸭妈妈带着她的孩子到池塘中来游水。小蝌蚪看见小鸭子跟着妈妈在水里划来划去，就想起自己的妈妈来了。小蝌蚪你问我，我问你，可是谁也不知道。

“我们的妈妈在哪里呢？”

他们一起游到鸭妈妈身边，问鸭妈妈：“鸭妈妈，鸭妈妈，您看见过我们的妈妈吗？请您告诉我们，我们的妈妈是什么样的呀？”

鸭妈妈回答说：“看见过。你们的妈妈头顶上有两只大眼睛，嘴巴又阔又大。你们自己

图 3.48 设置边框

3）页面边框

页面边框是指出现在页面周围的一条线、一组线或装饰性艺术品。通常在标题页、传单和小册子上十分多见。

插入页面边框的操作步骤如下。

(1) 在“页面布局”选项卡的“页面背景”组中单击“页面边框”按钮。

(2) 在弹出的“边框和底纹”对话框中，打开“页面边框”选项卡，如图 3.49 所示。

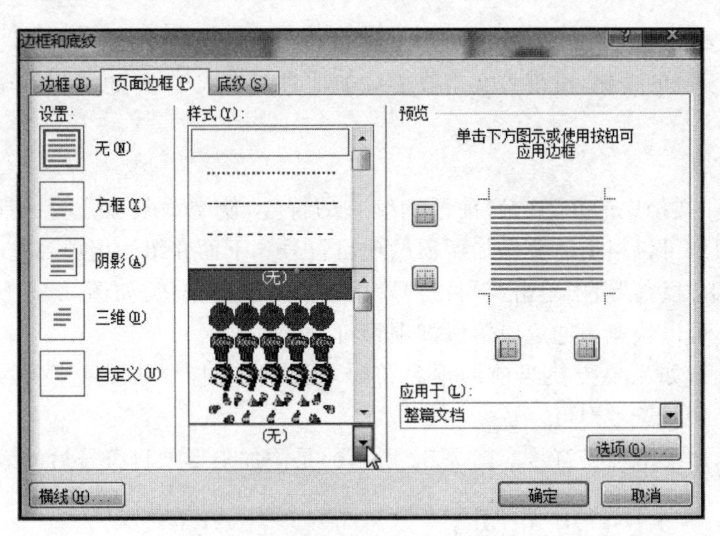

图 3.49　“页面边框”选项卡

(3) 对于页面边框来说，可以插入多种不同的线型，或者从多种内置的“艺术型”项目中选择，单击“艺术型”下拉列表，从下拉列表中选择需要的艺术型边框，并可修改边框默认的宽度或颜色。

例如，图 3.50 为添加 艺术型(R): 花朵页面边框后的效果。

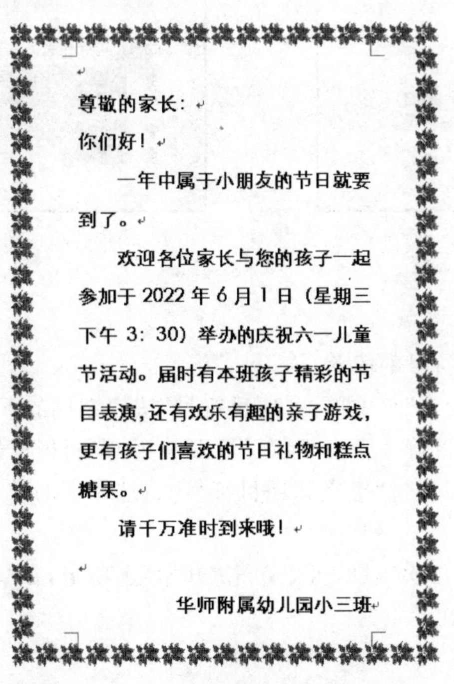

尊敬的家长：

你们好！

一年中属于小朋友的节日就要到了。

欢迎各位家长与您的孩子一起参加于 2022 年 6 月 1 日（星期三下午 3：30）举办的庆祝六一儿童节活动。届时有本班孩子精彩的节目表演，还有欢乐有趣的亲子游戏，更有孩子们喜欢的节日礼物和糕点糖果。

请千万准时到来哦！

华师附属幼儿园小三班

图 3.50　添加页面边框后的效果

小贴士：要在标题页周围放置边框，可以在图 3.49 中的“应用于”下拉列表中选择“本节-仅首页”。这里的其他选项是“整篇文档”“本节”和“本节-除首页外所有页”。

要控制页面边框相对于文字或纸张边缘的位置，可单击“选项”按钮打开“边框和底纹选项”对话框进行设置。注意，在设置页面边框时，与段落相关的选项会变成灰色。使用“测量基准”框，可以设置页面边框与文字或页边的距离。

7. 项目符号和编号

在编辑文章或文件时，常常需要给段落加上项目符号或编号，使文章的条理更清晰。Word 提供了项目符号及自动编号的功能，可以为文本段落添加项目符号或编号，也可以在输入时自动创建项目符号和编号列表。

1）使用项目符号

项目符号是指在文档中的并列内容前添加统一的符号，使文章条理分明、清晰易读。Word 提供了多种项目符号，用户可以根据需要添加所需的项目符号。下面介绍使用项目符号的方法。

在“开始”选项卡“段落”组中单击“项目符号”右侧的下三角按钮，如图 3.51 所示。在项目符号库中选择需要的符号，可以快速为选定段落添加项目符号。

添加项目符号后，如果要更换当前的项目符号，可以将光标置于要更换项目符号的段落中，在图 3.51 中重新选择项目符号即可。

例如，为文本添加菱形项目符号。图 3.52 所示的是添加菱形项目符号后的效果。

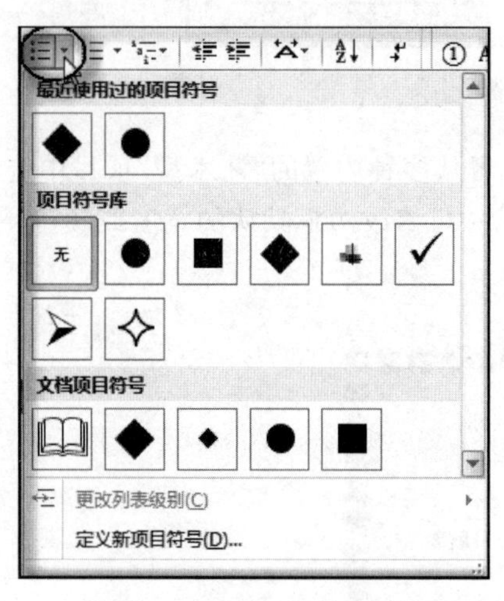

图 3.51 “项目符号”按钮

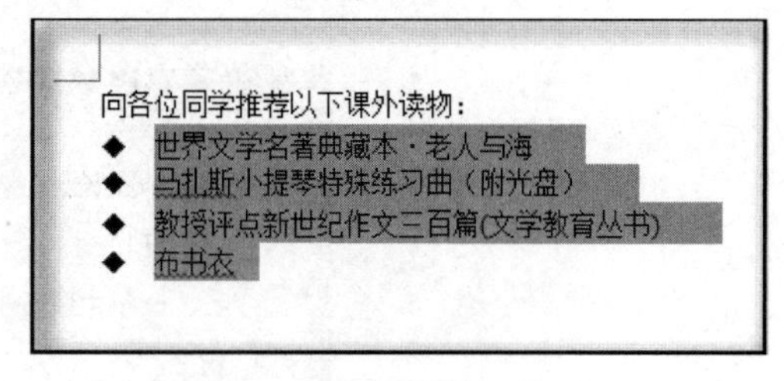

图 3.52 使用项目符号的效果

操作步骤如下。

(1) 选定多个要添加项目符号的段落。

(2) 在“开始”选项卡的“段落”组中单击“项目符号”按钮右侧的下三角按钮。

(3) 如图 3.51 所示，在项目符号库中显示了可以使用的项目符号，本例选择菱形项目符号◆，结果如图 3.52 所示。此外还可以通过“定义新项目符号...”选择别的符号作为项目符号，单击“确定”按钮完成设置。

如果要更改列表中项目的层次级别，可以单击“开始”选项卡，在“段落”功能区单击“增加缩进量”按钮或“减少缩进量”按钮。

2）自定义项目符号和编号

重新定义项目符号或编号的格式，操作步骤如下。

(1) 在“开始”选项卡的“段落”组中单击“项目符号”按钮右侧的下三角按钮，在列表中通过“定义新项目符号...”自定义项目符号，如图 3.53 所示。或者在“段落”功能区单击“编号”按钮右侧的下三角按钮，在列表中通过“定义新编号格式...”自定义编号，如图 3.54 所示。

(2) 设置好相应参数后单击“确定”按钮即可。

3）设置多级符号和编号

对于一篇较长的文档，需要使用多种级别的标题编号，如第 1 章、1.1、1.1.1 或一、(一)、1、(1)等。利用 Word 提供的多级符号和编号的功能，在日后对章节进行增删或移动时，这些编号会相应地调

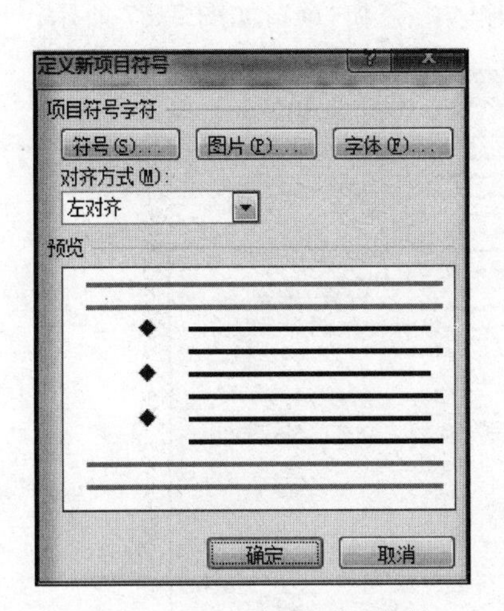

图 3.53　选择新的项目符号

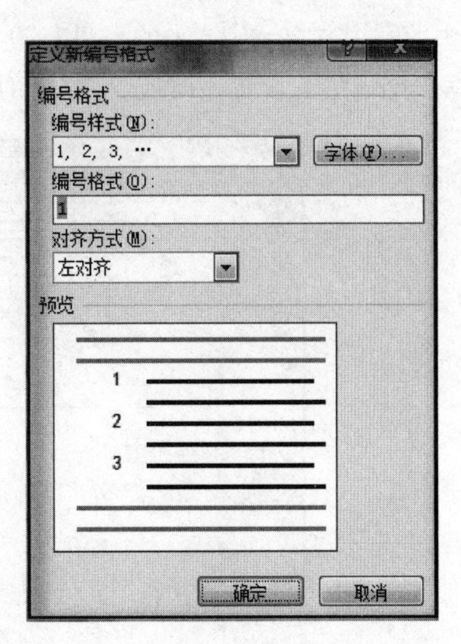

图 3.54　选择新的编号格式

整，不需要手动地逐个修改。下面以图 3.55 为例，介绍如何进行多级符号编号的设置。

例如，尝试编辑如图 3.55 所示带有多级编号的文档效果，对文档内容建立多级编号。

操作步骤如下。

(1) 选中文字内容，打开"开始"选项卡，在"段落"功能区中单击"多级列表"按钮，如图 3.56 所示。

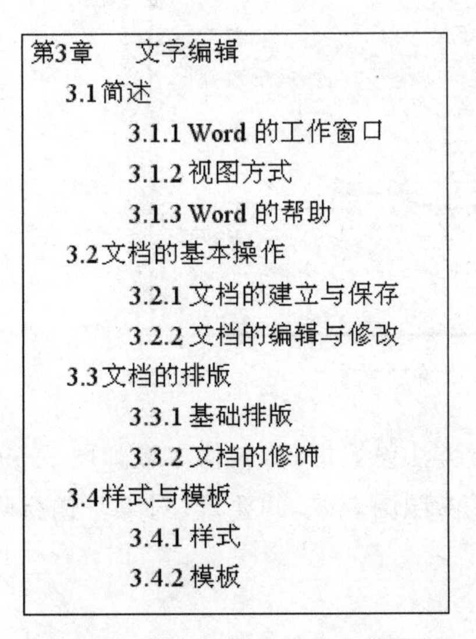
第3章　文字编辑
3.1简述
3.1.1 Word 的工作窗口
3.1.2 视图方式
3.1.3 Word 的帮助
3.2文档的基本操作
3.2.1 文档的建立与保存
3.2.2 文档的编辑与修改
3.3文档的排版
3.3.1 基础排版
3.3.2 文档的修饰
3.4样式与模板
3.4.1 样式
3.4.2 模板

图 3.55　带有多级编号的文档示例

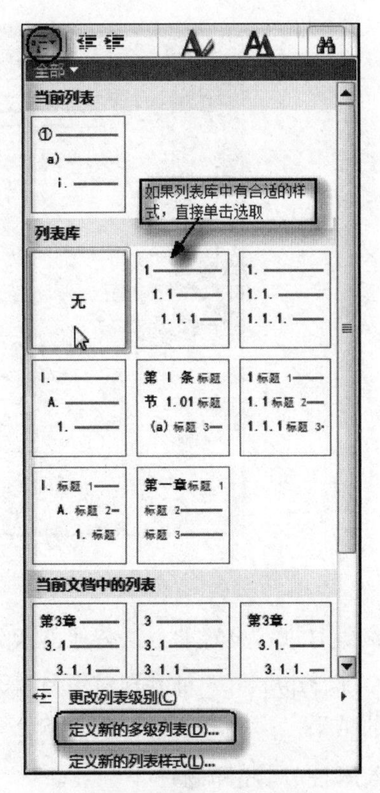

图 3.56　设置"多级列表"

(2) 如果在列表库中有合适的样式则直接单击选择即可，本例选择"定义新的多级列表..."进行自定义样式，如图 3.56 所示。

(3) 单击“更多”按钮，对1级编号进行设置。起始编号设置为“3”，编号格式设置为“第X章”，其中“X”会根据起始编号的设置而改变。在“3”的前后分别输入“第”和“章”，如图3.57所示。

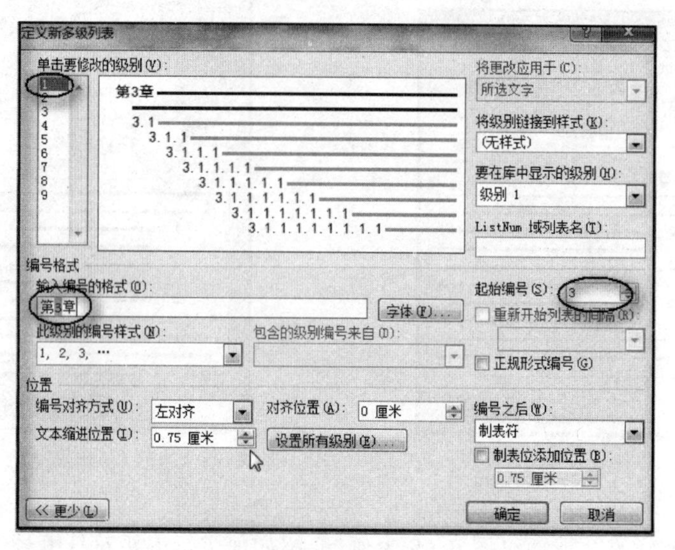

图3.57 设置1级编号

(4) 对2级编号进行设置。在“单击要修改的级别”列表框中选择“2”，在“此级别的编号格式”下拉列表框中选择“1,2,3,…”，在“起始编号”数值框中选择“1”，“对齐位置”设置为“0.5厘米”，具体参数如图3.58所示。

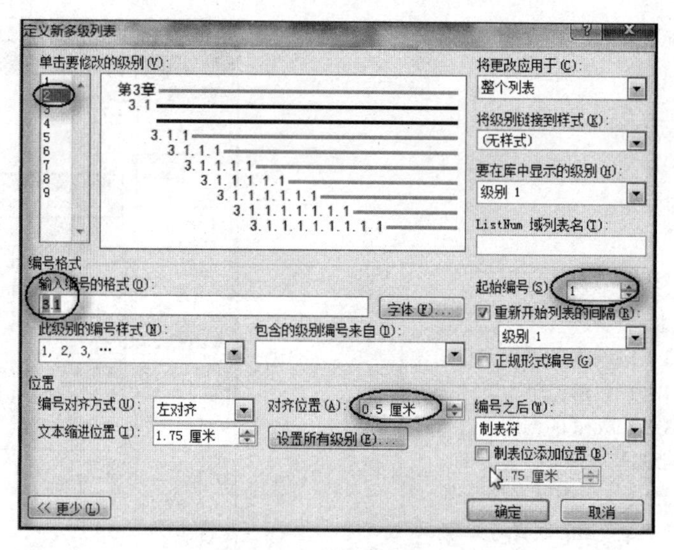

图3.58 设置2级编号

(5) 3级编号进行设置的方法依照2级编号的设置方法设置即可，具体参数如图3.59所示。

(6) 工具栏的和可分别对编号升级和降级。参照图3.55的要求，对编号进行降级，即可看到图3.55的结果。

8. 插入脚注、尾注和题注

很多学术性的文档在引用别人的叙述时都需要加入脚注或尾注，对引用进行补充说明。脚注一般位于页面的底部，可以作为文档某处内容的注释，如术语解释或背景说明等；尾注一般位于文档的末尾，通常用来列出书籍或文章的参考文献等。

脚注和尾注由两个关联的部分组成，包括注释引用标记和其对应的注释文本。

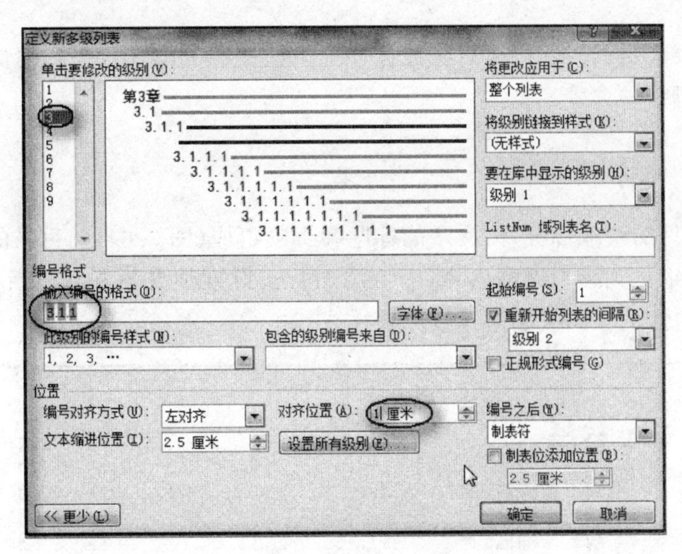

图 3.59　设置 3 级编号

1）插入脚注和尾注

例如，按图 3.60 所示对文档相关内容设置脚注。

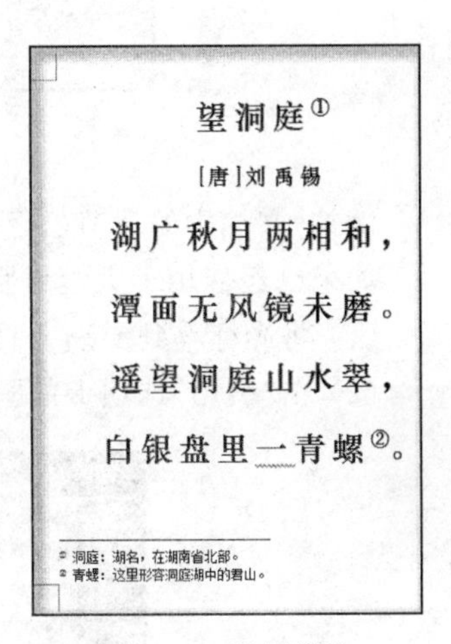

图 3.60　设置脚注

要在文档中插入脚注与尾注，可按如下步骤操作。

(1) 将光标移到要插入脚注和尾注的位置。

(2) 在“引用”选项卡的“脚注”组中，单击“插入脚注”或“插入尾注”按钮，如图 3.61 所示，然后输入脚注或尾注内容即可。

(3) 本例中单击“脚注”组右下角的打开脚注和尾注对话框按钮，在弹出的“脚注和尾注”对话框中，选择“脚注”，以及脚注的位置和编号格式等，按图 3.62 所示进行设置，完成后即可看见图 3.60 所示的效果。

2）删除脚注和尾注

要删除脚注和尾注，只需选择要删除的脚注或尾注的注释标记，然后按 Delete 键，即可删除脚注或尾注内容。

3）转换脚注和尾注

脚注和尾注之间是可以相互转换的，这种转换可以在一种注释间进行，也可以在所有的脚注和尾注间进行，可按如下步骤操作。

(1) 在“引用”选项卡的“脚注”组中单击右下角的“打开脚注和尾注对话框”按钮，在弹出的“脚注和尾注”对话框中，单击“转换”按钮。

(2) 在弹出的“转换注释”对话框中，选择要转换的选项，如图 3.63 所示。

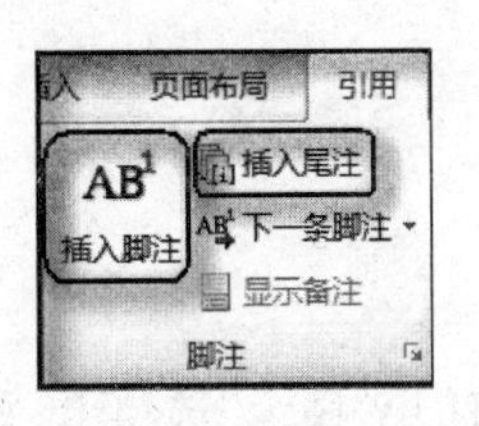

图 3.61　脚注、尾注按钮

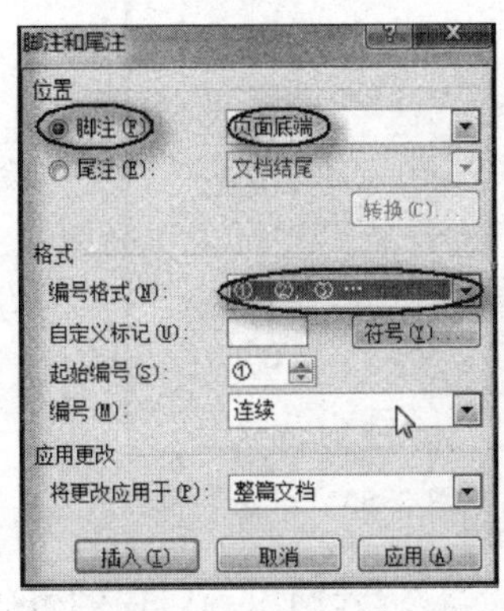

图 3.62　插入脚注

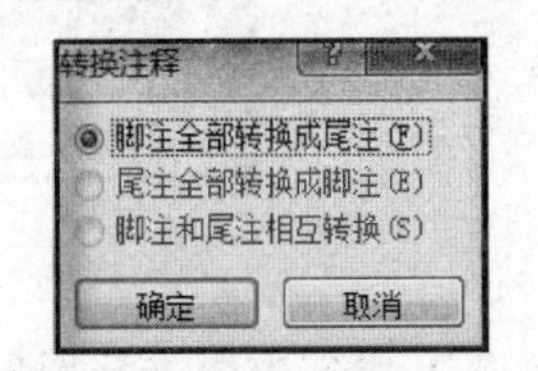

图 3.63　“转换注释”对话框

如果是对个别注释进行转换,则可以将光标移至注释文本中,右击,在右键快捷菜单中选择“转换至尾注”(或“转换为脚注”)命令。

9. 目录和索引

1) 建立目录

目录是书稿中常见的组成部分,由文章的标题和页码组成(图 3.64)。目录的作用在于,方便阅读者可以快速地检阅或定位到感兴趣的内容,手工添加目录既麻烦又不利于以后的修改。为文档建立目录,建议最好使用内置的大纲级别格式或标题样式。

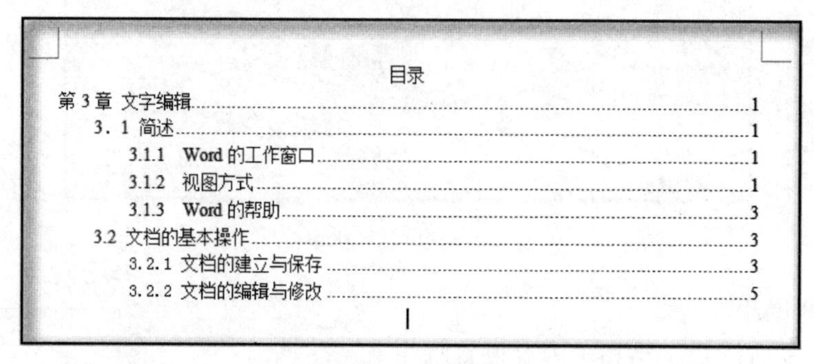

图 3.64 建立目录

例如,文档中的章节已经使用了内置的大纲级别,请为文档建立 3 级目录。

如果已经使用了大纲级别或内置标题样式,可按下列步骤操作。

(1) 将光标移到要插入目录的位置,例如,文档的首页。

(2) 在“引用”选项卡的“目录”组中单击“目录”按钮,弹出如图 3.65 所示下拉列表。

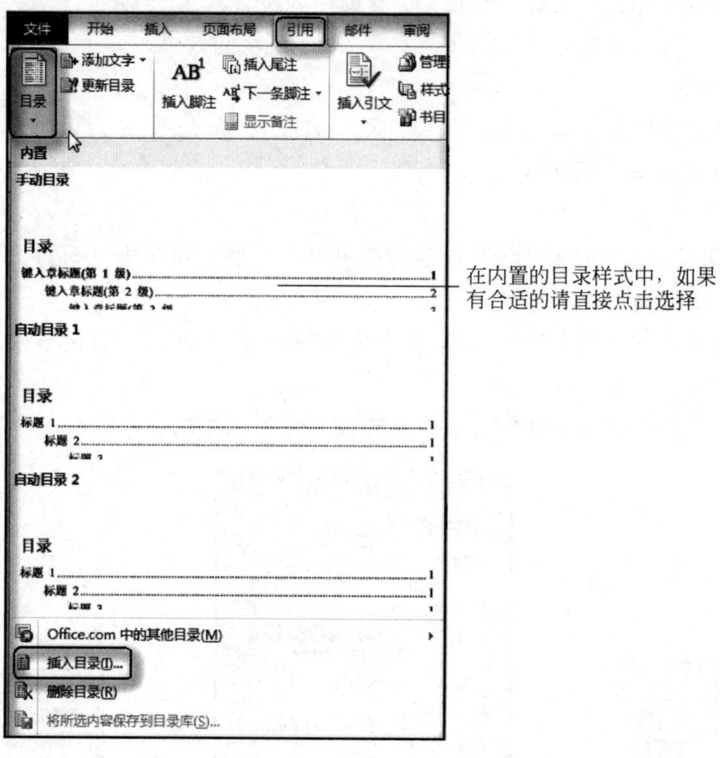

图 3.65 目录下拉列表

(3) 在下拉列表中选择“插入目录”命令,在弹出的“目录”对话框中打开“目录”选项卡,如图 3.65 所示。

（4）在“目录”选项卡中，设置目录的“格式”，例如，“古典”“优雅”“流行”型等，默认是“来自模板”型，以及设置“显示级别”，本例选“3”，如图 3.66 所示。完成的结果如图 3.64 所示。

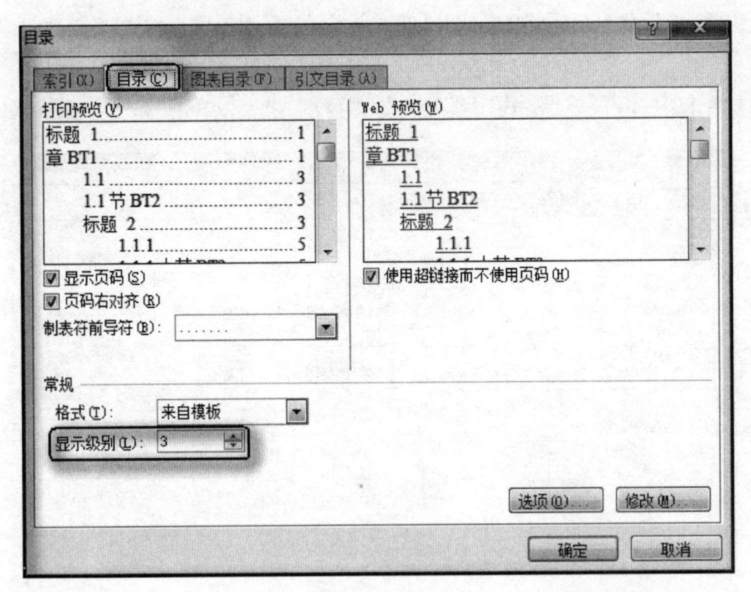

图 3.66　“目录”选项卡

小贴士： 如果作为目录内容的文本还没用套用大纲级别或内置标题样式，则可通过“开始”选项卡“样式”组的样式下拉列表进行设置。

2）建立索引

在文档中建立索引，就是将需要标示的字词列出来，并注明它们的页码。建立索引主要包含两个步骤：一是对需要创建索引的关键词进行标记，即是告诉 Word 哪些关键词参与索引的创建；二是调出“索引和目录”对话框，通过相应的命令创建索引。

给文档建立索引项，可按如下步骤操作。

（1）选择要建立索引项的关键字，假定我们现在以“微软公司”为索引项。

（2）单击“引用”标签，在“索引”组中（图 3.67），单击“标记索引项”按钮。

（3）在弹出的“标记索引项”对话框中，选中的文字“微软公司”出现在“主索引项”框中，如图 3.68 所示。然后单击“标记”按钮即可。这时，文档中被选择的关键字旁边，添加了一个索引标记：{XE "微软公司"}。

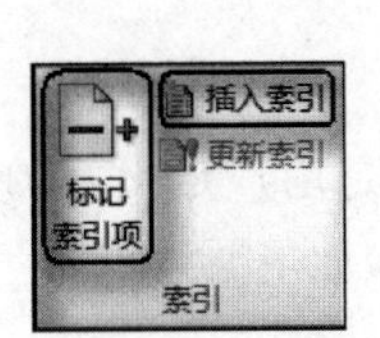

图 3.67　索引功能区

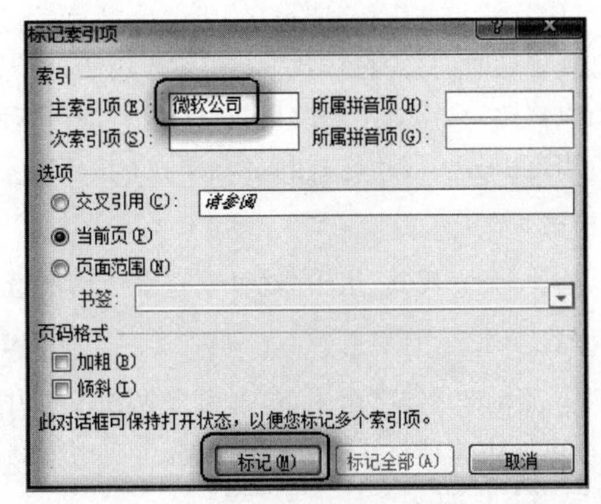

图 3.68　标记索引项

(4) 如果还有其他需要建立索引项的关键字,在文档编辑窗口中,继续选择关键字,重复(3)的步骤,直至所有关键字选择完毕。

(5) 将光标移到要插入索引的位置,在图 3.67 所示的索引功能区中,单击"插入索引"按钮,打开"索引"对话框。

(6) 在"索引"选项卡中,可设置"格式""类型"或"栏数",然后,单击"确定"按钮,如图 3.69 所示。

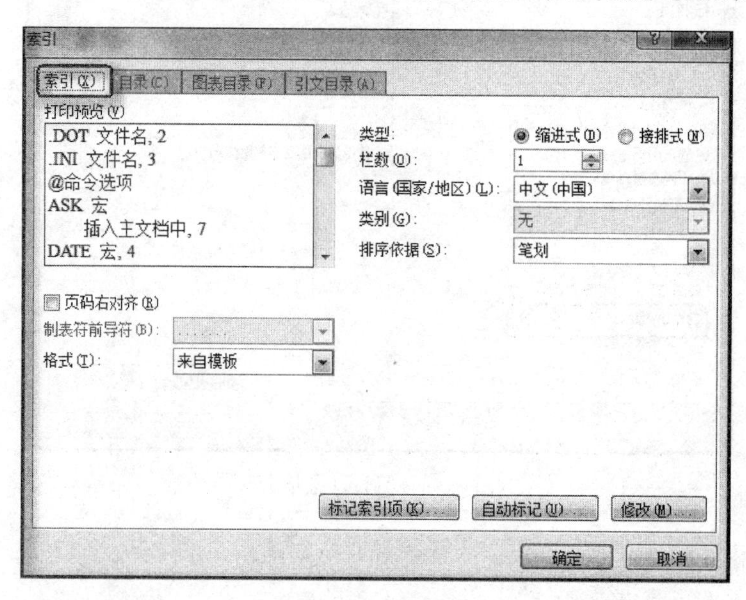

图 3.69 创建索引列表

3.4 样式与模板

Word 中的样式和模板功能可以大大提高建立文档和对文档进行排版的工作效率。

3.4.1 样式

所谓样式,就是具有名称的一系列排版指令集合。使用样式可以轻松快捷地将文档中的正文、标题和段落统一成相同的格式。

通常对于一篇科技论文,其一级标题是黑体、小二号字、居中放置,其二级标题是楷体、小三号字、居中放置,其三级标题是仿宋体、四号字、居中放置,我们分别定义样式名"标题 1""标题 2""标题 3"。当编排某个二级标题时,只需将样式"标题 2"应用于这个标题即可。如果需要对全文中所有三级标题的版面格式加以修改,只需直接修改样式"标题 3"即可,使用起来非常方便。

样式按应用范围分为段落样式和字符样式;按定义形式分为预定义样式和自定义样式。

1. 查看样式

在"开始"选项卡的"样式"组中,就可以查看当前所选文字或段落的样式。

2. 应用样式

在"开始"选项卡的"样式"组中,包含很多 Word 的内建样式,或是用户定义好的样式。利用这些已有样式,用户可以快速地格式化文档的内容。应用样式的操作步骤如下。

(1) 选择要格式化的文本。

(2) 在"开始"选项卡的"样式"组中,选择所需要的样式。"样式"下拉列表框中提供了更多的样式选择。

3. 新建样式

当 Word 提供的内建样式和用户自定义的样式，不能满足文档的编辑要求时，用户就要按实际需要自定义样式了。新建样式可按如下步骤操作。

(1) 在“开始”选项卡的“样式”组中，单击右下角的显示“样式”窗口按钮，弹出“样式”窗口。

(2) 在“样式”窗口中，单击新建样式按钮，如图 3.70 所示。

(3) 在弹出的“根据格式设置创建新样式”对话框的“名称”文本框中输入新建样式的名称，默认为“样式 1”，如图 3.71 所示。

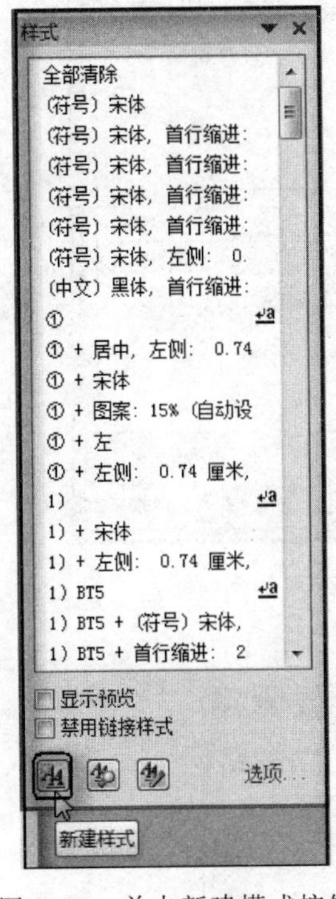

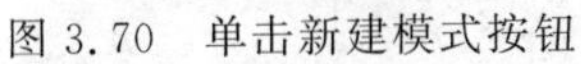
图 3.70 单击新建模式按钮

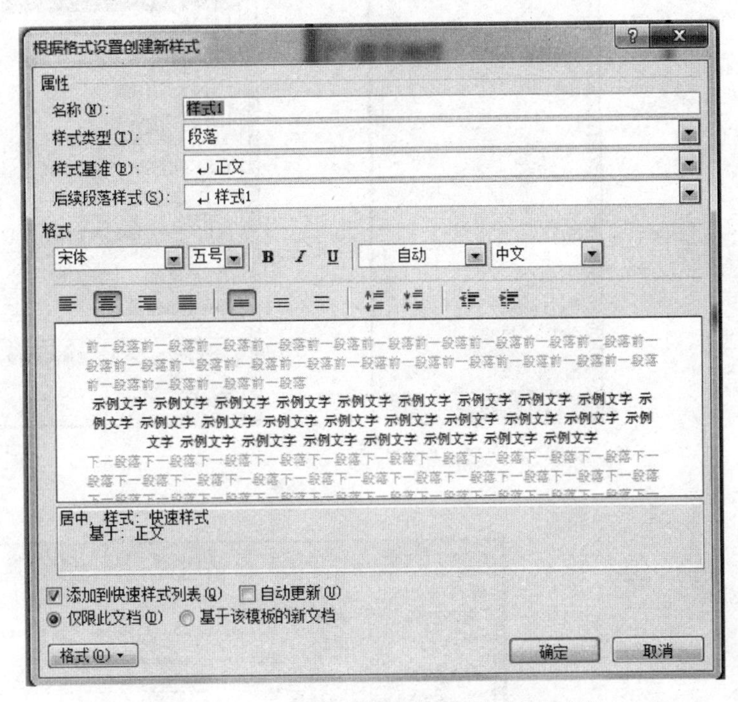

图 3.71 “根据格式设置创建新样式”对话框

(4) 在“根据格式设置创建新样式”对话框的“格式”选项区域中，设置“字体”格式、“段落”格式，或者单击“格式”按钮做更多的设置选项。

(5) 设置完毕后，单击“确定”按钮。

4. 修改样式

如果文档中已有的样式某些方面不符合要求，则用户可以对已有的样式进行修改，可按以下操作步骤操作。

(1) 在“开始”选项卡的“样式”组中，单击右下角的显示“样式”窗口按钮，弹出“样式”窗口，如图 3.72 所示。

(2) 选择管理样式按钮，弹出“管理样式”对话框，如图 3.73 所示。

(3) 在“管理样式”对话框中，单击“修改”按钮，弹出“修改样式”对话框，如图 3.74 所示。按需修改选项即可。

(4) 最后单击“确定”按钮。

5. 删除样式

要删除某种样式，可在图 3.73 所示的“管理样式”对话框中单击“删除”按钮。弹出确认对话框，确认后，文档中应用过该样式的内容将恢复为常规格式。

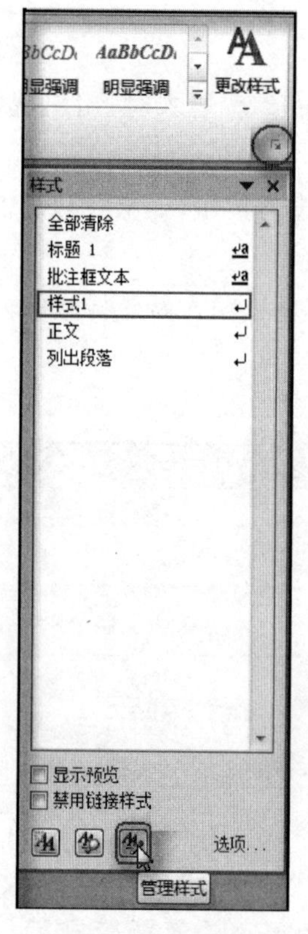

图 3.72 “样式”窗口

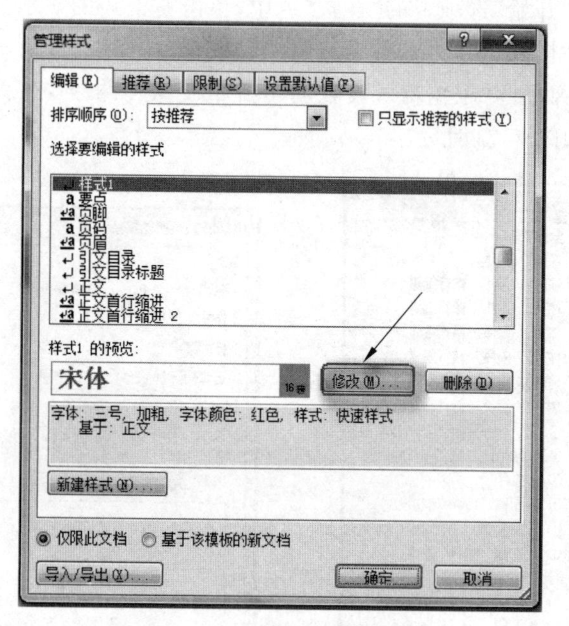

图 3.73 “管理样式”对话框

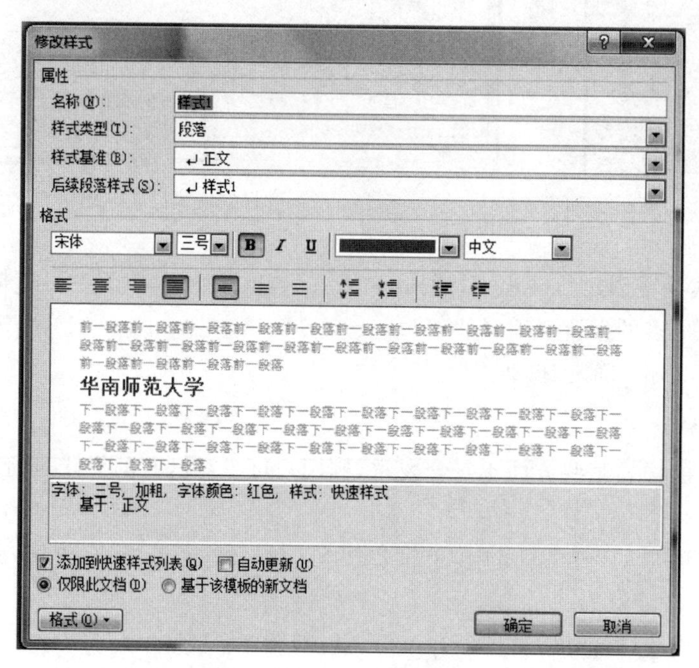

图 3.74 “修改样式”对话框

3.4.2 模板

所有的文档都是基于模板生成的，模板是一种特殊的文档，模板决定了文档的基本结构和文档设置。Word 提供了各种类型的模板和向导辅助我们创建各种类型的文件，如报表、合同、协议、信件等。它们都是以扩展名.dotx 的格式存放的。

在日常处理的各种文档资料中，有很多文档具有相同或相似的格式和版面。例如，使用相同的页面设置、相同的样式、相同的文字格式等。由于文档有很多相似之处，如果每次编辑同样的文档都要重复相同的操作过程，那么使用模板建立文档，将能大大提高整个编辑的效率。

1. 用模板创建文档

利用 Word 提供的模板可以方便、快速地建立一个文档，尤其是针对一些常用的、具有固定格式和内容的文档，使用模板来建立，更妙不可言。

可以通过单击"文件"选项卡中的"新建"选项来查找模板。已经存在于本地硬盘上的模板和 Office. com 上提供的模板显示在一个直观的列表中，并按类别进行划分。单击某个类别可看到其包含的模板，选择所需模板，然后单击"创建"或"下载"以打开一个使用该模板的新 Office 文档。

2. 创建模板

创建模板的操作方式与新建文档相似，其操作方法如下。

(1) 单击"文件"选项卡中的"新建"选项，选择"我的模板"，如图 3.75 所示。

(2) 在"新建"对话框中，选中"模板"单选按钮，单击"确定"按钮，如图 3.76 所示。

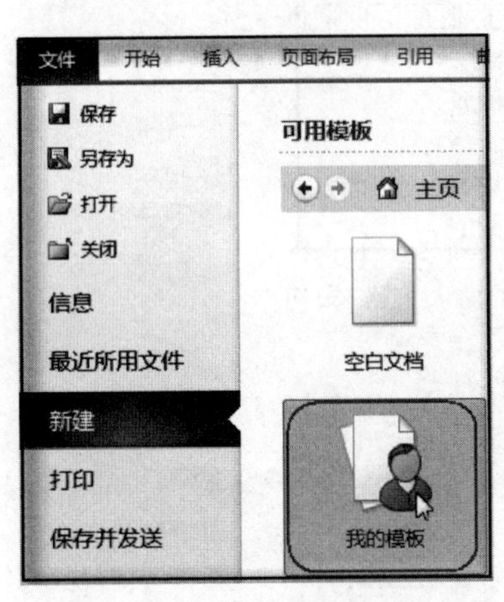

图 3.75　选择"我的模板"

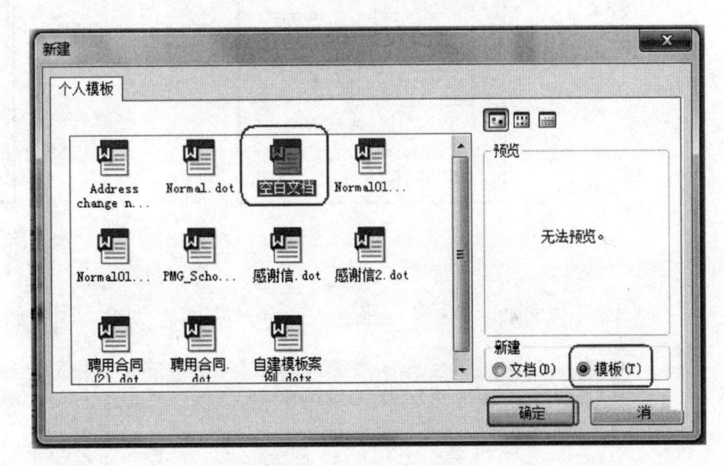

图 3.76　新建"模板"

(3) 在打开的编辑窗口中，像编辑文档一样，按自己喜欢的格式去设计模板，包括文本和图形、整页格式的布局、创建样式等。

(4) 新建的模板的内容设置完成后，选择"文件"→"另存为"命令，在"另存为"对话框中，输入要保存的模板文档的名称，单击"确定"按钮。

3. 修改模板

如果已有的模板有部分内容不符合自己的需要，则用户可对模板的这些地方进行修改，并且可将修改后的模板作为新模板保存起来。

3.5　表格

3.5.1　创建表格

表格是一种简明扼要的表达方式。它以行和列的形式组织信息，结构严谨，效果直观。往往一张简单的表格就可以代替大篇的文字叙述，所以，各种科技、经济书刊越来越多地使用表格。在"插入"选项卡中，单击"表格"组中的"表格"按钮，如图 3.77 所示，可以选择多种不同的方法创建表格，下面介绍其中三种方法。

1. 使用“插入表格”按钮快速建立表格

操作步骤如下。

(1) 将光标定位在需要插入表格的位置。

(2) 在“插入”选项卡的“表格”组中单击“表格”按钮。

(3) 在图 3.77 所示的网格上拖动鼠标,选择所需的行数和列数,如图 3.78 所示。

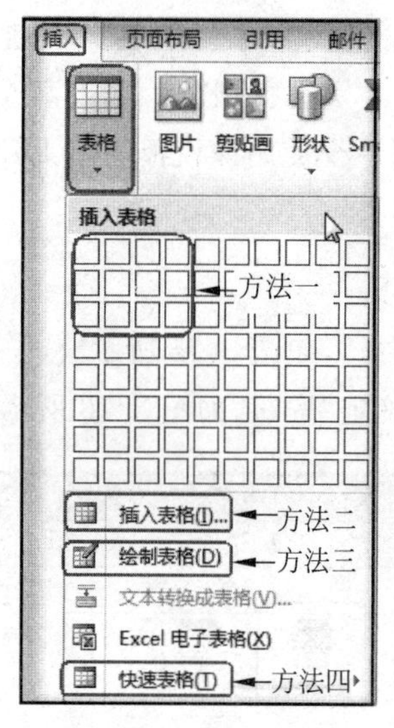

图 3.77 插入表格

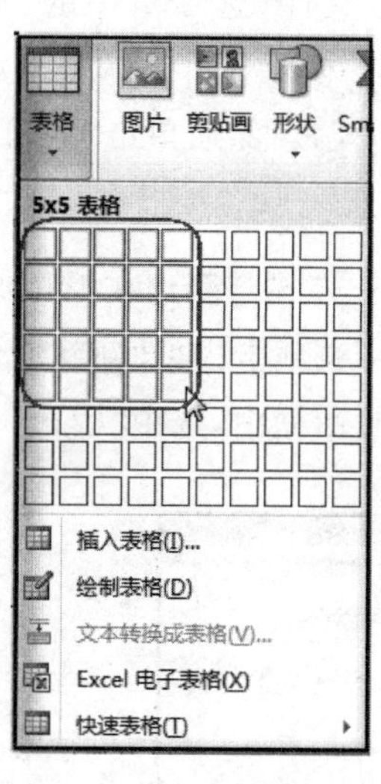

图 3.78 “插入表格”按钮

(4) 松开鼠标即可看到一张 5×5 的表格插入到文档中,如图 3.79 所示。

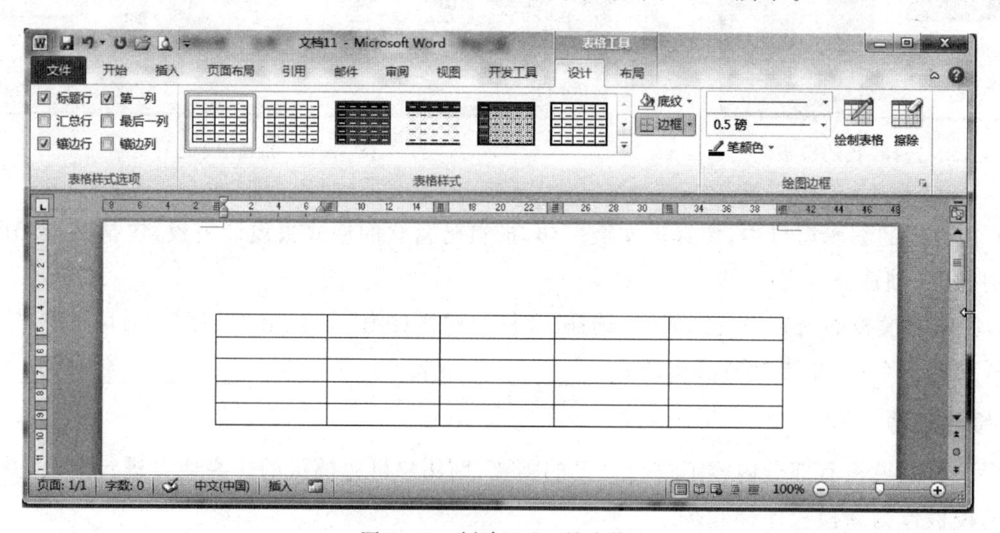

图 3.79 创建 5×5 的表格

2. 利用“插入表格”命令菜单建立表格

操作步骤如下。

(1) 将光标定位在需要插入表格的位置。

(2) 在“插入”选项卡的“表格”组中单击“表格”按钮。

(3) 在图 3.77 所示的命令菜单中选择“插入表格...”命令,在弹出的对话框中键入或选择表格的“行数”和“列数”,本案例选择行数和列数均为 5,如图 3.80 所示。

(4) 单击"确定"按钮,即可生 5×5 的表格。

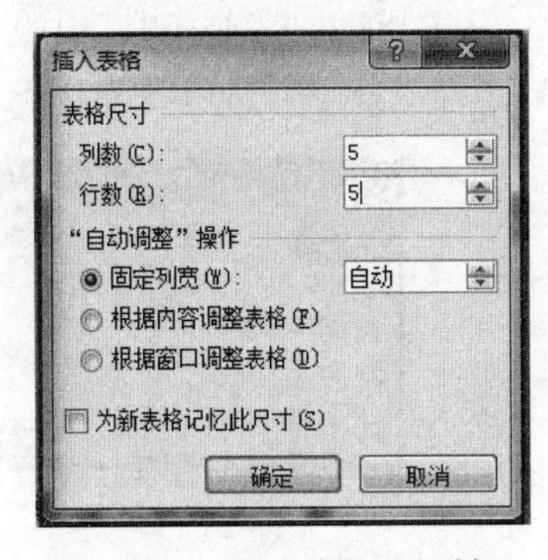

图 3.80　"插入表格"对话框

3. 使用绘制表格工具

Word 提供了绘制表格工具,让用户有手握铅笔的感觉,可随心所欲地绘制各种表格线。

对于一个规则表格,使用前两种方法可快速创建表格,而对于不太规则或复杂的表格,我们可以在图 3.77 所示的命令菜单中选择"绘制表格"命令,然后绘制表格。

操作步骤如下。

(1) 在"插入"选项卡的"表格"组中单击"表格"按钮。

(2) 在图 3.77 所示的命令菜单中选择"绘制表格"命令,此时鼠标变成一支铅笔,如果在文档中还没有插入表格,则按住鼠标的左键拖动就绘制出一个单元格的表格。此时命令菜单区会出现"表格工具"选项卡,通过"绘图边框"功能区可对表格进行编辑修改,可以给单元格添加垂直线、水平线以及斜线等。如果要擦除表格线,则单击"擦除"按钮,将其移到擦除的表格线上单击。

3.5.2　表格的编辑与修改

创建表格后,就要对其中的内容做相关的编辑修改,如输入或删除单元格的内容、格式化单元格的内容等。

1. 选定表格项

在对表格操作之前必须先选定操作的对象,如单元格、行和列等,选定这些表格项的方法有多种,如表 3.2 所示。

表 3.2　选定表格的项目

对　　象	操　　作
一个单元	单击单元格左边
一行	单击行左边
一列	单击列顶端
多个单元格、多行或多列	在选定的单元格、行或列上拖动鼠标;或选定一个单元格、一行或一列,然后按住 Shift 键单击另一单元格、另一行或另一列

表格的每个单元格、每行或每列都有自己的一个不可见的选取点,当将鼠标移动到任何一个单元格的左边界处,就会变成一个黑色的箭头,此时单击,该单元格将被选中;如果将鼠标移到一列的顶端,就会变成一个向下指的黑色箭头,此时单击将选中该列。

2. 表格工具

当光标落在表格上,命令菜单中的"表格工具"随即打开,图 3.81 为"表格工具"中的"设计"选项卡,在功能区中,可以选择表格的样式、对表格边框进行编辑修改。

图 3.81　"表格工具""设计"选项卡

图 3.82 为“表格工具”中的“布局”选项卡，在功能区中，可以为表格增加或删除行列、合并单元格、选择表格单元格内容的对齐方式等。

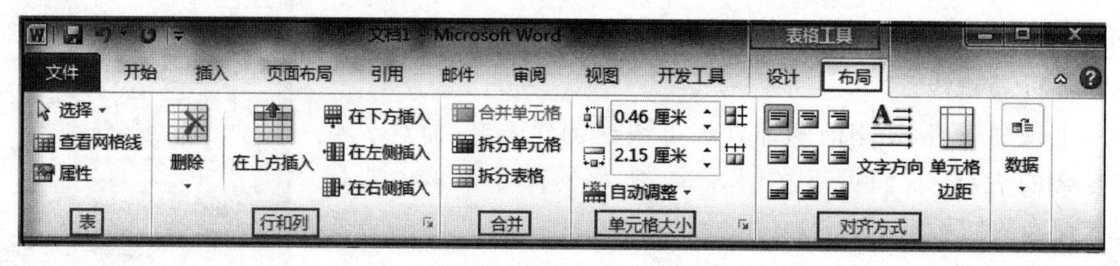

图 3.82 “表格工具”“布局”选项卡

3. 单元格文本的对齐

要设置、改变表格单元格文本的对齐方式，在图 3.82 所示的“布局”选项卡的“对齐方式”组中使用所需对齐按钮。

4. 改变文字方向

单元格中的文本可以改变它的排列为横向、纵向，操作方法是：选择表格单元格后，在图 3.82 所示的“布局”选项卡的“对齐方式”组中单击“文字方向”按钮。

3.5.3 合并与拆分单元格

在编辑表格时，有时需要把同一行或同一列中两个或多个单元格合并起来，或者把一行或一列的一个或多个单元拆分为更多的单元。

1. 合并单元格

例如，我们创建一份课程表，对表中的单元格做适当的合并和拆分。操作步骤如下。

(1) 选择要合并的单元格，如图 3.83 所示。

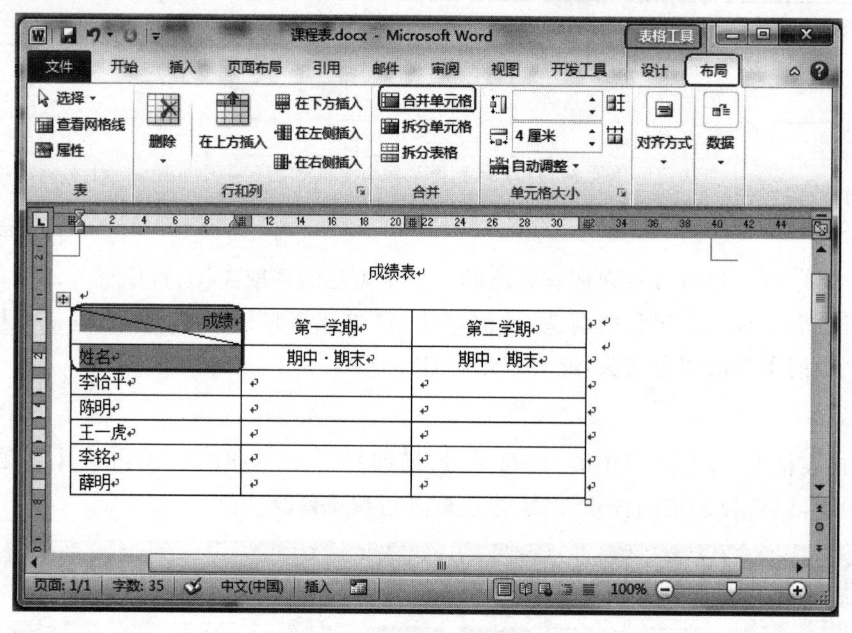

图 3.83 “合并单元格”按钮

(2) 在“布局”选项卡的“合并”组中单击“合并单元格”按钮，可以看到第 1 列的第 1、2 行的单元格合并了。结果如图 3.84 所示。

成绩表

成绩 / 姓名	第一学期	第二学期
	期中·期末	期中·期末
李怡平		
陈明		
王一虎		
李铭		
薛明		

图 3.84　合并单元格

2. 拆分单元格

(1) 选择要拆分的单元格,如图 3.85 所示。

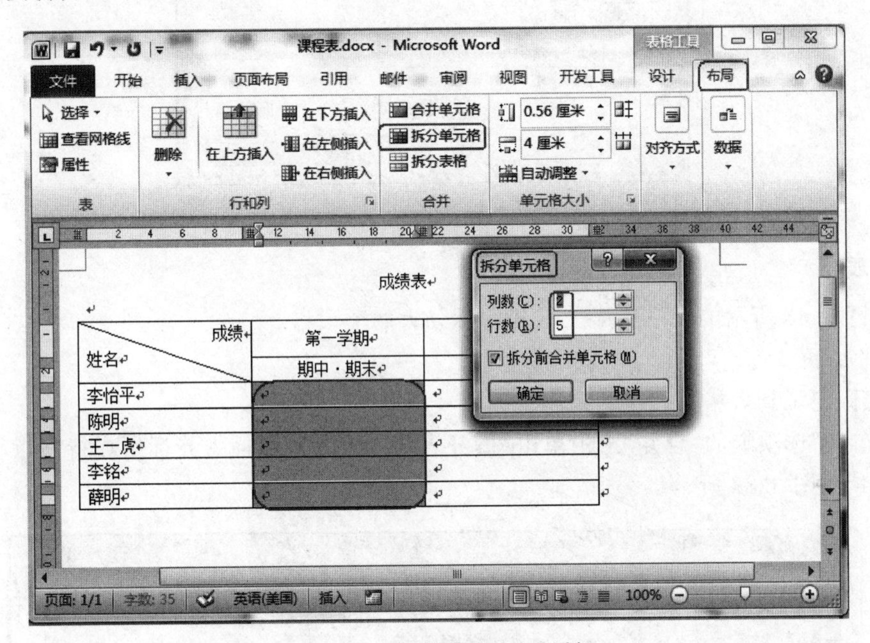

图 3.85　“拆分单元格”对话框

(2) 在“布局”选项卡的“合并”组中单击“拆分单元格”按钮,将弹出“拆分单元格”的对话框。

(3) 在“列数”框中输入要拆分的列数。默认为 2,表示把选定的每一单元格都分成两列,最后单击“确定”按钮。对第二学期对应的单元格也用相同的方法进行设置,完成后可看到图 3.86 所示的结果。

成绩表

成绩 / 姓名	第一学期		第二学期	
	期中·期末		期中·期末	
李怡平				
陈明				
王一虎				
李铭				
薛明				

图 3.86　拆分单元格

3.5.4　表格的拆分与合并

要将表格拆分与合并,建议先将表格的“文字环绕”方式改为“无”。方法:右击表格,弹出右键快捷菜单,从快捷菜单中选择“表格属性”命令,弹出“表格属性”对话框,“文字环绕”方式选择“无”,如图 3.87 所示。

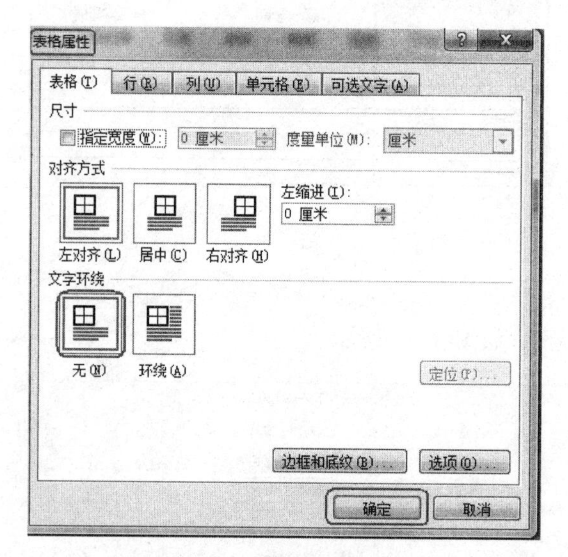

图 3.87 设置表格“文字环绕”属性

1. 拆分表格

例如,把图 3.86 所示的表格从第三行开始拆分为两个表格。

操作步骤如下。

(1) 将光标定位到表格第三行的最后一列。

(2) 在“布局”选项卡的“合并”组中单击“拆分表格”按钮,则将插入光标所在行与以上部分分成两个独立的表格,如图 3.88 所示。

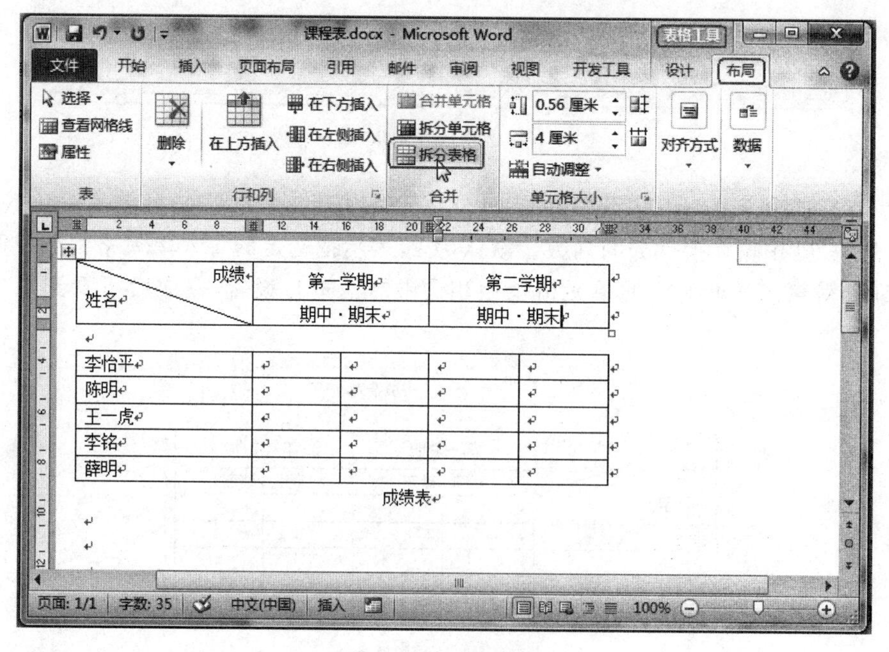

图 3.88 拆分表格

2. 表格的合并

将光标置于两个表格之间的第一个空行,按 Delete 键(如果有多个空行则需按多次)即可合并。

3.5.5　调整行高与列宽

当表格的行高、列宽不符合要求时，我们可以重新调整单元格的行高和列宽。调整的简便方法是利用鼠标和标尺，如果要更精确地调整，就需要使用对话框。

1. 用鼠标拖动调整

单击表格任意一个单元格，在水平和垂直标尺上，可以看到表格线的标志块，将鼠标指针置于表格线上或标志块上方，会出现双向箭头，此时按住鼠标左键拖动即可调整表格的行高和列宽，如图 3.89 所示。

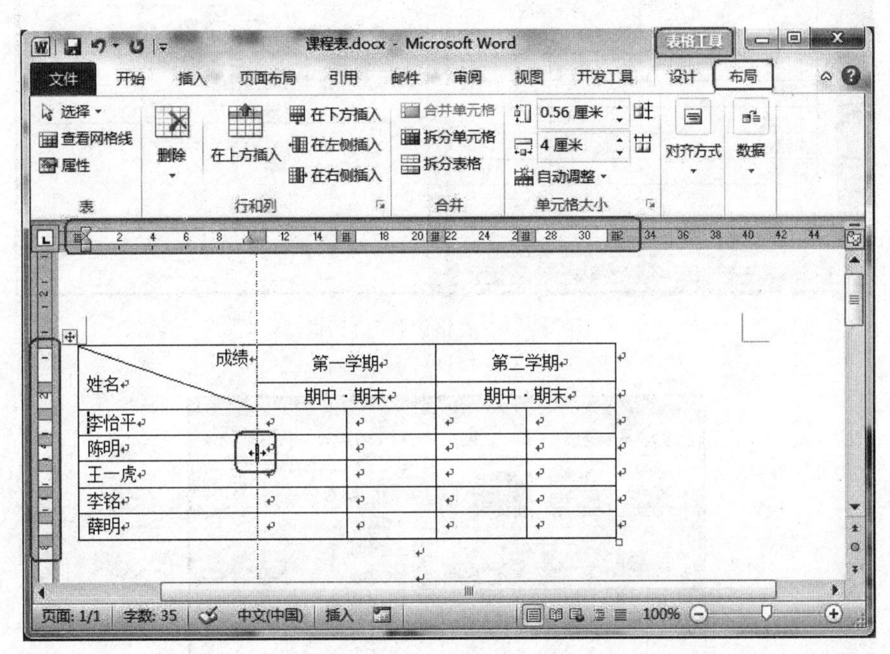

图 3.89　用鼠标拖动表格线

小贴士：调整列宽时，将鼠标指针置于表格列标志块上（标尺上的方块），按住鼠标左键左右拖动列标志块，则随着列宽的改变，表格的总宽度也跟着改变；若用鼠标拖动表格线，表格总宽度不会改变。

2. 用表格属性调整

如果要精确地设置表格的行高和列宽，可在“表格工具”的“布局”中找到“单元格大小”组输入数据进行设置，或者在“表”组中单击“表格属性”按钮，在打开的“表格属性”对话框中，选择“行”（或“列”）选项卡，并在“尺寸”组框中设置或输入相应的值，如图 3.90 所示。

小贴士：如果想避免表格在选定行之间分页，则应清除“允许跨页断行”复选框。

3.5.6　绘制斜线表头

要在表格某单元格中加上斜线，可选择该单元格，然后单击“表格工具”“设计”选项卡的“表格样式”组中的“边框”按钮，选择“斜下框线”选项，如图 3.91 所示。

小贴士：单击“绘制表格”按钮，手工绘制斜线也很方便。

3.5.7　添加边框和底纹

可以为表格或表格中的某个单元格添加边框，或用底纹来填充表格的背景。

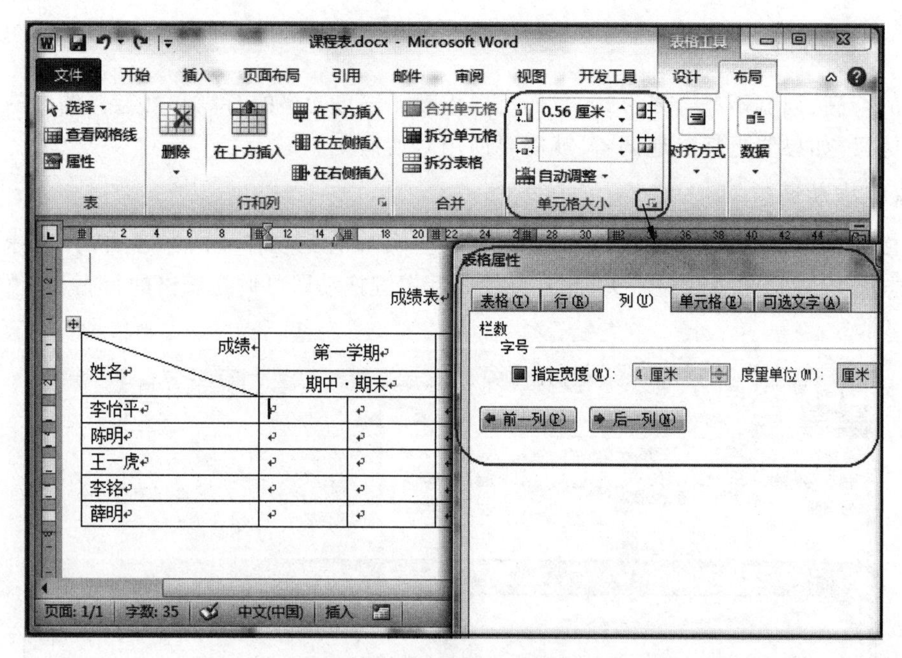

图 3.90 “表格属性”对话框

图 3.91 绘制斜线表头

1. 添加边框

(1) 选择要添加边框的整个表格或单元格。

(2) 单击“表格工具”“设计”选项卡的“表格样式”组中的“边框”按钮,选择需要添加框线的位置,如图 3.92 所示。

2. 添加底纹

为了使表格更加赏心悦目,我们可以为单元格添加底纹。

(1) 选定所要添加底纹的表格或单元格。

(2) 单击“表格工具”“设计”选项卡的“表格样式”组中的“底纹”按钮,选择底纹的颜色,如图 3.93 所示。

图 3.92　添加边框

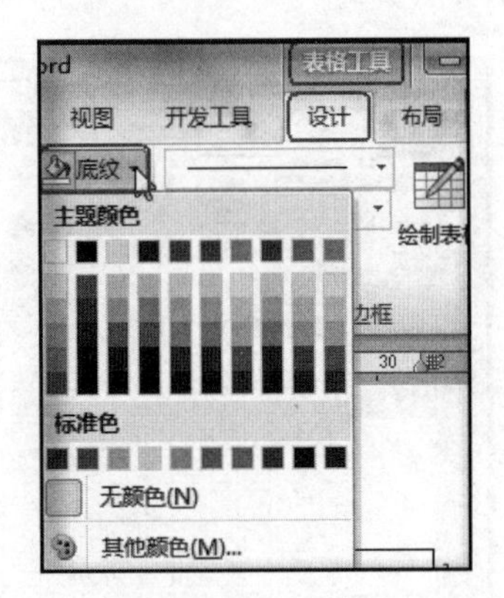

图 3.93　添加底纹

3.5.8　文字与表格的互换

在 Word 中，为用户提供了快速在文字与表格之间互换的功能。

1. 将文本转换成表格

例如，先创建如图 3.94 所示的文字"课程表"内容，再转换为表格。

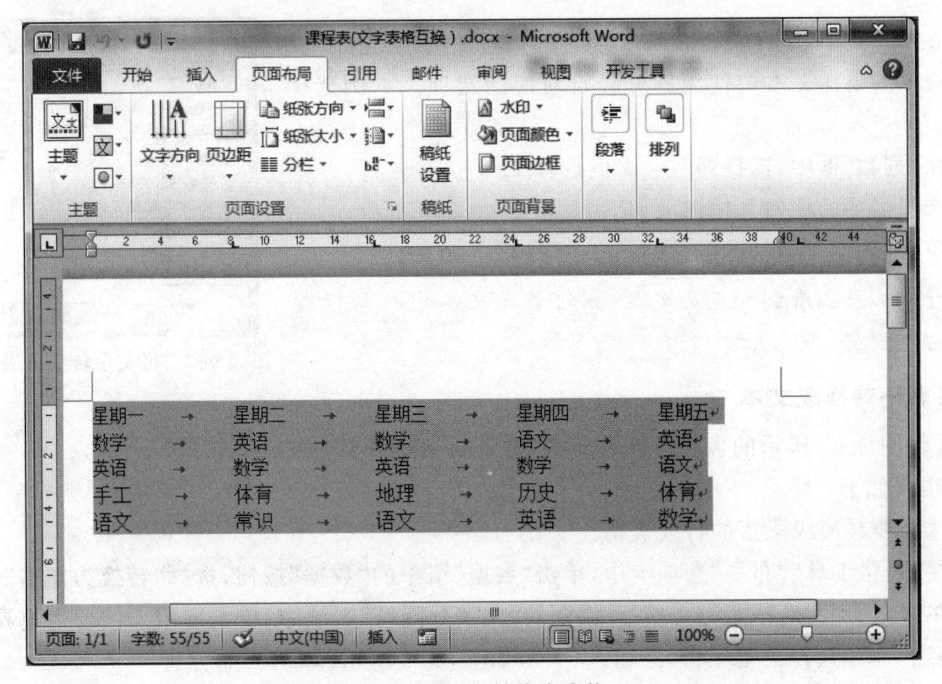

图 3.94　文字转换为表格

操作步骤如下。

(1) 在文本之间,插入分隔符(分隔符:将表格转换为文本时,用分隔符标识文字分隔的位置,或在将文本转换为表格时,用其标识新行或新列的起始位置,如英文逗号或制表符 Tab),以指示将文本分成列的位置。使用段落标记指示要开始新行的位置。本例中,文字之间已经加入了制表符作为间隔。

(2) 选择要转换的文本。

(3) 在"插入"选项卡的"表格"组中单击"表格"按钮,在弹出的菜单中选择"文本转换成表格..."命令,如图 3.95 所示。

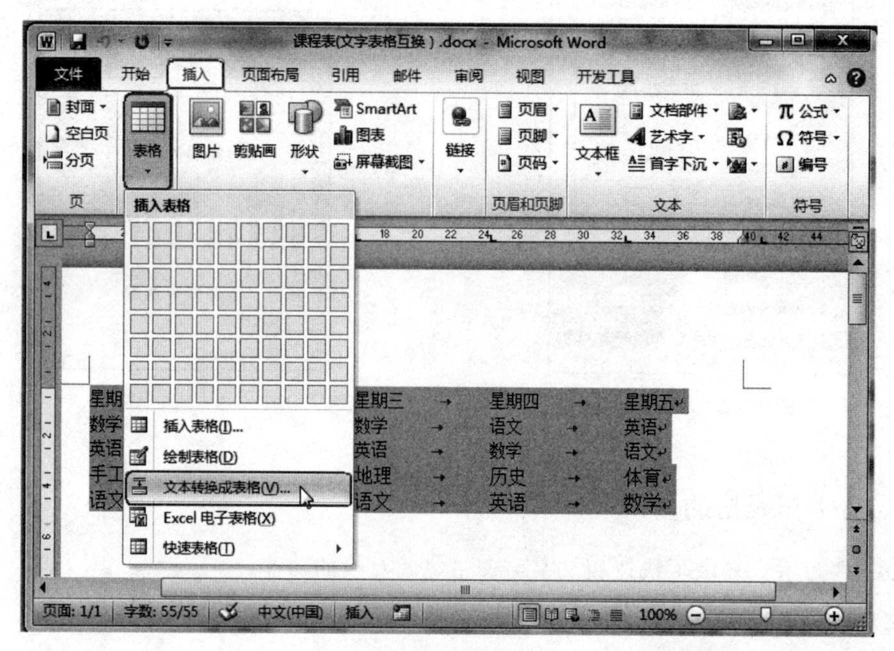

图 3.95 表格转换命令

(4) 在"将文字转换成表格"对话框的"文字分隔位置"栏(图 3.96),单击要在文本中使用的分隔符对应的选项。本例选择制表符。

(5) 在"列数"框中,选择列数。本例选择 5。

(6) 选择需要的任何其他选项。

(7) 单击"确定"按钮,即可看到图 3.97 所示的结果。

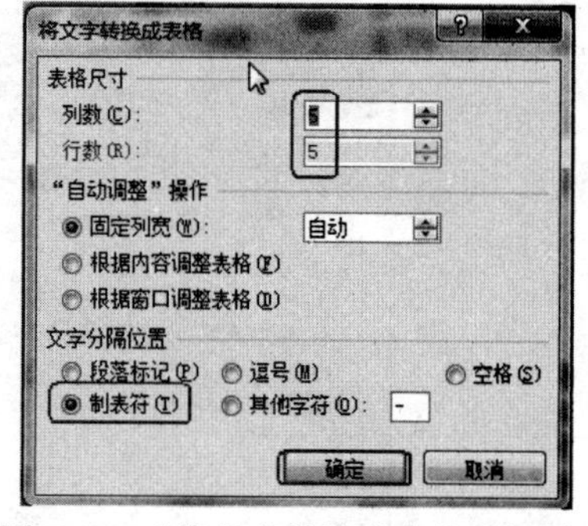

图 3.96 "将文字转换成表格"对话框

小贴士:如果未看到预期的列数,则可能是文本中的一行或多行缺少分隔符。

2. 将表格转换成文本

例如,将图 3.97 所示的表格转换为文字,文字的间隔符为"*"。

操作步骤如下。

(1) 选择要转换成段落的行或表格。

(2) 在"表格工具""布局"选项卡中,单击"数据"组中的"数据"按钮,选择"转换为文本"命令。

(3) 在弹出的"表格转换为文本"对话框的"文字分隔符"区域中,单击要用于代替列边界的分隔符对应的选项。本例选择其他字符,并输入"*",如图 3.98 所示。

(4) 单击"确定"按钮,即可看到图 3.99 所示的结果。

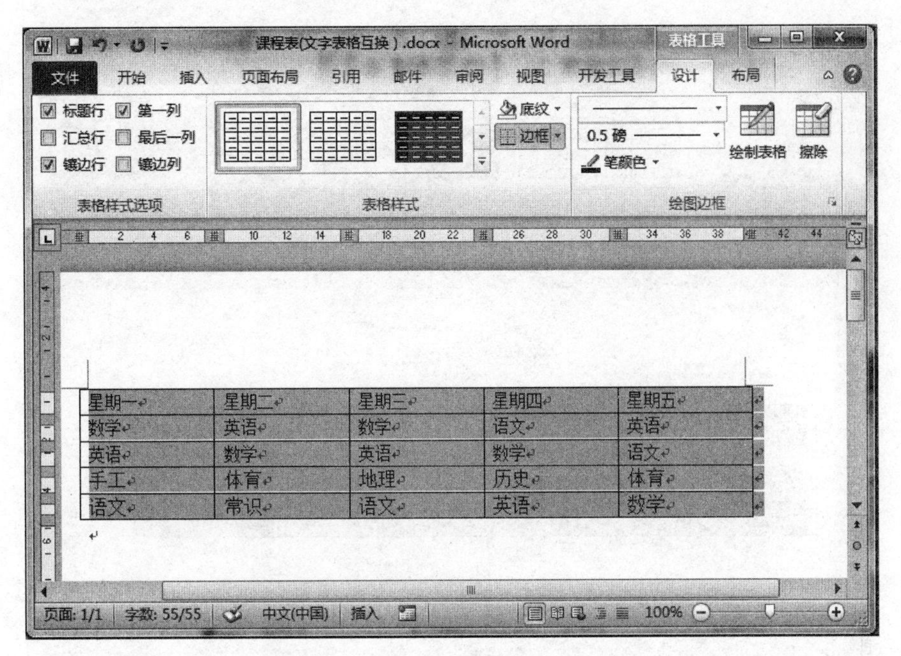

图 3.97　“将文字转换成表格”的结果

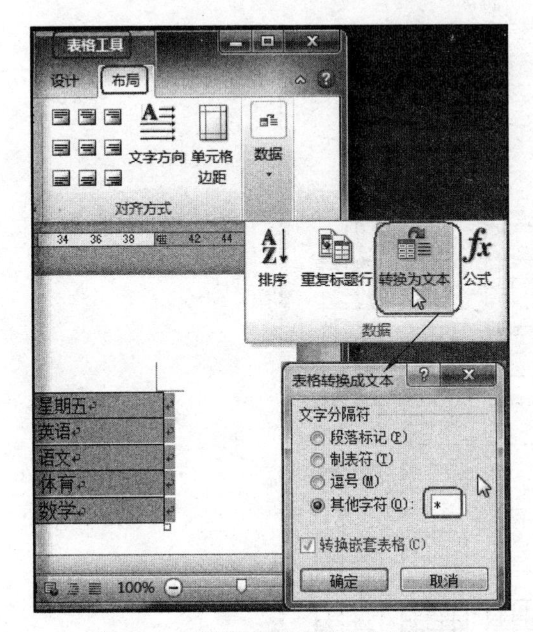

图 3.98　“表格转换为文本”对话框

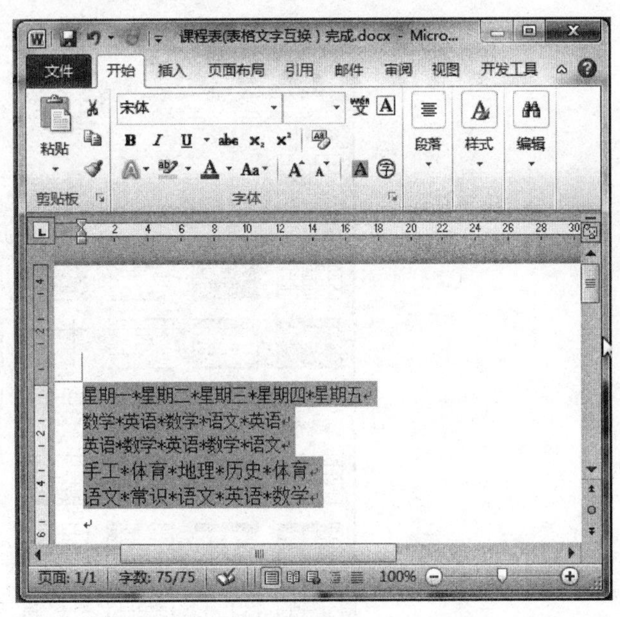

图 3.99　“表格转换成文本”的结果

3.5.9　套用表格样式

在 3.5.7 小节我们已经学习了为表格或表格中的某个单元格添加边框，或用底纹来填充表格的背景。如果用户不想自己一步一步进行设置，在 Word 中也提供了许多内置的表格样式让用户直接套用，该功能提供了多种边框、字体和底纹，可快速美化表格，使表格具有精美的外观。

操作步骤如下。

(1) 选定表格。

(2) 单击“表格工具”“设计”选项卡，在“表格样式”组中显示了部分样式，如图 3.100 所示。如果单击下三角按钮，则会弹出更多的内置样式供用户选择，如图 3.101 所示。

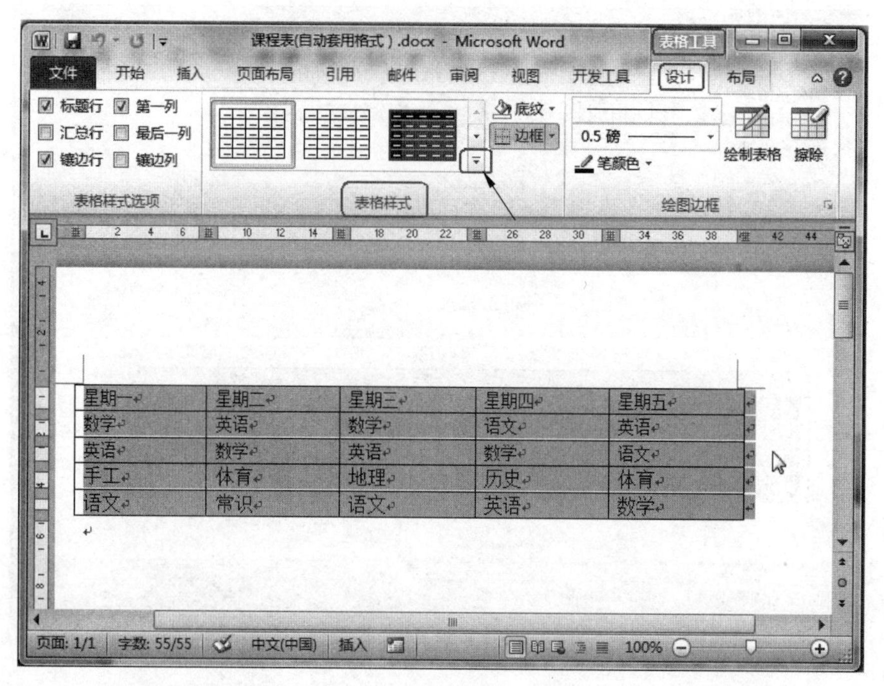

图 3.100　表格样式功能区

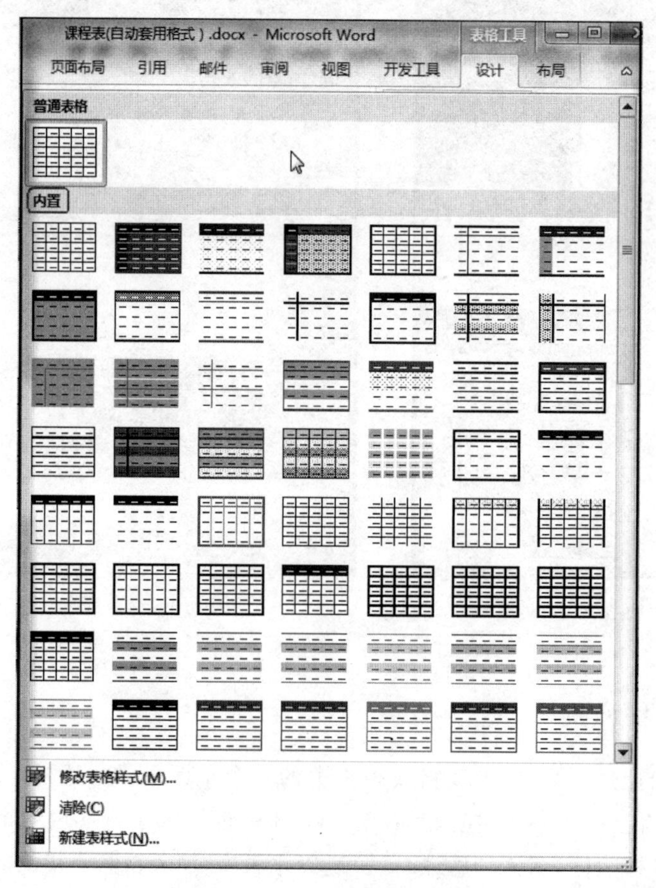

图 3.101　内置表格样式列表

(3) 从内置样式列表中选择一种喜欢的格式。本例选择了“浅色列表-强调文字颜色 3”,样式如图 3.102 所示。

星期一	星期二	星期三	星期四	星期五
数学	英语	数学	语文	英语
英语	数学	英语	数学	语文
手工	体育	地理	历史	体育
语文	常识	语文	英语	数学

图 3.102　套用内置表格样式的结果

小贴士：在内置表格样式列表中，通过"修改表格样式..."命令可对所选样式做进一步的修改。

3.6　在文档中插入对象

Word 不但具有强大的文字处理功能，而且可在文档中插入图片、艺术字、文本框等，甚至还提供一个绘图工具让用户绘制自己喜欢的图形，使文档图文并茂，美观有趣。

在"插入"选项卡的"插图"组中，单击对应按钮，可以在文档中插入图片、剪贴画、形状、SmareArt 图、图表等，如图 3.103 所示。

在"插入"选项卡的"文本"组中，单击对应按钮，可以在文档中插入文本框、艺术字等，如图 3.104 所示。

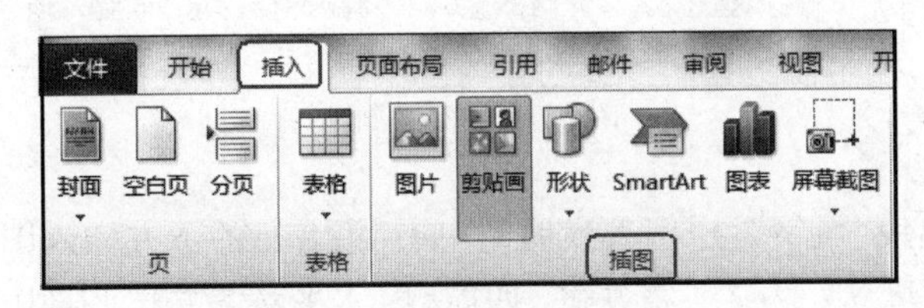

图 3.103　"插入"选项卡的"插图"组

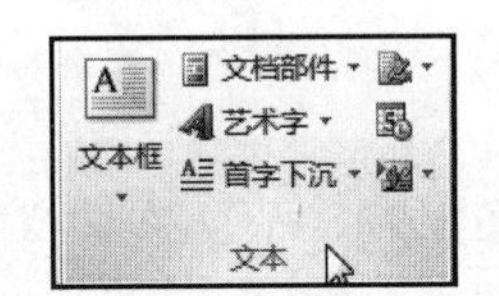

图 3.104　"插入"选项卡的"文本"组

3.6.1　插入图片

可将 Word 剪贴画库中的图片插入到文档中，也可以选择自选的图片，如网上下载的图片、用户自己拍摄的数码照片等。

1. 插入剪贴画

Word 在系统文件夹中有一个剪贴画的"剪辑库"，包含从风景背景到地图、从建筑物到人物的各种常用图像。操作方法如下。

(1) 将光标置于文档中要插入图片的位置。

(2) 在"插入"选项卡的"插图"组中，单击"剪贴画"按钮，如图 3.103 所示。

(3) 右侧弹出"剪贴画"任务窗格，如图 3.105 所示，从搜索框中输入图片的类别，本案例我们输入"童话"，然后单击"搜索"按钮，在任务窗格中随即出现搜索结果，从中选择剪贴画，单击就能"插入"，或直接将选中的剪贴画拖至文中。

(4) 所选剪贴画插入到文本中，效果如图 3.106 所示。

2. 插入自选图片

Word 还接受多种格式的图形文件，如 BMP、PNG、GIF 和 JPG 等，在文档中可插入这些类型的图片。

图 3.105 “剪贴画”任务窗格

马棚里住着一匹老马和一匹小马。

有一天，老马对小马说：“你已经长大了，能帮妈妈做点事吗？”小马连蹦带跳地说：“怎么不能？我很愿意帮您做事。”老马高兴地说：“那好哇，你把这半口袋麦子驮到磨坊去吧。”

小马驮起麦子，飞快地往磨坊跑去。跑着跑着，一条小河挡住了去路，河水哗哗地流着。小马为难了，心想：我能不能过去呢？如果妈妈在身边，问问她该怎么办，那多好哇！

他向四周望望，看见一头老牛在河边吃草。小马嗒嗒嗒跑过去，问道：“牛伯伯，请您告诉我，这条河，我能趟过去吗？”老牛说：“水很浅，刚没小腿，能趟过去。”

图 3.106 插入剪贴画

例如，如图 3.107 所示，在文档第 1 自然段“风筝是中国人发明的……”第 2 行的下方插入图片“风筝.jpg”，并设置大小为：宽度 2.3 厘米；高度默认；文字环绕方式：四周型；水平对齐方式：居中。

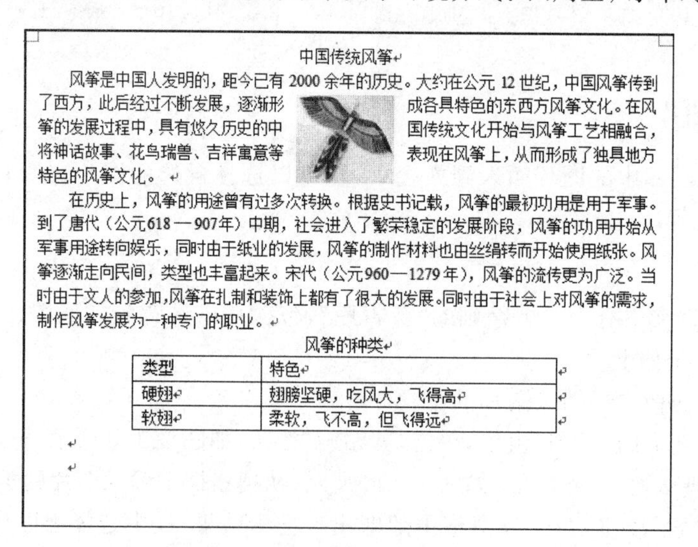

中国传统风筝

风筝是中国人发明的，距今已有 2000 余年的历史。大约在公元 12 世纪，中国风筝传到了西方，此后经过不断发展，逐渐形成各具特色的东西方风筝文化。在风筝的发展过程中，具有悠久历史的中国传统文化开始与风筝工艺相融合，将神话故事、花鸟瑞兽、吉祥寓意等表现在风筝上，从而形成了独具地方特色的风筝文化。

在历史上，风筝的用途曾有过多次转换。根据史书记载，风筝的最初功用是用于军事。到了唐代（公元618—907年）中期，社会进入了繁荣稳定的发展阶段，风筝的功用开始从军事用途转向娱乐，同时由于纸业的发展，风筝的制作材料也由丝绢转而开始使用纸张。风筝逐渐走向民间，类型也丰富起来。宋代（公元960—1279年），风筝的流传更为广泛。当时由于文人的参加，风筝在扎制和装饰上都有了很大的发展。同时由于社会上对风筝的需求，制作风筝发展为一种专门的职业。

风筝的种类

类型	特色
硬翅	翅膀坚硬，吃风大，飞得高
软翅	柔软，飞不高，但飞得远

图 3.107 插入自选图片

操作方法如下。

(1) 将光标置于要插入图片的位置。

(2) 在“插入”选项卡的“插图”组中单击“图片”按钮。

(3) 在“插入图片”对话框的“文件名”文本框中，输入要插入图片的文件名，或浏览目录选择目标图片文件。

(4) 单击“插入”按钮,图片就插入到光标处。环绕和对齐方式容后完成。

3. 图片编辑

1) 调整大小

一个图片被插入到文档后,通常按原来的尺寸显示在屏幕上,如果觉得它大小不合适,则可用以下方法之一调整图片的大小。

- 单击图片,在所选图片四周的调控点上,拖动鼠标即可改变图片大小。
- 在“图片工具”“格式”选项卡的“大小”组中输入数值。

继续完成上例:

单击“图片工具”“格式”选项卡,在“大小”组中把宽度设置为 2.3 厘米;在“排列”组中单击“位置”按钮,选择“其他布局选项...”选项,弹出图 3.108 所示的“布局”对话框,先设置“文字环绕”为“四周型”,再设置水平对齐方式为“居中”即可。

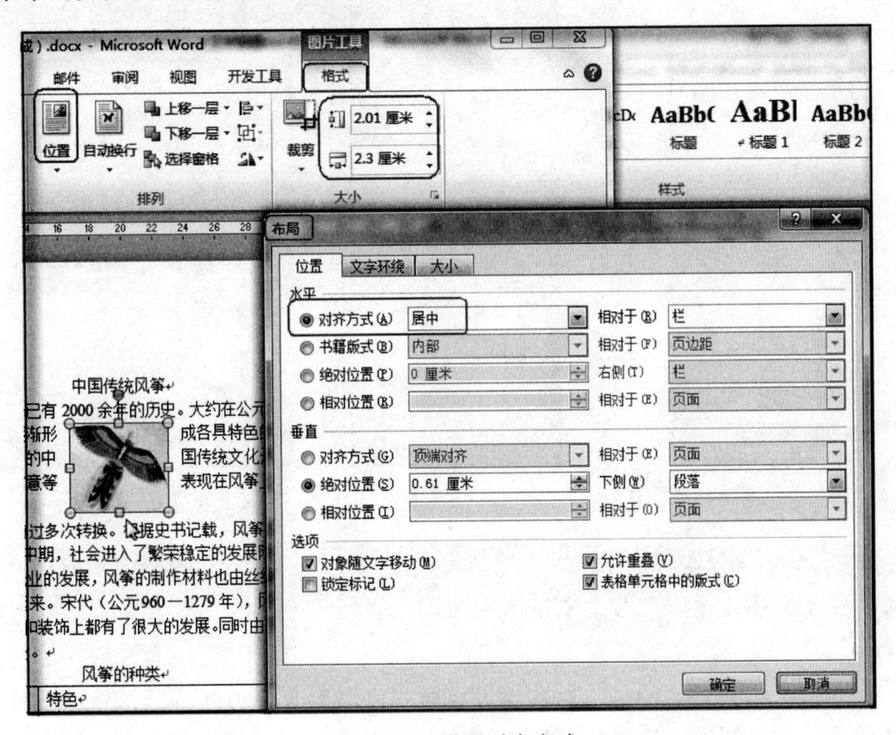

图 3.108　设置对齐方式

2) 移动位置

插入图片后,图片都是位于插入光标处。如果要移动图片的位置,可选择以下操作方法之一。

- 选定图片后,按住鼠标的左键,将图片拖动到适当的位置,再松开鼠标的左键。
- 首先选定图片,在“开始”选项卡“剪贴板”组中单击“剪切”按钮,将光标移到适当位置,再单击“粘贴”按钮。
- 如果想精确设置图片的位置,可在图 3.108 所示的“布局”对话框中改变图片的具体位置。

3) 剪裁图片

在 Word 中对图片进行剪裁,实际上是遮挡不需要的部分,操作方法:选定要剪裁的图片,在“图片工具”“格式”选项卡“大小”组中单击“裁剪”按钮,再将鼠标指针置于图片四周调控点上,按住鼠标左键不放,在不同的方向上拖动即可剪裁图片,如图 3.109 所示。

4) 环绕方式

插入到 Word 文档的图片可选择多种环绕方式。

选择图片,在“图片工具”“格式”选项卡的“排列”组中单击“位置”按钮,列表中提供了九种环绕方

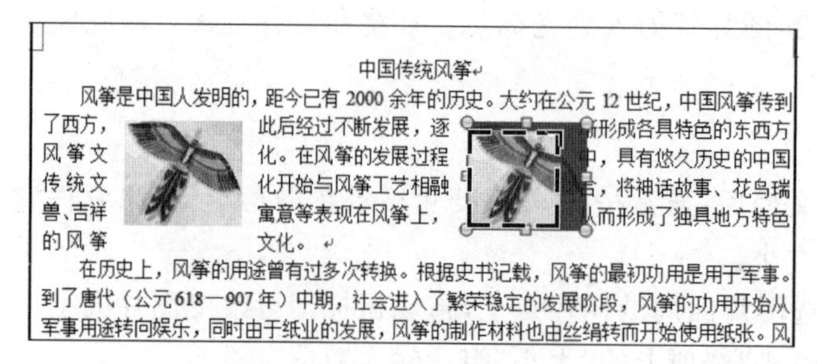

图 3.109 对图片进行剪裁

式，如图 3.110 所示。如果选择“其他布局选项...”，则会弹出图 3.111 所示的“布局”对话框，打开“文字环绕”选项卡，有其他的环绕方式可供选择。

图 3.110 设置文字环绕方式

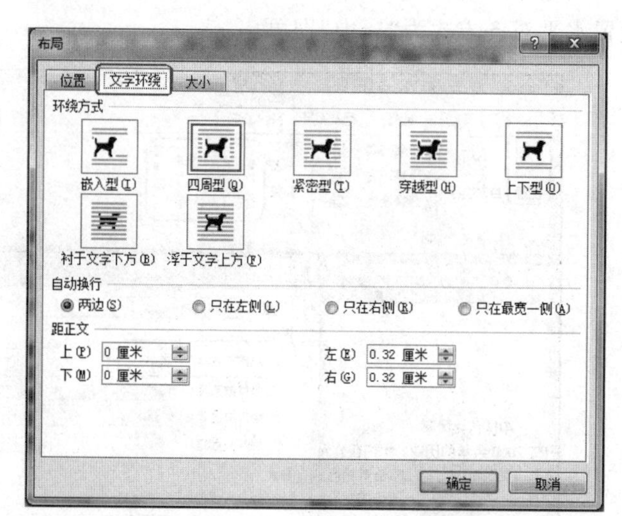

图 3.111 其他文字环绕方式

小贴士：除“嵌入型”外，其他各种环绕类型的图片都属于“浮动式”，包括有“四周型”“紧密型”“穿越型”“上下型”“浮于文字上方”和“衬于文字下方”。

5）图片样式

Word 为用户提供了许多图片样式，这些预设的样式已经设置好边框、投影等效果，可直接应用在图片上。选择图片后，在“图片工具”“格式”选项卡的“图片样式”组中选择某样式，即可预览效果，单击即可套用，如图 3.112 所示。用户还可以通过“图片样式”组中的“图片边框”“图片效果”按钮为图片设置多种颜色、多种粗细尺寸的实线边框、虚线边框和图片效果。

图 3.112 图片样式

用户还可以为图片设置艺术效果，这些艺术效果包括铅笔素描、影印、图样等，选中准备设置艺术效果的图片，在“图片工具”“格式”选项卡中，单击“调整”组的“艺术效果”按钮，即可选择其中的艺术效果。

此外，为了快速从图片中获得有用的内容，Word 提供了一个非常实用的图片处理工具——删除背景。使用“调整”组中的“删除背景”按钮可以轻松去除图片的背景。

3.6.2 插入 SmartArt 图形

Word 提供的 SmartArt 功能，可以使用户在文档中插入丰富多彩、表现力丰富的 SmartArt 示意图。

打开 Word 文档窗口，在“插入”选项卡的“插图”组中单击 SmartArt 按钮，如图 3.113 所示，在打开的“选择 SmartArt 图形”对话框中，单击左侧的类别名称选择合适的类别，然后在对话框右侧单击选择需要的 SmartArt 图形，并单击“确定”按钮。

图 3.113 SmartArt 按钮

例如，我们需要创建一个教研室组织结构图。操作步骤如下。

(1) 新建文档，在“插入”选项卡的“插图”组中单击 SmartArt 按钮。

(2) 在打开的“选择 SmartArt 图形”对话框中，如图 3.114 所示，选择“层次结构”类别中的“组织结构图”，如图 3.115 所示，单击“确定”按钮。

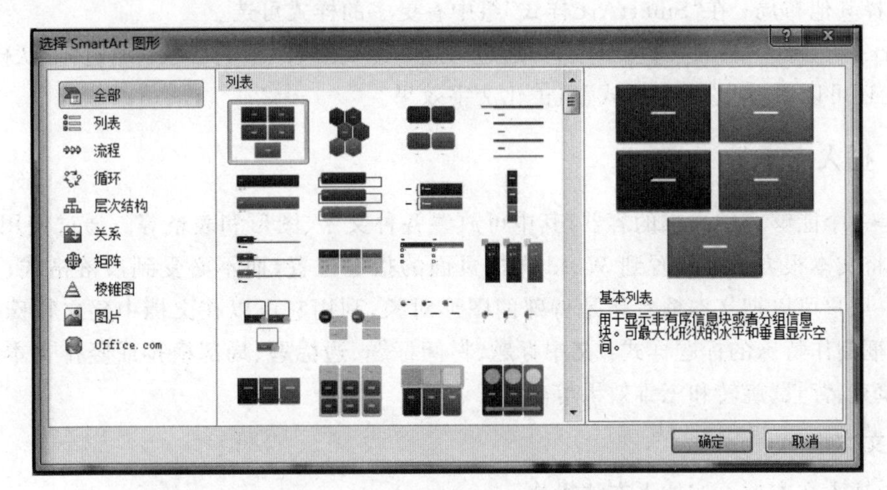

图 3.114 “选择 SmartArt 图形”对话框

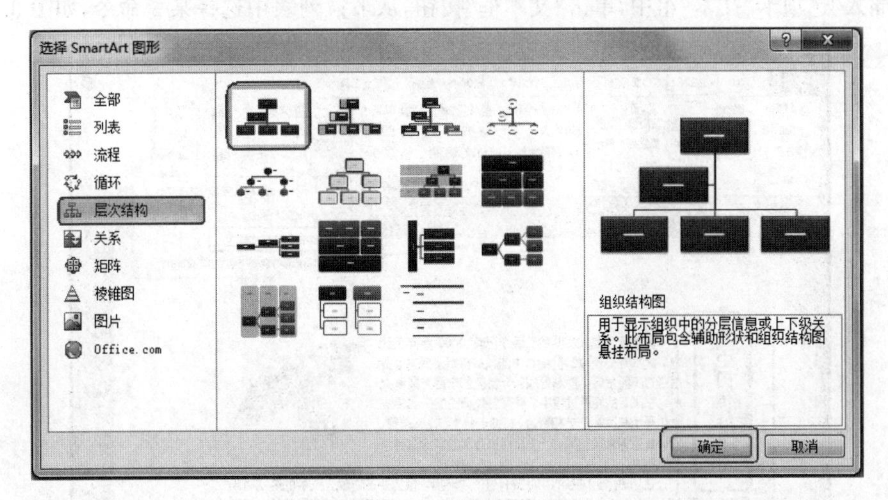

图 3.115 组织结构图

(3) 返回 Word 文档窗口，在插入的 SmartArt 图形中单击文本占位符输入合适的文字即可，如图 3.116 所示。

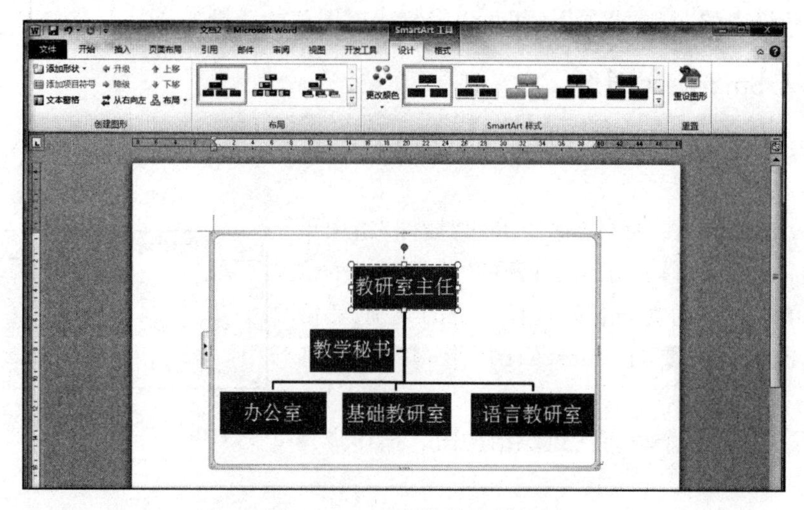

图 3.116 组织结构图样例

在“SmartArt 工具”“设计”选项卡中，“创建图形”组可用于添加形状和移动图形位置等；在“布局”组中可选择其他布局；在“SmartArt 样式”组中有更多的样式可选。

在“SmartArt 工具”“格式”选项卡中，可通过“形状”组，更改图形的形状；通过“形状样式”组更改图形的样式；还可以通过“艺术字样式”组美化文字效果。

3.6.3 插入文本框

文本框是一个能够容纳文本的容器，其中可放置各种文字、图形和表格等。通过使用 Word 文本框，用户可以将文本很方便地放置到 Word 文档页面的指定位置，而不必受到段落格式、页面设置等因素的影响。用户可以把文本框看作是特殊的图形对象，利用它可以在文档中建立特殊的文本。例如，利用文本框制作特殊的标题样式：文中标题、栏间标题、边标题、局部横排或竖排文本效果等。文本框还支持填充、背景、旋转和三维效果等功能。

1. 插入文本框

在文档中插入文本框可按如下方法操作。

(1) 在“插入”选项卡“文本”组中，单击“文本框”按钮，从下拉列表中选择某一命令，如图 3.117 所示。

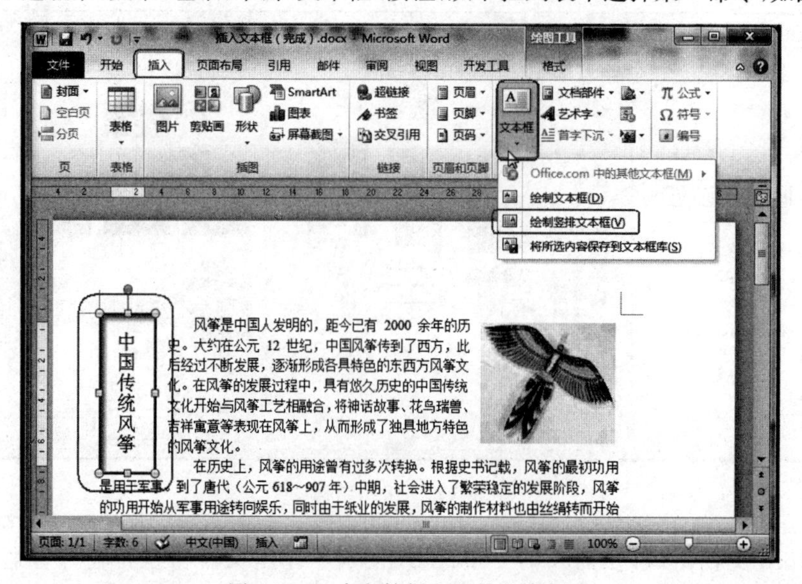

图 3.117 在文档插入竖排文本框

(2) 本案例我们选择"绘制竖排文本框"。

(3) 当光标变成十字形时，按下鼠标左键并拖动，即可插入一个文本框。

(4) 此时，文本框是空白的，可以在其中输入文字，本例输入"中国传统风筝"。

2. 调整文本框

文本框的调整和图片调整是相似的操作。

本案例中我们按图 3.118 设置了文本框的位置，按图 3.119 设置了文本框的形状效果。

图 3.118　设置文本框的环绕方式

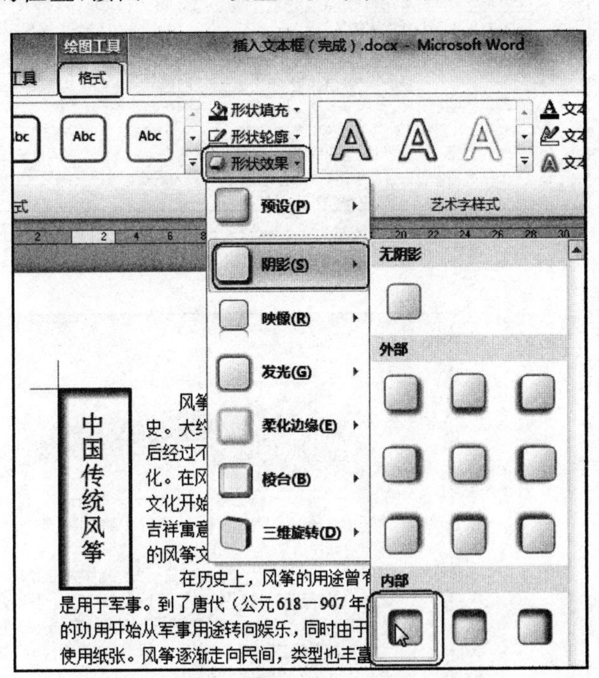

图 3.119　设置文本框的形状效果

3.6.4　插入艺术字

要使文档的标题更加生动活泼，可利用艺术字功能生成具有特殊视觉效果的标题。艺术字结合了文本和图形的特点，它可以像普通文字一样设定字体、大小、字形，也可以像图形那样设置旋转、三维、映像等效果。

在文档中插入一个风格独特、引人入胜的艺术字，能为文档增色不少。要制作艺术字，可按以下步骤操作。

(1) 将光标定位在需要插入艺术字的位置。

(2) 在"插入"选项卡的"文本"组中，单击"艺术字"按钮，从列表中选择艺术字种类，如图 3.120 所示。

(3) 在弹出的"请在此放置您的文字"输入框中，可输入艺术字的内容，如图 3.121 所示。

(4) 输入内容后，可在"绘图工具""格式"选项卡的"艺术字样式"组中，通过快速样式按钮或"文字效果"按钮对艺术字进行进一步的美化，如图 3.122 所示。在"排列"组中，"位置"按钮可用于设置艺术字在文本中的位置。

(5) 图 3.123 是进一步美化后的其中的一个效果。

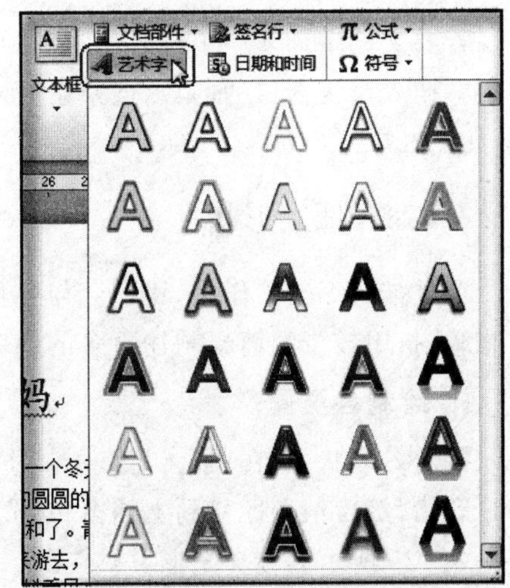

图 3.120　"艺术字"按钮

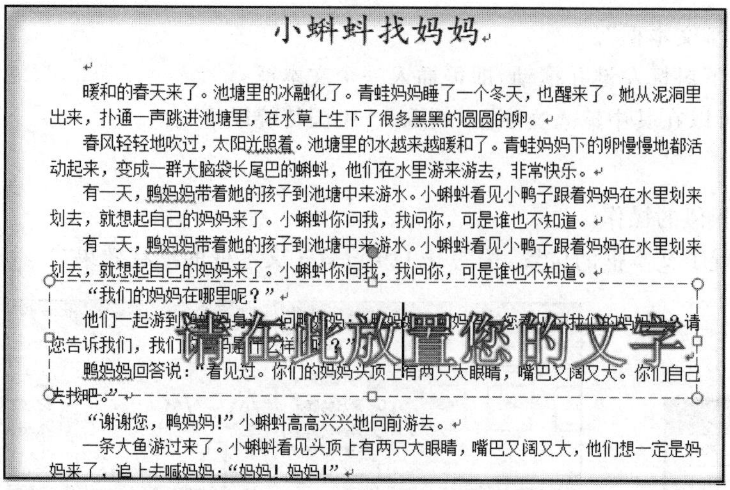

小蝌蚪找妈妈
暖和的春天来了。池塘里的冰融化了。青蛙妈妈睡了一个冬天，也醒来了。她从泥洞里出来，扑通一声跳进池塘里，在水草上生下了很多黑黑的圆圆的卵。
春风轻轻地吹过，太阳光照着。池塘里的水越来越暖和了。青蛙妈妈下的卵慢慢地都活动起来，变成一群大脑袋长尾巴的蝌蚪，他们在水里游来游去，非常快乐。
有一天，鸭妈妈带着她的孩子到池塘中来游水。小蝌蚪看见小鸭子跟着妈妈在水里划来划去，就想起自己的妈妈来了。小蝌蚪你问我，我问你，可是谁也不知道。
“我们的妈妈在哪里呢？”
请在此放置您的文字
“谢谢您，鸭妈妈！”小蝌蚪高高兴兴地向前游去。
一条大鱼游过来了。小蝌蚪看见头顶上有两只大眼睛，嘴巴又阔又大，他们想一定是妈妈来了，追上去喊妈妈：“妈妈！妈妈！”
图 3.121　输入艺术字内容

Microsoft Word
绘图工具
视图
开发工具
格式
文字方向
对齐文本
创建链接
快速样式
位置
艺术字样式
文本
文字效果
对文本应用外观效果(如阴影、发光、映像或三维旋转)。
图 3.122　艺术字样式

小蝌蚪找妈妈
暖和的春天来了。池塘里的冰融化了。青蛙妈妈睡了一个冬天，也醒来了。她从泥洞里出来，扑通一声跳进池塘里，在水草上生下了很多黑黑的圆圆的卵。
春风轻轻地吹过，太阳光照着。池塘里的水越来越暖和了。青蛙妈妈下的卵慢慢地都活动起来，变成一群大脑袋长尾巴的蝌蚪，他们在水里游来游去，非常快乐。
有一天，鸭妈妈带着她的孩子到池塘中来游水。小蝌蚪看见小鸭子跟着妈妈在水里划来划去，就想起自己的妈妈来了。小蝌蚪你问我，我问你，可是谁也不知道。
有一天，鸭妈妈带着她的孩子到池塘中来游水。小蝌蚪看见小鸭子跟着妈妈在水里划来划去，就想起自己的妈妈来了。小蝌蚪你问我，我问你，可是谁也不知道。
“我们的妈妈在哪里呢？”
他们一起游到鸭妈妈身边，问鸭妈妈：“鸭妈妈，鸭妈妈，您看见过我们的妈妈吗？请您告诉我们，我们的妈妈是什么样的呀？”
鸭妈妈回答说：“看见过。你们的妈妈头顶上有两只大眼睛，嘴巴又阔又大。你们自己去找吧。”
图 3.123　插入的艺术字

3.6.5　插入屏幕截图

若要文档中插入一个屏幕的截图，可在“插入”选项卡的“插图”组中，单击“屏幕截图”按钮即可在文档中插入可视窗口的内容，或单击“屏幕剪辑”选项，当鼠标变成十字时在屏幕画出想截取的区域即可，如图 3.124 所示。

3.6.6　插入形状

在日常的编辑工作中，用户会与各种各样图形打交道，适当地为文档增添图形可以更好地表达作者的意图，用较少的篇幅阐述更多的内容。

1. 绘制各类图形

要插入形状，可在“插入”选项卡的“插图”组中，单击“形状”按钮，从“形状”下拉列表中选择要绘制的形状，然后把光标移到文档窗口，光标的形状会变为“十”字形。按下鼠标左键拖动，即可绘制出如图 3.125 所示的各类图形。

小贴士：若想绘制正方形、圆、等边三角形等的规则图形，在拖动鼠标的同时要按住 Shift 键。若拖动鼠标的同时按住 Ctrl 键，则以原起点为中心点，绘制向四周同步扩展的图形。

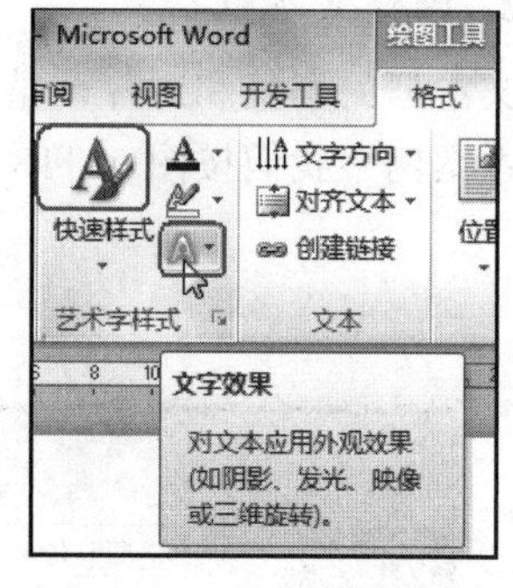

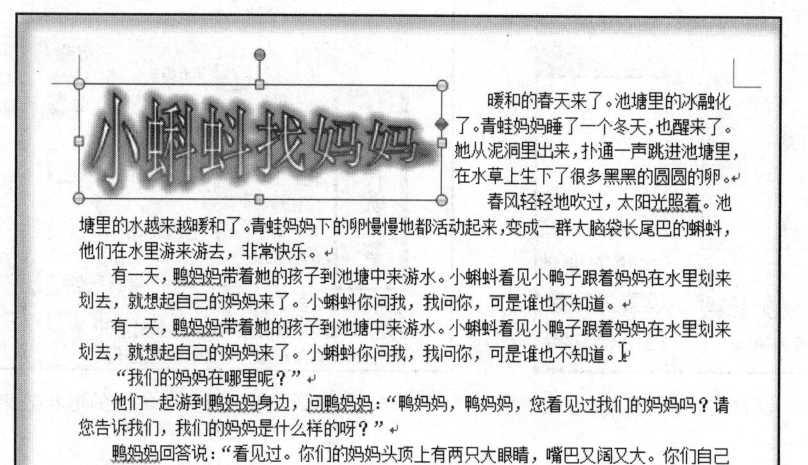

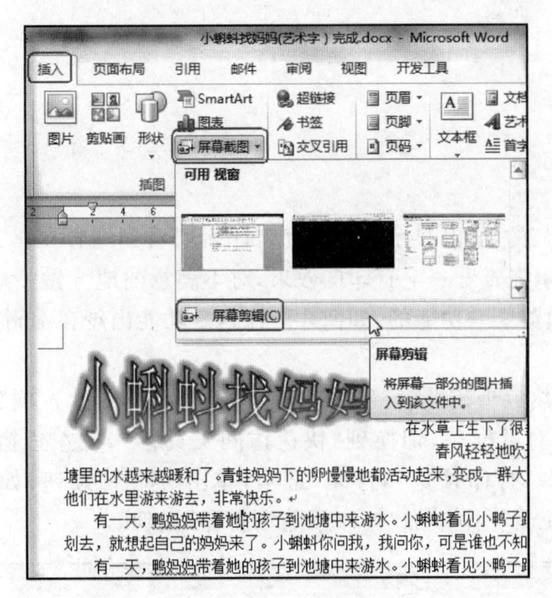

图 3.124 插入屏幕剪辑

2. 改变图形形状

许多图形的形状可以由用户自行改变,如可以改变一个箭头和箭杆的比例。操作步骤如下。

(1) 选择图形,将可以见到一个或多个黄色的菱形。

(2) 将鼠标指针定位于黄色菱形之上,此时按住鼠标左键拖动到一定位置,即可用它改变箭头的长度和箭杆的宽度,如图 3.126 所示。

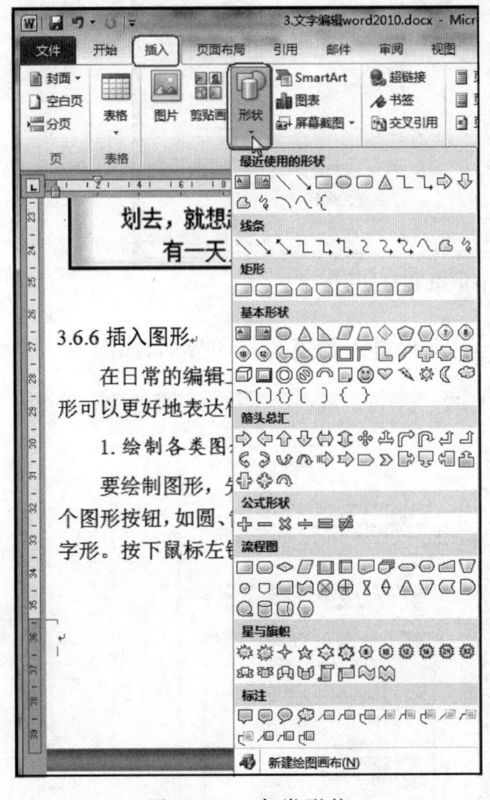

图 3.125 各类形状

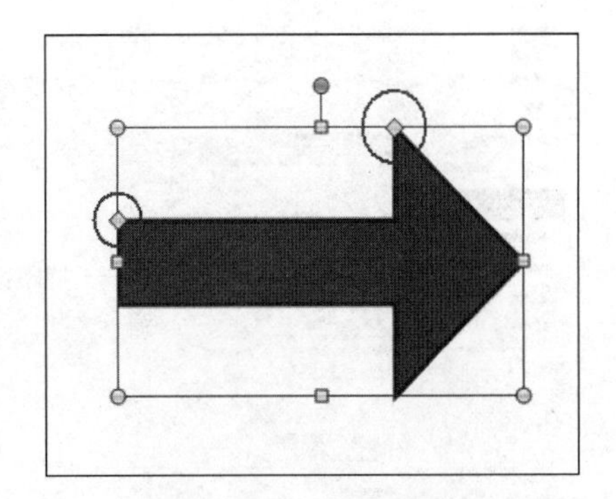

图 3.126 改变图形形状

小贴士:对图片的编辑功能也适用于绘制的形状。

3.7 打印文档

3.7.1 打印预览

Word 具有“所见即所得”的功能，显示的内容和打印后所看到内容在格式上是一致的。所以在打印之前，最好用打印预览命令事先查看一下打印的效果，对不满意的地方做一些修改。但在 Word 中，在编辑文档首页是看不到打印预览这一功能的，如何才能让这一功能出现在编辑首页，提高工作效率呢？

操作步骤如下。

(1) 打开 Word 文档，然后单击“文件”菜单，从下拉列表中选择“选项”这一栏。

(2) 进入“Word 选项”对话框后，切换到“快速访问工具栏”，在左边窗口中的选项“常用命令”对应的菜单列表中找到并选择“打印预览和打印”选项，单击“添加”按钮，如图 3.127 所示，再单击“确定”按钮，即可在快速访问工具栏中添加“打印预览和打印”按钮。

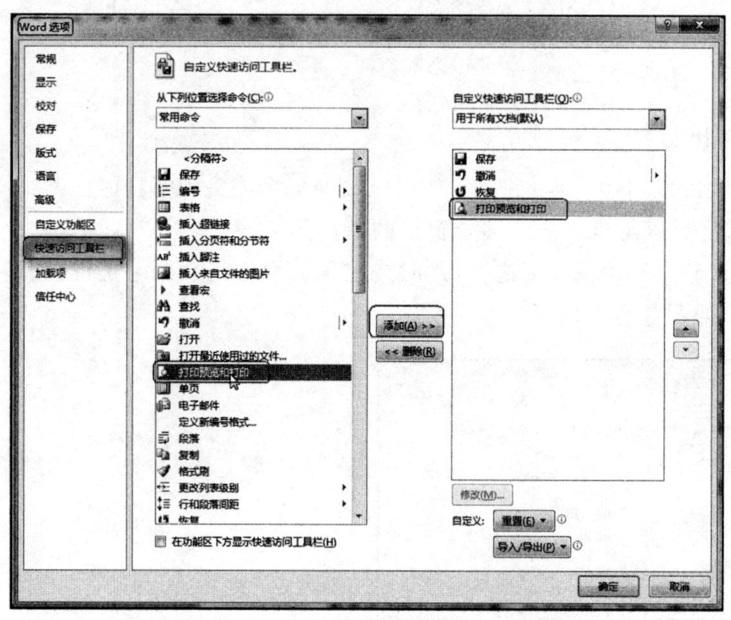

图 3.127 添加“打印预览和打印”按钮

单击快速访问工具栏的“打印预览和打印”按钮，即可进入预览和打印界面，如图 3.128 所示。

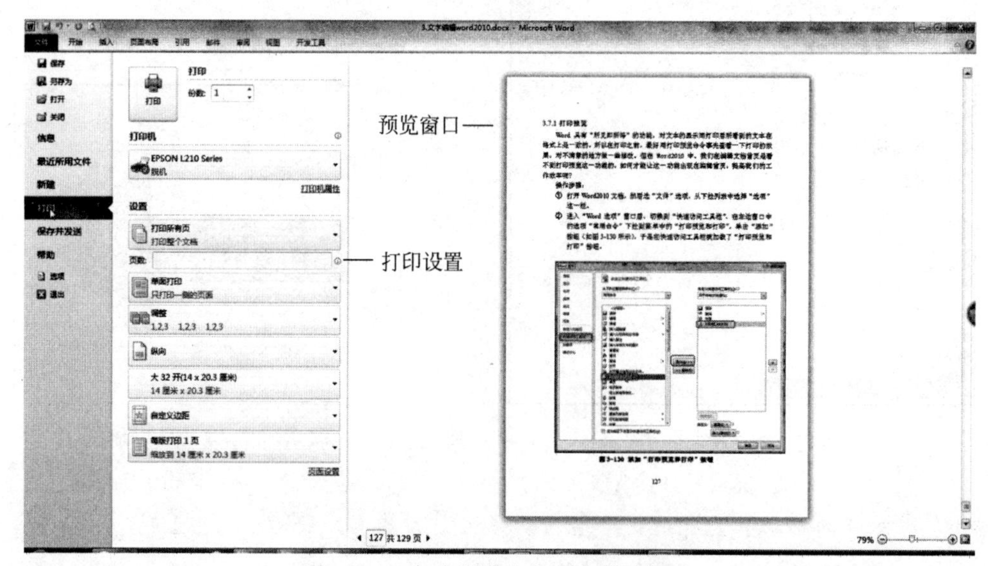

图 3.128 打印预览和打印参数的设置

3.7.2　打印基本参数设置

要更改当前的打印设置,可单击快速访问工具栏的“打印预览和打印”按钮,在如图 3.128 所示的界面中修改打印参数。

3.7.3　打印输出

使用 Word 可以打印文档的全部或一部分,还可以同时打印多份文档,等等。

1. 打印完整文档

打印完整的文档是最常用的打印方式,所以它的操作也是最简单的。操作方法是:在如图 3.128 所示界面中,单击“打印”按钮,Word 就会按照默认方式打印出当前窗口中的文档,也就是打印一份完整的当前编辑的文档。

2. 打印选定部分

有时可能只想打印文档的一部分,Word 提供了很方便的解决方法,可以打印文档中的指定页,也可以打印页中指定的内容。

1) 打印指定的页

如图 3.129 所示,在“设置”栏中单击下三角按钮,选择“打印自定义范围”选项,在输入栏键入页码或页码范围,或者两者都键入。例如,键入 3.5,8,10,将会打印第三至第五页,第八页,第十页。

图 3.129　打印内容设置

2) 打印页中部分内容

如图 3.129 所示,在“设置”栏中单击下三角按钮,选择“打印所选内容”选项,即可打印页中指定的内容。

第4章

电子表格Excel

主要内容

- Excel的基础知识与基本操作
- 工作表的建立、编辑以及格式化操作
- 公式和函数的使用
- 图表处理的方法
- 数据库的应用

Excel是微软公司推出Office系列办公软件中的一个组件，称为电子表格软件。Excel随着Office软件版本的更新不断更新，功能不断增强，它不仅可以处理数据，还具有图表绘制和简单的数据库管理功能。

4.1 Excel概述

Excel是一个功能强大的数据处理软件，具有强大的数据计算与分析功能，可以把数据通过各种统计图的形式形象地表示出来，被广泛地应用于财务、金融、经济、审计和统计等众多领域。可以这样认为，Excel的出现，取代了过去需要多个系统才能完成的工作，它给人们日常进行的数据处理工作带来了极大的便利，已成为办公人员必备的工具。下面将从以下几个方面来概述。

4.1.1 Excel的基本功能

1. 表格制作

在Excel中，对于工作表，系统提供了丰富的格式化命令。利用这些命令，可以完成像数字显示、文字对齐、字体、框线图案颜色等多种对工作表的修饰。

用户可以将需要打印的对象的格式制作好，并储存成模板，以后可以读取此模板文件，然后键入数字，就可依据所要的格式打印出美观的报表，大幅度地节省格式化的时间。

2. 强大的计算能力

Excel具有处理大型工作表的能力。在Excel 2010中每张工作表中最多可容纳的数据行为1048576行。在工作表中创建公式比以往更加简便，新增的工具可以帮助用户更好地创建并编辑公式、输入函数及创建自定义表单和模板。Excel提供了大量函数，通过使用这些函数用户可以创建并完成各种复杂的运算。

3. 丰富的图表

Excel 2010 中，系统大约有近 100 种不同格式的图表可供选用，用户只要做几个简单的按键动作，就可以制作出精美的图表，通过图表向导一步步的引导，可使用户通过选用不同的选项，得到所需的结果，若满意就继续，不满意则后退一步，直到最后出现完美的图表。

4. 数据库管理

对于一个公司，每天都会产生许多新的业务数据，例如销售数据、存货的进出、人事变动的数据资料。这些数据必须加以处理，才能知道每段时间的销售金额、某个时候的存货量、要发多少薪水给每个员工等。而要对这些数据进行有效的处理，就离不开数据库系统。

管理数据库可用专门的数据库管理软件，但在 Excel 中也提供了类似的数据库管理功能，保存在工作表内的数据，都是按照相应的列和行存储的，这种数据结构再加上 Excel 提供的有关处理数据库的命令和函数，使 Excel 具备了能组织和管理大量数据的能力，因此其用途更加广泛。

5. 分析与决策

Excel 除了可以做一些一般的计算工作外，还有 400 个函数，用来做财务、数学、字符串等操作，以及各种工程上的分析与计算，Excel 可以做许多的统计分析，如回归分析，使用 Excel 的规划求解，可以求解最佳值。

通过使用 Excel 的单变量求解功能，可以实现目标搜索，即可用来寻找要达到目标时需要有怎样的条件。例如，用户可以假设如果火车票涨价一倍，计算出全年的差旅费增加多少？全年的利润减少多少？

Excel 的方案管理器可用来分析各种方案，如最佳可能状态、最坏可能状态下可能得到的结果。

通过使用 Excel 的数据透视表功能，用户可以对数据进行交叉分析，从而在一堆杂乱的数据中找出问题所在。

4.1.2　Excel 工作窗口简介

1. 启动 Excel 2010

通过“开始”→Microsoft Office→Microsoft Excel 2010 菜单命令，或在任务栏找到 Microsoft Excel 2010 快捷图标(若已固定到任务栏)，单击即可启动 Microsoft Excel。

2. Excel 2010 的用户界面

启动 Excel 后，其操作界面如图 4.1 所示。Excel 的窗口主要包括了标题栏、快速访问工具栏、选项卡、功能区、视图栏和工作区等。

下面介绍 Excel 2010 窗口界面的主要组成部分及操作。

1）标题栏

标题栏位于窗口最顶端，用以显示当前编辑的文档名称、程序名称及程序窗口的控制按钮。

2）快速访问工具栏

快速访问工具栏由图标按钮组成，汇集了常用的操作命令。

3）选项卡

用于标示功能区的主要功能。

4）功能区

用户可以在功能区中根据操作类别的命令组，快速找到想要使用的命令。

5）编辑栏

用于修改单元格中的数据和公式等内容。编辑栏左边为名称框。用于显示活动单元格或区域的

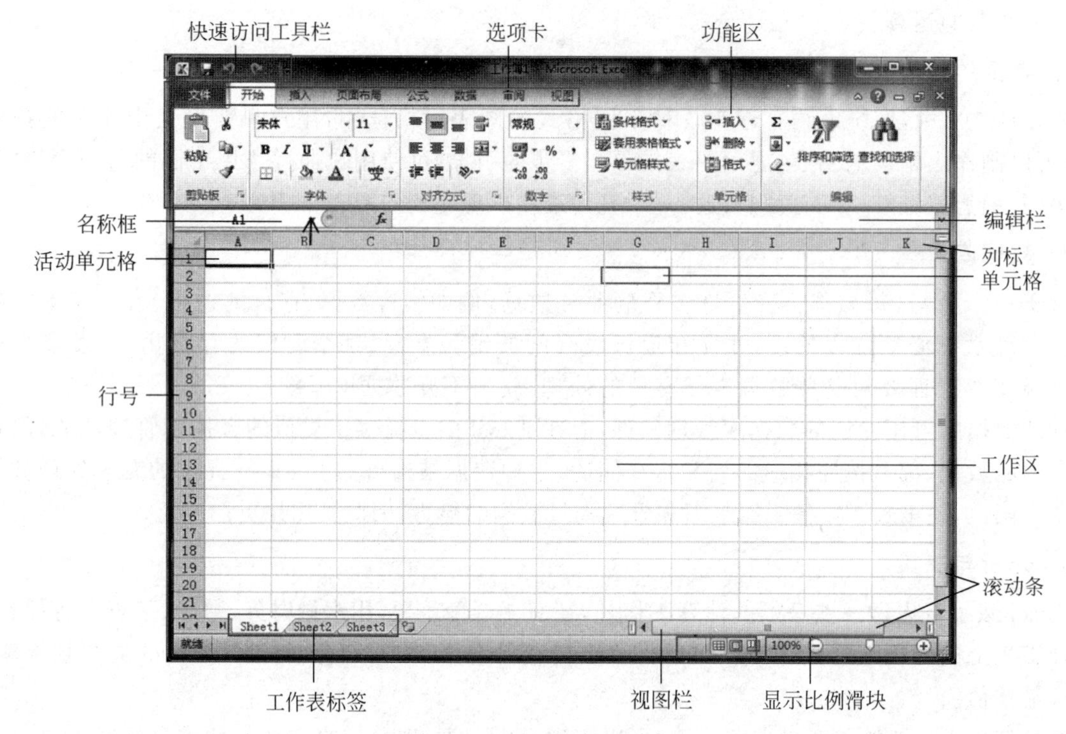

图 4.1　Excel 的窗口组成

地址(或名称)。单击名称框旁边的小箭头可引出一个下拉式名称列表,列出所有已定义的名称。编辑栏右边为公式栏,作为当前活动单元格编辑的工作区。公式栏中显示的内容与当前活动单元格的内容相同,可在公式栏中输入、删除或修改单元格的内容。

6) 工作区

用于编辑和处理数据的区域,用户可以在其中插入图片、图形等对象。在公式栏下面是 Excel 的工作区,在工作区窗口中,列标(号)和行号分别标在窗口的上方和左边。列标用英文字母 A～Z、AA～AZ、BA～BZ、…、XFD 命名,共 16384 列;行号用数字 1～1048576 标识,共 100 多万行。行号和列标的交叉处就是一个表格单元格(简称单元格)。单元格用它的列标和行号来识别,即该单元格的地址(坐标)。例如,A1 单元格,表示第 1 列第 1 行的数据,光标所在的单元格称为活动单元格,用户只能在活动单元格内输入数据。

7) 滚动条

用于垂直和水平翻滚屏幕内容。

8) 工作表标签

用于标示工作表内容或切换工作表。

9) 视图栏

用于转换窗口的显示视图。

小贴士:在功能区的某些组的右下角可以看到一个带箭头的按钮,它是对话框启动器,单击此按钮可启动功能区所对应的对话框。例如,单击“开始”选项卡“对齐方式”组右下角的对话框启动器,将打开“设置单元格格式”对话框。

3. 退出 Excel

当用户结束 Excel 操作时,可用下列方法之一退出 Excel。

(1) 执行“文件”→“退出”命令。

(2) 按 Alt+F4 组合键。

(3) 双击 Excel 标题栏左上角的控制菜单按钮。

(4) 单击 Excel 标题栏右上角的关闭按钮。

如果对工作簿进行了操作,且在退出之前没有保存文件时,Excel 会显示一个消息框,询问是否在退出之前保存文件。单击"保存"按钮,保存所进行的修改(如果没有给工作簿命名,还会出现"另存为"对话框,让用户给工作簿命名。在"另存为"对话框中键入新名字之后,单击"保存"按钮);单击"不保存"按钮,不保存所进行的修改直接退出 Excel。

4.1.3　Excel 的基本概念

1. 工作簿与工作表

在 Excel 系统中,一个工作簿文件就类似于一本书组成的一个文件,每一页书相当于一个工作表,即一个工作簿可以包含许多工作表,这些工作表可以存储不同类型的数据。

1) 工作簿

工作簿是指在 Excel 环境中用来存储并处理工作数据的文件。一个工作簿可拥有多张工作表。在打开一个新的工作簿文件时会看到如图 4.1 所示的界面。例如,用户可以在一个工作簿文件中保存年销售报表的数据,以及由这些数据绘制的统计图,如图 4.2 所示的是按地区制作的销售报表。

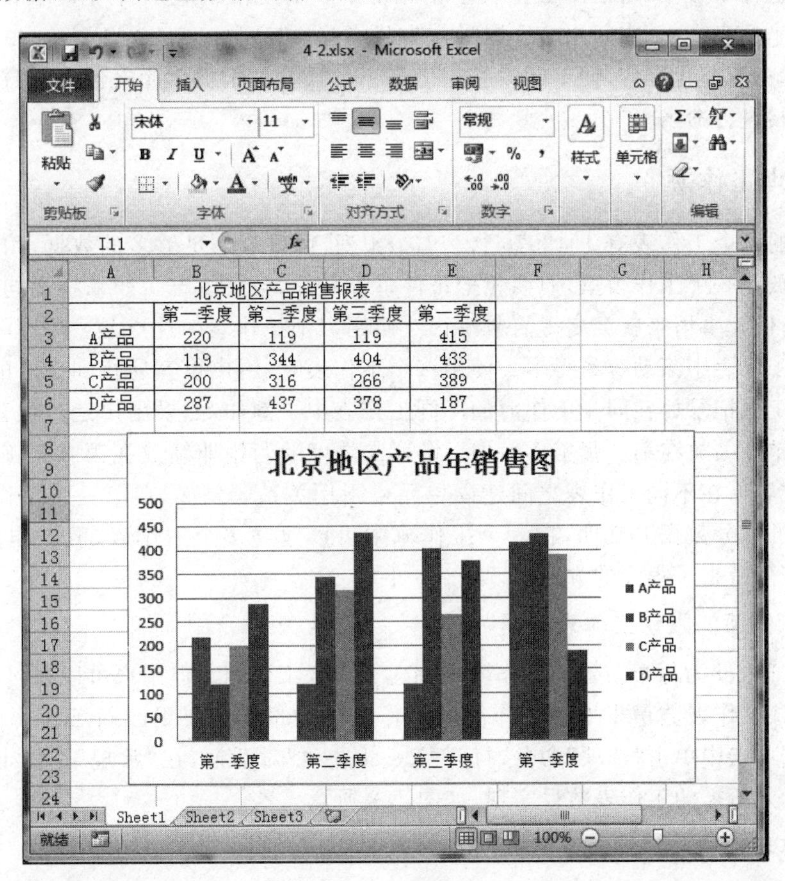

图 4.2　工作簿示例

一个工作簿内可以包含多个工作表,默认情况下,每个工作簿文件会打开三个工作表文件,分别以 Sheet1、Sheet2、Sheet3 来命名。每个工作簿最多包含 255 个工作表。

2) 工作表

Excel 2010 中,工作表是指由 1048576 行和 16384 列所构成的一个表格。

2. 单元格、单元格地址及活动单元格

单元格是指工作表中的一个格子。每个单元格都有自己的行列位置(或称坐标),单元格的坐标表示方法是:列标行号。例如,A3,就代表A列的第3行的单元格。同样,一个地址也唯一地表示一个单元格。每个单元格可以容纳32000个字符。

通常单元格坐标有以下三种表示方法。

- 相对坐标(或称相对地址)。它以列标和行号组成,如A1、B5、F6等。
- 绝对坐标(或称绝对地址)。它以列标和行号前加上符号“$”构成,如$A$1、$B$5、$F$6等。
- 混合坐标(或称混合地址)。它以列标或行号前加上符号“$”构成,如A$1、$B5等。

此外,由于一个工作簿文件可能有多个工作表,为了区分不同工作表的单元格,要在单元格前面增加工作表名称。例如,Sheet2!A6表示该单元格是Sheet2工作表中的A6单元格。工作表名与单元格之间必须使用“!”号来分隔。

活动单元格是指正在使用的单元格,在其外有一个黑色的方框,这时输入的数据会被保存在该单元格中。

单元格区域也称矩形块,它是由工作表中相邻若干个单元格组成。引用单元格区域时可以用它的对角单元格的坐标来表示,中间用一个冒号作为分隔符,如A1:G4、B2:E5等。

实际工作中,为了简化操作,便于阅读和记忆,Excel还允许根据单元格包含的数据意义对单个单元格或一组单元格进行命名。

4.1.4 管理工作簿

Excel 2010的每个工作表有1048576行×16384列,可以放入足够多的数据,用户可以把所有不同种类的数据都放在一个工作表里,但要想把每件事都做好,会很困难。如果将不同种类的数据放在不同的工作表中,做起事情来就会变得简单易行。使用多个工作表的优点是:其一,单击工作表标签比在一个庞大的工作表中滚动容易得多。使用多个工作表时,用户很容易找到自己的数据。其二,用户可以将相关的工作记录放在同一工作簿的不同工作表中。例如,如果用户是一位营销人员,则可以将第一季度的营销业绩放在第一张工作表中;将第二季度的营销业绩放在第二张工作表中;依此类推。其三,用户很容易在不同工作表之间建立单元格引用关系。例如,在第一张工作表中,可以引用第二张工作表中的部分数据。其四,在一个工作簿中可以建立多个工作表,但工作簿仍将是一个文件,给工作表的管理带来了很大的方便。

1. 更改新工作簿的默认工作表数量

默认情况下,Excel为每个新建的工作簿中创建了三张工作表。但用户可以通过插入工作表或更改新工作簿的默认工作表数量来增加工作簿中工作表的数量。若要更改新工作簿的默认工作表数量,可在“文件”选项卡中单击“选项”命令,打开“Excel选项”对话框,在“常规”选项卡的“包含的工作表数”数值框中输入所需的工作表数目实现,如图4.3所示。

2. 切换工作表

当新建一个工作簿时,首先只在Sheet1工作表中输入了数据。如果要切换到其他工作表中工作,可以选择以下方法之一。

(1) 单击工作表标签,可以快速在工作表间切换。例如,单击Sheet2标签,即可进入第二个空白工作表。

(2) 大量工作表同时存在时,有些工作表会暂时看不到,但可以通过工作表标签前面的四个标签滚动按钮来显示标签。单击左边的滚动按钮,显示工作簿中的第一个工作表标签;单击右边的滚动按钮,显示工作簿中的最后一个工作表标签。单击中间两个滚动按钮,一次只能往所指方向上移动一个

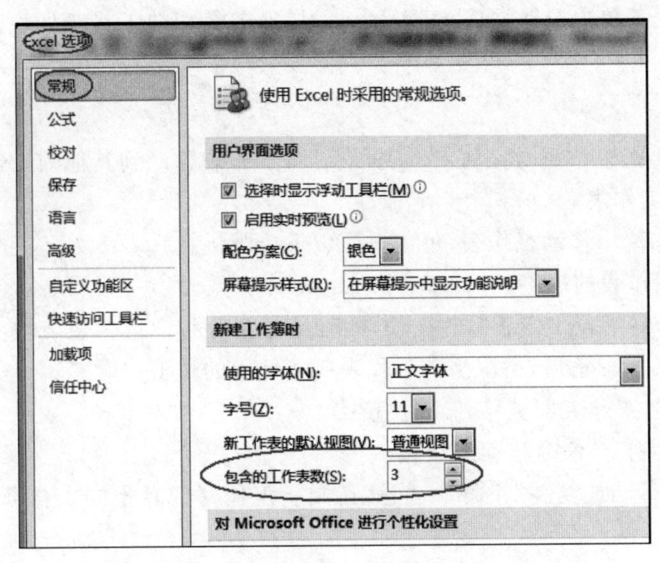

图 4.3　更改新工作簿的默认工作表数量

标签。当看到所需切换的工作表标签后，再单击它。

另外，还可以增加或减少工作表标签的显示。在工作表标签与水平滚动条之间有一个小矩形框，称为标签拆分框，通过它可控制显示的工作表标签数。

3. 插入工作表

如果要插入新工作表，必须选择要插入位置右边的工作表为活动工作表。例如，想在一个新工作簿的 Sheet1 和 Sheet2 之间插入一个新的工作表，可以按照以下步骤进行。

(1) 右击 Sheet2 标签。

(2) 在弹出的快捷菜单中选择"插入"命令，弹出"插入"对话框，选择"工作表"，单击"确定"按钮。工作簿中立即弹出一个新的工作表，新工作表的标签为 Sheet4。

4. 删除工作表

如果不再需要某个工作表，可以将该工作表删除。

(1) 右击要删除的工作表标签。

(2) 在弹出的快捷菜单中选择"删除"命令。

5. 重命名工作表

当用户在一个工作簿中建立了多个工作表后，并不一定记得每个工作表的内容。这时，可以给工作表重新取一个有意义的名字。

例如：想给 Sheet1 重新命名，只要双击该工作表标签。此时，Sheet1 呈反白显示，输入新的工作表名称(如"期中考试成绩")覆盖原有的名称，按 Enter 键确定。

6. 隐藏或显示工作表

隐藏工作表可以减少屏幕上显示的工作表，并避免不必要的更改。隐藏的工作表仍处于打开状态，其他文件仍可以利用其中的信息。当一个工作表被隐藏时，它的工作表标签也被隐藏起来。

如果要隐藏工作表，可以按照以下步骤进行。

(1) 右击需要隐藏的工作表。

(2) 在弹出的快捷菜单中选择"隐藏"命令。

如果要重新显示被隐藏的工作表，可以按照以下步骤进行。

(1) 右击任意一个工作表。

(2) 在弹出的快捷菜单中选择“取消隐藏”命令，弹出被隐藏的工作表列表，从列表中选择需要取消隐藏的工作表。

7. 移动工作表

用户可以根据需要在工作簿内移动工作表，或者将工作表移动到其他的工作簿中。

1) 利用鼠标移动工作表

如果要在当前工作簿中移动工作表，可以按照以下步骤进行。

(1) 选择要移动工作表的标签。例如，选择 Sheet1 标签。

(2) 按住鼠标左键并沿着工作表标签拖动，此时鼠标指针将变成白色方块与箭头的组合，同时在标签行上方出现一个小黑三角形，指示当前工作表所要插入的位置。

(3) 松开鼠标左键，工作表即被移到新位置。

2) 利用“移动或复制...”命令移动工作表

利用快捷菜单的“移动或复制...”命令，能够在同一工作簿或者不同工作簿之间移动工作表。具体操作步骤如下。

(1) 如果要将工作表移动到已有的工作簿中，则需打开用于接收工作表的工作簿。

(2) 切换到包含需要移动工作表的工作簿中，并右击要移动的工作表标签。

(3) 在弹出的快捷菜单中，选择“移动或复制...”命令，出现“移动或复制工作表”对话框。

(4) 在“工作簿”列表框选择用来接收工作表的目标工作簿。如果想把工作表移到一个新工作簿中，则可以从下拉列表中选择“(新工作簿)”。

(5) 在“下列选定工作表之前”列表框中选择工作表，要移动的工作表将插入到该工作表之前。

(6) 单击“确定”按钮，即可将选择的工作表移到新位置。

8. 复制工作表

用户可以根据需要在工作簿内复制工作表，或者将工作表复制到其他的工作簿中。

1) 利用鼠标复制工作表

如果要在同一工作簿内复制工作表，可以按照以下步骤进行。

(1) 选择要复制工作表的标签。例如，选择 Sheet1 标签。

(2) 按住鼠标左键沿着标签行进行拖动时，需要同时按住 Ctrl 键。此时，鼠标指针变成白色方块(此方块中含有一个十字形)与箭头的组合，同时在标签行的上方出现一个黑色的小三角形，此三角形指示复制工作表所要插入的位置。

(3) 同时松开鼠标左键和 Ctrl 键之后，即可在该位置出现一个新标签为 Sheet1(2)，此工作表即为原 Sheet1 的副本。

2) 利用“移动或复制...”命令复制工作表

在“移动或复制工作表”对话框中，同时选中“建立副本”复选框，即可复制工作表。

4.2 建立工作表

启动 Excel 时，系统默认将自动产生一个新的工作簿 1，并建立三张空的工作表，并将第一张空白工作表 Sheet1 显示在屏幕上。建立工作表就是在工作表中输入数据。

4.2.1 单元格与单元格区域选择

1. 选择单元格

当用户向工作表的单元格输入数据时，首先需要激活这些单元格。Excel 内单元格指针的移动有多种方式，下面分别进行介绍。

1）在显示范围内移动

如果目标单元格在当前的显示区域上，将鼠标指向目标单元格，然后在其上单击即可。如果要指定的单元格不在当前显示区域中，例如，要由 A1 单元格移动到 H20 单元格，则可用滚动条使得目标单元格出现在当前显示区域中，将鼠标指向 H20 单元格，然后单击即可。

2）利用名称框移动

在名称框中输入目标单元格的地址，然后按 Enter 键。例如，在名称框中输入单元格的位置 H50 或者 A23:B27，然后按 Enter 键，就会看到指定的单元格出现在当前的屏幕中。

3）使用键盘移动

使用键盘移动单元格，其操作如表 4.1 所示。

表 4.1　使用键盘移动单元格

按　键	功　能
←、→、↑、↓	左移一格、右移一格、上移一格和下移一格
Home	移到工作表上同一行的最左边
End	移到工作表有资料区域的右下角
PgUp 或 PgDn	上移一页或下移一页
Enter	输入资料，并下移一格
Shift＋Enter	输入资料，并上移一格
Ctrl＋Home	移到工作表的开头，即 A1 单元格
Ctrl＋End	移到工作表的最后一个单元格

表 4.1 中列出了移动单元格的常用组合键，使用顺序是先按下前面的按键，之后再按下后面的按键。对于加号，在这里表示同时按下的意思。

2. 选择单元格区域

工作表的许多操作是在单元格区域上进行的。相邻的一组单元格称为单元格区域，单元格区域名是由左上角与右下角的单元格地址组成，例如区域 A1:F12。

选择区域也就是选择连续的多个单元格，具体操作步骤如下。

(1) 选择单元格区域左上角的单元格。

(2) 拖动至单元格区域右下角。

(3) 释放鼠标即选中了该区域。

小贴士：如果右下角单元格不在视线范围，则可先通过滚动条使右下角单元格可见，按住 Shift 键不放再选择右下角单元格。

若要选择整行或整列，只要单击行号或列标即可。

选择几个非相邻区域时，选定第一个区域后，按住 Ctrl 键不放，继续选择第二个区域，依此类推。

选择整个工作表，可单击第一行上端、第 A 列左端的小方框。

4.2.2　使用模板

与 Word 相似，Excel 中也提供有大量的现有模版，这些模板含有特定内容和格式，可以把它作为模型来建立与之类似的其他工作簿。使用模版创建工作簿不仅速度快，而且部分格式已确定，省去了调整格式的时间。对于特定的任务和项目，可以创建自定义模板。在 Excel 中，可以为工作簿或工作表创建模板，模板中可以包含以下的特征。

- 工作簿中所含工作表的数量及类型。
- 用“格式”命令设置的单元格和工作表格式。
- 单元格样式。

- 页面格式和打印区域。
- 在新工作簿或工作表中要重复的文本,如页标题、行号和列标等。
- 新工作簿或工作表中所需的数据、公式、图形和其他信息。
- 自定义工具栏、宏、超链接和窗体上的 ActiveX 控件。
- 工作簿中被隐藏和保护的单元格区域。
- 工作簿的计算选项。

1. 利用现有模板建立工作簿

例如用户需要创建一个销售报告,系统提供了内置或在线的模板,如果合适可直接使用。可按以下步骤操作。

(1) 在"文件"选项卡中,选择"新建"命令,在"Office.com 模板"栏中选择"报表"类别,在子类别中继续选择"财务报表"→"销售报表",然后单击"下载"按钮,如图 4.4 所示。

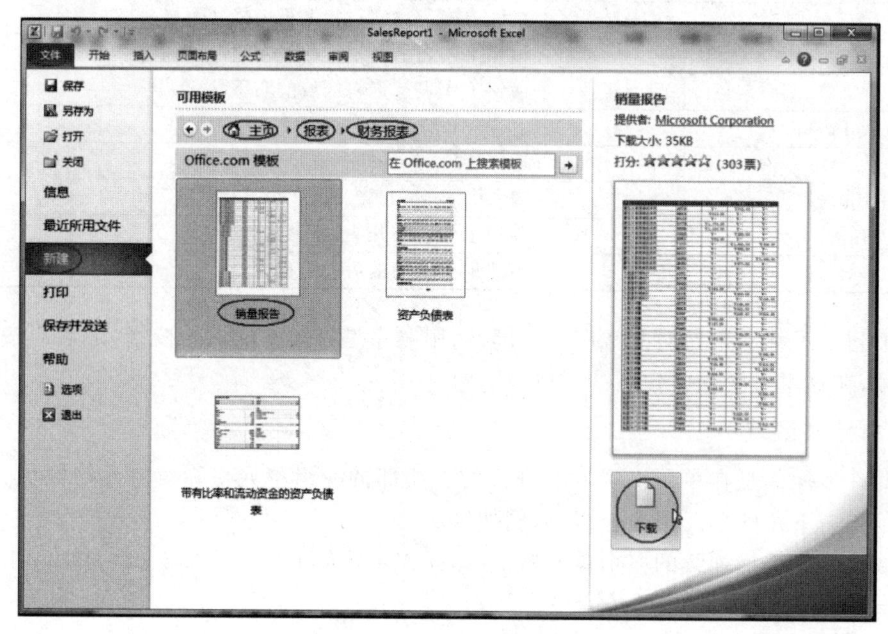

图 4.4 选择模板

(2) 稍等片刻,一套完整的销售报表就建立好了,用户只需对数据进行编辑修改即可,如图 4.5 所示。

2. 创建用于新建工作簿的模板

Excel 提供的内置模板有限,用户可以根据需要创建自己的模板。在实际工作中,经常会有许多文件的格式完全相同,只是其中的数据不同而已。例如每季度的销售、生产、财务报表(每个报表占用工作簿中的一张工作表)格式完全一样,只是其中的数字不一样。用户只需将建好的某季度报表保存为模板格式,然后以该模板为基础就可以建立许多格式相同的工作簿。

创建用于新建工作簿的模板,其步骤如下。

(1) 按照常用的方法创建一个工作簿,该工作簿中含有以后新建工作簿中所需的工作表、默认文本、格式、公式以及样式等。

(2) 选择"文件"选项卡中的"另存为"命令,打开"另存为"对话框。

(3) 在"保存类型"列表框中选择"Excel 模板"选项。

(4) 在"保存位置"下拉框中,选择保存模板的文件夹。

(5) 在"文件名"文本框中输入模板名称,单击"保存"按钮将其保存起来。模板的扩展名为.xltx。

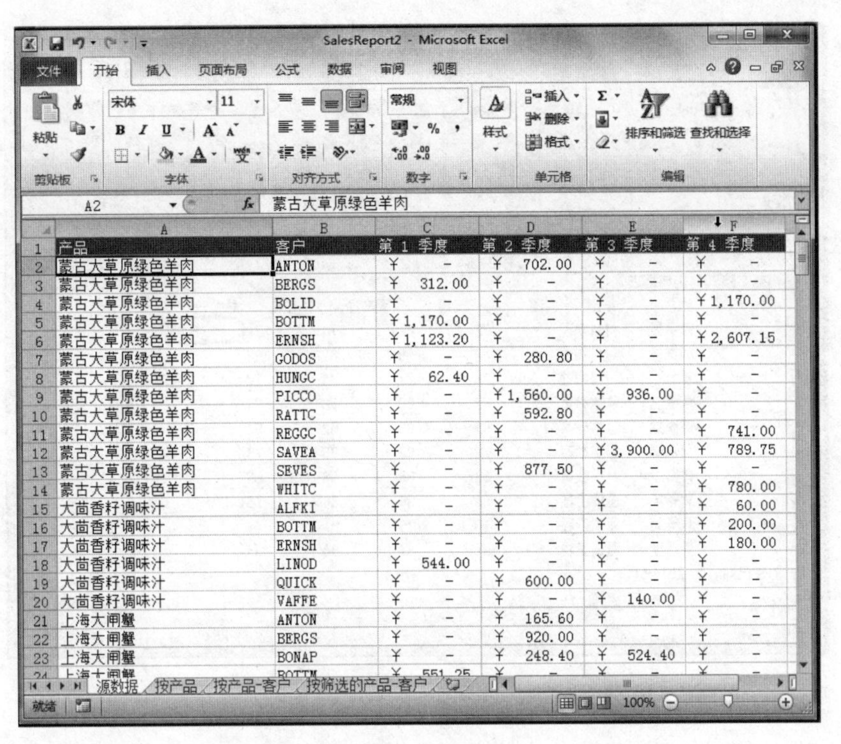

	A	B	C	D	E	F
1	产品	客户	第 1 季度	第 2 季度	第 3 季度	第 4 季度
2	蒙古大草原绿色羊肉	ANTON	¥ -	¥ 702.00	¥ -	¥ -
3	蒙古大草原绿色羊肉	BERGS	¥ 312.00	¥ -	¥ -	¥ -
4	蒙古大草原绿色羊肉	BOLID	¥ -	¥ -	¥ -	¥1,170.00
5	蒙古大草原绿色羊肉	BOTTM	¥1,170.00	¥ -	¥ -	¥ -
6	蒙古大草原绿色羊肉	ERNSH	¥1,123.20	¥ -	¥ -	¥2,607.15
7	蒙古大草原绿色羊肉	GODOS	¥ -	¥ 280.80	¥ -	¥ -
8	蒙古大草原绿色羊肉	HUNGC	¥ 62.40	¥ -	¥ -	¥ -
9	蒙古大草原绿色羊肉	PICCO	¥ -	¥1,560.00	¥ 936.00	¥ -
10	蒙古大草原绿色羊肉	RATTC	¥ -	¥ 592.80	¥ -	¥ -
11	蒙古大草原绿色羊肉	REGGC	¥ -	¥ -	¥ -	¥ 741.00
12	蒙古大草原绿色羊肉	SAVEA	¥ -	¥ -	¥3,900.00	¥ 789.75
13	蒙古大草原绿色羊肉	SEVES	¥ -	¥ 877.50	¥ -	¥ -
14	蒙古大草原绿色羊肉	WHITC	¥ -	¥ -	¥ -	¥ 780.00
15	大茴香籽调味汁	ALFKI	¥ -	¥ -	¥ -	¥ 60.00
16	大茴香籽调味汁	BOTTM	¥ -	¥ -	¥ -	¥ 200.00
17	大茴香籽调味汁	ERNSH	¥ -	¥ -	¥ -	¥ 180.00
18	大茴香籽调味汁	LINOD	¥ 544.00	¥ -	¥ -	¥ -
19	大茴香籽调味汁	QUICK	¥ -	¥ 600.00	¥ -	¥ -
20	大茴香籽调味汁	VAFFE	¥ -	¥ -	¥ 140.00	¥ -
21	上海大闸蟹	ANTON	¥ -	¥ 165.60	¥ -	¥ -
22	上海大闸蟹	BERGS	¥ -	¥ 920.00	¥ -	¥ -
23	上海大闸蟹	BONAP	¥ -	¥ 248.40	¥ 524.40	¥ -
24	上海大闸蟹	BOTTM	¥ 551.25	¥	¥	¥

图 4.5　销售报表

4.2.3　输入数据

选择工作表，激活单元格后就可以输入数据。活动单元格内可以输入两大类数据：常数和公式。Excel 能够识别输入的文本型、数值型和日期型等常量数据，并支持简单数据的输入、区域数据的输入和序列数据自动填充三种输入方法。

1. 输入文本

在 Excel 中的文字通常是指字符或者是任何数字和字符的组合。任何输入到单元格内的字符集，只要不被系统识别成数字、公式、日期、时间、逻辑值，则 Excel 一律将其视为文本。在 Excel 中输入文本时，默认对齐方式是单元格内靠左对齐。在一个单元格内最多可以存放 32 000 个字符。

对于全部由数字组成的字符串，如邮政编码、电话号码等这类字符串，为了避免输入时被 Excel 认为是数值型数据，Excel 提供了在这些输入项前添加“'”(英文单引号)的方法，来区分是数字字符串而非数值型数据。例如，要在 B5 单元格中输入“02088883666”，则可在输入框中输入“'02088883666”。

如图 4.6 所示，首先在单元格 A1 中输入“物电学院 2014 级成绩表”。在输入过程中会看到，A1 单元格的内容超过了默认的列宽，暂时可以不理会它们，在后面的内容将讲述如何改变单元格的列宽。所有字符输入之后，按 Enter 键。将单元格指针移动到 A2 单元格，之后在其中输入“学号”，然后按 Tab 键。重复该过程，分别输入其他行标题后，就可以看到如图 4.6 所示的表格。

在输入过程中如果发现一个错误，则可以马上按 Backspace 键更正。

2. 输入日期

在 Excel 中，日期和时间均按数值型数据进行处理，工作表中日期或时间的显示取决于单元格中所用的数字格式。如果 Excel 能够识别出所输入的是日期和时间，则单元格的格式将由“常规”数字格式变为内部的日期或时间格式。如果 Excel 不能识别当前输入的日期或时间，则作为文本处理。

输入日期时，首先输入作为年的数字，然后输入“/”或“-”符号进行分隔，再输入 1～12 的数字作为

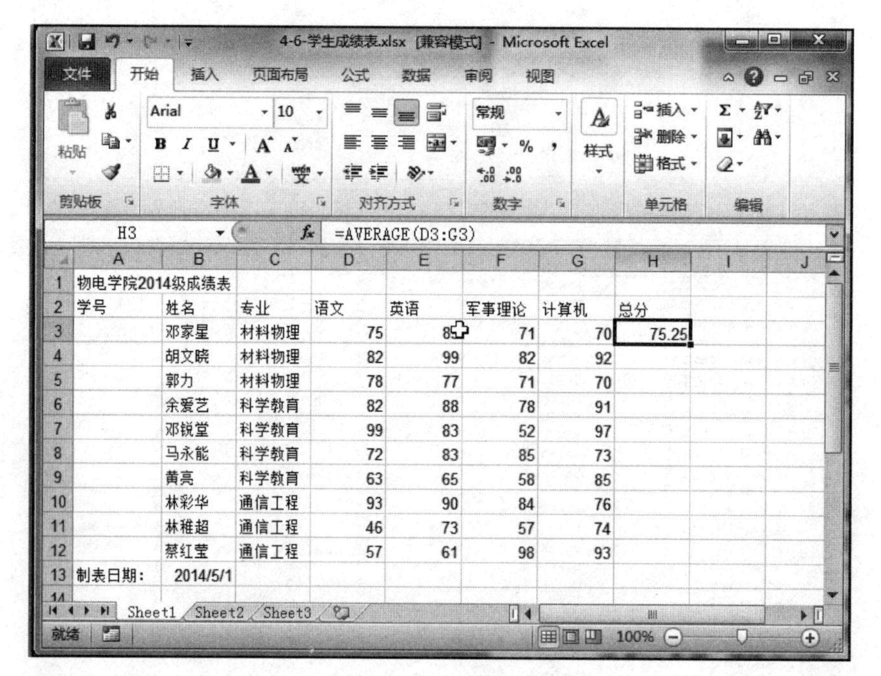

图 4.6 工作表示例

月份(或者输入月份的英文单词),最后输入 1~31 的数字作为日(如在单元格 F2 中输入“2021/12/1”。如果省略年份,则以当前的年份作为默认值。如果想在单元格中插入当前的日期,可以按 Ctrl+;组合键。在 Windows 系统的“控制面板”中可以更改日期、时间或数字格式。

输入时间时,小时与分钟或秒之间用冒号分隔。

3. 输入数字

在 Excel 中,当建立新的工作表时,所有单元格都采用默认的通用数字格式。通用格式一般采用整数(789)、小数(7.89)格式,而当数字的长度超过单元格的宽度时,Excel 将自动使用科学计数法来表示输入的数字。

在 Excel 中,输入单元格中的数字按常量处理。输入数字时,自动将它沿单元格右对齐。有效数字包含 0~9、+、-、()、/、$、%、.、E、e 等字符。输入数据时可参照以下规则。

- 可以在数字中包括逗号,以分隔千分位。
- 输入负数时,在数字前加一个负号(-),或者将数字置于括号内。例如,输入“-20”和“(20)”都可在单元格中得到-20。
- Excel 忽略数字前面的正号(+)。
- 输入分数(如 2/3)时,应先输入“0”及一个空格,然后输入“2/3”。如果不输入“0”,Excel 会把该数据作为日期处理,认为输入的是“2 月 3 日”。
- 当输入一个较长的数字时,在单元格中显示为科学记数法(如 2.56E+09),意味着该单元格的列宽大小不能显示整个数字,但实际数字仍然存在。

Excel 会自动为单元格指定正确的数字格式。例如,当输入一个数字,而该数字前有货币符号或其后有百分号时,Excel 会自动地改变单元格格式,从通用格式分别改变为货币格式或百分比格式,输入时,单元格中数字靠右对齐。要在公式中包括一个数字,只要输入该数字即可。在公式中,不能用圆括号来表示负数,不能用逗号来分隔千位,也不能在数字前用美元符号($)。如果在数字后输入一个百分号(%),Excel 把它解释为百分比运算符并作为公式的一部分保存起来。当公式计算时,百分比运算符作用于前面的数字。

以图 4.6 所示的表格输入数据为例,来说明如何在工作表中输入数字。首先,将单元格指针指向

D3单元格，输入“75”，然后按Enter键，重复该过程，分别在单元格D4中输入“82”，在单元格D5中输入“78”，等等，当输入完所有的数据后，就可以看到如图4.6所示的表。

4. 输入公式

Excel最大的功能是计算。只要输入正确的计算公式之后，就会立即在该单元格中显示计算结果。如果工作表内的数据有变动，系统会自动将变动后的答案算出，使用户能够随时观察到最正确的结果。

使用公式有助于分析工作表中的数据。公式可以用来执行各种运算，如加法、减法、乘法以及除法等。输入公式的操作类似于输入文字。不同之处在于我们在输入公式时是以一个等号(＝)作为开头。在一个公式中可以包含有各种运算符号、常量、变量、函数以及单元格引用等。

在单元格中输入公式的步骤如下。

(1) 选择要输入公式的单元格。

(2) 在单元格中输入一个等号(＝)。

(3) 输入公式的内容。

(4) 输入完毕之后，按Enter键或者单击编辑栏中的“输入”按钮√。

例如，在单元格H3中输入“＝AVERAGE(D3:G3)”，然后按Enter键或者单击编辑栏的“输入”按钮√，表明公式输入完毕。随后在单元格中显示出计算结果，如图4.6所示，在编辑栏中仍然显示当前单元格的公式。

5. 同时对多个单元格输入相同的数据

如果要对多个单元格输入相同的数据，其步骤如下。

(1) 选择要输入数据的单元格区域。

(2) 输入数据。

(3) 按Ctrl＋Enter组合键。

6. 同时对多个表输入数据

当需要在多个工作表的单元格中输入相同的数据时，可以将其选定为工作表组，之后在其中的一张工作表中输入数据后，输入的内容就会反映到其他选定的工作表中。

将工作表设置为工作表组的方法是：若要将全部工作表选定为工作组，可右击工作表标签，在快捷菜单中选择“选定全部工作表”命令；若要选定连续的若干张工作表，则首先选择第一张工作表，按住Shift键再选择最后一张工作表即可；若要选定不连续的若干张表，则首先选择第一张工作表，然后按住Ctrl键不放，依次选择其他几张工作表即可。

4.2.4 提高数据输入效率的方法

Excel提供了多种提高输入数据效率的方法。

1. 自动完成

当输入的数据含有前面曾输入的数据时，可以利用自动完成功能来输入。如图4.7所示，当在C4单元格输入“材”后，在“材”后Excel能自动填入“料物理”，并以反白显示，这就是自动完成功能。当输入数据时，Excel会把首字和同列中其他单元格比较，本例中C3中曾输入“材料物理”，一旦发现有相同的部分就会认为当前单元格填入剩余的部分，如图4.8所示。若自动填入的数据正是要输入的则直接按Enter键即可，否则无须理会，继续输入。

2. 选择列表

选择列表功能同样适合输入几个特定数据的情况。在上例中，如果要在C9单元格中输入“科学教育”，则应右击C9单元格，在快捷菜单中选择“从下拉列表中选择”命令，在C9单元格下方会出现一个下拉列表框，该列表中记录了该列出现过的所有数据，只要从列表中选择即可输入数据。

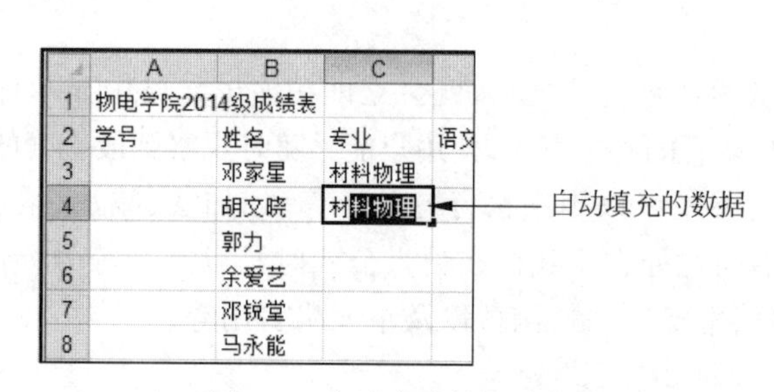

	A	B	C	
1	物电学院2014级成绩表			
2	学号	姓名	专业	语文
3		邓家星	材料物理	
4		胡文晓	材料物理	
5		郭力		
6		余爱艺		
7		邓锐堂		
8		马永能		

图 4.7 自动完成输入功能

	A	B	C
1	成绩表		
2	学号	姓名	专业
3		邓家星	材料物理
4		胡文晓	材料物理
5		郭力	材料物理
6		余爱艺	科学教育
7		邓锐堂	科学教育
8		马永能	科学教育
9		黄亮	
10		林彩华	材料物理 科学教育 专业
11		林稚超	
12		禁红莹	
13	制表日期:	2014/5/1	

图 4.8 选择列表功能

3. 自动填充

自动填充功能可以把单元格的内容复制到同行或同列的相邻单元格，也可以根据单元格的数据自动产生一串递增或递减序列。例如：在上例中，把光标移至 C6 单元格右下角的填充柄(此时鼠标会变成实心的十字形状)，拖动至 C9 单元格，那么 C6 单元格的内容就被复制到 C7:C9 区域了。

小贴士：如果要根据单元格的数据自动产生一串递增序列，则可把光标移至单元格右下角的填充柄的位置按住右键往下拖动，即会弹出填充方式供用户选择，如选择“以序列方式填充”命令可生成一串递增序列。此外可以在按住 Ctrl 键和鼠标左键的同时拖动鼠标来实现。

4. 序列填充

在输入一张工作表的时候，可能经常遇到需要输入一个序列数的情况。在如图 4.6 所示的成绩表中，学号是一个序列数；对于一个工资表，工资序号是个序列数；对于一个周销售统计表，每周的每一天是一个日期序列等。对于这些特殊的数据序列，它们都有一定的特殊规律。要在每一个单元格中输入这些数据不仅很烦琐，而且还会降低工作效率。但使用 Excel 中的“填充”功能，可以非常轻松地完成这一工作。

1) 使用命令

对于选定的单元格区域，可以选择“填充”→“序列”命令，来实现数据自动填充。例如，在成绩表工作簿(见图 4.6)中输入学生的学号，其操作步骤如下。

(1) 首先在 A3 单元格中输入一个起始值“2014001”，光标移至该单元格右下角，鼠标变为实心十字，该位置称为填充柄，如图 4.9 所示。右击填充柄并往下拖曳至 A12 单元格，弹出快捷菜单，选择“序列”命令，弹出如图 4.10 所示的对话框。

(2) 在对话框的“序列产生在”选项区域中选中“列”单选按钮，之后在“类型”选项区域中选中“等差序列”单选按钮。在“步长值”文本框中输入“1”，单击“确定”按钮，就能看到如图 4.11 所示的序列。

	A	B	C
1	成绩表		
2	学号	姓名	专业
3	2014001	邓家星	材料物理
4		胡文晓	材料物理
5		郭力	材料物理
6		余爱艺	科学教育
7		邓锐堂	科学教育
8		马永能	科学教育
9		黄亮	科学教育
10		林彩华	
11		林稚超	
12		禁红莹	
13	制表日期:	2014/5/1	

填充柄

图 4.9 填充柄

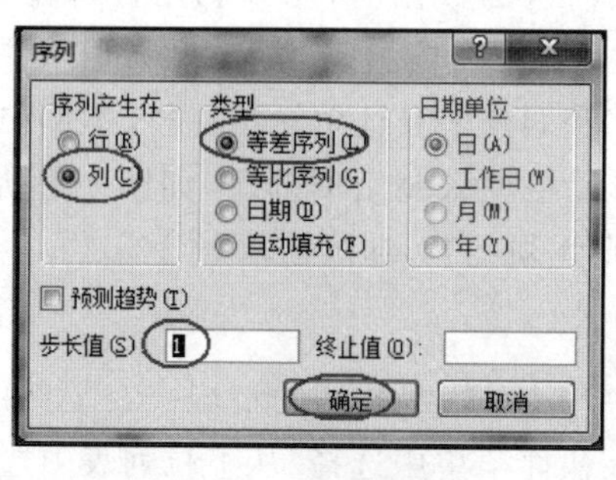

图 4.10 “序列”对话框

	A	B
1	物电学院2014级成绩表	
2	学号	姓名
3	2014001	邓家星
4	2014002	胡文晓
5	2014003	郭力
6	2014004	余爱艺
7	2014005	邓锐堂
8	2014006	马永能
9	2014007	黄亮
10	2014008	林彩华
11	2014009	林稚超
12	2014010	禁红莹

图 4.11 产生“学号”

需要说明的是：要将一个或多个数字、日期的序列填充到选定的单元格区域中，在选定区域的每一行或每一列时，第一个或多个单元格的内容被用作序列的起始值。如表 4.2 所示列出了使用自动填充命令产生数据序列的规定。如表 4.3 所示列出了产生序列参数说明。

表 4.2 使用自动填充命令产生数据序列的规定

类 型	说 明
等差级数	把“步长值”文本框内的数值依次加入到每一个单元格数值上来计算一个序列，如果选中“趋势预测”复选框，则忽略“步长值”文本框中的数值，而会计算一个等差级数趋势序列
等比级数	把“步长值”文本框内的数值依次乘到每一个单元格数值上来计算一个序列，如果选中“趋势预测”复选框，则忽略“步长值”文本框中的数值，而会计算一个等比级数趋势序列
日期	根据“日期单位”选定的选项计算一个日期序列

表 4.3 产生序列的参数说明

参 数	说 明
日期单位	确定日期序列是否会以日、工作日、月或年来递增
步长值	一个序列递增或递减的量，正数使序列递增；负数使序列递减
终止值	序列的终止值，如果选定区域在序列达到终止值之前已填满，则该序列就终止在那点上
趋势预测	使用选定区域顶端或左侧已有的数值来计算步长值，以便根据这些数值产生一条最佳拟合直线（对于等差级数序列），或一条最佳拟合指数曲线（对于等比级数序列）

在表 4.4 中给出了对选定的一个或多个单元格执行“自动填充”操作的实例。

表 4.4 “自动填充”操作的实例

选定区域的数据	建立的序列
1,2	3,4,5,6,…
1,3	5,7,9,11,…
星期一	星期二，星期三，星期四，…
第一季	第二季，第三季，第四季，第一季，…
Text1，texta	Text1，texta，Text2，texta，Text3，texta，…

2）使用鼠标拖动

在单元格的右下角有一个填充柄，可以通过拖动填充柄来填充一个数据。可以将填充柄向上、下、左、右四个方向拖动，以填入数据。其操作方法是：将光标指向单元格填充柄，当指针变成十字光标后，沿着要填充的方向拖动填充柄；松开鼠标时，数据便填入区域中。

5. 自定义序列

对于需要经常使用的特殊数据系列，例如产品的清单或中文序列号，可以将其定义为一个序列，这样当使用“自动填充”功能时，就可以将数据自动输入到工作表中。

要建立自定义序列，可以在“文件”选项卡中选择“选项”命令，弹出“Excel 选项”对话框，如图 4.12 所示，选择“高级”，在右侧“常规”栏下，单击“编辑自定义列表...”按钮，弹出“自定义序列”对话框，如图 4.13 所示。

序列的来源可有两种途径，分别是来自已经输入到工作表的序列，或者直接在选项对话框里的“自定义序列”选项卡中输入。

直接在“自定义序列”中建立序列，可按照下列步骤操作。

(1) 图 4.13 中，在“输入序列”文本框中输入“主机”，按 Enter 键，然后输入“显示器”，再次按 Enter 键，重复该过程，直到输入完所有的数据。

(2) 单击“添加”按钮，就可以看到定义的计算机硬件序列已经出现在对话框中了，如图 4.14 所示。

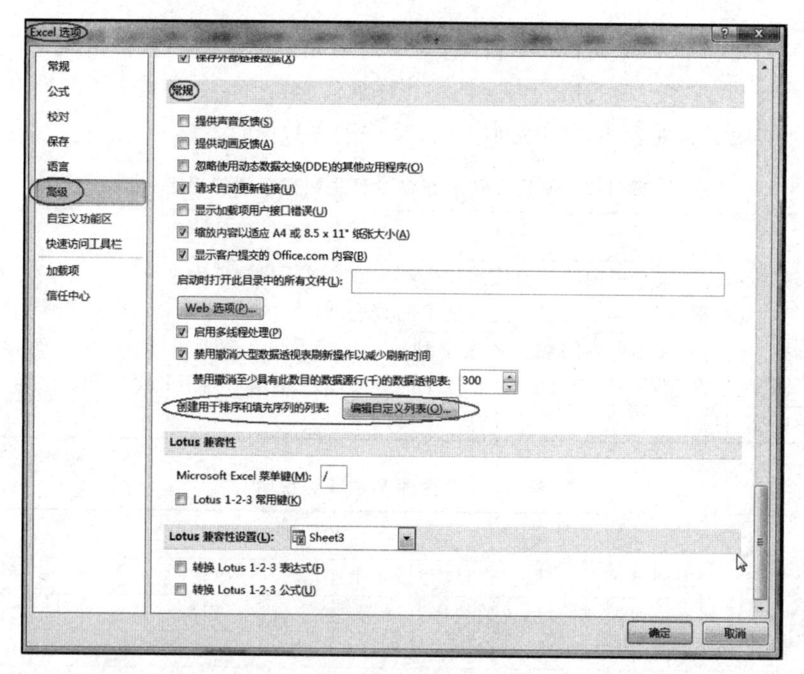

图 4.12　编辑自定义列表

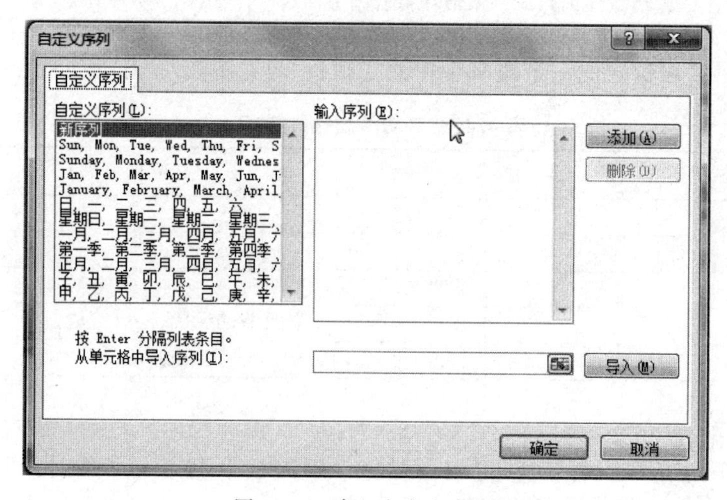

图 4.13　建立自定义序列

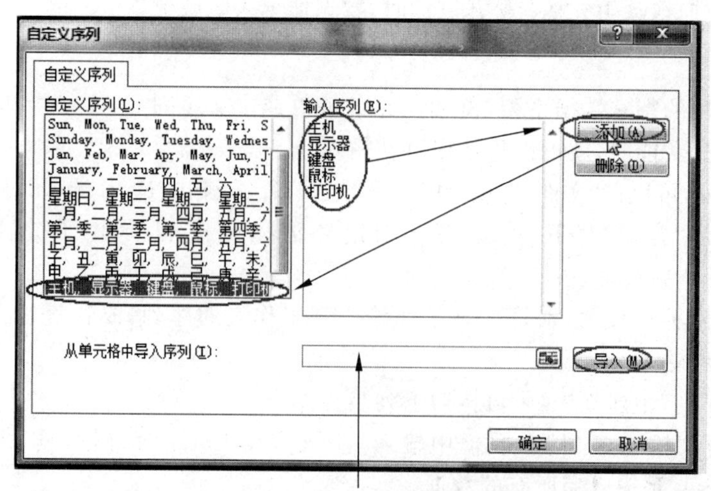

图 4.14　创建自定义序列

对已经存在的序列,如果觉得不满意,则可进行编辑或者将不再使用的序列删除掉。要编辑或删除自定义的序列,可以按照下列步骤操作。

(1) 在"自定义序列"选项卡中选定要编辑的自定义序列,就会看到它们出现在"输入序列"文本框中,选择要编辑的项,进行编辑。

(2) 若要删除序列中的某一项可按 Backspace 键,若要删除一个完整的自定义序列,单击"删除"按钮,然后单击"确定"按钮即可。

要从工作表导入已经输入到工作表的序列,可以按照下列步骤操作。

(1) 假设在工作表的 A1:A5 区域中已经输入了序列"主机,显示器,键盘,鼠标,打印机"。

(2) 在如图 4.14 所示的"从单元格中导入序列"文本框中输入 A1:A5,单击"导入"按钮,就可以看到定义的序列已经出现在对话框中了。

4.2.5　数据有效性输入

Excel 具有对输入增加提示信息与数据有效性检验的功能。该功能使用户可以指定在单元格中允许输入的数据类型,如文本、数字或日期等,以及有效数据的范围,如小于指定数值的数字或特定数据序列中的数值。

1. 数据有效性的设置

自定义有效数据的输入提示信息和出错提示信息功能,是利用数据有效性功能,在用户选定的限定区域的单元格或在单元格中输入了无效数据时,显示自定义输入提示信息或出错提示信息。

例如: 在如图 4.6 所示工作表中,为 D3:D12 单元格区域按如下步骤进行数据有效性设置。

(1) 选择单元格区域 D3:D12。

(2) 在"数据"选项卡"数据工具"组中单击数据有效性按钮,从列表中选择"数据有效性..."命令,如图 4.15 所示。在弹出的对话框中选择"设置"选项卡,在"有效性条件"选项区域的"允许"下拉列表框中选择"整数"选项,然后完成如图 4.16 所示的设置。

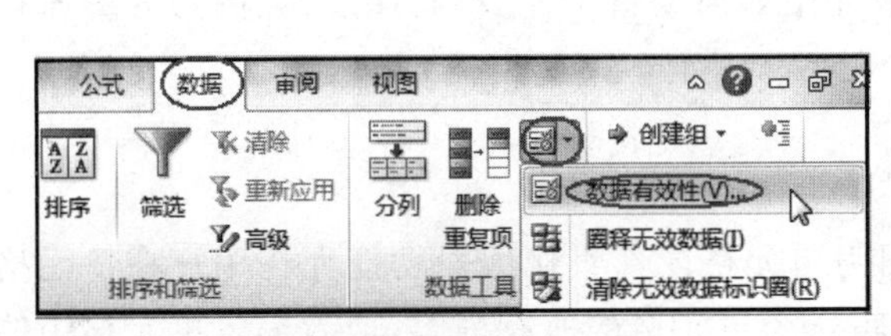

图 4.15　数据有效性设置

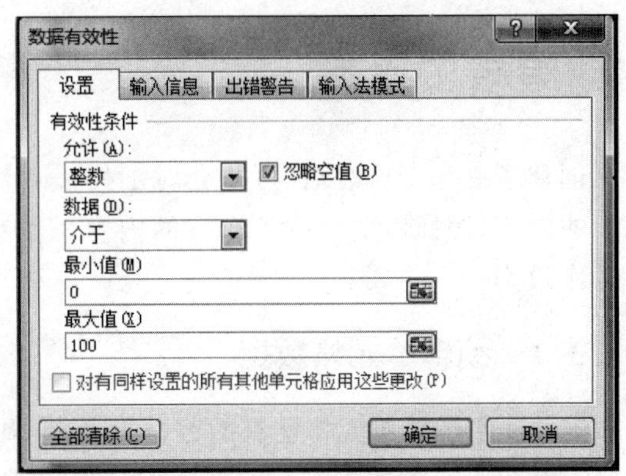

图 4.16　设置为介于 0 到 100 之间的整数

(3) 单击"输入信息"选项卡,在"标题"文本框输入"成绩",在"输入信息"文本框输入"请输入语文成绩"。

(4) 单击"出错警告"选项卡,在"标题"文本框中输入"错误",在"错误信息"文本框输入"必须介于 0 到 100 之间"。

(5) 单击"确定"按钮。

设置完成后,当指针指向该单元格时,就会出现如图 4.17 所示的提示信息。如果在其中输入了非法数据,系统还会给出警告信息。

2. 特定数据序列

利用数据有效性功能,设置特定的数据系列。

例如:在“人事管理”工作表中,当鼠标指针指向 D2:D8 单元格区域任意一个单元格的时候,显示下拉列表框,提供“教授”“副教授”“讲师”“助教”四个数据供选择,如图 4.18 所示。

设置特定数据序列的操作步骤如下。

(1) 选择单元格区域 D2:D8。

(2) 在“数据”选项卡“数据工具”组中单击数据有效性按钮,从列表中选择“数据有效性...”命令,如图 4.15 所示。在弹出的对话框中选择“设置”选项卡,在“有效性条件”选项区域的“允许”下拉列表框中选择“序列”选项,在“来源”文本框中输入“教授,副教授,讲师,助教”,需要注意的是各选项之间要用英文的逗号相隔,单击“确定”按钮,如图 4.19 所示。

	A	B	C	D	E
1	物电学院2014级成绩表				
2	学号	姓名	专业	语文	英语
3	2014001	邓家星	材料物理	75	85
4	2014002	胡文晓	材料物理		99
5	2014003	郭力	材料物理		77
6	2014004	余爱艺	科学教育		88
7	2014005	邓锐堂	科学教育	99	83
8	2014006	马永能	科学教育	72	83
9	2014007	黄亮	科学教育	63	65

成绩
请输入语文成绩

图 4.17 输入数据时的提示信息

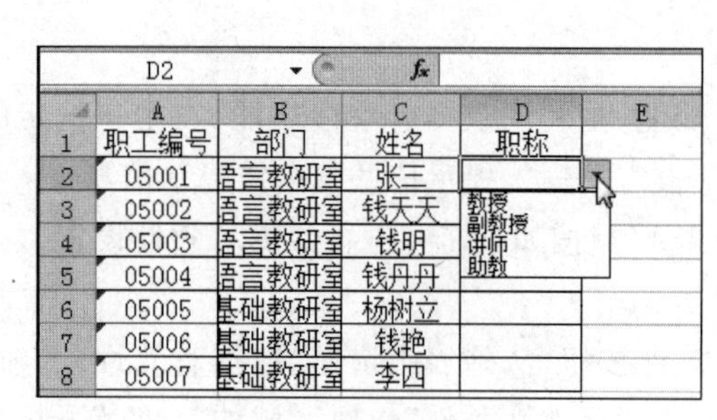

图 4.18 下拉列表选项

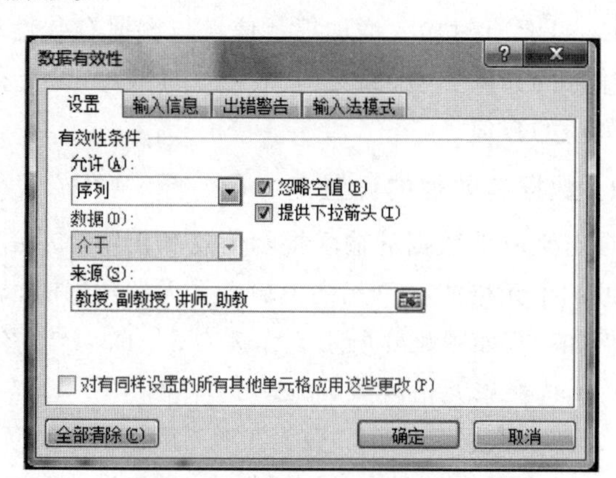

图 4.19 设置特定的数据系列

4.3 编辑工作表

在创建了一张工作表后,可能会对工作表不满意,或者是因为遗漏了部分内容,或者是因为出现了无用的内容,因此就要修改工作表的内容。本节介绍如何编辑工作表、利用复制、剪切等编辑操作提高工作效率。

4.3.1 编辑单元格数据

在 Excel 中编辑单元格已有的数据很便捷,因为单元格内部直接编辑功能允许用户在单元格中直接对一个单元格的数据进行编辑。用户可以编辑一个单元格的所有内容,或者编辑单元格中的部分内容,也可以完全清除单元格的内容。

1. 编辑单元格的所有内容

当需要编辑一个单元格的所有内容时,首先单击该单元格,然后输入新的内容,则原内容被取代,按 Enter 键或者单击编辑栏中的✔按钮确认修改。

2. 编辑单元格中的部分内容

当需要编辑某个单元格的部分内容时,首先选择该单元格,然后按 F2 键,或者双击该单元格,把插入点置于该单元格中,此时在状态栏的左端出现“编辑”字样。

用户可以使用鼠标或者键盘来重新确定插入点的位置。如果想使用鼠标确定插入点的位置,可以把“I”形鼠标指针移到单元格中要修改的位置，然后单击，则插入点会迅速移到该位置。另外，也可以使用键盘在单元格中移动插入点，如表4.5所示列出了键盘上的一些编辑键。

表4.5　键盘上的编辑键

按　键	操　作
←	插入点向左移动一个字符
→	插入点向右移动一个字符
Ctrl+←	插入点向左移动一个单词
Ctrl+→	插入点向右移动一个单词
Home	插入点移到单元格的开始处
End	插入点移到单元格的结尾处
BackSpace	删除插入点左边的一个字符
Delete	删除插入点右边的一个字符

当插入点出现在单元格中时，可以开始编辑单元格的内容，编辑的方法和Word中对文本的修改方法相同，这里不再赘述。

除了可以直接在单元格中编辑内容外，还可以在编辑栏中进行编辑。单击要编辑的单元格，该单元格的内容将同时出现在编辑栏中。单击编辑栏放置插入点，然后对其中的内容进行编辑。

4.3.2　剪切

在Excel中，剪切是指把工作表选定单元格或区域中的内容复制到目的单元格或区域，然后清除源单元格或区域中的内容，即通常所说的移动数据。

1. 利用“剪切”和“粘贴”命令移动数据

在“开始”选项卡“剪贴板”组中，选择“剪切”和“粘贴”命令，可以把单元格或范围中的数据从源位置移到目的位置。其操作步骤如下。

(1) 选择要移动数据的源单元格或范围。

(2) 单击“剪贴板”组中“剪切”按钮。

(3) 选择目的单元格，或目的区域的左上角单元格。

(4) 单击“剪贴板”组中“粘贴”按钮。

2. 使用鼠标移动数据

通过鼠标的拖动，也可以实现数据的移动，有时比使用菜单中的命令更方便。操作步骤如下。

(1) 选定要移动数据的源单元格或区域。

(2) 把鼠标指针移到选择单元格或区域的边框上，这时，Excel会把鼠标指针由“十”字形变成十字箭头形。

(3) 当鼠标指针变成箭头形时，按住鼠标左键拖动鼠标。这时，会有一个虚边框随着鼠标指针一起移动。

(4) 把虚边框拖动到目的单元格或区域，然后释放鼠标左键。

4.3.3　复制

在Excel中，复制是指把工作表中选择单元格或区域中的内容复制到目的单元格或区域中，但源单元格或区域中的内容并不清除。

1. 使用“复制”和“粘贴”命令复制数据

在“开始”选项卡“剪贴板”组中，选择“复制”和“粘贴”命令，可以把单元格或区域中的数据，从源位置复制到目的位置。操作步骤如下。

(1) 选择要复制数据的源单元格或区域。

(2) 单击“剪贴板”组中“复制”按钮。

(3) 选择目的单元格或目的区域的左上角单元格。

(4) 单击“剪贴板”组中“粘贴”按钮。于是,Excel 把剪贴板中的内容粘贴到目的单元格或区域中,但并不清除源单元格或范围中的内容。

2. 选择性粘贴

一个单元格中的信息包括内容、格式和批注三种。内容是指单元格中的值或公式。格式是指该内容的属性。例如,如果在单元格 A2 中输入文字数据“图文并茂”,那么文字“图文并茂”本身是 A2 的内容,文字“图文并茂”的属性(如粗体还是斜体、正常体、黑体、字体大小、对齐方式等)是 A2 的格式信息。批注是指文字批注和声音批注。

在前面“把源单元格或区域中的内容剪切(复制)到目的位置”,但事实上,剪切和复制的是源单元格或区域中的全部信息,包括内容、格式和批注三种。

对复制操作,可以进行有选择地复制,即只复制内容、格式、批注或它们的组合。

进行选择性复制,其步骤和 4.3.3 小节中的(1)~(3)步相同,(4)为选择“粘贴”→“选择性粘贴”命令。弹出“选择性粘贴”对话框。在“选择性粘贴”对话框中设置所需的选项,然后单击“确定”按钮。

此外,利用选择性粘贴功能还可以实现工作表的转置,即将被复制数据的列变成行,将行变成列。操作步骤如下。

(1) 选定要转置的区域。

(2) 单击“剪贴板”组中“复制”按钮,把选择范围中的内容复制到剪贴板中,并在该范围的四边显示闪烁的边框。

(3) 选定目的单元格或目的区域的左上角单元格。

(4) 单击“剪贴板”组中“粘贴”按钮,从列表中选择“选择性粘贴...”命令。在对话框中选择“转置”复选框,如图 4.20 所示,单击“确定”按钮即可。

3. 利用鼠标复制数据

也可以通过鼠标拖动的方法复制数据,操作步骤和“剪切”中“利用鼠标移动数据”相似,区别在于复制数据拖动鼠标时,可按住 Ctrl 键。

另外,在“自动填充”部分讲了如何利用鼠标建立固定值序。

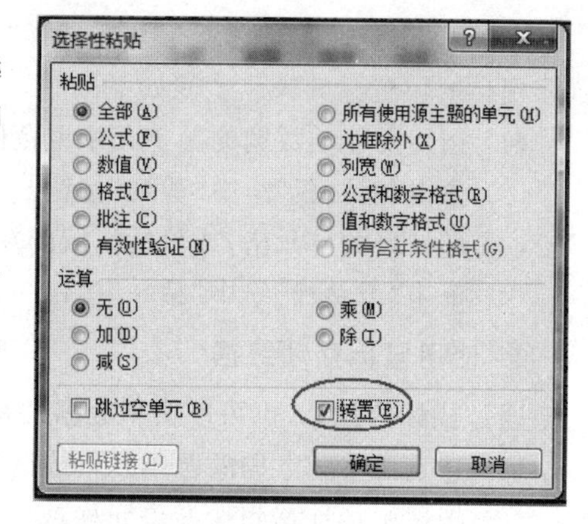

图 4.20 选择性粘贴

4.3.4 清除和删除单元格

清除单元格是指删除单元格中的信息,例如删除单元格中的内容、格式、批注或全部都删除。

“删除”命令和“清除”命令有所不同。删除单元格是指把单元格真正地从工作表中删除,而清除单元格只是清除单元格中的信息,但单元格本身还是保留不动的。“删除”命令像个剪刀,而“清除”命令像块橡皮。

1. 利用 Delete 键清除单元格的内容

使用 Delete 键,可以清除单元格中的内容,但单元格的格式和批注保持不变。操作步骤如下。

(1) 选定要清除内容的单元格或范围(可以是不连续的范围)。

(2) 按 Delete 键。

2. 利用“清除”命令清除单元格

在“开始”选项卡“编辑”组中，单击“清除”按钮，如图4.21所示。

“清除”按钮下拉列表有6个命令：“全部清除”“清除格式”“清除内容”“清除批注”“清除超链接”“删除超链接”。如果选择“全部清除”命令，则Excel将把选定范围中的全部信息（即内容、格式、批注三种）都清除；选择其余命令，将只清除相应的信息。

3. 删除单个单元格或区域

可按下述步骤删除选定的单元格或区域。

（1）选择要删除的单元格或区域。

（2）在“开始”选项卡“单元格”组中，单击“删除”按钮，从下拉列表中选择“删除单元格...”命令，弹出“删除”对话框，如图4.22所示。

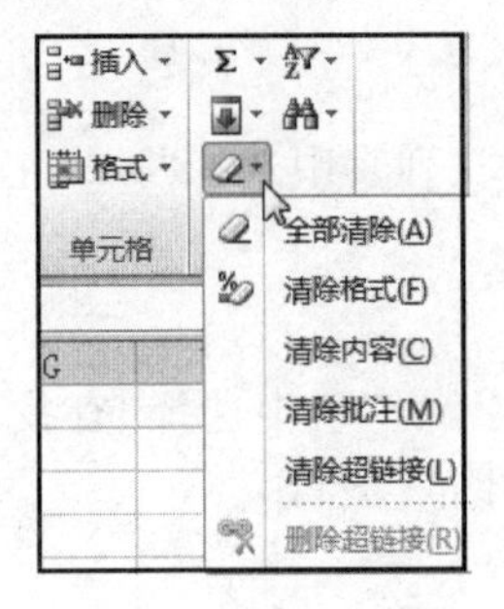

图4.21　删除与清除

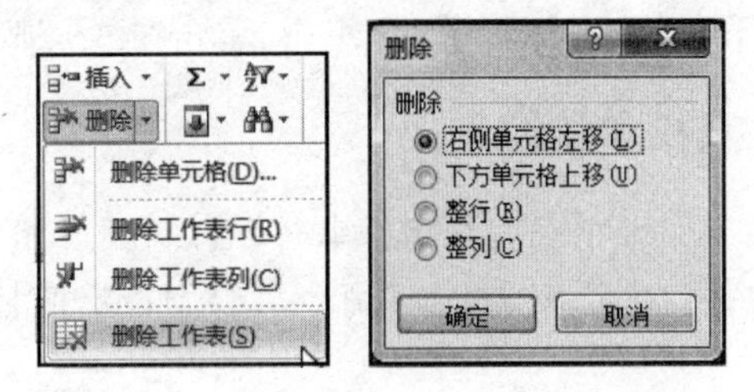

图4.22　删除对话框

当把选择的单元格删除后，会留下空位置，因此，需要相应地移动周围的单元格，来填补空位置。“删除”对话框用来让用户指定填补空位置的方式：是把右侧的单元格左移，还是把下方的单元格上移；或是删除整行、整列后，移动下方行或右侧列的单元格。

（3）在“删除”对话框中做所需的设置。

（4）单击“确定”按钮。

4. 删除整行和整列

删除整行的单元格的步骤如下。

（1）单击要删除的行的行标志或该行任意单元格。

（2）在“开始”选项卡“单元格”组中，单击“删除”按钮，从下拉列表中选择“删除工作表行”命令。

删除整列的单元格的步骤如下。

（1）单击要删除的列的列标志或该列任意单元格。

（2）在“开始”选项卡“单元格”组中，单击“删除”按钮，从下拉列表中选择“删除工作表列”命令。

4.3.5　插入单元格

插入单元格，是指在用户选择的位置上插入空白单元格，而把该位置上的原有单元格向下或向右移动，腾出空位。

1. 插入单个单元格或区域

插入单个单元格或区域的操作步骤如下。

（1）选择要插入新单元格的位置。如果是要插入单个单元格，则应选定一个单元格，新单元格将插入到选择单元格所在的位置。如果是要插入一组单元格，则应选定一个区域，该区域中将插入新的空白单元格。

（2）在“开始”选项卡“单元格”组中，单击“插入”按钮，从下拉列表中选择“插入单元格”命令，如

图 4.23 所示，弹出“插入”对话框。要插入新的单元格，必须移开插入位置上的原有单元格，以腾出空位。“插入”对话框用来设置如何移动插入位置上的原有单元格：是向右移、向左移，还是干脆移动整行或整列，以插入整行或整列的新单元格。

图 4.23 插入单元格

(3) 在“插入”对话框中选择所需的选项。

(4) 单击“确定”按钮。

2. 插入整行和整列

插入整行空白单元格的操作步骤如下。

(1) 单击插入位置所在行的行标志或该行任意单元格。

(2) 在“开始”选项卡“单元格”组中，单击“插入”按钮，从下拉列表中选择“插入工作表行”命令。

插入整列的空白单元格的操作步骤如下。

(1) 单击插入位置所在列的列标志或该列任意单元格。

(2) 在“开始”选项卡“单元格”组中，单击“插入”按钮，从下拉列表中选择“插入工作表列”命令。

4.3.6 查找和替换

当需要在工作表中查找某字符串时，可以在“开始”选项卡“编辑”组中选择“查找和选择”，“查找”命令可以定位任何字符串，“替换”命令可以用指定值替换查找出的字符串。

4.4 格式化工作表

新创建的工作表在外观、字体、颜色、标题等都是一样的。因此要创造一个醒目、美观的工作表就要对工作表进行格式化。工作表的格式化包括数字格式、对齐方式、字体设置等。

4.4.1 设置数字格式

Excel 提供了大量的数字格式。例如，可以将数字格式成带有货币符号的形式、多个小数位数、百分数或者科学记数法等。用户可以使用“格式”工具栏和“格式”菜单来进行格式化数字。改变数字格式并不影响计算中使用的实际单元格数值。

1. 使用“开始”选项卡“数字”组快速格式化数字“格式”

在“开始”选项卡“数字”组中提供了 5 个快速格式化数字的按钮：“会计数字格式”“百分比样式”“千位分隔样式”“增加小数位数”和“减少小数位数”。首先选择需要格式化的单元格或区域，然后单击相应的按钮。

1) 使用货币样式

单击“会计数字格式”按钮，可以在数字前面插入货币符号(￥)，并且保留两位小数。通过“会计数字格式”按钮下拉列表可以选择别的货币符号，如美元、欧元等。

小贴士：如果其中的数字被改为数字符号(#)，则表明当前的数字超过了列宽。只要增加单元格的列宽后，即显示相应的数字格式。

2) 使用百分比样式

单击“百分比样式”按钮，可以把选择区域的数字乘以 100，在该数字的末尾加上百分号。例如，单击该按钮可以把数字“12345”格式为“1234500%”。

3) 使用千位分隔样式

单击“千位分隔样式”按钮，可以把选择区域中数字从小数点向左每三位整数之间用千分号分隔。例如，单击该按钮可以把数字“12345.08”格式为“12,345.08”。

4）增加小数位数

单击“增加小数位数”按钮，可以使选择区域的数字增加一位小数。例如，单击该按钮可以把数字“12345.01”格式为“12345.010”。

5）减少小数位数

单击“减少小数位数”按钮，可以使选择区域的数字减少一位小数。例如，单击该按钮可以把数字“12345.08”格式为“12345.1”。

2. 使用“设置单元格格式”对话框设置数字格式

在“开始”选项卡“数字”组中单击右下角的打开“设置单元格格式”对话框按钮，在对话框中对数字进行更加完善的格式化。具体操作步骤如下。

(1) 选择要格式化数字的单元格或区域。

(2) 在“开始”选项卡“数字”组中单击右下角的打开“设置单元格格式”对话框按钮，出现“设置单元格格式”对话框。

(3) 选择“数字”选项卡。

(4) 在“分类”列表框中选择分类项，然后选择所需的数字格式选项。在“示例”框中可预览格式设置后单元格的格式。表4.6列出了Excel的数字格式分类。

(5) 单击“确定”按钮。

表4.6 Excel的数字格式分类

分 类	说 明
常规	不包含特定的数字格式
数值	可用于一般数字的表示，包括千位分隔符、小数位数，还可以指定负数的显示方式
货币	可用于一般货币值的表示，包括使用货币符号￥，小数位数，还可以指定负数的显示方式
会计专用	与货币一样，只是小数或货币符号是对齐的
日期	把日期和时间序列数值显示为日期值
时间	把日期和时间序列数值显示为时间值
百分比	将单元格值乘以100并添加百分号，还可以设置小数点位置
分数	以分数显示数值中的小数，还可以设置分母的位数
科学记数	以科学记数法显示数字，还可以设置小数点位置
文本	在文本单元格格式中，数字作为文本处理
特殊	用来在列表或数据中显示邮政编码、电话号码、中文大写数字、中文小写数字
自定义	用于创建自定义的数字格式

3. 创建自定义数字格式

如果Excel提供的内部数字格式不足以按所需方式显示数据，则用户还可以创建自己的数字格式。操作方法是在“数字”选项卡的“分类”列表框中选择“自定义”选项。

在“类型”框中编辑所需要的数字格式代码，各数字格式代码的含义参看帮助库。

4. 设置日期和时间格式

Excel提供了许多内置的日期和时间格式，如果想改变Excel显示日期和时间的方式，可以按照以下步骤操作。

(1) 选择含有格式化日期或时间的单元格或区域。

(2) 在“开始”选项卡“数字”组中单击右下角的打开“设置单元格格式”对话框按钮，弹出“设置单元格格式”对话框。

(3) 选择“数字”选项卡，再从“分类”列表框中选择“日期”或“时间”选项。

(4) 在“类型”列表框中选择要使用的格式类型。

(5) 单击“确定”按钮，如图 4.24 所示。

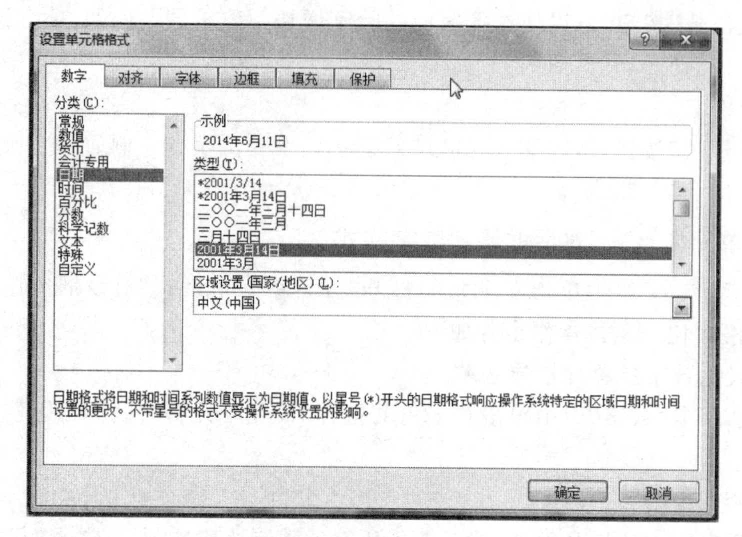

图 4.24 设置日期格式

另外，也可以像自定义数字格式那样，自定义日期和时间格式。

5. 隐藏零值或单元格数据

默认情况下，零值显示为“0”，可以更改选项使工作表中所有值为零的单元格都成为空白单元格，也可通过设置某些选定单元格的格式来隐藏“0”。实际上，通过格式设置可以隐藏单元格中的任何数据。

要隐藏单元格数据，可以按照以下步骤进行操作。

(1) 选择包含零值或其他要隐藏数值的单元格。

(2) 在“开始”选项卡“数字”组中单击右下角的打开“设置单元格格式”对话框按钮，弹出“设置单元格格式”对话框。再选择“数字”选项卡。

(3) 在“分类”列表框中选择“自定义”选项。

(4) 要隐藏零值，可在“类型”框中输入“0;0;;@”；要隐藏所有数值，可在“类型”框中输入“;;;”(三个分号)。

被隐藏的数值只出现在编辑栏或当前正编辑的单元格中，这些数据不会被打印。

4.4.2 设置文本和单元格格式

在 Excel 中，用户可以使用多种方法来设置文本和单元格格式。

通过“开始”选项卡“字体”组中的相关按钮可以设置文本的字体、字号、字形和颜色等。也可以在“开始”选项卡“字体”组中单击右下角的打开“设置单元格格式”对话框按钮，弹出“设置单元格格式”对话框。选择“字体”选项卡，除了可以完成上述功能外，还可以为选择的文本添加删除线或者将所选文本设为上标或下标等。

小贴士：如果要将选择单元格的字号改为“15 磅”，而“字号”列表框中没有“15 磅”选项，此时，可以单击“字号”下拉列表框，然后输入自己所需的字号。

提示：可以使用“格式刷”快速复制活动单元格的格式。首先选择含有要复制格式的单元格或区域，然后单击常用工具栏中的“格式刷”按钮，再选择要设置新格式的单元格或区域。要将选定单元格或区域的格式复制到多个位置上，双击“格式刷”按钮，单击要复制格式的单元格。当完成复制格式时，再次单击该按钮。

4.4.3 设置文本的对齐方式

在默认情况下,单元格中的文本靠左对齐,数字靠右对齐,逻辑值和错误值居中对齐。Excel 允许用户设置某些区域内数据的对齐方式,单元格中文本的缩进,旋转单元格中的文本。对齐方式可分"水平对齐"和"垂直对齐"两种,Excel 2010 提供了两种方法让用户改变数据的对齐方式,一是:在"开始"选项卡"对齐方式"组中有各种对齐按钮选择;二是:单击"开始"选项卡"对齐方式"组右下角的打开"设置单元格格式"对话框按钮,弹出"设置单元格格式"对话框,再打开"对齐"选项卡,选择要设置的内容,如图 4.25 所示。

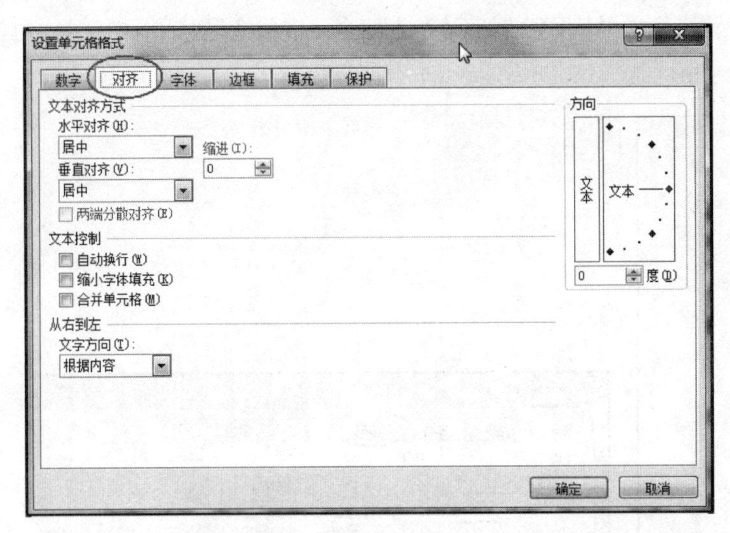

图 4.25 "对齐"选项卡

在"对齐"选项卡中,有一个"水平对齐"下拉列表框。它可以控制单元格的内容在水平方向上的位置,包含:靠左(缩进)、居中、靠右(缩进)、填充、两端对齐、跨列居中、分散对齐(缩进)等模式。

在"对齐"选项卡中,包含一个"垂直对齐"下拉列表框。它可以控制单元格的内容在垂直方向的位置,包含:靠上、居中、靠下、两端对齐、分散对齐等模式。

在 Excel 2010 中,可以将单元格中的文本旋转任意角度。利用换行和旋转文本,用户可以减少诸如标题等较长文本所需的水平空间,这样就可以为明细数据留出更大的空间。

在"对齐"选项卡中,包含一个"方向"框。它可以改变单元格文本的显示方向,用户可以在"方向"框中直接单击示例图中的文本方向,红点即为选择的文本方向。另外,用户也可以在"度"微调框中设置文本旋转的角度。要想从左下角向右上角旋转,在"度"微调框中输入正数,否则输入负数。

在"对齐"选项卡中,包含一个"文本控制"选项区域,其中包括:"自动换行""缩小字体填充"和"合并单元格"复选框。

- "自动换行"复选框只能用于含有文字并且是水平方向排列的单元格。当单元格的内容太长,占据了多个单元格时,如果选择了"自动换行"复选框,将根据单元格列宽把文本换行,并且自动调整行高以容纳单元格的所有内容。
- "缩小字体填充"复选框是缩减单元格中字符的大小以便数据调整到与列宽一致。如果要更改列宽,则字符大小可以自动调整,但设置的字体大小保持不变。
- "合并单元格"复选框是将两个或多个单元格合并为一个单元格,合并前左上角单元格的引用为合并后单元格的引用。

小贴士: 如果要在同一个单元格中输入多行内容,则在换行时按 Alt+Enter 组合键,即可开始在同一个单元格输入新一行的内容。

4.4.4 边框线

默认情况下 Excel 创建的工作表没有边框线，但用户可以通过定义边框线来强调某一范围的数据。

边框线可以显示在选择范围中每个单元格的左端、右端、上端、下端或区域的四边。

此外，边框线还可以具有不同的式样和颜色。

Excel 提供了两种设置单元格边框的方法。①单击“开始”选项卡“字体”组中的“边框”下三角按钮，如图 4.26 所示，在边框列表中选中合适的边框类型即可。②在“开始”选项卡“字体”组中单击右下角的打开“设置单元格格式”对话框按钮，在“设置单元格格式”对话框中选择“边框”标签，如图 4.27 所示。

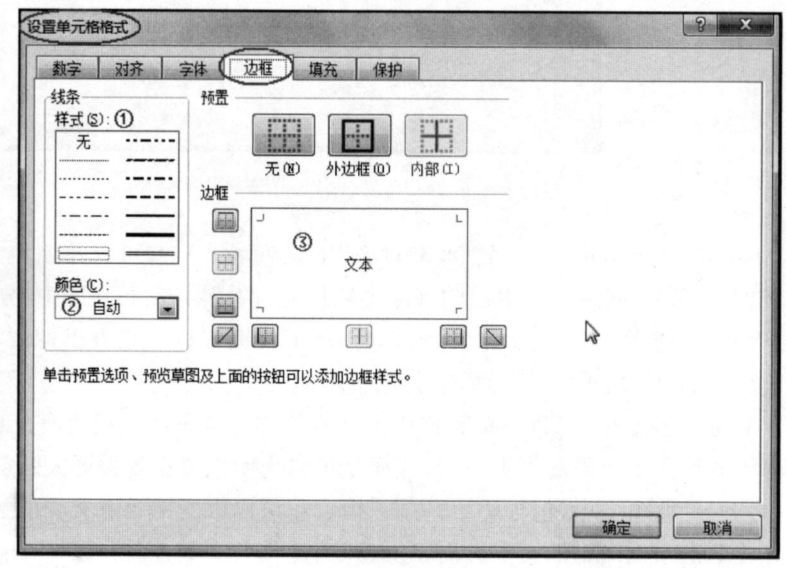

图 4.26 添加边框线

图 4.27 “边框”标签

如果用户需要更多的边框类型，例如需要使用斜线或虚线边框等，则可以在“设置单元格格式”对话框中进行设置，在“设置单元格格式”对话框中选择“边框”标签，Excel 将显示有关边框线的各种选项。

在“预置”和“边框”选项区域中，给出了添加边线的位置。

“样式”列表框中给出了线条式样。

“颜色”下拉列表框用于设置边框线的颜色。如果单击“颜色”下拉列表框右端的下拉按钮，将会弹出调色板。

设置边框线的操作步骤如下。

(1) 选择要设置边框线的单元格范围(可以是不连续范围)。

(2) 在“开始”选项卡“字体”组中单击右下角的打开“设置单元格格式”对话框按钮。

(3) 在“设置单元格格式”对话框中选择“边框”标签，如图 4.27 所示。

(4) 在“样式”列表框中，选择想要的线条式样。

(5) 单击“颜色”下拉列表框右端的下拉按钮，从打开的调色板中选择所需的颜色。

(6) 在“边框”选项区域中，单击想要应用所选样式的边框位置，在“边框”中央可预览效果。

(7) 单击“确定”按钮。

小贴士：设置边框线时，必须先挑样式和颜色再选应用的边框线位置。

4.4.5　设置单元格的底纹和图案

为单元格设置不同的底纹和图案，可以突出某些单元格或区域的显示效果。Excel 2010 提供了两种为单元格设置底纹和图案的方法。①通过“开始”选项卡“字体”组的“填充颜色”按钮，如图 4.28 所示，选择调色板中所需的颜色方框，即可给选择的区域设置底纹。②在“开始”选项卡“字体”组中单击右下角的打开“设置单元格格式”对话框按钮，在“设置单元格格式”对话框中打开“填充”选项卡，如图 4.29 所示。

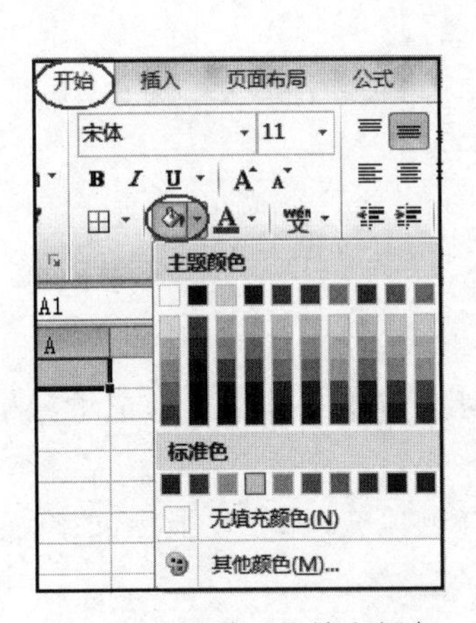

图 4.28　为单元格填充颜色

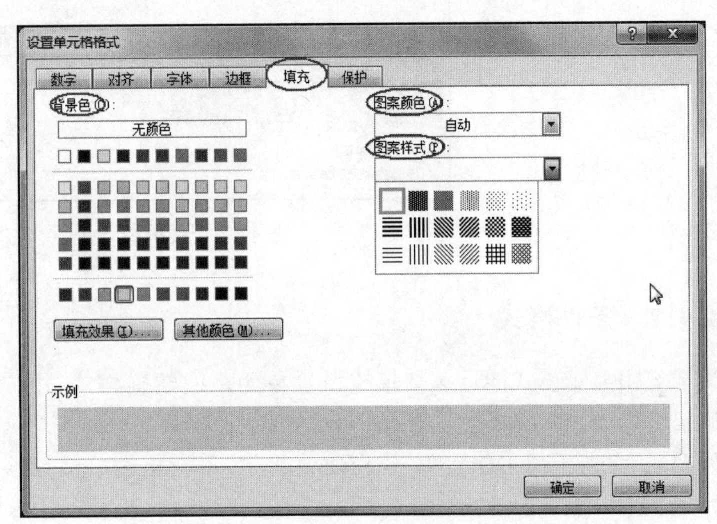

图 4.29　“填充”选项卡

使用第一种方法可以快速为选择的单元格设置不同的底纹。如果还想为单元格设置不同的图案，则可以按照以下步骤操作。

(1) 选择要设置底纹的单元格或区域。

(2) 在“开始”选项卡“字体”组中单击右下角的打开“设置单元格格式”对话框按钮，在“设置单元格格式”对话框中选择“填充”标签。

(3) 在“背景色”列表框中选择一种颜色，可以给单元格设置没有图案的底纹。

(4) 在“图案颜色”下拉列表框中选择图案的颜色。

(5) 在“图案样式”下拉列表框中选择图案的样式。

(6) 设置完毕后，单击“确定”按钮。

4.4.6　自动套用格式

在显示某些表格数据时，可能会经常用到某些固定的表格格式。Excel 提供了大量预定义的标准表格格式，供用户选用。

在“开始”选项卡“样式”组中，选择“套用表格格式”，如图 4.30 所示，从下拉列表中选择样式即可。

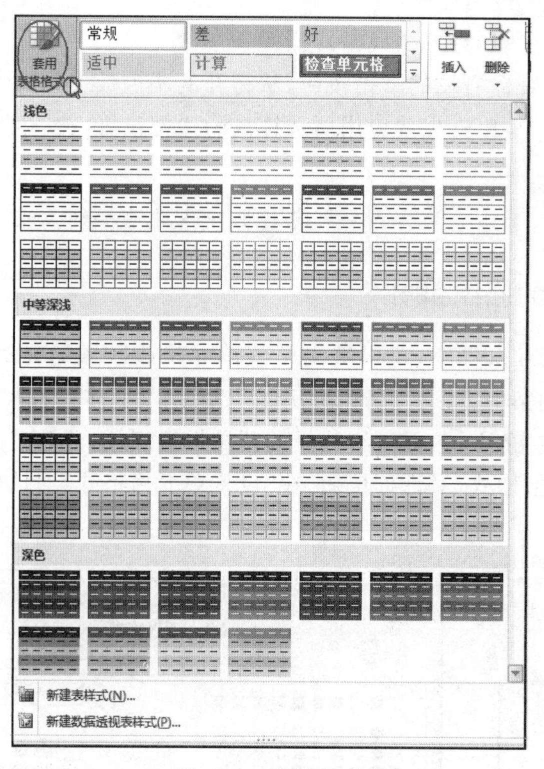

图 4.30　套用格式

4.4.7　条件格式

为了突出显示公式的运算结果或设置单元格的数据格式，用户可以应用条件格式标记单元格的数据显示。

如图 4.31 所示的工作表中，要使成绩表中，不及格的分数用浅红色填充、深红色显示文字，操作步骤如下。

(1) 选择要设置条件格式的单元格区域。

(2) 在"开始"选项卡"样式"组中，单击"条件格式"按钮，从下拉列表中选择"突出显示单元格规则"→"小于"命令，如图 4.32 所示。

成绩表

序号	姓名	性别	出生日期	学科	语文	数学	英语	政治	总分
2012001	李剑荣	男	2002/7/2	理科	90	74	75	90	329
2012002	翟奕峰	男	2002/7/6	文科	73	64	75	85	297
2012003	刘颖仪	女	2002/1/26	理科	81	61	70	75	287
2012004	黄艳妮	女	2002/1/31	理科	92	90	72	75	329
2012005	苗苗	女	2002/2/5	文科	92	87	75	52	306
2012006	陈耿	男	2002/7/10	理科	55	73	95	69	292
2012007	吴梓波	男	2002/7/14	理科	61	62	95	78	296
2012008	唐滔	男	2002/7/18	文科	92	87	75	75	329
2012009	梁拓	男	2002/7/22	文科	65	49	95	70	279
2012010	黄沛文	男	2002/7/26	理科	93	94	75	55	317
2012[illegible]	[illegible]	[illegible]	[illegible]	[illegible]	[illegible]	[illegible]	[illegible]	[illegible]	301
2012[illegible]	[illegible]	[illegible]	[illegible]	[illegible]	[illegible]	[illegible]	[illegible]	[illegible]	335
2012[illegible]	[illegible]	[illegible]	[illegible]	[illegible]	[illegible]	[illegible]	[illegible]	[illegible]	309
2012[illegible]	[illegible]	[illegible]	[illegible]	[illegible]	[illegible]	[illegible]	[illegible]	[illegible]	295
2012[illegible]	[illegible]	[illegible]	[illegible]	[illegible]	[illegible]	[illegible]	[illegible]	[illegible]	341
2012[illegible]	[illegible]	[illegible]	[illegible]	[illegible]	[illegible]	[illegible]	[illegible]	[illegible]	317
2012[illegible]	[illegible]	[illegible]	[illegible]	[illegible]	[illegible]	[illegible]	[illegible]	[illegible]	325
2012018	[illegible]	女	2003/1/5	文科	49	[illegible]	86	63	256
2012019	马冰奎	女	2003/1/7	文科	59	92	90	55	296

小于

为小于以下值的单元格设置格式:

60　设置为　浅红填充色深红色文本

确定　取消

图 4.31　利用条件格式设置单元格的显示方式

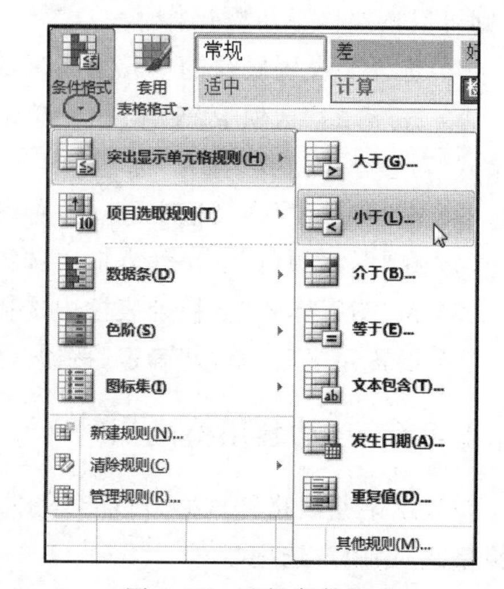

图 4.32　选择条件格式

(3) 弹出如图 4.31 所示的对话框。按图所示进行设置。

(4) 完成后,单击“确定”按钮,即可看到图 4.31 所示的结果。

4.4.8　设置列宽和行高

通过设置 Excel 工作表的行高和列宽,可以使 Excel 工作表更具可读性。单元格默认的列宽为固定值,并不会根据数据的长度而自动调整列宽,但行高会自动配合字体大小来调整,并且同一行中每一个单元格的大小都相同。这种默认设置不能完全符合用户数据的大小,Excel 允许用户重新设置列宽和行高,如图 4.33 所示。

图 4.33　设置列宽行高

1. 设置列宽

在 Excel 中,可以使用鼠标或者在“开始”选项卡“单元格”组中选择“格式”按钮设置列宽。

如果想使用鼠标设置列宽,可以按照以下步骤操作。

(1) 将鼠标指针指向该列顶的列标右边界上,鼠标指针将变成一个水平的双向箭头。如果想一次设置多列的宽度,则可以选择多个列,并把鼠标指针放在任一选择列的列标右边界上。

(2) 按住鼠标左键向左或者向右进行拖动,可以相应地增加或者减小列的宽度。拖动时出现一条垂直点画线标出列的宽度,并且在提示方框中显示当前的列宽值。

(3) 当列宽的大小合适之后,松开左键。

如果想精确地设置列宽,则在“开始”选项卡“单元格”组中选择“格式”按钮,从下拉列表中选择“列宽”,并设置列宽值,单击“确定”按钮即可。

小贴士:如果要使列宽与单元格中内容的宽度相适应,则可以将鼠标指针放在该列列标的右边界上,当鼠标指针变成水平的双向箭头时,双击即可。

2. 设置行高

默认情况下,Excel 自动设置行高比该行中最高文本稍高一些。当改变该行单元格中的字体大小时,会自动改变行高。想适当增加行高,使文本与单元格边界之间增加一些空白,或者想适当减小行高,可以使用鼠标或者在“开始”选项卡“单元格”组中选择“格式”按钮来设置行高。

如果想使用鼠标设置行高,可以按照以下步骤操作。

(1) 将鼠标指针指向该行左端的行号下边界上,鼠标指针将变成一个垂直的双向箭头。如果想一次设置多行的高度,可以选择多个行,并把鼠标指针放在任一选择行的行号下边界上。

(2) 按住鼠标左键向上或者向下进行拖动,从而相应的增加或者减小行的高度。

(3) 当行高的大小合适之后,松开左键。

如果想精确地设置行的高度,则在"开始"选项卡"单元格"组中选择"格式"按钮,从下拉列表选择"行高",并设置行高值,单击"确定"按钮即可。

4.4.9 工作表保护

在使用 Excel 的时候,有时会希望把某些单元格锁定,以防他人篡改或误删数据。这时可以通过设置保护工作表,或者锁定和隐藏工作表。

1. 保护工作表

当工作表处于保护状态时,在默认情况下该工作表的所有单元格都被锁定。所谓锁定单元格,是指用户不能修改单元格的内容。这就是"保护"一词的含义。

可按下述步骤保护工作表。

(1) 选择想要保护的工作表。

(2) 在"审阅"选项卡的"更改"组中单击"保护工作表"按钮。

(3) 弹出"保护工作表"对话框。"保护工作表"对话框中可以输入保护口令、选择要保护什么。其中,"取消工作表保护时使用的密码"文本框用于输入口令,当输入一个口令后,撤销工作表保护时,必须输入相同的口令才能取消对该工作表的保护。如果不在"保护工作表"对话框中设置口令,直接单击"确定"按钮,则以后任何人都可以随意取消对该工作表的保护。

当用户把一个工作表设置成保护状态时,在默认情况下,该工作表的所有单元格都被锁定,也就是说,不能修改某个单元格的内容。例如,双击该单元格,将会显示消息框,通知用户不能修改锁定的单元格。

当把某个工作表设置为保护状态时,"审阅"选项卡"更改"组中的"保护工作表"按钮会被"撤销工作表保护"按钮取代,单击该按钮可取消对工作表的保护。

2. 锁定和隐藏

在"设置单元格格式"对话框中打开"保护"选项卡,"保护"选项卡中有两个复选框:"锁定"和"隐藏"复选框,如图 4.34 所示。

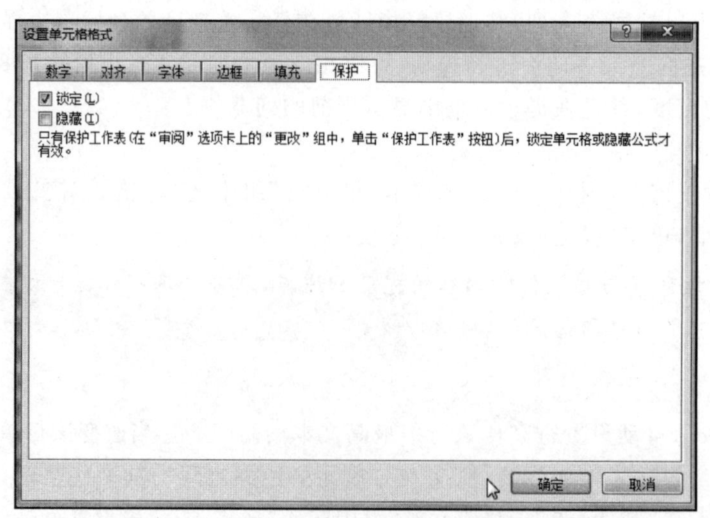

图 4.34 锁定和隐藏

“锁定”复选框的默认状态为选中状态，这表示，在默认情况下，被保护工作表的所有单元格都处于锁定状态。

用户可以改变这一“默认”状态，使得被保护的工作表中，有的单元格处于锁定状态，有的单元格处于未锁定状态(所谓未锁定状态，是指用户可以修改该单元格的内容)。其操作步骤如下。

(1) 选择要设置的单元格范围。

(2) 在“开始”选项卡“单元格”组中选择“格式”→“设置单元格格式”命令。弹出“设置单元格格式”对话框。

(3) 在“设置单元格格式”对话框中打开“保护”选项卡。

(4) 在“保护”选项卡中取消选中“锁定”复选框。

(5) 单击“确定”按钮。

(6) 在“审阅”选项卡“更改”组中单击“保护工作表”按钮来保护该工作表。

进行上述操作后，该工作表将处于保护状态，工作表中除步骤(1)所选择区域中的单元格外，其余单元格都被锁定，不能修改。而步骤(1)中所选择的单元格却都未被锁定，可以修改。

在“保护”选项卡中，还有一个“隐藏”复选框。“隐藏”复选框的默认态为取消状态，这意味着：当工作表处于保护状态时，对工作表中的每一个单元格，无论它是处于锁定状态还是未锁定状态，用户都可以通过编辑栏上的内容框来查看它的原值。

也可以改变这种默认情况，即先选择所需的区域，然后在“保护”选项卡中选中“隐藏”复选框，最后选择“工具”→“保护工作表”命令来保护该工作表。这样，用户只能看到选中“隐藏”复选框的单元格中的显示值，却无法通过内容框查看原值了。特别是对存放公式的单元格，只能看到公式的结果，却无法查看公式本身了。

有一点需要注意，无论是执行取消锁定还是选择隐藏操作，最后一步都应该通过“保护工作表”命令来保护该工作表，否则，取消锁定和选择隐藏操作不起作用。

4.4.10 隐藏行

可按下述步骤隐藏所需的行。

(1) 如果要隐藏单个行，则单击该行的行标志；如果要隐藏多个行，则可以同时选择这些行。

(2) 单击“开始”选项卡“单元格”组的“格式”按钮。从下拉列表中选择“隐藏和取消隐藏”命令，图 4.35 所示。

(3) 从级联菜单中选择“隐藏行”命令。

隐藏结果可以从行标志上看出来。

也可以使用鼠标隐藏行，方法是把该行行标志的底端边框线拖拉到顶端边框线的上方。

要取消对行的隐藏，需先选择被隐藏行上下的行，再选择“开始”选项卡“单元格”组的“格式”按钮。从下拉列表中选择“隐藏和取消隐藏”，从级联菜单中选择“取消隐藏行”命令。

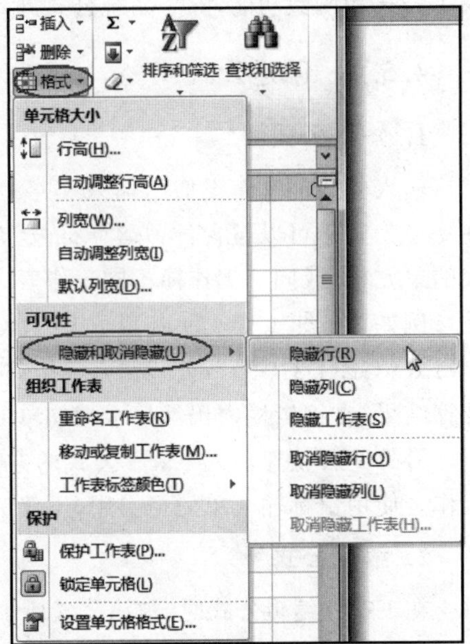

图 4.35 隐藏行列

4.4.11 隐藏列

可按下述步骤隐藏所需的列。

(1) 如果要隐藏单个列，则单击该列的列标志；如果要隐藏多个列，则可以同时选择这些列。

(2) 单击"开始"选项卡"单元格"组的"格式"按钮。从下拉列表中选择"隐藏和取消隐藏"命令,图 4.35 所示。

(3) 从级联菜单中选择"隐藏列"命令。

隐藏结果可以从列标志上看出来。

也可以使用鼠标隐藏列,方法是把该列列标志的右边框线拖拉到左端边框线的上。

要取消对列的隐藏,需先选择被隐藏列两侧的列,再单击"开始"选项卡"单元格"组的"格式"按钮,从下拉列表中选择"隐藏和取消隐藏"→"取消隐藏列"命令。

4.4.12 添加背景图片

如果觉得 Excel 表格中那从没有变化过的白底背景太单调,希望多一点新意,那么我们可以为 Excel 表格添加背景,让 Excel 表格焕发活力。

操作步骤如下。

(1) 打开 Excel,单击"页面布局"选项卡"页面设置"组中的"背景"按钮。

(2) 弹出"工作表背景"对话框,从计算机中选择自己喜欢的图片,单击"插入"按钮。

(3) 返回 Excel 表格,就可以发现 Excel 表格的背景变成了我们刚刚设置的图片。如果要取消,则单击"删除背景"按钮即可。

4.5 公式和函数

作为功能强大的电子表格软件,除了进行一般的表格处理外,最主要的还是它的数据计算功能。公式是工作表中对数据进行分析的表达式,利用公式可以对工作表的数据进行计算与分析。Excel 提供了公式和函数功能,除了系统公式外,用户也可以自定义公式实现数据的加、减、乘、除等运算。

4.5.1 创建公式

1. 输入公式

输入公式的操作类似于输入文字。不同之处在于在输入公式时,是以一个等号(=)作为开头。在一个公式中可以包含各种运算符号、常量、变量、函数以及单元格引用等。公式可以引用同一工作表的单元格,或同一工作簿不同工作表中的单元格,或者其他工作簿的工作表中的单元格。

例如,在图 4.36 的成绩表中,在 H3 单元格输入了计算第一位同学平均成绩的公式"=AVERAGE(D3:G3)",公式输入完毕,按 Enter 键或者单击编辑栏中的 ✔ 按钮。在单元格中显示出计算结果,在编辑栏中仍然显示当前单元格的公式。

另外一种快速输入 Excel 公式的方法,就是可以使用单击单元格的方式代替输入单元格引用的工作。使用鼠标输入单元格引用,不仅节省时间和减轻输入的疲劳,还可以减少引用错误。

2. 编辑公式

在 Excel 编辑公式时,被该公式所引用的所有单元格及单元格区域的引用都将以彩色显示在公式单元格中,并在相应单元格及单元格区域的周围显示具有相同颜色的边框。当用户发现某个公式中含有错误时,可以使用以下的方法进行编辑。

(1) 单击包含要修改公式的单元格。

(2) 按 F2 键使单元格进入编辑状态,或直接在编辑栏中对公式进行修改。此时,被公式所引用的所有单元格都以对应的彩色显示在公式单元格中,使用户很容易发现哪个单元格引用错了。

(3) 编辑完毕后,按 Enter 键确定。

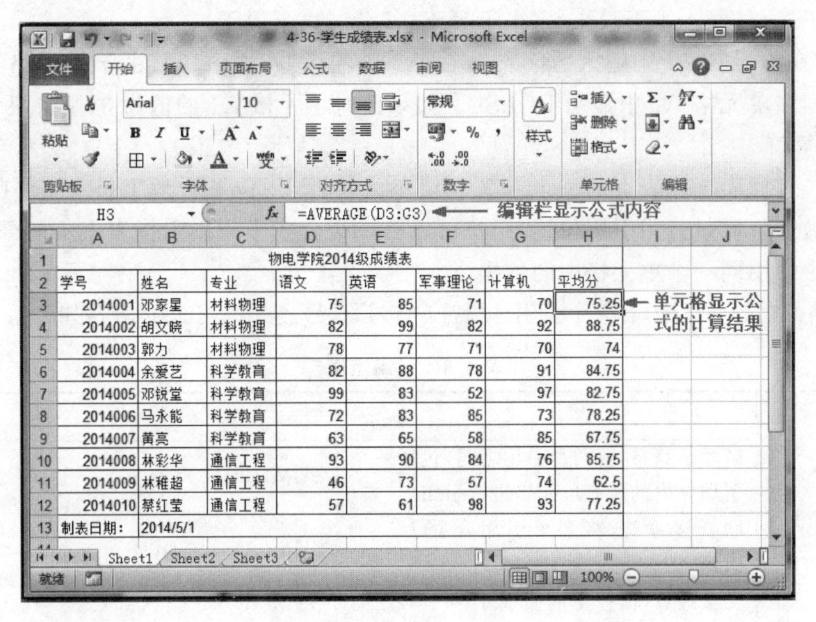

图 4.36　输入公式

3. 公式中的运算符

运算符用于对公式中的元素进行特定类型的运算。在 Excel 中有四类运算符：算术运算符、文本运算符、比较运算符和引用运算符。

1）算术运算符

算术运算符可以完成基本的数学运算，如加、减、乘、除等，还可以连接数字并产生数字结果。算术运算符包括加号(＋)、减号(－)、星号(＊)、斜杠(/)、百分号(%)以及乘幂(^)，其含义如表 4.7 所示。

表 4.7　算术运算符的含义

算术运算符	含　义	示　例	算术运算符	含　义	示　例
＋	加	3＋2	/	除	2/3
－	减	3－2	%	百分号	2%
－	负号	－2	^	乘幂	2^2
＊	乘	2＊5			

2）文本运算符

在 Excel 中不仅可以进行数学运算，还提供了可以操作文本的运算。利用文本运算符(&)可以将文本连接起来。在公式中使用文本运算符时，以等号开头输入文本的第一段(文本或单元格引用)，加入文本运算符(&)，输入下一段(文本或单元格引用)。例如，用户在单元格 A1 中输入“第一季度”，在 A2 中输入“销售额”。在 C3 单元格中输入“＝A1&"累计"&A2”，结果会在 C3 单元格显示“第一季度累计销售额”。

如果要在公式中直接加入文本，则需用英文引号将文本括起来，这样就可以在公式中加上必要的空格或标点符号等。

另外，文本运算符也可以连接数字，例如，输入公式“＝23&45”，其结果为“2345”。

用文本运算符来连接数字时，数字两边的引号可以省略。

3）比较运算符

比较运算符可以比较两个数值并产生逻辑值：TRUE 或 FALSE。比较运算符包括＝(等于)、<

(小于)、＞(大于)、＜＞(不等于)、＜＝(小于等于)、＞＝(大于等于)。

例如,用户在单元格 A1 中输入数字“9”,在 A2 中输入“＝A1＜5”,由于单元格 A1 中的数值为 9＞5,因此为假,在单元格 A2 中显示 FALSE。如果此时单元格 A1 的值为 3,则将显示 TRUE。

4) 引用运算符

一个引用位置代表工作表上的一个或者一组单元格,引用位置告诉 Excel 在哪些单元格中查找公式中要用的数值。通过使用引用位置,用户可以在一个公式中使用工作表上不同部分的数据,也可以在几个公式中使用同一个单元格中的数据。

在对单元格位置的引用中,有三个引用运算符:冒号、逗号、空格。引用运算符如表 4.8 所示。

表 4.8 引用运算符

引用运算符	含　义	示　例
:(冒号)	区域运算符,对两个引用之间,包括两个引用在内的所有单元格进行引用	SUM(C2:E2)
,(逗号)	联合运算符,将多个引用合并为一个引用	SUM(A1:A3,D1:D3)
␣(空格)	交叉运算符,产生同时属于两个引用的单元格	SUM(B2:D3 C1:C4)(这两个单元区域的引用格区域的公共单元格为 C2 和 C3)

4. 运算符的优先级

如果在公式中同时使用了多个运算符,应该了解运算符的运算优先级,表 4.9 列出了运算符的运算优先级。如果公式中包含多个相同优先级的运算符,则 Excel 将从左到右进行计算。如果要修改计算的顺序,则要将公式中要先计算的部分括在圆括号内。

表 4.9 运算符的运算优先级

运　算　符	说　明
区域(冒号)、联合(逗号)、交叉(空格)	引用运算符
－	负号
%	百分号
^	乘幂
* 和/	乘和除
＋和－	加和减
&	文本运算符
＝,＜,＞,＞＝,＜＝,＜＞	比较运算符

4.5.2 单元格的引用

单元格的引用代表工作表中的一个单元格或者一组单元格,以便告诉 Excel 在哪些单元格中查找公式中要用的数值。通过单元格的引用,可以在一个公式中使用工作表上不同部分的数据,也可以在几个公式中使用同一个单元格中的数值。另外,用户还可以引用同一个工作簿上其他工作表中的单元格,或者引用其他工作簿中的单元格。

用户经常需要在公式中引用单元格,例如,在如图 4.36 所示的成绩表中,单元格 H3 中输入了“＝AVERAGE(D3:G3)”,如果发现了“语文”成绩录错了,用户可以任意改变单元格 D3 中的数值,并且单元格 H3 中的计算结果也随之改变。

默认情况下,Excel 使用 A1 引用样式。这种引用样式用字母标识列(从 A～Z、AA～AZ、BA～BZ、……命名,共 16384 列),用数字标识行(从 1～1048576)。如果要引用单元格,请按顺序输入列字母和行数字。例如,C8 引用了 C 列和 8 行交叉处的单元格。如果要引用单元格区域,则应输入区域左上角单元格的引用、冒号(:)和区域右下角单元格的引用。单元格的引用分为相对引用、绝对引用和混合引用。

1. 相对引用

在输入公式的过程中,除非用户特别指明,Excel 一般是使用相对地址来引用单元格的位置。所谓相对地址是指:如果将含有单元地址的公式复制到别的单元格时,这个公式中的单元格引用将会根据公式移动的相对位置做相应地改变。

例如:将如图 4.37 所示中的 H3 单元格复制到 H4:H12,把光标移至 H4 单元格时,公式已经变为"=AVERAGE(D4:G4)",因为从 H3 到 H4,列的偏移量没有变,而行做了一行的偏移,所以公式中涉及的列不变而行自动加 1。其他各个单元格也做出了改变,如图 4.37 所示。

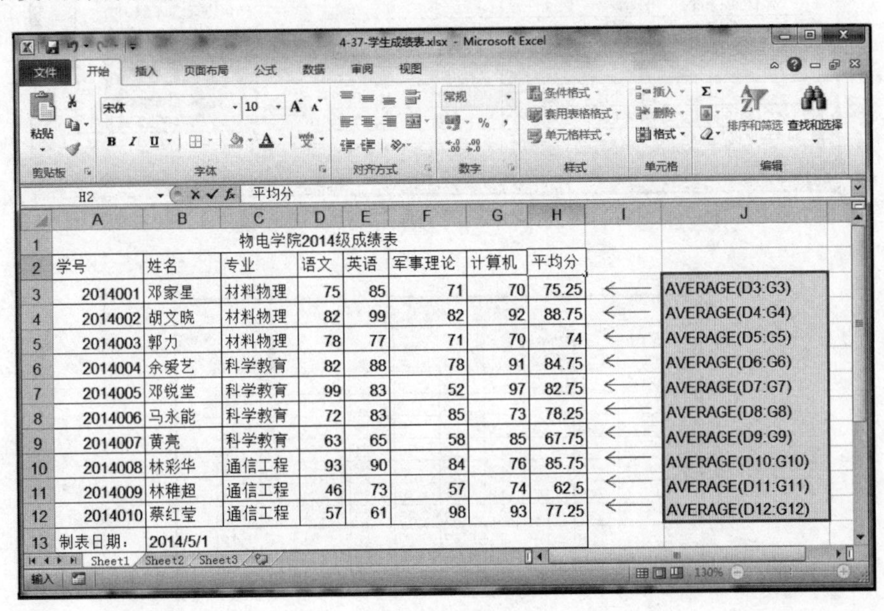

图 4.37 相对引用

2. 绝对地址的使用

如果公式中不必总是引用同一单元格时,用户可以使用相对引用。如果公式需要某个指定单元格的数值,在这种情况下,就必须使用绝对地址引用。所谓绝对地址引用是指:对于包括绝对引用的公式,无论将公式复制到什么位置,总是引用相同单元格的数值。在 Excel 中,是通过对单元格地址的"冻结"来达到此目的的,即在列号和行号前添加美元符"$",如$A$1。

例如,在如图 4.37 所示的例子中,如果将 H3 中输入的相对地址改为绝对地址,当 H3 复制到 H4:H12,会出现如图 4.38 所示的结果。显然本例中不适合使用绝对地址。

3. 混合地址引用

单元格的混合引用是指公式中参数的行采用相对引用,列采用绝对引用;或行采用绝对引用、列采用相对引用,如$A3,A$3。当含有公式的单元格因插入、复制等原因引起行、列引用的变化,公式中相对引用部分随公式位置的变化而变化,绝对引用部分不随公式位置的变化而变化。

例如,制作简易的乘法九九表。其步骤如下。

(1) 在 B2 单元格输入"=B$1 * $A2"。

(2) 将 B2 复制到 B3:B10。

(3) 将 B2:B10 复制到 C2:J10 即可完成乘法九九表的制作,如图 4.39 所示。

表 4.10 给出了有关 A1 引用样式的说明。

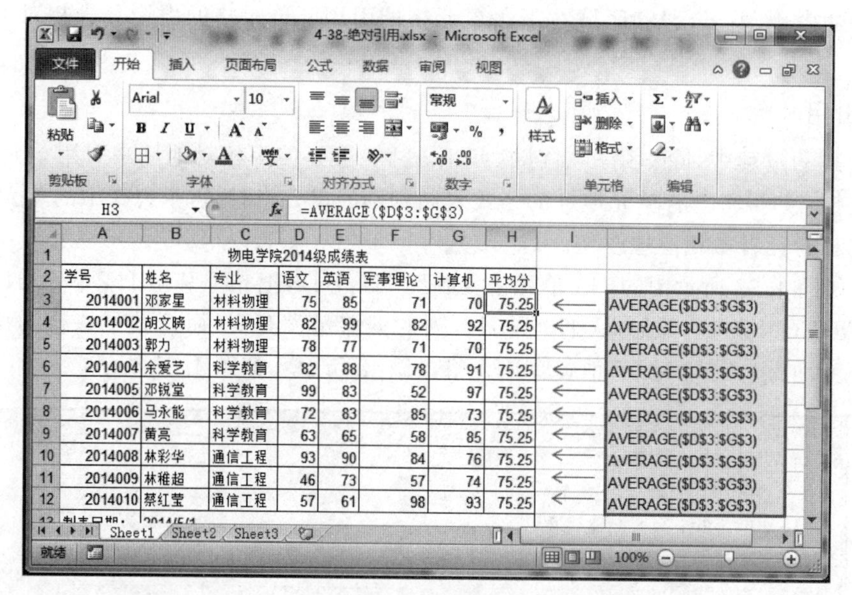

H3 =AVERAGE($D$3:$G$3)

	A	B	C	D	E	F	G	H	I	J
1	物电学院2014级成绩表									
2	学号	姓名	专业	语文	英语	军事理论	计算机	平均分		
3	2014001	邓家星	材料物理	75	85	71	70	75.25	←	AVERAGE($D$3:$G$3)
4	2014002	胡文晓	材料物理	82	99	82	92	75.25	←	AVERAGE($D$3:$G$3)
5	2014003	郭力	材料物理	78	77	71	70	75.25	←	AVERAGE($D$3:$G$3)
6	2014004	余爱艺	科学教育	82	88	78	91	75.25	←	AVERAGE($D$3:$G$3)
7	2014005	邓锐堂	科学教育	99	83	52	97	75.25	←	AVERAGE($D$3:$G$3)
8	2014006	马永能	科学教育	72	83	85	73	75.25	←	AVERAGE($D$3:$G$3)
9	2014007	黄亮	科学教育	63	65	58	85	75.25	←	AVERAGE($D$3:$G$3)
10	2014008	林彩华	通信工程	93	90	84	76	75.25	←	AVERAGE($D$3:$G$3)
11	2014009	林稚超	通信工程	46	73	57	74	75.25	←	AVERAGE($D$3:$G$3)
12	2014010	蔡红莹	通信工程	57	61	98	93	75.25	←	AVERAGE($D$3:$G$3)

图 4.38 绝对引用

B2 =B$1*$A2

	A	B	C	D	E	F	G	H	I	J	K
1		1	2	3	4	5	6	7	8	9	
2	1	1	2	3	4	5	6	7	8	9	
3	2	2	4	6	8	10	12	14	16	18	
4	3	3	6	9	12	15	18	21	24	27	
5	4	4	8	12	16	20	24	28	32	36	
6	5	5	10	15	20	25	30	35	40	45	
7	6	6	12	18	24	30	36	42	48	54	
8	7	7	14	21	28	35	42	49	56	63	
9	8	8	16	24	32	40	48	56	64	72	
10	9	9	18	27	36	45	54	63	72	81	
11											

图 4.39 混合地址的引用

表 4.10 A1 引用样式的说明

引　用	区　分	描　述
A1	相对引用	A 列及 1 行均为相对位置
$A$1	绝对引用	A1 单元格
$A1	混合引用	A 列为绝对位置，1 行为相对位置
A$1	混合引用	A 列为相对位置，1 行为绝对位置

4. 三维引用

三维引用包含一系列工作表和单元格或单元格区域引用。三维引用的一般格式为："工作表标签!单元格引用"，例如，如果想引用 Sheet1 工作表中的单元格 B2，则应输入"Sheel! B2"。

如果需要分析某一工作簿中多张工作表的相同位置处的单元格或单元格区域中的数据，则可使用三维引用。例如，在第六工作表中求出第一至第五工作表的单元格区域 A2:A5 的和，可以输入公式：

=SUM(Sheet1:Sheet5!A2:A5)

也可以使用下面的步骤来输入该公式。

(1) 单击需要输入公式的单元格。

(2) 输入等号(=)，再输入函数名称，接着再输入左圆括号。例如，输入"=SUM("。

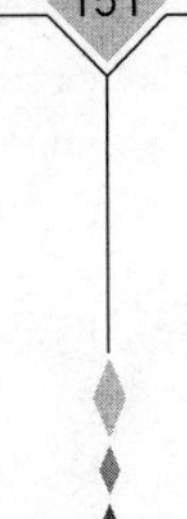

(3) 单击需要引用的第一个工作表标签,如单击 Sheel1。

(4) 按住 Shift 键,单击需要引用的最后一个工作表标签,如单击 Sheet5。

(5) 选择需要引用的单元格或单元格区域,如选择单元格区域 A2:A5。

(6) 完成公式输入。

4.5.3 公式中的错误信息

输入计算公式之后,经常会因为输入错误,使系统无法识别公式,这时系统会在单元格中显示错误信息。例如,在需要使用数字的公式中使用了文本、删除了被公式引用的单元格等。表 4.11 列出了一些常见的错误信息及含义。

表 4.11 常见出错信息及含义

出错信息	含 义	出错信息	含 义
#DIV/0!	除数为 0	#NUM!	数字错
#N/A	引用了当前不能使用的数值	#REF!	无效的单元格
#NAME?	引用了不能识别的名字	#VALUE!	错误的参数或运算对象
#NULL!	无效的两个区域交集	###…	数值的长度超过了单元格的长度

4.5.4 名称的应用

1. 名称的作用

实际工作中,为了简化操作,便于阅读和记忆,Excel 允许根据单元格包含的数据意义对单个单元格或一组单元格进行命名,命名在数据处理与分析中有两大作用:“定位”和“计算”。

定位作用:可以通过命名的方式,快速确定一个独立的操作对象单元格的位置。

计算作用:单元格或表格区域的名称,可以直接引用在公式之中,以便直接观看到公式的含义。

2. 定义名称

例如,在图 4.40 所示的工作表中将 B3:E7 区域命名为“销售表区”,以便快速查找该区域。将 C7 命名为“总销售额”,将 D7 命名为“总成本”。

可按以下的方法操作。

(1) 选定要命名的区域 B3:E7,在编辑栏名称框中输入“销售表区”,按 Enter 键确认。

(2) 选定要命名的单元格 C7,在编辑栏名称框中输入“总销售额”,按 Enter 键确认。

(3) 选定要命名的单元格 D7,在编辑栏名称框中输入“总成本”,按 Enter 键确认。

以后对这些单元格的访问可通过名称进行。

3. 名称的使用

在一些大型的工作表,或同一工作簿的不同工作表中,如果希望快速找到或引用某一表格区域的数据,可以对这个区域或单元格命名。

例如,在图 4.40 所示的工作表中快速地找到名为“销售表区”的表格区域。在名称框单击下拉列表框选择“销售表区”,如图 4.40 所示,即可快速地找到名为“销售表区”的表格区域了。

例如,在 E7 中计算总利润,因为之前已经为单元格 C7 命名为总销售额,D7 命名为总成本,所以可输入“=总销售额-总成本”或输入“=C7-D7”实现,显然前者更加直观,如图 4.41 所示。

在 4.2.3 小节中,我们已经初步了解了公式,公式是工作表中对数据进行分析的等式,利用公式可以对工作表数据进行计算与分析,Excel 包含许多内置的公式,称之为函数。

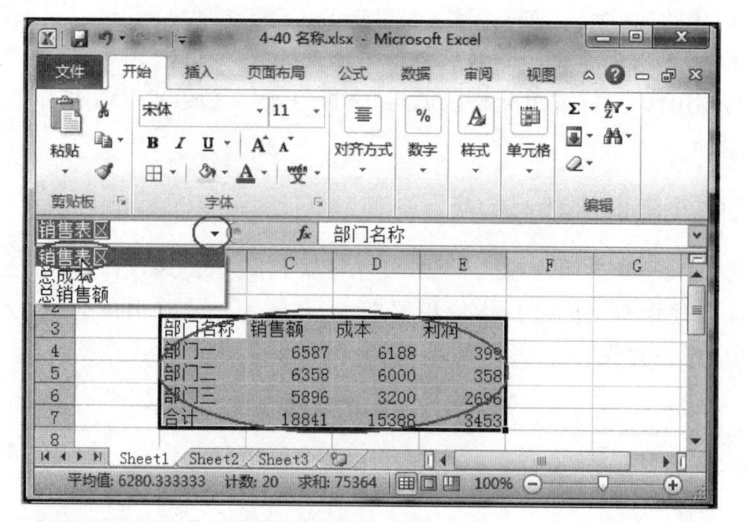

图 4.40 名称的定义与使用

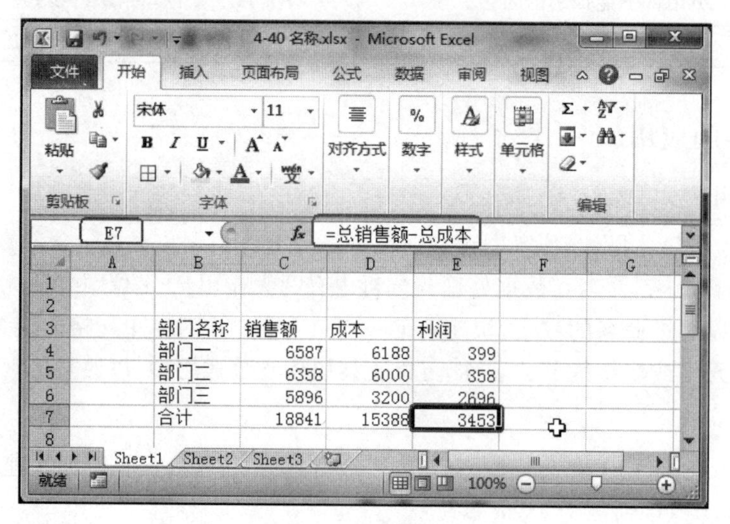

图 4.41 名称的使用

4.5.5 使用函数

当用户在设计一张工作表时，经常要进行一些比较复杂的运算，因此 Excel 提供一些可以执行特别运算的公式，即函数。Excel 2010 提供的函数一共有 12 大类，分别是财务函数、日期与时间函数、数学和三角函数、统计函数、查找和引用函数、数据库函数、文本函数、逻辑函数、信息函数、工程函数、多维数据集函数、兼容性函数。用户使用时只需按规定格式写出函数及所需的参数(number)即可。函数的一般格式如下。

(函数名)(<参数 1>,<参数 2>,...)

例如，要求出 A1、A2、A3、A4 四个单元格内数值之和，可用函数 SUM(A1:A4)来计算，其中 SUM 为求和函数名，A1:A4 为参数。

与输入公式一样，输入函数时必须以等号(=)开头，如“=SUM(A10:A30,D10:D30)”。

下面介绍部分常用函数。

1. 统计函数

常用统计函数如表 4.12 所示。

表 4.12　统计函数

函　数	功　能
SUM(number1,number2,…)	计算参数中数值的总和
AVERAGE(number1,number2,…)	计算参数中数值的平均值
MAX(number1,number2,…)	求参数中数值的最大值
MIN(number1,number2,…)	求参数中数值的最小值
COUNT(value1,value2,…)	求参数中数值数据的个数
COUNTA(value1,value2,…)	返回参数组中非空值的数目
COUNTIF(range,criteria)	计算给定区域内满足特定条件的单元格的数目
SUMIF(range,criteria,sum_range)	根据指定条件对若干单元格求和
RANK(number,ref,order)	返回一个数值在一组数值中的排位

1）求和函数 SUM

【语法】 SUM(number1, number2, ...)

【功能】 计算参数中数值的总和。

【说明】 number1,number2 等表示参数。每个参数可以是数值、单元格引用坐标或函数。

【举例】 如图 4.42 所示的成绩工作表中，要求计算每个学生的总成绩，并将结果存放在单元格 I 列中，操作步骤如下。

（1）单击单元格 H3，使其成为活动单元格。

（2）输入公式"=SUM(D3:G3)"，并按 Enter 键。

（3）将 H3 单元格的公式，复制到 H4:H12。

图 4.42　求总分

因为 SUM 函数比其他函数更常用，所以"公式"选项卡"函数库"组中设置了 $\sum$ 自动求和按钮。利用此按钮可以对一至多列求和。本例的步骤(2)可换为直接单击 $\sum$ 按钮，系统会智能地选取求和单元格，如果有误可修改，如果正确可按 Enter 键。

此外，除了从键盘输入函数外，还可以使用编辑栏左侧的粘贴函数 f_x 按钮，输入函数。

2）求平均值函数 AVERAGE

【语法】 AVERAGE(number1,number2,...)

【功能】 计算参数中数值的平均值。

【举例】 在如图4.42所示的成绩工作表中，在I列计算每个学生的平均分。

以下利用"粘贴函数"来输入函数，操作步骤如下。

(1) 单击单元格I3，使之成为活动单元格。

(2) 单击编辑栏左侧的粘贴函数 f_x 按钮，弹出"插入函数"对话框(见图4.43)。

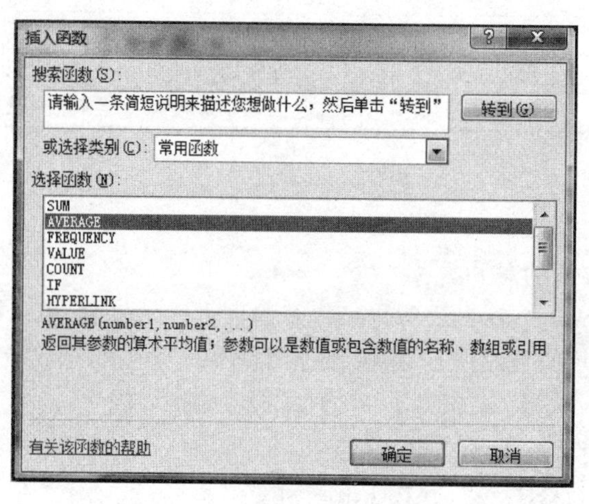

图4.43 "插入函数"对话框

(3) 选择"常用函数"类别的AVERAGE函数。

(4) 单击"确定"按钮，屏幕出现AVERAGE对话框。

(5) 在Number1(参数1)文本框中输入"D3:G3"。

(6) 单击"确定"按钮，即可求出平均分。

小贴士：在步骤(5)中，用户可直接用拖动选择单元格区域D3:G3，既快又可避免输入错误。

3）求最大值函数 MAX

【语法】 MAX(number1,number2,...)

【功能】 求参数中数值的最大值。

4）求最小值函数 MIN

【语法】 MIN(number1,number2,...)

【功能】 求参数中数值的最小值。

【举例】 在如图4.42所示的成绩工作表中，在单元格区域D13:G13中计算各门课程的最高得分，在单元格区域D14:G14中计算各门课程的最低得分。

操作步骤如下。

(1) 在D13单元格输入"=MAX(D3:D12)"。

(2) 在D14单元格输入"=MIN(D3:D12)"。

(3) 选择单元格区域D13:D14，将鼠标移至右下角填充柄，拖动至G14即可。

5）求数字个数函数 COUNT

【语法】 COUNT(value1,value2,...)

【功能】 求参数中数值数据的个数。

6）求参数组中非空值的数目函数 COUNTA

【语法】 COUNTA(value1,value2,...)

【功能】 返回参数组中非空值的数目。

【举例】 设单元格 A1、A2、A3、A4 的值分别为 1、2、空、ABC，则 COUNT(A1:A4)的值为 2，COUNTA(A1:A4)的值为 3。

> **小贴士：** 如何区别 COUNT 和 COUNTA 函数？
>
> 例如，在图 4.42 所示的成绩工作表中的 D16 单元格中求出学生的总人数。
>
> 假设以“语文”字段作为统计对象，观察下面两个式子的计算结果。
>
> =COUNT(D3:D12)=10
>
> =COUNTA(D3:D12)=10
>
> 假设以“姓名”字段作为统计对象，观察下面两个式子的计算结果。
>
> =COUNT(B3:B12)=0
>
> =COUNTA(B3:B12)=10
>
> 为什么会出现“0”的结果呢？因为“姓名”字段为字符型数据，而 COUNT 统计的对象为数值型数据，所以以字符型数据作为统计对象时结果就为“0”。

7) 求满足特定条件的单元格数目函数 COUNTIF

【语法】 `COUNTIF(range,criteria)`

【功能】 计算给定区域内满足特定条件的单元格的数目。

【说明】 criteria 是条件，其形式可以为数字、表达式或文本，还可以使用通配符。条件一般要加引号，但用数字作条件时，可加引号，也可以不加。

【举例】 在如图 4.42 所示的成绩工作表中求各科及格的人数，操作步骤如下。

(1) 在 D15 中输入“=COUNTIF(D3:D12,">=60")”。

(2) 将 D15 复制到 E15:G15。

(3) 在 D17 中输入：“=COUNTIF(C3:C12,"材料物理")”，则可算出“材料物理”专业人数。

其他人数用相同的方法也可计算出结果。

8) 满足条件的若干单元格求和函数 SUMIF

【语法】 `SUMIF(range,criteria,sum_range)`

【功能】 根据指定条件对若干单元格求和。

【说明】 range：用于条件判断的单元格区域；criteria：条件；sum_range：需要求和的实际单元格。只有当 range 中的单元格满足条件时，才对 sum_range 中相应的单元格求和。如果省略 sum_range，则直接对 range 中的单元格求和。

【举例】 在图 4.42 所示的成绩工作表中求“通信工程”学生的计算机的总成绩，可用“=SUMIF(C3:C12,"通信工程",G3:G12)”求得。

9) 排位函数 RANK

【语法】 `RANK(number,ref,order)`

【功能】 返回一个数值在一组数值中的排位。数值的排位是与数据清单中其他数值的相对大小(如果数据清单已经排过序了，则数值的排位就是它当前的位置)。

【说明】 number 为需要找到排位的数字。ref 为包含一组数字的数组或引用。ref 中的非数值型参数将被忽略。order 为一数字，指明排位的方式。如果 order 为 0 或省略，Excel 将 ref 当作按降序排列的数据清单进行排位。如果 order 不为零，Excel 将 ref 当作按升序排列的数据清单进行排位。

函数 RANK 对重复数的排位相同。但重复数的存在将影响后续数值的排位。例如，在一列整数里，如果整数 10 出现两次，其排位为 5，则 11 的排位为 7(没有排位为 6 的数值)。

【举例】 在如图 4.42 所示的成绩工作表中，在 J 列根据总分给出每位同学的排名。

操作步骤如下。

(1) 在 J3 单元格输入"=RANK(H3,$H$3:$H$12)"。

(2) 将 J3 复制到 J4:J12 即可。

2. 数学函数

常用数学函数如表 4.13 所示。

表 4.13 数学函数

函　数	功　能	应用举例	结　果
INT(number)	返回不大于 number 的最大整数	=INT(43.85)	43
PI()	π 值	=PI()	3.14159
ROUND(number,n)	按指定位数四舍五入	=ROUND(76.35,1)	76.4
RAND()	产生 0~1 之间的随机数	=RAND()	[0,1)的随机数
SQRT(number)	求 number 的平方根	=SQRT(16)	4
TRUNC(number,num_digits)	保留 num_digits 指定位数的小数,num_digits 默认将数字的小数部分截去,返回整数	=TRUNC(-8.9)	-8
MOD(number,divisor)	返回两数相除的余数	=MOD(3,2)	1
ABS(number)	返回参数的绝对值	=ABS(-2)	2

常用数学函数讲解如下。

1) 四舍五入函数 ROUND

【语法】 ROUND(number, num_digits)

【功能】 按 num-digits 指定位数,将 number 进行四舍五入。

【说明】 number 需要进行舍入的数字。num_digits 指定的位数,按此位数进行舍入。如果 num_digits 大于 0,则舍入到指定的小数位。如果 num_digits 等于 0,则舍入到最接近的整数。如果 num_digits 小于 0,则在小数点左侧进行舍入。

【举例】 ROUND(2.15,1) = 2.2

ROUND(52.9,0) = 53

ROUND(52.9, - 1) = 50

2) 随机函数 RAND

【语法】 RAND()

【功能】 返回大于等于 0 小于 1 的均匀分布随机数,每次计算工作表时都将返回一个新的数值。

【说明】 如果要生成 a、b 之间的随机实数,可使用"RAND() * (b-a)+a";如果要使用函数 RAND 生成一随机数,并且使之不随单元格计算而改变,可以在编辑栏中输入"=RAND()",保持编辑状态,然后按 F9 键,将公式永久性地改为随机数。

【举例】 使用随机函数生成[40,100]的随机整数.

= ROUND((RAND() * 60 + 40),0)

3) 平方根函数 SQRT

【语法】 SQRT(number)

【功能】 返回 number 的正平方根。

【说明】 number 为需要求平方根的数字,如果该数字为负,则函数 SQRT 返回错误值 #NUM!。

【举例】 SQRT(16)等于 4,SQRT(-16)等于 #NUM!。

4) 绝对值函数 ABS

【语法】 ABS(number)

【功能】 返回参数的绝对值。

【举例】 ABS(-2)等于 2。

3. 文本函数

常用文本函数如表 4.14 所示。

表 4.14　文本函数

函　　数	功　　能
LEFT(text,n)	取字符串左边 n 个字符
RIGHT(text,n)	取字符串右边 n 个字符
MID(text,n,p)	从字符串中第 n 个字符开始连续取 p 个字符
LEN(text)	求字符串的字符个数
TRIM(text)	从字符串中去头、尾空格
VALUE(text)	把字符转为数字
FIND(find_text,within_text,start_num)	从 within_text 串的 start_num 位置开始找子串 find_text 返回字符编号
SEARCH(find_text,within_text,start_num)	同上,但不区分大小写
FIXED(number,decimals,no_commas)	进行四舍五入并转换成文字串的数

1) LEFT 函数

【语法】 `LEFT(text,n)`

【功能】 取字符串左边 n 个字符。

【说明】 text 是包含要提取字符的文本串。n 指定要由 LEFT 所提取的字符数。n 必须大于或等于 0。如果 n 大于文本长度,则 LEFT 返回所有文本。如果忽略 n,则假定其为 1。

【举例】 `LEFT("Sale Price",4) = "Sale"`

如果 A1 中包含 Sweden,则 LEFT(A1) 等于 "S"。

2) RIGHT 函数

【语法】 `RIGHT(text,n)`

【功能】 取字符串右边 n 个字符。

【说明】 text 是包含要提取字符的文本串。n 指定要由 RIGHT 所提取的字符数。n 必须大于或等于 0。如果 n 大于文本长度,则 RIGHT 返回所有文本。如果忽略 n,则假定其为 1。

【举例】 `RIGHT("Sale Price",4) = "rice"`

如果 A1 中包含 Sweden,则 RIGHT(A1) 等于"n"。

3) MID 函数

【语法】 `MID(text,n,p)`

【功能】 从字符串中第 n 个字符开始连续取 p 个字符。

【说明】 如果 n 大于文本长度,则 MID 返回 ""(空文本)。如果 n 小于文本长度,但 n 加上 p 超过了文本的长度,则 MID 只返回至多直到文本末尾的字符。如果 n 小于 1,则 MID 返回错误值 #VALUE!。

【举例】
```
MID("Microsoft Excel",1,5) = "Micro"
MID("Microsoft Excel ",11,20) = "Excel"
MID("1234",5,5) = ""(空文本)
```

4) LEN 函数

【语法】 `LEN(text)`

【功能】 返回字符串的字符个数。

【说明】 text 是要计算其长度的文本。空格将作为字符进行计数。

【举例】 `LEN("Microsoft Excel") = 15`

5）TRIM 函数

【语法】 `TRIM(text)`

【功能】 除了单词之间的单个空格外，清除文本中所有的空格。

【举例】 `TRIM("Microsoft Excel") = "Microsoft Excel"`

6）VALUE 函数

【语法】 `VALUE(text)`

【功能】 将代表数字的文字串转换成数字。

【说明】 text 可以是 Microsoft Excel 中可识别的任意常数、日期或时间格式。如果 text 不为这些格式，则函数 VALUE 返回错误值 #VALUE!。

【举例】 `VALUE("$1,000") = 1,000`

7）FIND 函数

【语法】 `FIND(find_text,within_text,start_num)`

【功能】 从 within_text 串的 start_num 位子开始找子串 find_text，返回字符的编号。

【说明】 区分大小写。

【举例】 `FIND("M","Miriam McGovern",3) = 8`

8）SEARCH 函数

【语法】 `SEARCH(find_text,within_text,start_num)`

【功能】 从 within_text 串的 start_num 位子开始找子串 find_text，返回字符的编号。

【说明】 与 FIND 函数相同，但不区分大小写。

【举例】 `SEARCH("M","Miriam McGovern",3) = 6`

9）FIXED 函数

【语法】 `FIXED(number,decimals,no_commas)`

【功能】 按指定的小数位数进行四舍五入，利用句点和逗号，以小数格式对该数设置格式，并以文字串形式返回结果。

【说明】 number 为要进行四舍五入并转换成文字串的数。decimals 为一数值，用以指定小数点右边的小数位数。no_commas 为一逻辑值。如果其值为 TRUE，则函数 FIXED 返回的文字不含逗号；如果 no_commas 的值等于 FALSE 或省略，则返回的文字中包含逗号。在 Microsoft Excel 2010 中，numbers 的最大有效位数不能超过 15 位，但 decimals 可达到 127 位。如果 decimals 为负数，则 Number 进行四舍五入处理的基准点将从小数点向左数起。如果省略 decimals，则假设它为 2。

【举例】
```
FIXED(1234.567,1) = "1234.6"
FIXED(1234.567,-1) = "1230"
FIXED(-1234.567,-1) = "-1230"
FIXED(44.332) = "44.33"
```

4. 日期函数

常用日期函数如表 4.15 所示。

表 4.15　日期函数

函　数	功　能	应用举例	结　果
DAY(date)	取日期的天数	=DAY("98/1/23")	23
Month(DATE)	取日期的月份	=MONTH("98/1/23")	1
YEAR(date)	取日期的年份	=YEAR("98/1/23")	1998
NOW()	取系统的日期和时间	=NOW()	2008-4-1 22:08

续表

函　　数	功　　能	应用举例	结　　果
TODAY()	求系统的日期	=TODAY()	2008-4-1
DATEDIF(开始日期,结束日期,单位代码)	计算两个日期之间的天数、月数和年数	= DATEDIF (" 1998/6/11","2008/4/1","y")	9

DATEDIF()函数讲解如下。

【语法】 DATEDIF(开始日期,结束日期,单位代码)

【功能】 计算两个日期之间的天数、月数和年数。

【说明】 DATEDIF 函数源自 Lotus1-2-3,由于某种原因,Microsoft 公司希望对这个函数保密。因此在粘贴函数表中没有提到该函数。但它确实是一个十分方便的函数,可以计算两个日期之间的天数、月数和年数。

其中,开始日期必须比结束日期早,否则返回错误值。DATEDIF()函数中单位代码与返回值关系如表 4.16 所示。

表 4.16　DATEDIF 函数中单位代码日期函数

单位代码	返回值	单位代码	返回值
"Y"	整年数	"MD"	天数差(忽略日期的年和月数)
"M"	整月数	"YM"	月份差(忽略日期的年和天数)
"D"	天数	"YD"	天数差(忽略日期的年数)

【举例】 DATEDIF("2001/1/1","2003/1/1","Y")=2,即时间段中有两个整年。

DATEDIF("2001/6/1","2002/8/15","D")=440,即在 2001 年 6 月 1 日和 2002 年 8 月 15 日之间有 440 天。

DATEDIF("2001/6/1","2002/8/15","YD")=75,即在 6 月 1 日与 8 月 15 日之间有 75 天,忽略日期中的年。

DATEDIF("2001/6/1","2002/8/15","MD")=14,即开始日期 1 和结束日期 15 之间的差,忽略日期中的年和月。

例如,在图 4.44 所示的人事档案库中,要在 G 列根据工作日期字段计算工龄,则可在编辑栏中输入公式"=DATEDIF(E2,NOW(),"Y")"。

G2　fx =DATEDIF(E2,NOW(),"Y")

	A	B	C	D	E	F	G
1	姓名	性别	职称	年龄	工作日期	基本工资	工龄
2	申　国　栋	男	教授	64	1970/7/1	5680	44
3	肖　　　静	女	副教授	59	1975/7/1	5480	39
4	李　　　柱	男	讲师	47	1987/7/1	5280	27
5	李　光　华	男	教授	62	1972/7/1	5680	42
6	陈　昌　兴	男	讲师	39	1995/7/1	5180	19
7	吴　浩　权	男	讲师	43	1991/7/1	5000	23
8	蓝　　　静	女	副教授	46	1988/7/1	5200	26
9	廖　剑　锋	男	副教授	50	1984/7/1	5250	30
10	蓝　志　福	男	讲师	42	1992/7/1	5005	22
11	古　　　琴	女	副教授	56	1978/7/1	5100	36
12	王　克　南	男	讲师	35	1999/7/1	4980	15

图 4.44　计算年龄

5. 逻辑函数

1) 条件函数 IF()

【语法】 IF(logical_test,value_if_true,value_if_false)

【功能】 本函数对比较条件式进行测试，如果条件成立，则取第一个值(即 value_if_true)，否则取第二个值(即 value_if_false)。

【说明】 其中，logical_test 为比较条件式，可使用比较运算符，如＝、＜＞、＜、＞、＞＝、＜＝等；valuel_if_true 为条件成立时取的值；value_if_false 为条件不成立时取的值。

【举例】 图 4.45 的成绩表中根据平均分栏目作出判别，如果平均分在 60 或 60 以上者，在旁边单元格显示“及格”，其余情况显示“不及格”，则可在单元格 I3 输入“＝IF(H3＞＝60,"及格","不及格")”。

O3 {=FREQUENCY(H3:H22,N3:N6)}

	B	C	D	E	F	G	H	I	J	K	L	M	N	O
1	物电学院2014级成绩表													
2	姓名	专业	语文	英语	军事理论	计算机	平均分	等级	补考	总评				
3	邓家星	材料物理	90	98	95	90	93.25	优	否	优秀		[0,60]	59.99	1
4	胡文晓	材料物理	82	99	82	92	88.75	良	否	及格		[60,70]	69.99	3
5	郭力	材料物理	50	43	56	67	54	不及格	补考	及格		[70,80]	79.99	8
6	余爱艺	科学教育	82	88	78	91	84.75	良	否	及格		[80,90]	89.99	7
7	邓锐堂	科学教育	99	83	52	97	82.75	良	补考	及格		[90,100]		1
8	马永能	科学教育	72	83	85	73	78.25	中	否	及格				
9	黄亮	科学教育	63	65	58	85	67.75	中	补考	及格				
10	林彩华	通信工程	93	90	84	76	85.75	良	否	及格				
11	林稚超	通信工程	46	73	57	74	62.5	中	补考	及格				
12	蔡红莹	通信工程	57	61	98	93	77.25	中	补考	及格				

图 4.45 成绩表

IF 函数允许多重嵌套，以构成复杂的判断。例如对于上例的平均成绩栏目做出更细致的判别：成绩＜60 为“不及格”，成绩在 60 至 79 分为“中”，在 80 至 89 分为“良”，90 及以上者为“优”，则可以采用如下函数来实现转换：

```
IF(H3 < 60,"不及格",IF(H3 < 80,"中",IF(H3 < 90,"良","优")))
```

如果图 4.45 的成绩表中有一栏目“补考”栏，该栏目的值要求为，语文、英语、军事理论和计算机四科成绩中只要有一科不及格就在补考情况栏目填上“补考”，其余填上“否”。又假设对语文、英语、军事理论和计算机四科成绩进行判别，四科成绩都在 90 分以上的在总评栏目填上“优秀”，其余填上“及格”。此时，需要借助以下介绍的 AND 函数和 OR 函数解决问题。

2) AND()函数

【语法】 `AND(logical1,logical2, ...)`

【功能】 所有参数运算的逻辑值为真时返回 TRUE；只要一个参数的逻辑值为假即返回 FALSE。

【说明】 其中，Logical1，logical2，... 待检测的 1～30 个条件值，各条件值或为 TRUE，或为 FALSE。

3) OR()函数

【语法】 `OR(logical1,logical2, ...)`

【功能】 是所有参数运算的逻辑值为假时返回 FALSE；只要一个参数的逻辑值为真即返回 TRUE。

【说明】 其中，Logical1，logical2，... 待检测的 1～30 个条件值，各条件值或为 TRUE，或为 FALSE。

于是，上述问题可用以下式子分别解决：

```
IF(OR(D3 < 60,E3 < 60,F3 < 60,G3 < 60),"补考","否")
IF(AND(D3 > = 90, E3 > = 90, F3 > = 90, G3 > = 90),"优秀","及格")
```

6. 频率分布统计函数 FREQUENCY

频率分布统计函数用于统计一组数据在各个数值区间的分布情况，这是对数据进行分析的常用方法之一。

【语法】 FREQUENCY(data_array,bins_array)

【功能】 计算一组数(data_array)分布在指定各区间(由 bins_array 来确定)的个数。

【说明】 data_array 为要统计的数据(数组)；bins_array 为统计的间距数据(数组)。

设 bins_array 指定的参数为 A1,A2,A3,…,An，则其统计的区间为 X＜＝A1,A1＜X＜＝A2,A2＜X＜＝A3,…,An－1＜X＜An,X＞An，共 n＋1 个区间。

【举例】 图 4.45 的成绩表，统计出平均分＜60、60≤平均分＜70、70≤平均分＜80、80≤平均分＜90、平均分≥90 的学生数各有多少，操作步骤如下。

(1) 在一个空区域(如 N3:N6)建立统计的间距数组(59.99,69.99,79.99,89.99)。

(2) 选定作为统计结果数组输出区域 O3:O7。

(3) 键入函数"＝FREQUENCY(H3:H12,N3:N6)"。

(4) 按 Ctrl＋Shift＋Enter 组合键，执行结果如图 4.45 所示。

7. 查找函数 VLOOKUP

【语法】 VLOOKUP(lookup_value,table_array,col_index_num,range_lookup)

【功能】 搜索表区域首行满足条件的元素，确定待检索单元格在区域中的行序号，再进一步返回选定单元格的值。

【说明】 其中 Lookup_value 为需要在数组第一列中查找的数值。Lookup_value 可以为数值、引用或文本字符串。

Table_array 为需要在其中查找数据的数据表。可以使用对区域或区域名称的引用，例如数据库或列表。

如果 range_lookup 为 TRUE，则 table_array 的第一列中的数值必须按升序排列；否则，函数 VLOOKUP 不能返回正确的数值。如果 range_lookup 为 FALSE，table_array 不必进行排序。

通过在"数据"→"排序"中选择"升序"，可将数值按升序排列。

Table_array 的第一列中的数值可以为文本、数字或逻辑值。

文本不区分大小写。

Col_index_num 为 table_array 中待返回的匹配值的列序号。Col_index_num 为 1 时，返回 table_array 第一列中的数值；col_index_num 为 2，返回 table_array 第二列中的数值，以此类推。如果 col_index_num 小于 1，函数 VLOOKUP()返回错误值 #VALUE!；如果 col_index_num 大于 table_array 的列数，函数 VLOOKUP()返回错误值 #REF!。

Range_lookup 为一逻辑值，指明函数 VLOOKUP()返回时是精确匹配还是近似匹配。如果为 TRUE 或省略，则返回近似匹配值，也就是说，如果找不到精确匹配值，则返回小于 lookup_value 的最大数值；如果 range_value 为 FALSE，函数 VLOOKUP()将返回精确匹配值。如果找不到，则返回错误值 #N/A。

【说明】 如果函数 VLOOKUP()找不到 lookup_value，且 range_lookup 为 TRUE，则使用小于等于 lookup_value 的最大值。

如果 lookup_value 小于 table_array 第一列中的最小数值，则函数 VLOOKUP()返回错误值 #N/A。

如果函数 VLOOKUP()找不到 lookup_value 且 range_lookup 为 FALSE，则函数 VLOOKUP()返回

错误值 #N/A。

【举例】 小李开设了几家文具连锁店,图 4.46 中记录了各分店日销售的流水账,流水账只记录了品名和销售数量,请根据图 4.47 中的价格表在图 4.46 中给出每种文具的单位、进价和售价,以便小李能在图 4.46 中快速计算销售额和毛利润。

E3 =VLOOKUP(C3,价格,2,FALSE)

	A	B	C	D	E	F	G	H	I	J
1	销售记录表									
2	日期	分店	品名	数量	单位	进价	售价	销售额	毛利润	
3	2014/5/2	东山分店	文件夹	300	只	4.5	5.2			
4	2014/5/2	东山分店	传真纸	25	包	15.5	18.8			
5	2014/5/2	东山分店	打孔机	30	个	3.5	4			
6	2014/5/2	东山分店	美工刀	42	把	3.6	5.3			
7	2014/5/2	东山分店	复印纸	20	包	32	54			
8	2014/5/2	东山分店	档案夹	120	只	1.8	2.5			
9	2014/5/2	天河分店	传真纸	32	包	15.5	18.8			
10	2014/5/2	天河分店	起钉器	45	个	5.5	7.2			
11	2014/5/2	天河分店	档案夹	101	只	1.8	2.5			
12	2014/5/2	天河分店	复印纸	56	包	32	54			
13	2014/5/2	天河分店	美工刀	12	把	3.6	5.3			
14	2014/5/2	天河分店	笔记本	65	本	6.8	7			
15										
16										

图 4.46 VLOOKUP 函数示例

操作步骤如下。

(1) 先在图 4.47 中的价格表中创建一个“价格”数据区域,目的是在 VLOOKUP 函数的 table_array 参数中直接使用这个区域名称。由于这个数据区域的第 2 列～第 4 列分别存放了“单位”“进价”“售价”,因此可以在“价格”区域中通过查找“品名”得到相应的“单位”“进价”“售价”数值。选中 B3:E14,在名称框输入“价格”即可。

(2) 选择图 4.46 的销售记录表,在 E3 输入公式“=VLOOKUP(C3,价格,2,FALSE)”,获得“单位”。

(3) F3 输入公式“=VLOOKUP(C3,价格,3,FALSE)”获得“进价”。

(4) 在 G3 输入公式“=VLOOKUP(C3,价格,4,FALSE)”获得“售价”。

(5) 最后将 E3:G3 复制到 E14:G14 即可,如图 4.47 所示。

【说明】 公式=VLOOKUP(C3,价格,2,FALSE)含义为:将销售表中的 C3 的品名与“价格”区域的第 1 列“品名”数据进行匹配,如果品名相同,则将“价格”区域中的第 2 列(单位)显示在 E3 中。

价格 胶圈

	A	B	C	D	E
1	办公用品价格表				
2	序号	品名	单位	进价	售价
3	1	胶圈	卷	0.5	0.8
4	2	文件夹	只	4.5	5.2
5	3	档案夹	只	1.8	2.5
6	4	笔记本	本	6.8	7
7	5	复印纸	包	32	54
8	6	传真纸	包	15.5	18.8
9	7	电脑打印纸	包	26	29
10	8	回形针	盒	2	2.2
11	9	订书机	个	15	17
12	10	起钉器	个	5.5	7.2
13	11	打孔机	个	3.5	4
14	12	美工刀	把	3.6	5.3
15					

图 4.47 价格表

8. 财务函数

1) 求某项投资的未来值 FV()

在日常工作与生活中,经常会遇到要计算某项投资的未来值的情况,此时利用 Excel 函数 FV()进行计算后,可以帮助人们进行一些有计划、有目的、有效益的投资。

【语法】 `FV(rate,nper,pmt,[pv],[type])`

【功能】 FV()函数基于固定利率及等额分期付款方式,返回某项投资的未来值。

【说明】 rate 为各期利率,是一固定值。nper 为总投资(或贷款)期,即该项投资(或贷款)的付款期总数。pmt 为各期所应付给(或得到)的金额,其数值在整个年金期间(或投资期内)保持不变。pv 为现值,指该项投资开始计算时已经入账的款项,或一系列未来付款当前值的累积和,也称为本金,如果省略 pv,则假设其值为零。type 为数字 0 或 1,用以指定各期的付款时间是在期初还是期末,1=期初,0=期末；如果省略 type,则假设其值为零。

【举例】 假如某人两年后需要一笔比较大的学习费用支出,计划从现在起每月初存入 2000 元,如果按年利 2.25%,按月计息(月利为 2.25%/12),那么两年以后该账户的存款额会是多少呢?

公式写为：FV(2.25%/12,24,-2000,0,1),结果为￥49,141.34 如图 4.48 所示。

A8 =FV(A2/12,A3,A4,A5,A6)

	A	B
1	数据	说明
2	2.25%	年利率
3	24	付款期总数
4	-2000	各期应付金额
5		现值
6	1	各期的支付时间在期初
7	公式	说明(结果)
8	¥49,141.34	在上述条件下投资的未来值(49141.34)
9		

图 4.48 求某项投资的未来值 FV

2) 求贷款分期偿还额 PMT()

PMT()函数基于固定利率及等额分期付款方式,返回投资或贷款的每期付款额。PMT()函数可以计算为偿还一笔贷款,要求在一定周期内支付完时,每次需要支付的偿还额,也就是人们平时所说的"分期付款"。比如借购房贷款或其他贷款时,可以计算每期的偿还额。

【语法】 PMT(rate,nper,pv,[fv],[type])

【功能】 基于固定利率及等额分期付款方式,返回投资或贷款的每期付款额。

【说明】 rate 为各期利率,是一固定值。nper 为总投资(或贷款)期,即该项投资(或贷款)的付款期总数。pv 为现值,或一系列未来付款当前值的累积和,也称为本金。fv 为未来值,或在最后一次付款后希望得到的现金余额,如果省略 fv,则假设其值为零(例如,一笔贷款的未来值即为零)。type 为 0 或 1,用以指定各期的付款时间是在期初还是期末,1=期初,0=期末；如果省略 type,则假设其值为零。

【举例】 假设年利率为 8%,支付的月份数为 10 个月,贷款额为￥10,000 元,那么在这样的条件下贷款的月支付额是多少呢?可用以下公式求得：PMT(8%/12,10,10000),计算结果为￥-1,037.03。即每月应还贷款 1,037.03 元,如图 4.49 所示。

A8 =PMT(A2/12,A3,A4,A5,A6)

	A	B	C	D
1	数据	说明		
2	8.00%	年利率		
3	10	付款期总数		
4	10000	贷款总额(现值)		
5	0	未来值		
6	0	各期的支付时间在期末		
7	公式	说明(结果)		
8	¥-1,037.03	每月应还贷款为1037.03元		
9				

图 4.49 求贷款分期偿还额 PMT

3) 求某项投资的现值 PV()

PV()函数用来计算某项投资的现值。年金现值就是未来各期年金现在的价值的总和。如果投资回收的当前价值大于投资的价值,则这项投资是有收益的。

【语法】 PV(rate,nper,pmt,[fv],[type])

【功能】 计算某项投资的现值。

【说明】 其中 rate 为各期利率。nper 为总投资(或贷款)期,即该项投资(或贷款)的付款期总数。

pmt 为各期所应支付的金额，其数值在整个年金期间保持不变。通常 pmt 包括本金和利息，但不包括其他费用及税款。fv 为未来值，或在最后一次支付后希望得到的现金余额，如果省略 fv，则假设其值为零（一笔贷款的未来值即为零）。type 用以指定各期的付款时间是在期初还是期末，1＝期初，0＝期末。

【举例】 假设要购买一项保险年金，该保险可以在今后 20 年内于每月末回报￥600。此项年金的购买成本为 80,000 元，假定投资回报率为 8%。该项投资合算吗？

该项年金的现值为：PV(0.08/12,12＊20,600,0,0)，计算结果：￥－71,732.58。负值表示这是一笔付款，也就是支出现金流。结果如图 4.50 所示。

A8　f_x　=PV(A3/12,20*12,A2,A5,A6)

	A	B	C
1	数据	说明	
2	600	每月底一项保险年金的支出	
3	8.00%	投资收益率	
4	20	付款的年限	
5	0	未来值	
6	0	各期的支付时间在期末	
7	公式	说明(结果)	
8	¥-71,732.58	在上述条件下年金的现值(-71,732.58)	
9			

图 4.50　求某项投资的现值 PV

结果分析：此保险的年金现值只有 71,732.58 元，但却要花费 80,000 元才能获得。因此，这不是一项合算的投资。

9. 数据库函数

常用数据库函数如表 4.17 所示。

表 4.17　常用数据库函数

函　　数	功　　能
DAVERAGE(database,field,criteria)	计算选定的数据库项的平均值
DCOUNT(database,field,criteria)	计算数据库中满足条件且含有数值的记录数
DCOUNTA(database,field,criteria)	计算数据库指定字段中，满足给定条件的非空单元格数目
DMAX(database,field,criteria)	从选定数据库项中求最大值
DMIN(database,field,criteria)	从选定数据库项中求最小值
DSUM(database,field,criteria)	对数据库中满足条件的记录的字段值求和

【语法】 <函数名>(database,field,criteria)

【说明】 database 指定数据清单的单元格区域。field 指函数所使用的字段，可以用该字段名所在的单元格地址表示，也可以用字段代号表示，如 1 代表第一个字段，2 代表第二个字段，其余类推；criteria 指条件范围。单元格区域和条件区域最好采用绝对地址。

【举例】 要求出第三组中成绩不及格的学生人数，操作步骤如下。

(1) 在一个空区域(如 F1：G2)中建立条件区域，如图 4.51 所示。

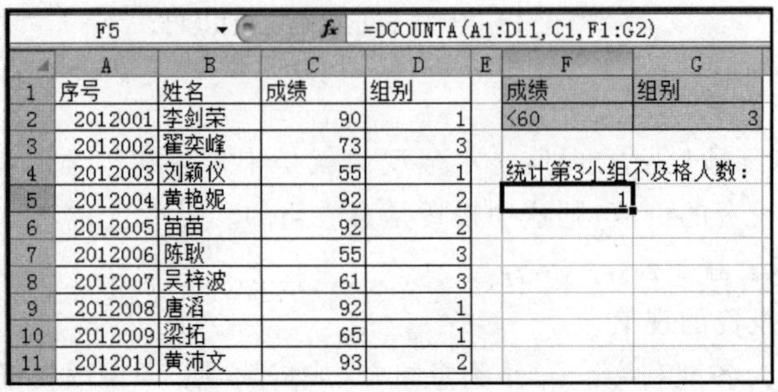

F5　f_x　=DCOUNTA(A1:D11,C1,F1:G2)

	A	B	C	D	E	F	G
1	序号	姓名	成绩	组别		成绩	组别
2	2012001	李剑荣	90	1		<60	3
3	2012002	翟奕峰	73	3			
4	2012003	刘颖仪	55	1		统计第3小组不及格人数：	
5	2012004	黄艳妮	92	2		1	
6	2012005	苗苗	92	2			
7	2012006	陈耿	55	3			
8	2012007	吴梓波	61	3			
9	2012008	唐滔	92	1			
10	2012009	梁拓	65	1			
11	2012010	黄沛文	93	2			

图 4.51　执行结果

(2) 选定一个单元格(如 F5)来存放计算结果,并输入函数“＝DCOUNTA(A1:D11,A1,F1:G2)”(或“＝DCOUNTA(A1:D11,1,F1:G2)”),然后按 Enter 键,执行结果如图 4.51 所示。

【说明】 本例中,使用的是计数函数 DCOUNTA,所以公式中的 A1 可换成 B1、C1 或 D1,数字 1 可换成 2、3 或 4。如果使用计数函数 DCOUNT,应该怎样书写?

4.5.6　输入函数

如果用户对某些常用的函数及其语法比较熟悉,可以直接在单元格中输入公式,也可以在编辑栏左侧单击插入函数按钮 *fx* ,打开插入函数对话框,在对话框中完成输入。

4.5.7　编辑函数

输入了一个函数之后,可以像编辑文本一样编辑它,但是如果要对函数进行比较大的改动,则还是建议在函数对话框中完成修改。

4.6　图表的应用

世界是丰富多彩的,大部分的信息都来自于视觉,也许无法记住一连串的数字,以及它们之间的关系和趋势,但是记注一幅图画或者一个曲线却十分轻松。工作表是一种以数字形式呈现的报表,它具有定量的特点,缺点是不够直观。Excel 可以使工作表数据变成图表,使其看上去更直观、易于理解和便于交流。

Excel 具有许多高级的制图功能,同时使用起来也非常便捷。本节将学习如何建立一张简单的图表并进行修饰,使图表更加精致,如何为图表加上背景、图注、正文等。

4.6.1　图表的基本概念

Excel 中图表是指将工作表中的数据用图形表示出来。例如,将电视、空调、冰箱上半年的销售情况用柱形图显示出来,如图 4.52 所示。图表可以使数据更加有趣、吸引人、易于阅读和评价。它们也可以帮助用户分析和比较数据。

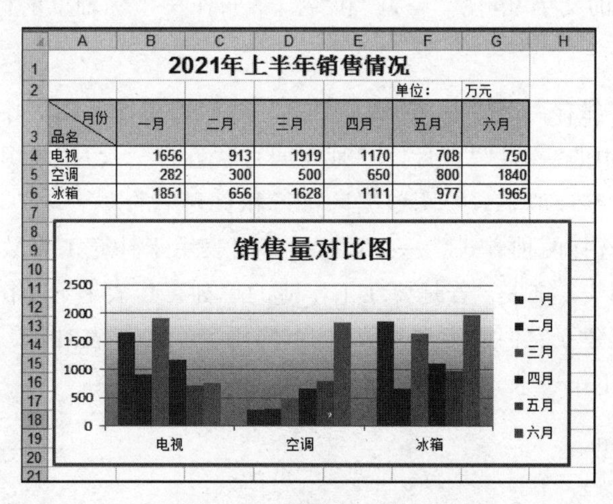

2021年上半年销售情况

单位:　万元

月份 / 品名	一月	二月	三月	四月	五月	六月
电视	1656	913	1919	1170	708	750
空调	282	300	500	650	800	1840
冰箱	1851	656	1628	1111	977	1965

图 4.52　销售量对比图

在进行图表有关操作之前,应先掌握几个基本概念。

1. 数据点

利用工作表中的数据建立图表时,Excel 把这些数值用作数据点,以图形方式显示出来。所谓数据点是图表中绘出的单个值，一个数据点对应一个单元格中的数值。数据点由条形、柱形、折线、饼形或圆环图切片、点和其他各种形状表示，这些形状称作数据标志。相同颜色的数据标志构成一个数据系列。

例如，在图4.52中，根据范围A3:G6中的数据建立了图表。其中，列A和行3中的文字分别用作x轴标记和图例文字，真正的数据来自B4:G6。范围B4:G6中每一单元格中的数据用作一个数据点，所以图4.52中共有18个数据点。

2. 数据系列

一个数据系列是图表中所绘出的一组相关数据点，它们来自工作表的一行或一列。图表中的每个数据系列用独有的颜色或图案区分。可以在图表中给出一个或多个数据系列。

例如，在图4.52中，共有6个数据系列：一月份三种家用电器的销售量、二月份三种家用电器的销售量、三月份三种家用电器的销售量、四月份三种家用电器的销售量、五月份三种家用电器的销售量、六月份三种家用电器的销售量。即图4.52中的图表以列中的数据值为数据系列。

3. 分类

用“分类”来组织数据系列中的值。例如，在图4.52中，有三个分类：电视、空调、冰箱。每个数据系列中数据点的个数等于分类数。

从本质上说，数据系列是数值的集合，分类只是用来标示数据类属的标记，例如，在图4.52中，A4:A6中的标记是分类，B4:G6中的数值是三个数据系列。

数据系列的划分是相对的，可以把每列看成是一个数据系列，也可以把每行看成一个系列，在建立图表时指定。

Excel在建立图表时，会猜测数据系列是按行还是按列组织。Excel假设数据系列的个数比分类的个数少。因此，如果在图表数据中，除去首行和首列的标记文字外(若有标记文字)，行的个数比列的个数多，Excel就把每列猜测为一个数据系列。反之Excel就把每行猜测为一个数据系列，如果行和列的个数一样多，Excel就把每行猜测为一个数据系列。

4. 坐标轴标记

在图4.52中，x轴上的文字“电视”“空调”和“冰箱”叫作x坐标轴上的标记，它用来标示x轴。

5. 图例

在图4.52中，图表右部有一个方框，它就是图例。图例用来指示图表中所用到的各种数据标示，图例中的文字如图4.52中的“一月”“二月”“三月”“四月”“五月”“六月”叫图例文字。

坐标轴标记和图例文字一般来自绘图数据区首行和首列中的文字。

对于建立图表，可以选择两种方式。一是：如果将图表用于补充工作数据并在工作表内显示，可以在工作表上建立内嵌图表。二是：若是要在工作簿的单独工作表上显示图表，则建立图表。内嵌图表和独立图表都被链接到建立它们的工作表数据上，当更新了工作表时，二者都被更新。当保存工作簿时，内嵌图表被保存在工作表中。

4.6.2 图表的类型

在Excel 2010中提供了十几种图表类型，包括柱形图、折线图、饼图、条形图、面积图、XY(散点图)、股价图、曲面图、圆环图、气泡图、雷达图等。内建了多达70余种的图表样式，只要选择适合的样式，马上就能制作出一张具专业水平的图表。

单击“插入”选项卡“图表”组内相应的按钮可以选择任意一种图表类型。单击该组右下角的箭头按钮，即打开“插入图表”对话框，如图4.53所示。在每一个类型中还包含了许多子类型。

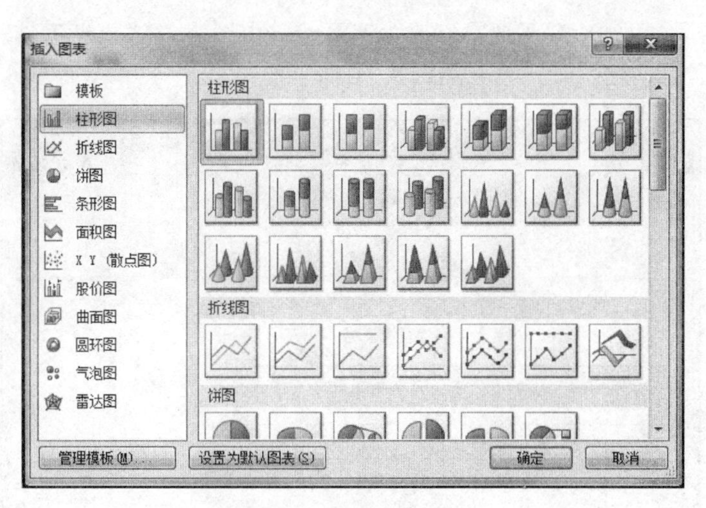

图 4.53　图表类型

4.6.3　创建图表、修改图表和美化图表

任务：根据图 4.52 工作表提供的数据，创建一个二维簇状柱形图以描述三个电子产品 6 个月以来的销售量对比情况，图表标题为“销售量对比图”，产品为分类，有图例。

操作步骤如下。

(1) 选择数据区域 A3:G6。

(2) 在“插入”选项卡“图表”组单击“柱形图”按钮的下拉列表，如图 4.54 所示。从列表中单击二维柱形图类型中的簇状柱形图按钮。也可以单击该组右下角的箭头按钮，在打开“插入图表”对话框(见图 4.53)中选择柱形图类型中的簇状柱形图子类型。

(3) 工作表中快速生成了一个簇状柱形图，如图 4.55 所示。

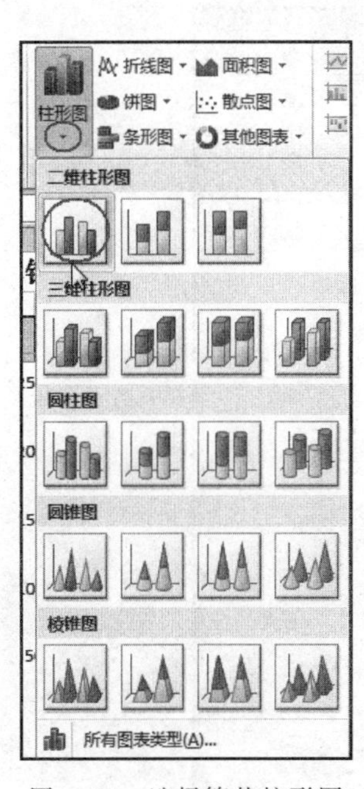

图 4.54　选择簇状柱形图

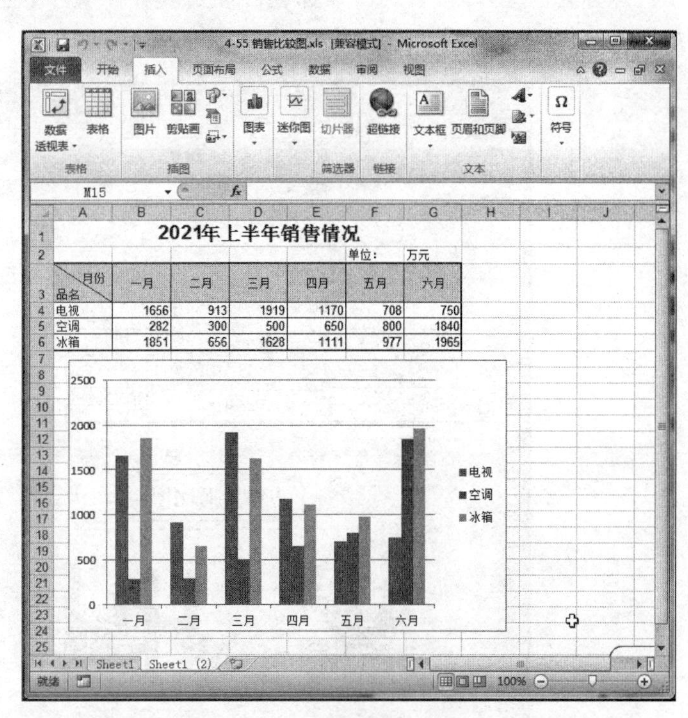

图 4.55　簇状柱形图

(4) 快速生成的图表是按系统默认的设置完成的。我们需要按照任务要求去修改它。在图 4.55

所示的图表中数据分类是月份，需要把它修改为产品。单击图表，在“图表工具”“设计”选项卡的“数据”组中单击“切换行/列”按钮，即可看到如图 4.56 所示的结果。

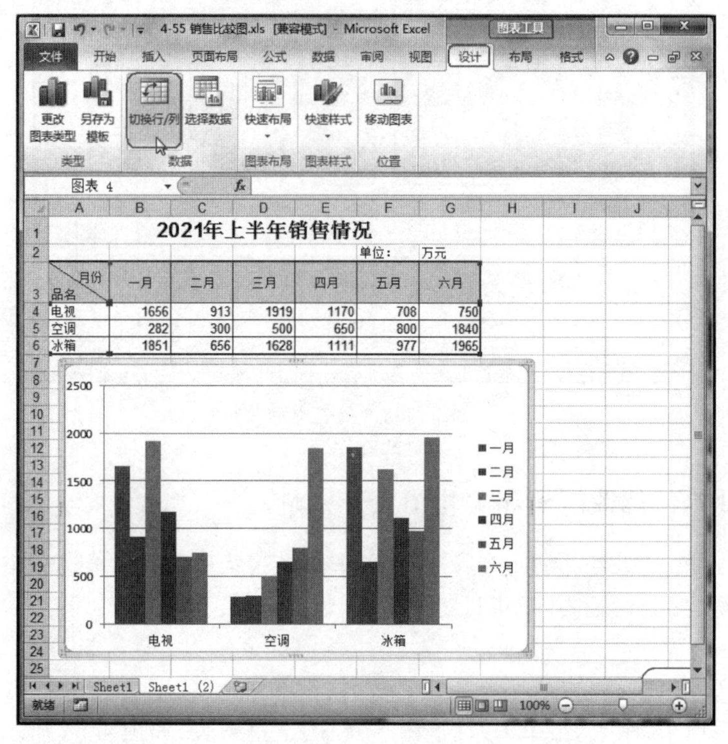

图 4.56　更改数据分类

(5) 接下来添加图表标题。在“图表工具”“布局”选项卡的“标签”组中单击“图表标题”按钮，从下拉列表中选择标题位置，即可看到图表标题已经出现在图表中，选择标题文字并修改内容，完成后可以看到如图 4.57 所示的结果。

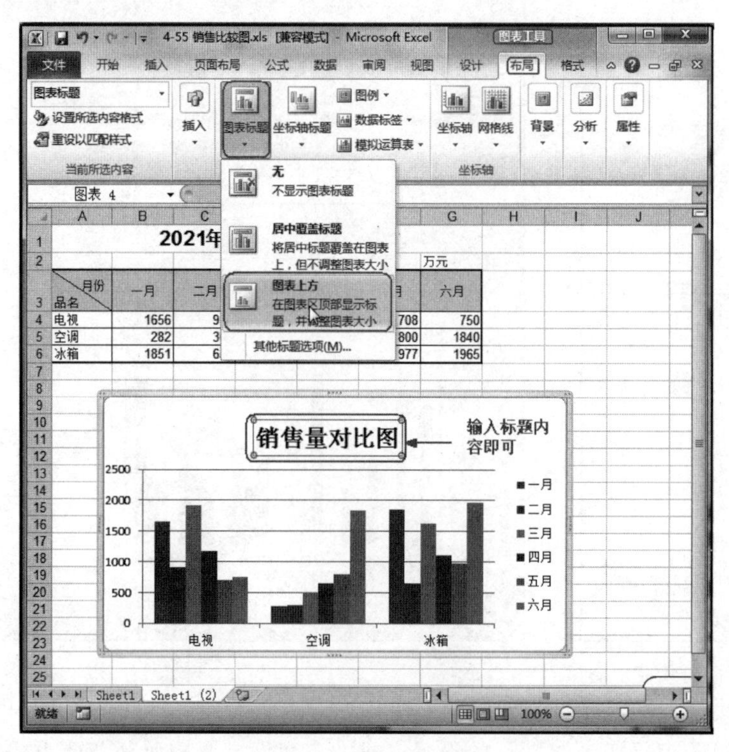

图 4.57　添加图表标题

(6) 在“图表工具”“布局”选项卡的“标签”组中单击“坐标轴标题”按钮，为图表添加纵横坐标轴标题，如图 4.58 所示。标题添加后，标题内容和图形可能出现位置的叠加，选择需要更改位置的对象后移动至合适位置即可。

(7) 为图表添加背景。在“图表工具”“布局”选项卡的“背景”组中单击“绘图区”按钮，从列表中选择“其他绘图区选项”命令，如图 4.59 所示。

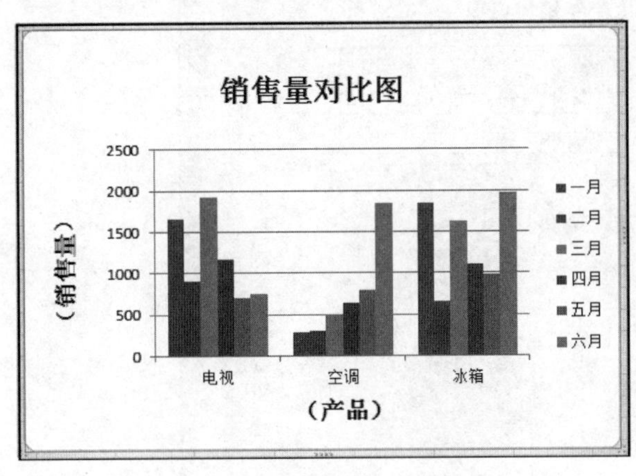

图 4.58　添加纵横坐标轴标题

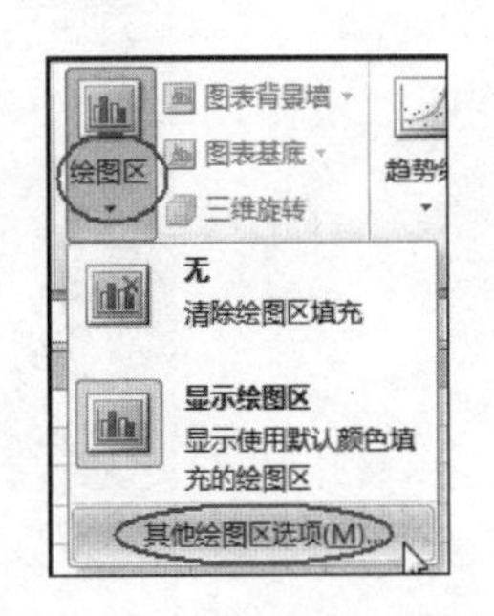

图 4.59　打开绘图区选项

(8) 打开“设置绘图区”格式对话框，按图 4.60 所示设置背景色。在这个对话框中还可以设置绘图区边框的颜色样式等。

(9) 如果要修改图表区域的格式，可在图表中右击，弹出快捷菜单后选择“设置图表区格式”命令，弹出“设置图表区格式”对话框，按需进行图标区的美化工作，如图 4.61 所示。

完成后如图 4.62 所示。

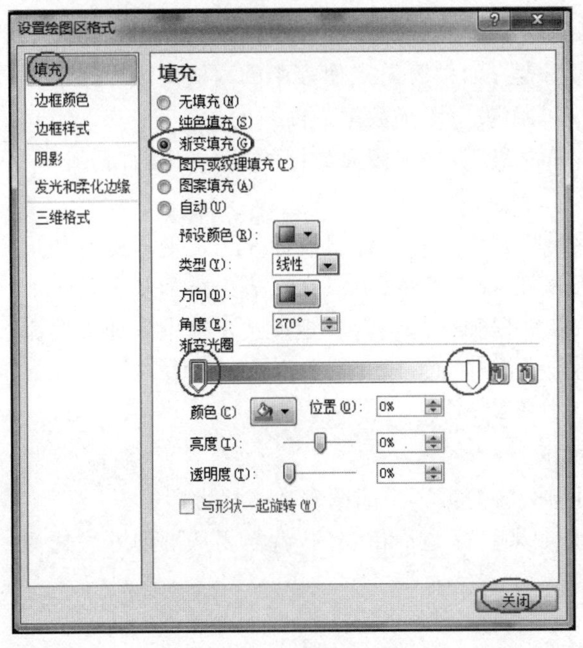

图 4.60　添加渐变背景

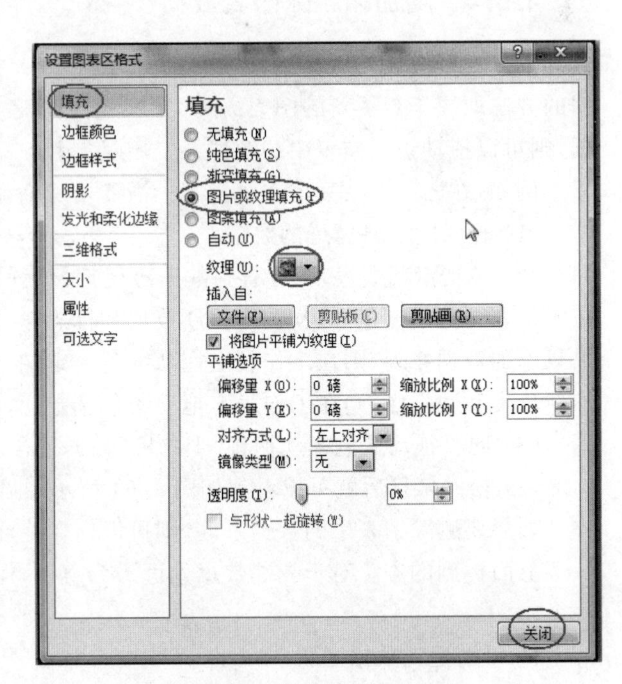

图 4.61　设置图表区的格式

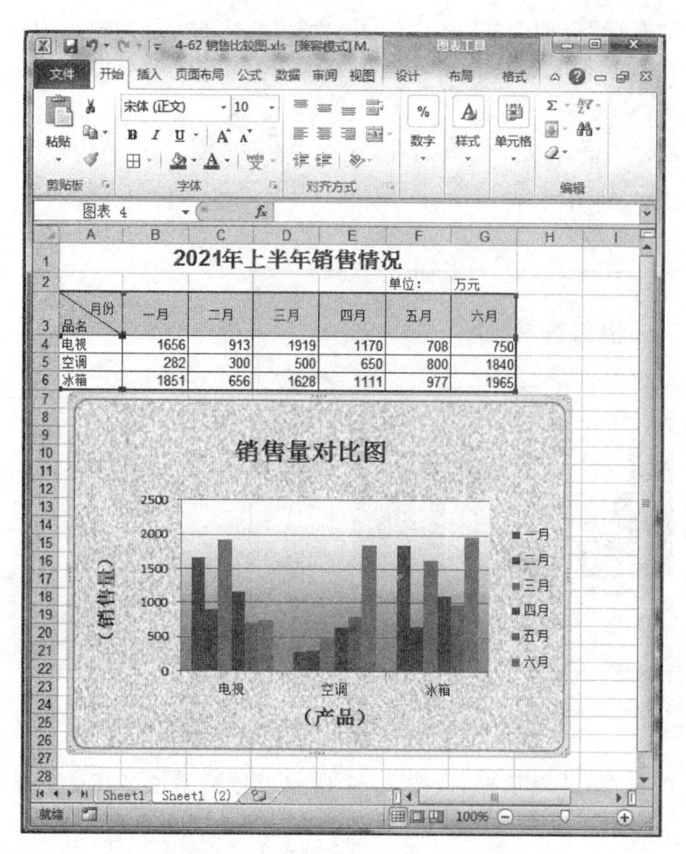

图 4.62 图表的美化

4.6.4 增加和删除图表数据

建立一个图表之后，可以通过向工作表中加入更多的数据系列或数据点来更新它。用来增加数据的方法取决于想更新的图表的种类——内嵌图表或图表。如果要向工作表中的内嵌图表中添加数据，则可以拖动该工作表中的数据。使用复制和粘贴是向图表中添加数据最简单的方法。

例如，在图 4.63 中，请在对比图中需要增加商品“干衣机”。增加图表数据的操作步骤如下。

(1) 输入“干衣机”行的数据。

(2) 单击激活图表，可以看到数据出现带颜色的线框，在 Excel 中它们被称作选定柄。此时如果在工作表上拖动蓝色选定柄，则将新数据和标志包含到矩形选定框中，可以在图表中添加新分类。如果只添加数据系列，则在工作表上拖动绿色选定柄，将新数据和标志包含到矩形选定框中。如果要添加新分类和数据点，则在工作表上拖动紫色选定柄，将新数据和标志包含到矩形选定框中。

(3) 向下拖动蓝色拖动柄将“干衣机”数据包含。

(4) 松开鼠标后就可以看到如图 4.64 所示的显示了。

如果要删除图表中的数据系列，则可以向左拖动鼠标，将数据区中的图表数据移走即可。

上面提到的方法对于相邻数据处理最为直接，但是如果数据是不相邻的，就需要从下列方法选择一个。

1) 重新选择数据区域

操作步骤是：先激活图表，然后在“图表工具”“设计”选项卡的“数据”组中单击“选择数据”按钮，打开“选择数据源”对话框，在对话框中增减数据即可，如图 4.65 所示。

2) 通过复制和粘贴来完成

操作步骤如下。

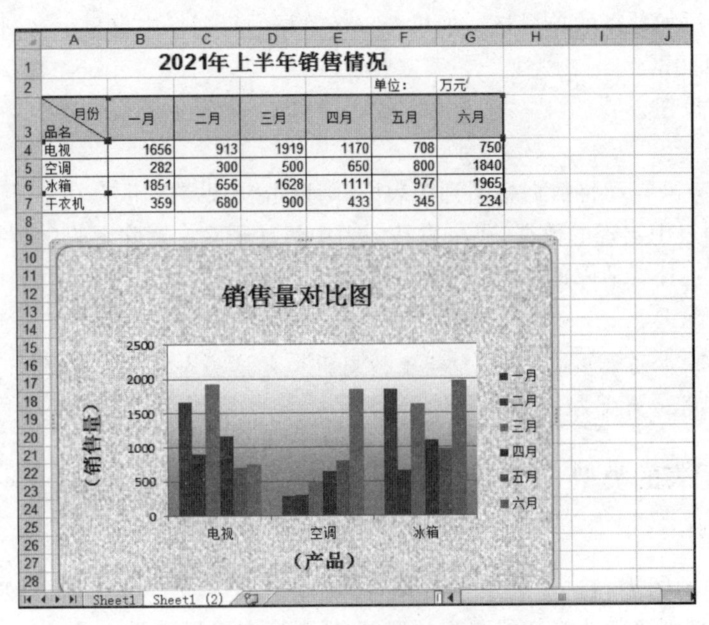

2021年上半年销售情况

单位：万元

月份 / 品名	一月	二月	三月	四月	五月	六月
电视	1656	913	1919	1170	708	750
空调	282	300	500	650	800	1840
冰箱	1851	656	1628	1111	977	1965
干衣机	359	680	900	433	345	234

图 4.63　增加和删除数据

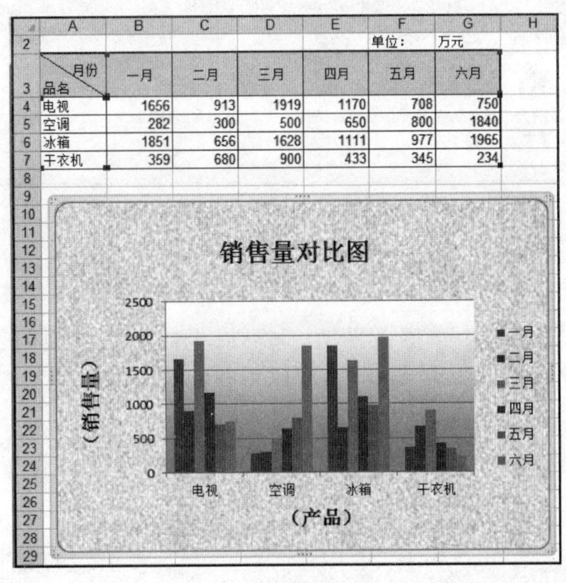

单位：万元

月份 / 品名	一月	二月	三月	四月	五月	六月
电视	1656	913	1919	1170	708	750
空调	282	300	500	650	800	1840
冰箱	1851	656	1628	1111	977	1965
干衣机	359	680	900	433	345	234

图 4.64　添加数据

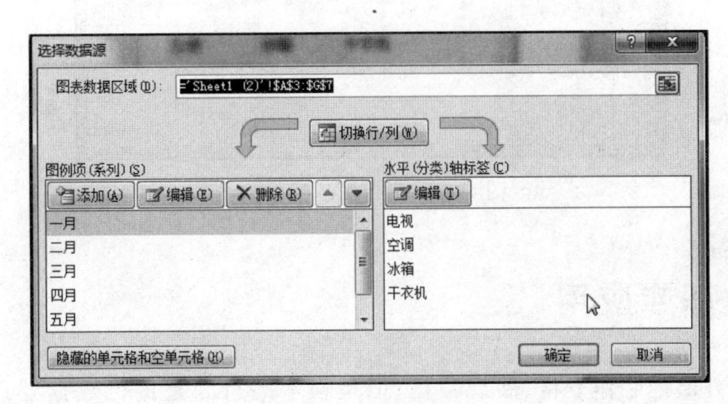

图 4.65　增减数据

(1) 选择含有待添加数据的单元格。如果希望新数据的行列标志也显示在图表中,则选定区域还应包括含有标志的单元格。

(2) 单击"复制"按钮。

(3) 单击该图表。

(4) 如果要让 Excel 自动将数据粘贴到图表中,则单击"粘贴"按钮。

对于不必要在图表中出现的数据,还可以从图表中将其删除。删除图表中数据的操作方法如下。

(1) 激活图表。选择要清除的序列(用鼠标对准对象单击)。

(2) 按键盘的删除键。

小贴士:清除图表中的数据,并不会影响工作表中单元格的数据。可以看到虽然图表已经清除,但工作表中的数据并未被清除掉。

4.6.5 改变图表的类型

1. 改变图表类型

选定要改变格式的图表,在"图表工具""设计"选项卡的"类型"组中单击"更改图表类型"按钮(图 4.66),在图表类型列表中选择新的图表类型,在子类型中选择需要的样式,单击"完成"按钮即可。

图 4.66 更改图表类型

2. 生成图表工作表

图表既可以插入到工作表中,生成嵌入图表,也可以生成一张单独的工作表,称为图表工作表。因为图表与包含其源数据的数据表是相关联的,所以当数据表中数据改变后,数据图表也会自动随之改变,也就是说数据图表具有自动更新功能。

选定要更改为图表工作表的图表,在"图表工具""设计"选项卡的"位置"组中单击"移动图表"按钮,弹出"移动图表"对话框,选择"新工作表",如图 4.67 所示。

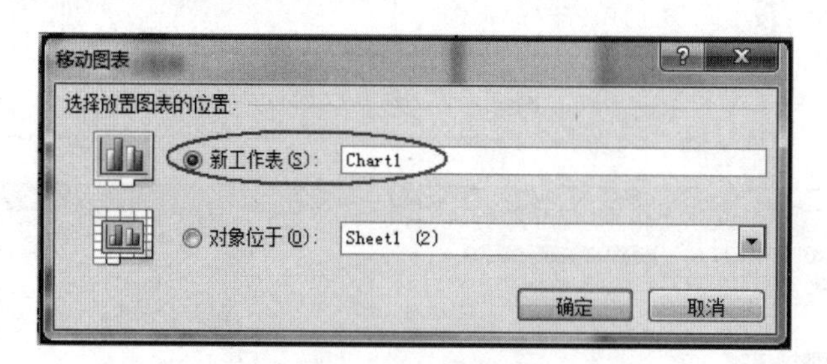

图 4.67 生成图表工作表

4.7 Excel 数据库应用

使用 Excel 可以方便地制作表格、展现数据,但是根本的目的是进行数据处理和数据分析,采用各种分析手段,力图揭示数据之间的关系。

Excel 不但可以处理计算数据，还可以对数据库进行管理，在数据的排序、检索、统计、透视和汇总方面有着完美的解决方案。

4.7.1　数据库的概念

数据库是指以相同结构方式存储的数据集合。常见的数据库有层次型、网络型和关系型三种。其中关系型数据库是一张二维表格，由表栏目及栏目内容组成。表栏目构成数据库的数据结构，栏目内容构成了数据库中的记录。

数据清单是包含相关数据的一系列工作表数据行。例如，职工的编号、姓名、部门、加班日期、开始时间、结束时间、时数、应付加班费等，可以通过创建一个数据清单来管理数据。建立 Excel 工作表(数据清单)的过程可以看作是建立数据库的过程。数据库是一个特殊的工作表，它要求每列数据要有列名即字段名，且每列必须是同类型的数据。在 Excel 中，用户不必经过专门的操作将数据清单变成数据库，只要执行数据库的操作即可。例如查询、排序或分类汇总等，Excel 会为用户的数据清单创建一个数据库。清单中的列被认为是数据库的字段，清单中的列标题认为是数据库的字段名，清单中的每一行被认为是数据库的一条记录。

4.7.2　建立数据清单

在工作表中建立数据清单时，应注意以下一些事项。

- 最好不要把其他数据放在数据清单的同一个工作表中。如果要在一个工作表中存放多个数据清单，则各个数据清单间要有空行和空列分隔。
- 避免在数据清单中放置空白行和列，并避免将关键数据放到数据清单的左右两侧。
- 应在数据清单的第一行里创建列标志。
- 列标志使用的字体、对齐方式、格式、图案、边框或大小写样式，应当与数据清单中其他数据的格式相区别。
- 设计数据清单时，应使同一列中的各行有近似的数据项。
- 单元格的开始处不要插入多余的空格。
- 不要使用空白行将列标志和第一行数据分开。

当用户了解一个数据清单的基本结构和一些注意事项之后，就可以建立数据清单了。首先在工作表中的每一列输入一个列标志，然后就可以输入数据以形成一个记录。可以在工作表的任何区域创建数据清单，但是保证在清单下的区域不包含任何数据，这样数据清单才可以进行扩展而不会影响工作表中的其他数据，如图 4.68 所示。

	A	B	C	D	E	F	G	H	I	J
1	成绩表									
2	序号	姓名	性别	出生日期	学科	语文	数学	英语	政治	总分
3	2012001	李剑荣	男	2002/7/2	理科	90	74	75	90	329
4	2012002	翟奕峰	男	2002/7/6	文科	73	64	75	85	297
5	2012003	刘颖仪	女	2002/1/26	理科	81	61	70	75	287
6	2012004	黄艳妮	女	2002/1/31	理科	92	90	72	75	329
7	2012005	苗苗	女	2002/2/5	文科	92	87	75	52	306
8	2012006	陈耿	男	2002/7/10	理科	55	73	95	69	292
9	2012007	吴梓波	男	2002/7/14	理科	61	62	95	78	296
10	2012008	唐滔	男	2002/7/18	文科	92	87	75	75	329
11	2012009	梁拓	男	2002/7/22	文科	65	49	95	70	279
12	2012010	黄沛文	男	2002/7/26	理科	93	94	75	55	317
13	2012011	雷永存	男	2002/7/30	文科	96	51	80	74	301
14	2012012	张婷婷	女	2002/2/10	理科	81	88	85	81	335

图 4.68　数据库示例

4.7.3 数据的排序

对数据清单中的数据进行排序是Excel最常见的应用之一。可以根据一列或多列的数值对数据清单排序。如果数据清单是按列建立的，也可以按照某行中的数值对列排序。在排序时，用列或指定的排序顺序设置行、列以及各单元格。

1. 默认排序顺序

Excel使用特定的排序顺序，根据单元格中的数值而不是格式来排列数据。在排序文本项时，一个字符一个字符地从左到右进行排序。在按升序排序时，使用如下顺序。

- 数字从最小的负数到最大的正数排序。
- 文本以及包含数字的文本，按0～9、A～Z顺序排序。
- 在逻辑值中，FALSE排在TRUE之前。
- 所有错误值的优先级等效。
- 空格排在最后。

2. 根据一列的数据对数据行排序

如果想快速根据一列的数据对数据行排序，可以在“数据”选项卡“排序和筛选”组中，使用两个排序按钮：升序 A↓Z 和降序 Z↓A 。具体操作步骤如下。

(1) 在数据清单中单击某一字段名，例如，在如图4.68所示的数据库中，若按总分进行排序，则单击数据区内“总分”列的任意一个单元格。

(2) 根据需要，可以在“数据”选项卡“排序和筛选”组单击升序或降序按钮。例如，单击降序按钮，将得到如图4.69所示的结果。

	A	B	C	D	E	F	G	H	I	J
1	成绩表									
2	序号	姓名	性别	出生日期	学科	语文	数学	英语	政治	总分
3	2012066	黄志聪	女	2002/12/7	理科	89	85	81	95	350
4	2012068	郑衍华	男	2002/6/14	文科	89	90	96	75	350
5	2012079	丁家歆	男	2002/12/29	理科	80	100	96	74	350
6	2012015	何小华	女	2003/1/3	理科	78	85	97	81	341
7	2012031	杨卫新	女	2003/1/15	理科	78	85	92	86	341
8	2012067	李泽江	女	2002/12/29	文科	78	85	97	81	341
9	2012038	徐盛荣	男	2002/8/15	理科	78	82	96	84	340
10	2012071	张捷	男	2002/3/19	理科	94	92	78	75	339
11	2012083	黄蔚纯	女	2002/1/21	理科	92	97	81	67	337
12	2012012	张婷婷	女	2002/2/10	理科	81	88	85	81	335
13	2012021	廖运腾	男	2002/8/15	理科	92	96	82	61	331
14	2012001	李剑荣	男	2002/7/2	理科	90	74	75	90	329
15	2012004	黄艳妮	女	2002/1/31	理科	92	90	72	75	329

图4.69 降序排列

3. 根据多列的数据对数据行排序

使用升序或降序按钮对某一列的数据进行排序时，常常会遇到该列中有多个数据相同的情况。此时用户可以根据多列的数据对数据行排序，具体操作步骤如下。

(1) 选择需要排序的数据清单中的任一单元格。

(2) 在“数据”选项卡“排序和筛选”组中单击“排序”按钮，如图4.70所示，弹出如图4.71所示的“排序”对话框。

(3) 在对话框中添加排序的关键字。例如，为了防止总分成绩相同，可以在“次要关键字”下拉列表框中选择“语文”。对于特别复杂的数据清单，还可以在“次要关键字”下拉列表框中再添加另一个排序的字段名“数学”以及“英语”。

(4) 单击“确定”按钮即可对数据进行排序。

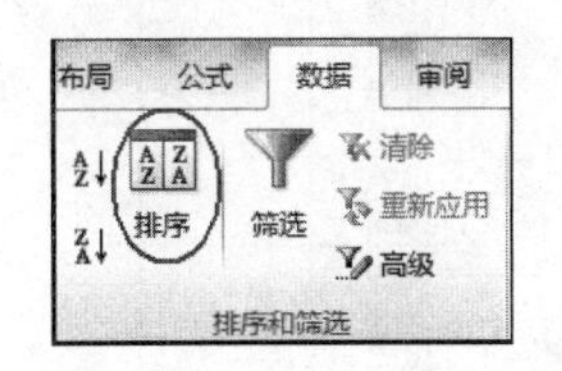

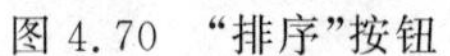
图 4.70　“排序”按钮

图 4.71　设置多个排序条件

4. 根据行数据对数据列排序

在默认情况下，用户对一列或多列中的数据进行排序时，如果想根据某一行中的数据进行排序，可以按照以下步骤进行。

(1) 选择数据清单中的任意单元格。

(2) 在“数据”选项卡“排序和筛选”组中单击“排序”按钮，如图 4.70 所示，弹出如图 4.71 所示的“排序”对话框。

(3) 单击“排序”对话框中的“选项”按钮，弹出“排序选项”对话框。

(4) 在“方向”选项区域中单击“按行排序”单选按钮，然后单击“确定”按钮返回“排序”对话框。

(5) 在“主要关键字”和“次要关键字”下拉列表框中，选择需要排序的数据行。

(6) 单击“确定”按钮。

4.7.4　数据筛选

筛选是一种用于查找数据库中数据的快速方法。在 Excel 中，进行数据的筛选，并列出符合条件的数据非常容易。

当筛选完一个数据清单时，只显示那些符合条件的记录，而将其他记录从视图中隐藏起来。用户可以使用“筛选”或者“高级”两种方法来显示所需的数据。

1. 筛选数据

筛选给用户提供了快速访问大量数据清单的管理功能。通过简单的鼠标操作，用户就可以筛选掉那些不想看见的数据。具体操作步骤如下。

(1) 单击数据清单中的任意单元格。

(2) 单击“数据”选项卡“排序和筛选”组中的“筛选”按钮。此时，在每列标题的右侧出现一个下拉按钮。

(3) 单击想查找列的下拉按钮，在弹出的菜单中列出了该列中的所有项目，如图 4.72 所示。

(4) 从菜单中选择需要显示的项。例如，在文化程度中选择“研究生”，则结果如图 4.73 所示。筛选后所显示的数据行的行号是蓝色的。

2. 自定义筛选

用户可以通过“自定义”选项来缩减自动筛选数据清单的范围。例如，想查找工龄 30～50 岁的记录。如果想用自定义筛选方式，可以按照以下步骤进行。

(1) 单击数据清单中的任意单元格。

(2) 单击“数据”选项卡“排序和筛选”组中的“筛选”按钮。

(3) 单击工龄数据列中的下拉按钮，选择“数字筛选”选项，在级联菜单中选择“介于...”命令，如图 4.74 所示。

图 4.72 列标题的下拉菜单

J1 文化程度

	A	B	C	D	E	F	G	H	I	J	K
1	编号	姓名	性	民	籍贯	出生年月	年	工作日期	工	文化程	现级
3	X05002	黄军	男	回	陕西蒲城	1974年11月	39	1993年12月	20	研究生	副编审
9	X05008	赵亮	男	汉	河北南宫	1955年5月	59	1971年2月	43	研究生	职员
10	X05009	李惠惠	女	汉	江苏沛县	1956年7月	58	1976年9月	37	研究生	编审
13	X05012	曾冉	女	汉	河北文安	1946年10月	67	1957年9月	56	研究生	职员
15	X05014	李长青	男	汉	福建 南安	1973年12月	40	1995年6月	19	研究生	编审
21	X05020	李锦程	男	藏	四川遂宁	1952年11月	61	1975年7月	39	研究生	副编审
24	X05023	赵月	女	汉	河北青县	1946年10月	67	1966年12月	47	研究生	编审
25											

图 4.73 筛选的结果

图 4.74 选择自定义筛选

(4) 弹出如图 4.75 所示的“自定义自动筛选方式”对话框。

(5) 按图 4.75 所示进行设置,然后单击“确定”按钮,即可显示符合条件的记录,如图 4.76 所示。

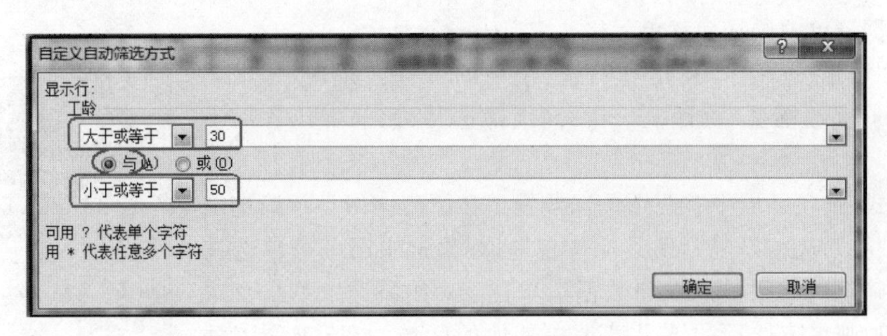

图 4.75　自定义筛选的条件

	A	B	C	D	E	F	G	H	I	J	K
1	编号	姓名	性别	民族	籍贯	出生年月	年龄	工作日期	工龄	文化程度	现级别
2	X05001	王娜	女	汉	浙江绍兴	1955年11月	58	1978年8月	35	中专	职员
4	X05003	李原	男	汉	山东高青	1957年4月	57	1976年9月	37	大学本科	校对
5	X05004	刘江海	男	汉	山东济南	1961年1月	53	1983年1月	31	大专	校对
6	X05005	吴树民	男	回	宁夏永宁	1952年3月	62	1969年12月	44	大学本科	副馆员
8	X05007	闻传华	女	汉	北京长辛店	1961年12月	52	1984年1月	30	大专	职员
9	X05008	赵亮	男	汉	河北南宫	1955年5月	59	1971年2月	43	研究生	职员
10	X05009	李惠惠	女	汉	江苏沛县	1956年7月	58	1976年9月	37	研究生	编审
16	X05015	张锦程	男	汉	湖北恩施	1953年10月	60	1968年9月	45	大学本科	校对
17	X05016	卢晓鸥	女	汉	北京市	1959年10月	54	1978年10月	35	大学本科	会计师
21	X05020	李锦程	男	藏	四川遂宁	1952年11月	61	1975年7月	39	研究生	副编审
22	X05021	张晓鸥	女	汉	山东济南	1955年11月	58	1976年9月	37	大专	编辑
24	X05023	赵月	女	汉	河北青县	1946年10月	67	1966年12月	47	研究生	编审

图 4.76　工龄介于 30～50 的员工记录

3. 取消数据清单中的筛选

若取消数据清单中的筛选，则再次单击“数据”选项卡“排序和筛选”组中的“筛选”按钮即可。

4. 使用高级筛选

使用自动筛选功能可以方便、快速地找到符合条件的记录，但是该功能的查找条件不能太复杂。如果需要使用多个筛选条件，或者将符合条件的数据输出到工作表的其他单元格中，则可以使用高级筛选功能。

例如，将图 4.77 所示人事档案数据库中“文化程度”为“研究生”的人事记录筛选至 A30 开始的区域存放，条件区域从 A26 单元格开始书写。

操作步骤如下。

(1) 在工作表中远离数据清单的位置设置条件区域。条件区域至少为两行，第一行为段名，第二行以下为查找的条件。本例中将 J1 单元格中的“文化程度”字段名复制到 A26，然后将 J 列任意一个内容为“研究生”的单元格复制到 A27 单元格，完成条件区域 A26:A27 的书写，如图 4.78 所示。

	A	B	C	D	E	F	G	H	I	J	K
1	编号	姓名	性别	民族	籍贯	出生年月	年龄	工作日期	工龄	文化程度	现级别
2	X05001	王娜	女	汉	浙江绍兴	1955年11月	58	1978年8月	35	中专	职员
3	X05002	黄军	男	回	陕西蒲城	1974年11月	39	1993年12月	20	研究生	副编审
4	X05003	李原	男	汉	山东高青	1957年4月	57	1976年9月	37	大学本科	校对
5	X05004	刘江海	男	汉	山东济南	1961年1月	53	1983年1月	31	大专	校对
6	X05005	吴树民	男	回	宁夏永宁	1952年3月	62	1969年12月	44	大学本科	副馆员
7	X05006	张建业	男	汉	河北青县	1970年11月	43	1994年12月	19	大学本科	职员
8	X05007	闻传华	女	汉	北京长辛店	1961年12月	52	1984年1月	30	大专	职员
9	X05008	赵亮	男	汉	河北南宫	1955年5月	59	1971年2月	43	研究生	职员
10	X05009	李惠惠	女	汉	江苏沛县	1956年7月	58	1976年9月	37	研究生	编审
11	X05010	苏爽	男	汉	山东历城	1960年11月	53	1985年2月	29	大学肆业	编审
12	X05011	郑小叶	女	汉	湖南南县	1971年5月	43	1994年12月	19	大学本科	编审

图 4.77　人事档案数据库

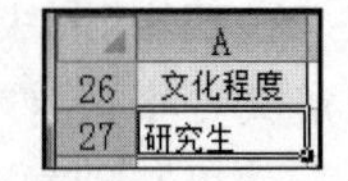

	A
26	文化程度
27	研究生

图 4.78　条件区域

小贴士： 在条件区域中，字段名等内容可以用复制的方法。

(2) 在数据清单中选择任意单元格。

(3) 单击“数据”选项卡“排序和筛选”组中的“高级”按钮，弹出如图 4.79 所示的“高级筛选”对话框。在“高级筛选”对话框中包含以下一些选项。

图 4.79 高级筛选对话框

- 在“方式”选项区域中有两个单选按钮：“在原有区域显示筛选结果”和“将筛选结果复制到其他位置”。如果选中第一个单选按钮，则筛选的结果显示在原数据清单位置；如果选中第二个单选按钮，则将筛选后的结果显示在其他的区域，与原工作表并存，需要在“复制到”文本框中指定区域。
- 在“列表区域”文本框中已经指出了数据清单的范围。如果要修改该区域，则可以直接在该文本框中进行修改。也可以单击该文本框右侧的“折叠对话框”按钮，然后在工作表中选择数据区域，再次单击该按钮，所选择的区域显示在“数据区域”框中。
- 在“条件区域”文本框中输入含筛选条件的区域，也可以直接在此文本框中输入区域范围或单击该文本框以放置插入点，然后在工作表中选择条件区域，所选择的区域显示在“条件区域”文本框中。
- 当在“方式”选项区域中选中“将筛选结果复制到其他位置”单选按钮时，就需要在“复制到”文本框中输入区域范围。如果选中“在原有区域显示筛选结果”单选按钮，就像自动筛选一样在工作表区域显示筛选结果，不满足条件的记录被隐藏起来。
- 如果要显示符合条件的记录，并且排除其中重复的记录，则可以选中“选择不重复的记录”复选框。

(4) 在“方式”选项区域中选中“将筛选结果复制到其他位置”单选按钮。

(5) 在“列表区域”文本框中输入数据区域。通常采用系统默认设定。默认值有误时可直接拖动鼠标选择正确的范围。

(6) 在“条件区域”文本框中指定条件区域，用鼠标拖动选择 A26:A27 区域。

(7) 在“复制到”文本框中指定存放筛选结果的区域，单击 A30 单元格，再单击“确定”按钮，就可以得到如图 4.80 所示的高级筛选结果。

25											
26	文化程度										
27	研究生										
28											
29											
30	编号	姓名	性别	民族	籍贯	出生年月	年龄	工作日期	工龄	文化程度	现级别
31	X05002	黄军	男	回	陕西蒲城	1974年11月	39	1993年12月	20	研究生	副编审
32	X05008	赵亮	男	汉	河北南宫	1955年5月	59	1971年2月	43	研究生	职员
33	X05009	李惠惠	女	汉	江苏沛县	1956年7月	58	1976年9月	37	研究生	编审
34	X05012	曾冉	女	汉	河北文安	1946年10月	67	1957年9月	56	研究生	职员
35	X05014	李长青	男	汉	福建 南安	1973年12月	40	1995年6月	19	研究生	编审
36	X05020	李锦程	男	藏	四川遂宁	1952年11月	61	1975年7月	39	研究生	副编审
37	X05023	赵月	女	汉	河北青县	1946年10月	67	1966年12月	47	研究生	编审
38											

图 4.80 高级筛选结果

1) 设置“与”复合条件

在使用“高级筛选”命令之前，用户必须指定一个条件区域，以便显示出符合条件的记录。用户可以定义一个条件(如上面仅筛选出“研究生”的记录)，也可以定义几个条件来筛选符合条件的记录。

如果分别在两个条件字段下方的同一行中输入条件，则系统会认为只有两个条件都成立时，才算是符合条件。例如，要查找“工龄”在 20 年(含 20 年)以上，同时“文化程度”为“研究生”的记录，则建立如图 4.81 所示的条件区域 A26:B27。

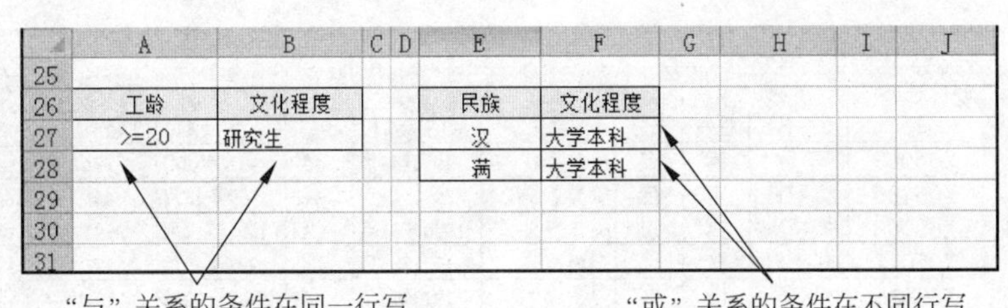

图 4.81　复合条件区域的建立

2）设置“或”复合条件

例如，想查看“民族”是“汉”或“满”且“文化程度”为“大学本科”的人事记录。在设置条件区域时，只需在两个条件字段下方的不同行中输入条件，可以建立如图 4.81 所示的条件区域 E26:F28。

4.7.5　分类汇总

分类汇总是对数据库中的数据进行分类统计。分类汇总前必须先对要进行分类统计的字段做排序处理。

例如，在图 4.77 所示的人事档案数据库中，按文化程度分类，统计不同文化程度人员的平均年龄。操作步骤如下。

(1) 选定清单中的某一个单元格。

(2) 按“文化程度”字段对清单中的所有记录排序，可以升序也可以降序排列。

(3) 在“数据”选项卡的“分级显示”组中单击“分类汇总”按钮，弹出“分类汇总”对话框，如图 4.82 所示。“分类汇总”命令用于指定按哪一字段分类，以及如何统计。

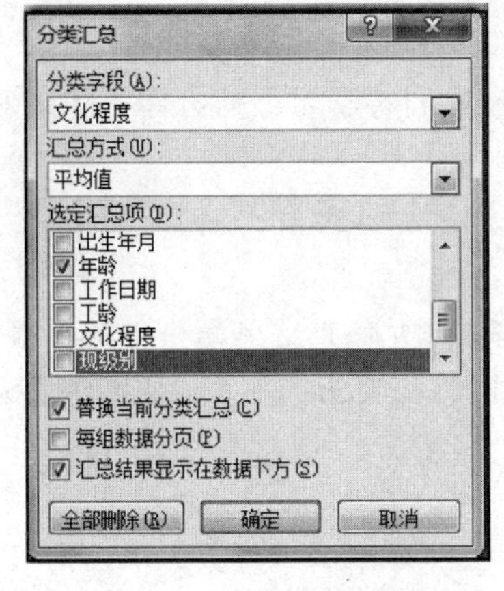

图 4.82　分类汇总对话框

(4) 在“分类汇总”对话框中，“分类字段”下拉列表框用于指定按哪一字段对清单中的记录分类。用户可以单击该框右端的下三角按钮，然后选择“文化程度”选项。

“汇总方式”下拉列表框用来指定统计时所用的函数计算方式。从下拉列表中选择“平均值”选项。

“选择汇总项”列表框用来指定对字段进行统计工作。用户要统计年龄的均值，所以应选择“年龄”复选框。

如果选择“替换当前分类汇总”复选框，那么新分类汇总将替换清单中原有的所有分类汇总。如果取消选择该复选框，则 Excel 将保留已有的分类汇总，将向其中插入新的分类汇总。

如果选择“每组数据分页”复选框，则在进行分类汇总的各组数据之间自动插入一分页线。

如果选择“汇总结果在数据下方”复选框，汇总结果行和“总计”行会置于相关数据之下。取消选择该复选框，分类汇总行和“总计”行会插在相关数据之上。

(5) 完成图 4.82 所示的设置后，单击“确定”按钮对清单中的记录分类汇总，如图 4.83 所示。

在图 4.83 中，工作表左侧的三个小方块用于控制各组数据的隐藏和显示，它们叫作分级显示符号。例如，如果单击第一个分级显示符号，将隐藏第一组数据，并在这个分级显示符号上显示“＋”号。如果再次单击这个分级显示符号，将重新显示第一组数据。

如果想取消分类汇总，则只需在“分类汇总”对话框中单击“全部删除”按钮即可。

	A	B	C	D	E	F	G	H	I	J	K
1	编号	姓名	性别	民族	籍贯	出生年月	年龄	工作日期	工龄	文化程度	现级别
2	X05003	李原	男	汉	山东高青	1957年4月	57	1976年9月	37	大学本科	校对
3	X05005	吴树民	男	回	宁夏永宁	1952年3月	62	1969年12月	44	大学本科	副馆员
4	X05006	张建业	男	汉	河北青县	1970年11月	43	1994年12月	19	大学本科	职员
5	X05011	郑小叶	女	汉	湖南南县	1971年5月	43	1994年12月	19	大学本科	编审
6	X05013	高辉	男	满	辽宁辽中	1977年4月	37	1998年12月	15	大学本科	馆员
7	X05015	张锦程	男	汉	湖北恩施	1953年10月	60	1968年9月	45	大学本科	校对
8	X05016	卢晓鸥	女	汉	北京市	1959年10月	54	1978年10月	35	大学本科	会计师
9	X05017	李芳	女	汉	安徽太湖	1961年11月	52	1984年10月	29	大学本科	编辑
10							51			**大学本科 平均值**	
11	X05010	苏爽	男	汉	山东历城	1960年11月	53	1985年2月	29	大学肆业	编审
12							53			**大学肆业 平均值**	
13	X05004	刘江海	男	汉	山东济南	1961年1月	53	1983年1月	31	大专	校对
14	X05007	闻传华	女	汉	北京长辛店	1961年12月	52	1984年1月	30	大专	职员
15	X05018	杜月	女	汉	山西万荣	1980年1月	34	1999年2月	15	大专	职员
16	X05021	张晓鸥	女	汉	山东济南	1955年11月	58	1976年9月	37	大专	编辑
17							49.25			**大专 平均值**	
18	X05019	杜云青	男	汉	江苏南通	1965年6月	49	1987年9月	26	高中	编审
19	X05022	钱芳	女	满	宁夏永宁	1971年5月	43	1989年9月	24	高中	职员
20							46			**高中 平均值**	
21	X05002	黄军	男	回	陕西蒲城	1974年11月	39	1993年12月	20	研究生	副编审
22	X05008	赵亮	男	汉	河北南宫	1955年5月	59	1971年2月	43	研究生	职员
23	X05009	李惠惠	女	汉	江苏沛县	1956年7月	58	1976年9月	37	研究生	编审
24	X05012	曾冉	女	汉	河北文安	1946年10月	67	1957年9月	56	研究生	职员
25	X05014	李长青	男	汉	福建 南安	1973年12月	40	1995年6月	19	研究生	编审
26	X05020	李锦程	男	藏	四川遂宁	1952年11月	61	1975年7月	39	研究生	副编审

图 4.83　分类汇总结果

4.8　打印工作簿

通过前面的学习,我们已经可以利用 Excel 来工作了。在本节中,我们将学习如何打印工作表和图表。

4.8.1　设置打印区域

默认情况下,在 Excel 工作表中执行打印操作,会打印当前工作表中所有非空单元格中的内容。如果只需要打印当前 Excel 工作表中的一部分内容,而非所有内容,此时,需要为当前 Excel 工作表设置打印区域,操作步骤如下。

(1) 选中需要打印的工作表内容。

(2) 在"页面布局"选项卡的"页面设置"组中单击"打印区域"按钮,在弹出的下拉列表中单击"设置打印区域"命令即可,如图 4.84 所示。

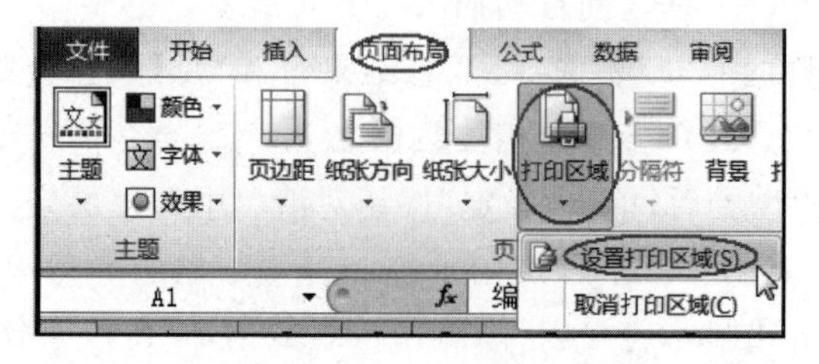

图 4.84　设置打印区域

如果为当前 Excel 工作表设置打印区域后又希望能临时打印全部内容,则可以使用"取消打印区域"功能。

4.8.2 页面设置

在“页面布局”选项卡的“页面设置”组中单击右下角箭头，显示“页面设置”对话框，如图4.85所示。“页面设置”对话框用来设置页面、页边距、页眉/页脚、工作表。

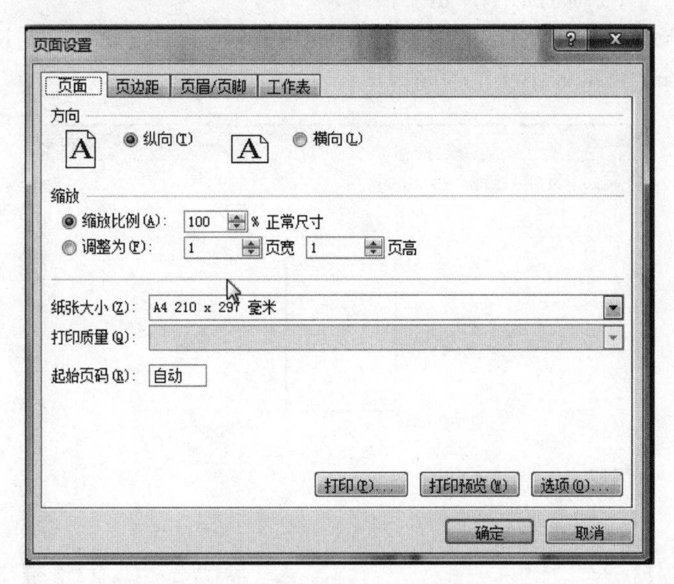

图4.85 “页面设置”对话框

1. 页面

“页面设置”对话框的“页面”选项卡如图4.85所示。该选项卡用于设置选定的一个或多个工作表的纸张打印方向、缩放比例、纸张大小、打印质量和起始页号等。

“打印方向”选项区域包含两个选项：纵向、横向。如果选中“纵向”单选按钮，则以打印纸的短边为水平位置打印。如果选中“横向”单选按钮，则以打印纸的长边为水平位置打印。纵向打印方式适合于瘦窄型的数据输出，而横向打印方式适合于宽胖型的数据输出。

“缩放比例”选项区域用于放大或缩小打印的工作表，当选中“缩放比例”单选按钮时，可以在右侧的文字框中输入10～400之间的一个缩放比例。

如果选中“调整为”单选按钮，Excel打印时，会缩小工作表或选定区域，以合乎指定的页数、宽度或高度。由于工作表或选定区域是按比例缩放的，保持其相对大小，因此可能会以比指定页数更少的页数打印。本功能不适合打印独立图表。

例如，当“页宽”框和“页高”框中都输入1时，表示所有要打印的内容，全部都打印到一页上。又如，当“页宽”框为2而“页高”框为1时，表示所有要打印的内容用两页打印，其中，宽度部分分成2页，而高度部分合成1页。

“纸张大小”框用于指定打印纸的大小。用户可以单击该框右端的向下箭头，然后从下拉列表中选择所需的项。

“打印质量”框用于指定打印时所用的分辨率，分辨率以每英寸上打的点数(DPI)为单位。数字越大，打印质量越好。

“起始页码”框用于指定打印页的起始页号。该页号将作为页码打印在下一次打印出的页上，以后页号顺序加1。如果在“起始页号”框中输入“自动”，那么当该页是打印件的第一页时，其页号为1，否则为下一个顺序数字。

如果单击“打印”按钮，则显示“打印”对话框，该对话框后面再介绍。

如果单击“打印预览”按钮，则显示“打印预览”窗口，该窗口后面再介绍。

如果单击“选项”按钮，则显示“选项”对话框，该对话框中可用的选项是选定打印机所特有的。

2. 页边距

“页面设置”对话框中的“页边距”选项卡如图 4.86 所示。该选项卡用于设置页边距和页眉、页脚的边界，并使工作表在一页中垂直居中或水平居中。

在“页边距”选项卡中，“打印预览”框用于显示“居中方式”框的设置效果。其中的 4 条水平线和 2 条垂直线和“页边距”标签中的 6 个文字框相对应。

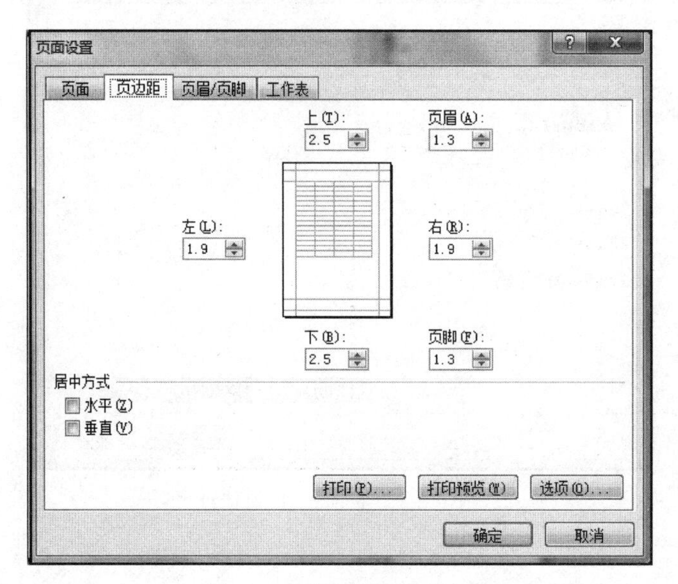

图 4.86 “页边距”选项卡

“页边距”选项卡的左上角有“上”“下”“左”“右”四个框，它们用来设置每张报表的上、下、左、右四个边界所留空白(即页边距)的大小，单位为厘米。

打印时，每张报表的顶端和底端都可以有三组文字，分别叫作页眉和页脚，“页眉”“页脚”框就是用来设置页眉与打印页上边缘的距离，以及页脚与打印页下边缘的距离。这些距离不能比设定的页边距大。否则，页眉或眉脚会和数据重叠。

当选中“水平”居中复选框时，打印的数据会出现在报表水平方向的中央部分。当报表高度足够大时，如果选中“垂直”居中复选框，则打印的数据会出现在报表垂直方向的中央部分。如果同时选定这两个复选框，则打印的数据出现在报表的正中央。可以从“打印预览”框中看出打印数据的位置变化。

3. 页眉和页脚

“页面设置”对话框中的“页眉/页脚”选项卡如图 4.87 所示。该选项卡用于设置选定工作表的页眉和页脚。打印时，每张报表的顶端可以有左、中、右三段叙述性文字，它们叫作页眉。每张报表的底端也可以有左，中、右三段叙述性文字，它们叫作页脚。

其中，“页眉”框的下拉式列表中，提供了一些内部页眉，“页脚”框的下拉式列表中提供了一些内部页脚，供用户选用。

也可以建立自定义页眉和自定义页脚，方法是单击“自定义页眉”按钮和“自定义页脚”按钮。

如果单击“自定义页眉”按钮，Excel 将显示“页眉”对话框，如图 4.88 所示。该对话框用于建立一个自定义页眉。

“页眉”对话框的中部显示了 10 个按钮，它们用来设置字体、页码、总页数、日期、时间、文件路径、文件名或标签名字、插入图片等。它们的用法已在对话框中解释了，不再重复。

“页眉”对话框的下部是“左”“中”“右”三个文本框，分别用来设置页眉的左、中、右三段文字。

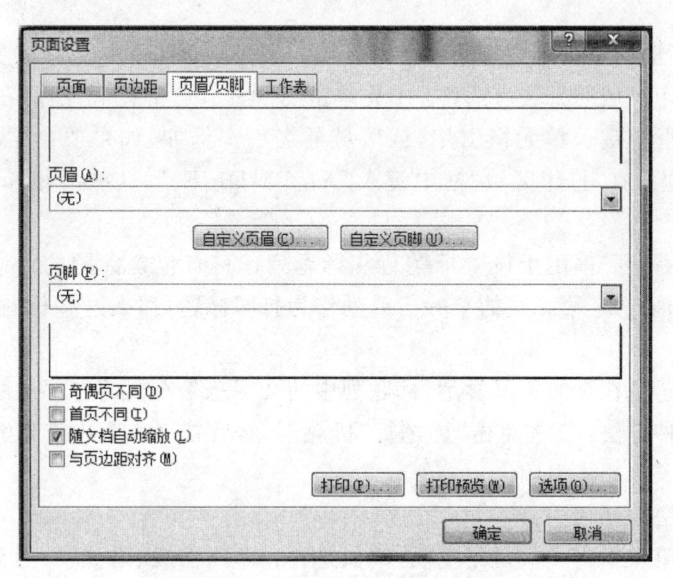

图 4.87　“页眉/页脚”选项卡

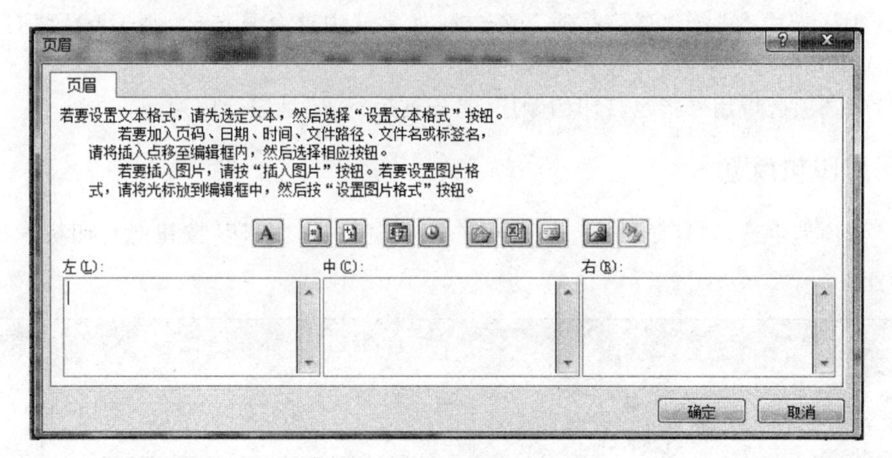

图 4.88　“页眉”对话框

4. 工作表

“页面设置”对话框中的“工作表”选项卡如图 4.89 所示。

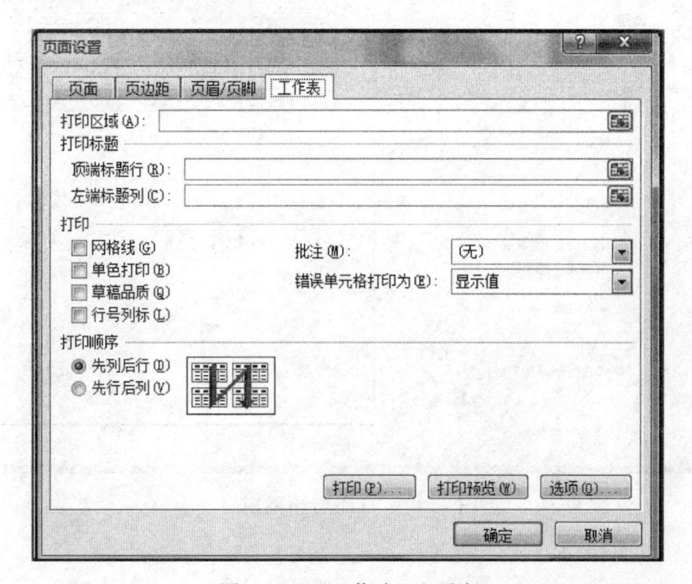

图 4.89　“工作表”选项卡

其中,“打印区域”框用来指定要打印的特定区域。如果要打印的是工作表的某个特定区域,则应该使用该框。指定打印区域的方法有两种:①先单击“打印区域”折叠框,然后在工作表中拖拉出要打印的区域。②直接在框中键入单元格引用,或区域的名字。例如,如果要指定不相邻的单元格区域A1:B5和D1:E5,则应该在“打印区域”框中键入“A1:B5,D1:E5”,这些不相邻的区域将打印在不同的页上。

“标题行”框和“标题列”框用于设置标题行和标题列。只有包含标题的行或列被打印之后,才会打印出标题。例如,如果选定第二页的某一行或列作为打印标题,那么这些标题只在第三页以后的页中打印。

标题行中的文字总是在页的顶部显示,标题列中的文字总是在页的左部显示。

设置标题行有两种方法:①先单击“标题行”折叠框,然后在工作表中选定单个行,或是选定多个相邻的行。②直接输入单元格引用。

设置标题列的方法与此相同。

“打印”选项区域用来指定一些打印选项,例如是否打印网格线、附注、行号列标,单元格是否以单色打印等。

“打印”选项区域中有一个“草稿品质”复选框,如果选中这个复选框,则Excel将打印较少的图形,并且不打印单元格的网格线,以缩短打印时间。

“打印顺序”选项区域用来指定打印的顺序,是先列后行,还是先行后列。

4.8.3 打印和预览

在“文件”选项卡下选择“打印”命令,窗口的右侧预览效果,“打印”按钮向打印机发出打印命令,如图4.90所示。

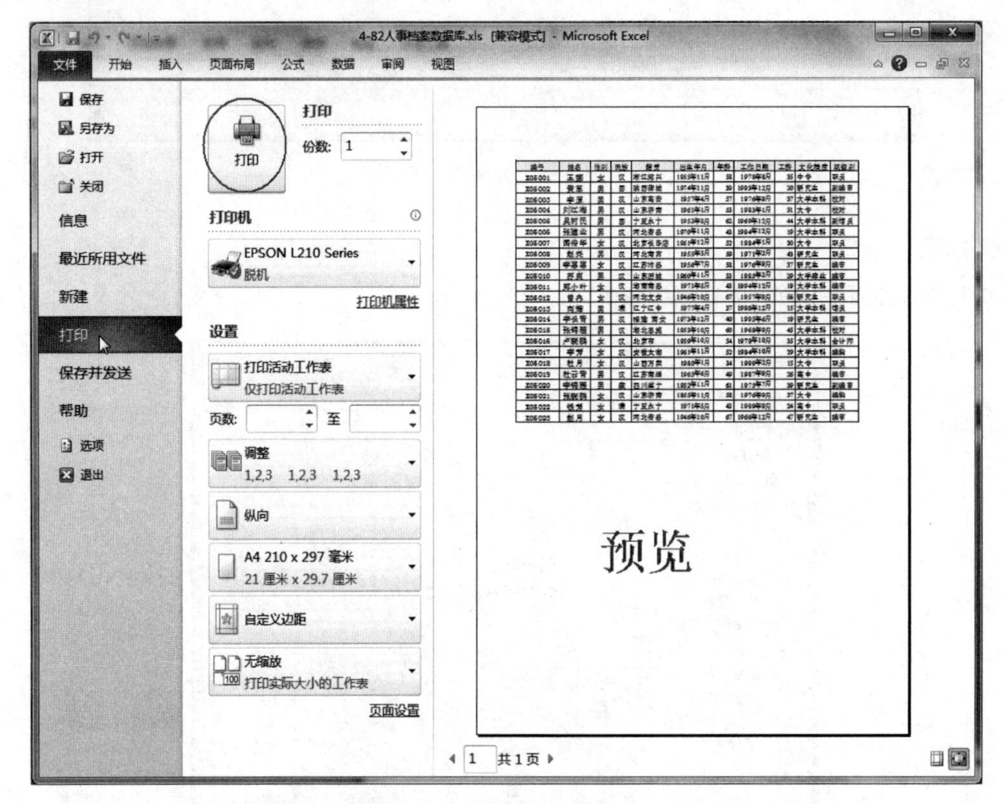

图4.90 打印与预览窗口

第5章

演示文稿PowerPoint

主要内容

- PowerPoint 的常用术语
- PowerPoint 的基本操作方法
- 演示文稿的建立、编辑、美化及放映

5.1 PowerPoint 概述

PowerPoint 是 Office 办公软件中的一个组件，集文字、图片、声音等媒体于一体，它以一张张幻灯片的形式输入和编辑文字、图形、表格、音频、视频和公式对象等，是人们在各种场合进行信息交流的重要工具。因其操作简单，多媒体效果丰富，因此被广泛用于新产品介绍会、演讲、数据演示等多种场合。

PowerPoint 与前面所学习的 Word 在文档编辑、排版制作操作过程完全一脉相承，只要掌握好 Word 图文混排的知识点，PowerPoint 的操作知识就基本掌握了一半。在本知识单元中，先介绍 PowerPoint 与 Word 有哪些共同点与不同点，再介绍 PowerPoint 演示文稿制作的一些要点，使读者能快速地掌握 PowerPoint 演示文稿的制作知识的基础知识。

5.1.1 Word 与 PowerPoint 同与异

由于 Word 与 PowerPoint 同为 Microsoft 公司推出的 Office 系列产品之一，因此在操作习惯、操作过程上（如文本的格式化、段落的格式化、插入图片、插入表格、插入文本框等一系列的操作），完全是一致的。因此，在正式学习如何使用 PowerPoint 前，梳理好 Word 与 PowerPoint 的同与异，将会使学习 PowerPoint 变得更轻松。

1. Word 与 PowerPoint 的应用领域对比

虽然是 Office 家族下的孪生兄弟，但 Word 与 PowerPoint 在日常使用过程中却各有长处，需要根据使用场合、领域的不同选择二者之一来表达信息。Word 与 PowerPoint 的功能适用领域对比一览表，如表 5.1 所示。

表 5.1 Word 与 PowerPoint 的功能与适用领域对比一览表

类　别	PowerPoint	Word
应用领域	图文混排的文字处理	一般文字处理与图文混排的处理
文档结构	分层、简洁、概要的纲目结构；一般一张幻灯片为一个版面	详细的纲目结构和内容；同一内容可跨越多个页面
适用范围	需要向公众发布信息的场所，一般需要演讲者解释信息内容	主要面对个人读者，不需要信息提供者在场
页面形式	丰富的动画，音、视频等多媒体	以文字、图片为主要表现形式

在制作 PowerPoint 文档时，由于不了解 Word 与 PowerPoint 的差异性，不少用户总喜欢把一大堆的文字挤在一个版面中，认为这样听众能了解得更清楚，而往往收到适得其反的效果。

试想一下为什么 PowerPoint 不被命名为 PowerWord 呢？因为 Point 是指观点、重点、要点和核心问题，在 Microsoft 的设计师眼中，他们希望用户在 PowerPoint 帮助下，能使用动感、美观的多媒体展示方式，向听众展示简明、扼要的核心要点信息。如果用户是希望向读者提供非常详尽的信息，那就应该采用 Word 软件。

2. Word 与 PowerPoint 版面设计的对比

正如前面所说，由于 PowerPoint 是向听众图文并茂地展示信息，每一个 PowerPoint 演示文稿都是由若干页幻灯片页组成，如图 5.1 所示。因此，在 PowerPoint 每一页幻灯片版面设计的过程中，其实就是 Word 图文混排知识的应用过程，即综合的使用了文本框、图片、艺术字、SmartArt 图等结合在一个编辑版面中，达到图文并茂的效果，增强每一张幻灯片的可读性。

在 PowerPoint 每一页幻灯片制作的过程中，文档的格式化操作、文本框的插入与美化操作、图片的插入与美化操作、艺术字的插入与美化操作、SmartArt 图的插入与美化操作、表格与图表的插入与美化操作与 Word 是完全一致的，如表 5.2 所示，只要掌握好幻灯片排版的基本原则，在综合应用上述操作知识，一份精美的 PowerPoint 演示文稿的制作就基本完成了。PowerPoint 演示文稿可以看作是包含有若干个图文混排的页面，再加上一些动画方案组成的文档。Word 的编辑知识是整个 Office 使用的基础，建议通过多加练习巩固 Word 基本编辑知识与图文混排知识。

表 5.2 Word 与 PowerPoint 的对象操作一览表

操作点	操 作 过 程	Word	PowerPoint
字符	使用功能区中字符组相关的格式化按钮	√	√
文本框、艺术字	在“插入”选项卡的“文本”组中单击“文本框”或“艺术字”按钮，即可以插入文本框或艺术字	√	√
图片、剪贴画	在“插入”选项卡的“图像”组中单击“图片”或“剪贴画”按钮，即可以插入图片或剪贴画	√	√
表格	在“插入”选项卡的“表格”组中单击“表格”按钮，即可进行表格的插入	√	√
SmartArt 图、图表、形状	在“插入”选项卡的“插图”组中单击 SmartArt、“图表”或“形状”按钮，即可以插入 SmartArt 图或图表或形状	√	√
超级链接	选择文字或图片，在“插入”选项卡的“链接”组中单击“超链接”按钮，选择链接对象	√	√
音频、视频文件	在“插入”选项卡的“媒体”组中单击“视频”或“音频”按钮，选择视音频文件	×	√
幻灯片切换	在“切换”选项卡的“切换到此幻灯片”组中可设置切换动画	×	√
自定义动画	在“动画”选项卡的“动画”组中可自定义动画效果	×	√

5.1.2　PowerPoint 的工作界面

启动 PowerPoint 2010 后，将出现如图 5.1 所示的工作界面。

图 5.1　PowerPoint 窗口

在该工作界面中，标题栏、功能区、快速访问工具栏、状态栏的布局与功能与 Word 是一致的。文档工作区、视图窗格、备注窗口是 PowerPoint 制作过程中经常使用到的功能区域。

1. 标题栏

标识正在运行的程序(PowerPoint) 和活动演示文稿的名称。如果窗口未最大化，可拖动标题栏来移动窗口。

2. 功能区

提供选项卡页面，包括按钮、列表和命令。

3. 快速访问工具栏

包含某些最常用命令的快捷方式。也可自行添加自己喜爱的快捷方式。

4. 工作区

工作区也称为文档窗口，是 PowerPoint 窗口中最基本的组成部分，可借助它来制作演示文稿中的幻灯片。

5. 视图窗格

视图窗格位于 PowerPoint 窗口的左边。单击其顶端的选项卡可在“大纲”或“幻灯片”视图之间进行切换。

单击窗口右下方的视图切换按钮，也可在不同的视图之间进行切换。

6. 备注窗格

在幻灯片中添加备注信息是为了方便用户在整体的演讲过程中添加提示信息，可以令备注信息只出现在自己的计算机上供自己查看而不会投影到大屏幕上被观众看到。

5.1.3 PowerPoint 的视图方式

PowerPoint 2010 提供了 4 种不同的视图方式，分别是普通视图、幻灯片浏览、阅读视图和备注页。在窗口的右下方，有 3 个视图按钮分别对应着上述 4 种视图中的前 3 个。在“视图”选项卡“演示文稿视图”组中，可在 4 种视图中选择切换命令，如图 5.2 所示。

1. 普通视图

这是 PowerPoint 2010 默认的视图方式。在该视图方式下，会见到视图窗格、文档窗口、备注窗格等区域。用户既可以在文档窗口中对一张幻灯片中的各个对象进行编辑加工，也可以在视图窗格中重新组织和调整所有幻灯片的排列次序(通过插入、删除、移动、复制幻灯片等操作)，还可以在“备注窗格”中为幻灯片添加或修改备注。备注文字在放映时并不可见，但可以打印出来供演讲者演讲时参考。用户可以通过拖动窗格的边框来调整各窗格的大小。

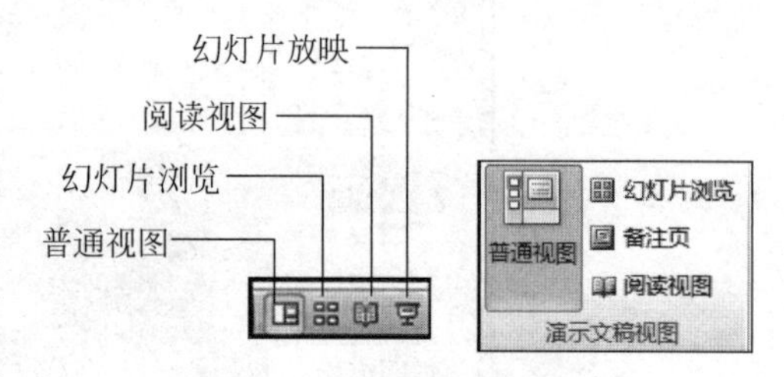

图 5.2 视图方式的切换

2. 幻灯片浏览

这种视图的效果与在 Word 中进行打印预览时的多页预览效果相似，用户可以在屏幕上同时看到演示文稿的多张幻灯片缩略图。调整窗口右下角“显示比例”按钮中的显示比例值，可改变在浏览视图中整个屏幕上显示的幻灯片数量和大小。在该视图方式下，对幻灯片的移动、删除或复制显得特别方便。

3. 阅读视图

将演示文稿作为适应窗口大小的幻灯片放映查看。

4. 备注页

在该视图方式下，上方为幻灯片编辑区，下方为幻灯片的备注页。用户可在备注页中输入一些提示信息。

5. 幻灯片放映

在“幻灯片”选项卡下的“开始放映幻灯片”组中单击“从头开始”按钮，或按 F5 键，系统会根据用户对幻灯片的各种参数设置，从第 1 张幻灯片开始放映。若单击窗口右下角的“幻灯片放映”按钮，则从当前幻灯片开始放映。若想中途停止放映，则可按 Esc 键，或右击鼠标从快捷菜单中选择“结束放映”命令。

5.1.4 PowerPoint 制作的基础概念

1. 演示文稿

由 PowerPoint 创建的文档。一般包括为某一演示目的而制作的所有幻灯片、演讲者备注和旁白等内容，存盘时以. pptx 为文件扩展名。

2. 幻灯片

演示文稿中的每一单页称为一张幻灯片。每张幻灯片在演示文稿中既是相互独立的，又是相互联系的。制作一个演示文稿的过程就是依次制作一张张幻灯片的过程，每张幻灯片既可以包含常用的文字和图表，也可以包含声音、视频和动画。

3. 版式

演示文稿中的每张幻灯片都是基于某种自动版式创建的。在新建幻灯片时，可以从 PowerPoint

提供的自动版式中选择一种。每种版式预定义了新建幻灯片的各种占位符的布局情况，如图 5.3 所示。

4. 占位符

顾名思义，占位符就是先占住一个固定的位置，等着我们再往里面添加内容的。它在幻灯片上表现为一个虚框，虚框内部有“单击此处添加标题”之类的提示语，一旦单击之后，提示语会自动消失。当要创建自己的模板时，占位符就显得非常重要，它能起到规划幻灯片结构的作用，如图 5.4 所示。

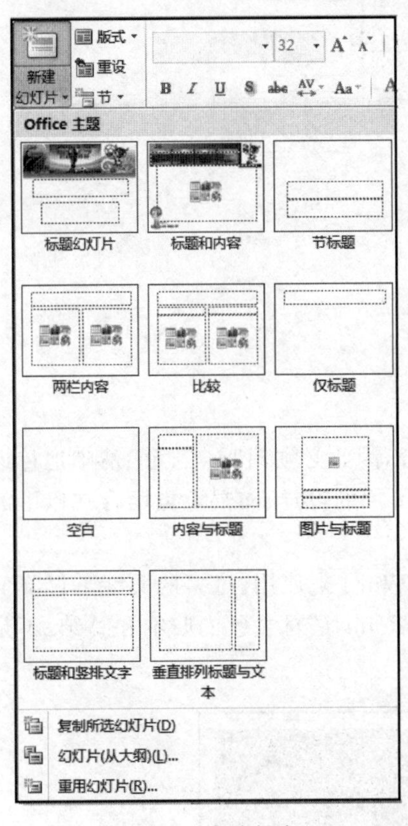

图 5.3　多种版式

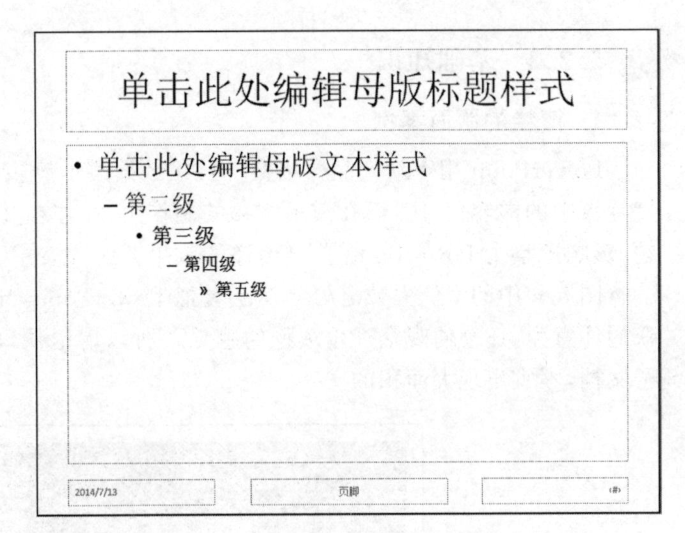

图 5.4　占位符

PowerPoint 与 Word 是 Office 家族中的“孪生兄弟”，它们有着不同的特长。PowerPoint 演示文稿可以看作是有若干个图文混排的页面组成，再加上一些动画方案组成的文档。因此，PowerPoint 与 Word 在图文混排操作技能是一致的。了解清楚 Word 与 PowerPoint 的同与异，将会使学习 PowerPoint 变得更轻松。

5.2　创建演示文稿

5.2.1　任务和知识点

在制作 PowerPoint 前，应先完成文字、图片、视音频文件、动画等素材的收集。然后打开 PowerPoint，把这些素材插入到不同的幻灯片页面中，整理成一份精美的演示文稿。

演示文稿的制作过程，如图 5.5 所示。因为制作模板属于 PowerPoint 的高级应用，所以在本知识单元中，先来学习如何在幻灯片中插入对象。PowerPoint 中可以插入的对象包括文字、图片、剪贴画、表格、图表、SmartArt 等，这些对象的插入和格式设置与 Word 中操作相同，因此这里不再重复介绍基本操作，而主要介绍不同对象的设计原则。除此之外，PowerPoint 中还可以插入声音、视频、动画等多媒体文件，使 PowerPoint 内容更加形象、生动。

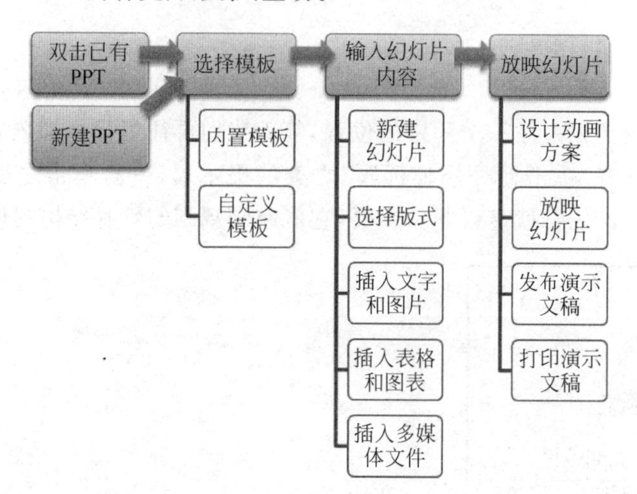

图 5.5　PowerPoint 制作流程

5.2.2　基础知识

1. 糟糕的版面案例

PowerPoint 用于新产品介绍会、演讲、数据演示等多种场合，因此必须向听众准确、清晰地传递幻灯片页中的内容信息。而在演示文稿的制作中，往往在文字和图片的设计、布局等方面存在以下的问题，影响了整个 PowerPoint 信息传递的效果。

图 5.6 中的案例失败之处是演示者把 PowerPoint 当作了 Word 来使用，过多的文字不仅降低观众的注意力，还会使观众产生烦躁的感觉。所以请记住，PowerPoint 是对主题的归纳和总结，不是电子文档，不宜出现大面积的文字。

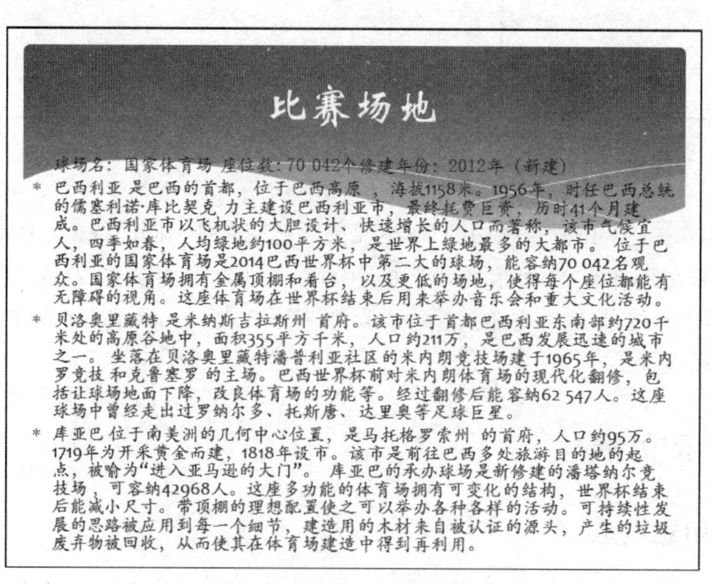

图 5.6　文字过多

图 5.7 中的案例忽视了文字的易见度，文字配以相似颜色的背景色时，将大大降低文字的清晰度和可见度，所以文字的颜色要与背景色有所区别。

图 5.8 中案例一眼看过去有眼花缭乱的感觉，文字的颜色过多，缺乏主色调。

图 5.9 中的案例比前面三个案例好了很多，但是看起来总会让人觉得不舒服，这是因为正文部

图 5.7　文字易见度低

分,文字和图片的布局不合理,无法达到视觉平衡。

图 5.8　版面缺乏主色调

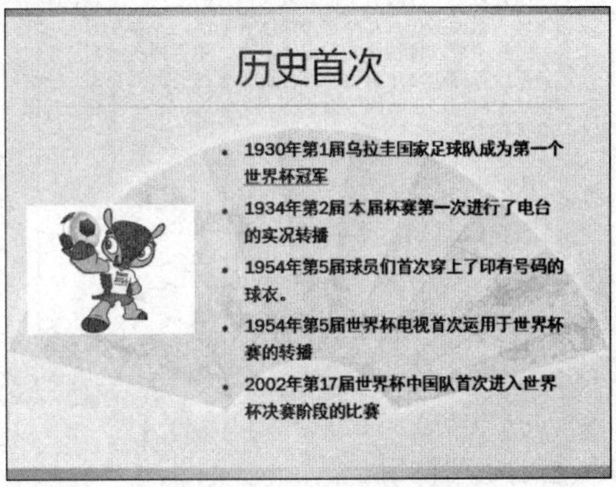

历史首次

- 1930年第1届乌拉圭国家足球队成为第一个世界杯冠军
- 1934年第2届 本届杯赛第一次进行了电台的实况转播
- 1954年第5届球员们首次穿上了印有号码的球衣。
- 1954年第5届世界杯电视首次运用于世界杯赛的转播
- 2002年第17届世界杯中国队首次进入世界杯决赛阶段的比赛

图 5.9　文字和图片的布局不平衡

2. 文字和图片的设计

1）字体的选择

- “黑体” 较为庄重,可以用于标题或需要特别强调的区域。
- “宋体” 较为严谨,更适于 PowerPoint 正文使用。从计算机的显示系统来看,该字体显示也最清晰、对比好。
- “隶书” 和“楷体” 源于书法,有一定的艺术特征,起到画龙点睛的作用。
- 使用“粗体”“阴影”“下划线”强调文字,但不可大段使用。

2）字号的选择

- 幻灯片题目字号适合为 32～44pt,正文字号适合为 18～32pt。
- 各级正文文字中,每两个相邻级别字号不要相差太大,最好在数值上相差小于 4。

3）字体颜色的选择

- 同一版面中,文字的颜色不宜超过三种,分别用在主题、正文、强调,其中强调部分的文字建议使用红色。
- 文字的颜色要与背景色区别开来,但是不宜使用强对比色,如图 5.10 所示同一条直线上的颜色为强对比色。因为文字本身数量较多,密密麻麻,如果使用强对比色会在人眼中产生残影,影响文字的阅读。

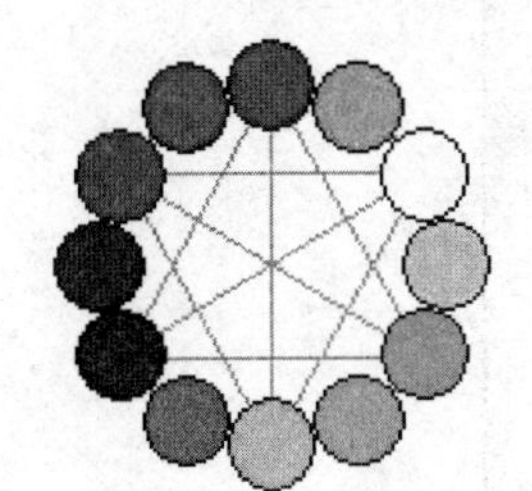

图 5.10　色环图

• 为了提高文字的易见度，还要充分考虑色彩的前进性和后进性。当观察红，橙、黄、绿、青、蓝、紫、灰、白色时，首先跳入眼帘的是红、黄、橙、白 4 种颜色，因为这四种颜色明度高，纯度也高，给人一种前进的感觉，所以叫作前进色，相反剩下的颜色后进入人的眼帘，成为后进色。这就是颜色的前进性和后进性，多用后进色做背景，前进色则不宜做背景色。

4）调整行数和行距

• 一张幻灯片上的文字内容最好控制在 7 行以内。

• 行距太小，不仅降低了文字的易读性，也降低了美观性，理想的行距设置为 1.1～1.25 倍。

5）文字的组织

文字正文部分若采用叙述文体组织语言，则字数会增加、字号就要减小。很容易使观众产生烦躁的感觉，如图 5.11 所示。有效的办法是采用描述性的语言来组织文字，将正文分成 4～6 个段落，每个段落 4～6 个的中心词，如图 5.12 所示。这样可以使正文简洁明了，有效传达信息。

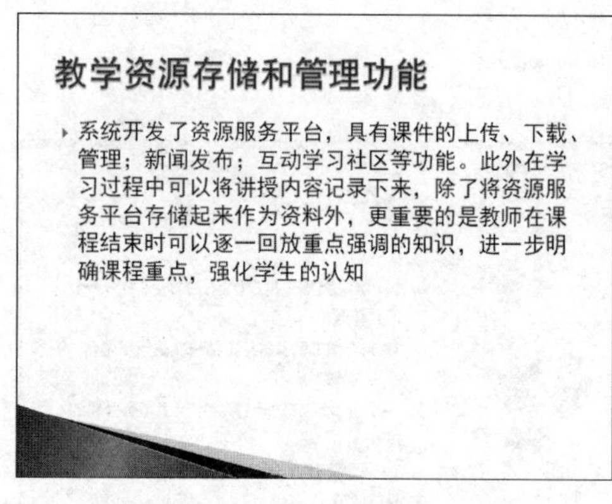

图 5.11 叙述性的文字组织

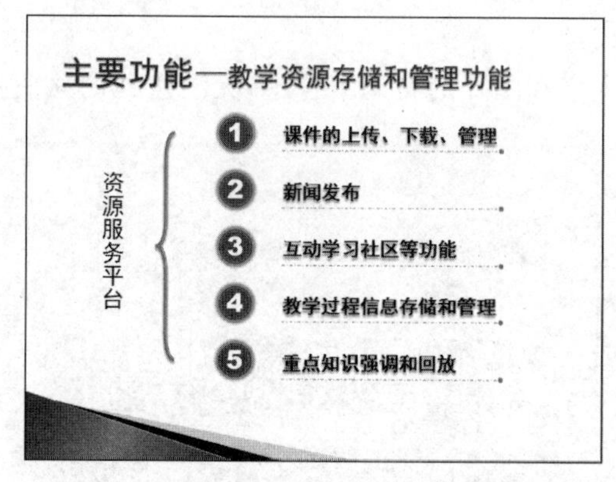

图 5.12 描述性的文字组织

6）艺术字的使用

艺术字有较强的装饰效果，但其易读性比较差，因此只适合于装饰性内容，不适合在信息量较大的正文中使用。

7）灵活使用文本框

文本框是使演示文稿排版起来得心应手的利器，它能自由拖放到幻灯片的任何位置，使演示文稿的版面看起来更加生动。文本框和填充色的搭配使用，可以使文字美观、易读，如图 5.13 所示。

图 5.13 使用多个文本框进行排版

8）文字和图片的布局

一幅幻灯片的主要组成元素包括底色、标题、正文文字、醒目文字(突出显示或起装饰作用的文字)、图像、动画和视频等。不同类型的元素在人们潜意识里产生的心理重量是不一样的,心理重要越大的元素对人的吸引力就越大,越容易引起人们的注意。一般说来,不同元素的心理重量满足下面关系式(符号"＜"表示前者的心理重量小于后者)：底色＜正文文字＜醒目文字＜标题＜图像＜动画和视频。

图 5.14　好的文字布局

在上述关系式的指导下,所谓保持"视觉平衡",就是要将幻灯片中各元素的相对位置安排得尽量合理,以使得幻灯片左、中、右三个部分的心理重量基本相当。例如,图 5.9 中图像位于幻灯片左侧,正文位于幻灯片右侧。虽然正文面积较大,但图案和图像的心理重量远大于正文,看上去,整幅幻灯片向左倾斜的趋势就非常严重。

在图 5.14 中,将正文移动到左侧,将图像移动到右下角,以平衡和削减幻灯片中的不稳定因素。经过这样的调整,幻灯片画面看上去就协调和稳定,给人一种轻松、愉悦的感觉。

3. 表格与图表的设计

在演示文稿中使用表格的目的是为了把希望表达的演示内容一目了然地展现在观众面前,帮助其理解。因此,表格设计的关键就在于能使观众迅速把握表格内容。比起表格与文字,图表能更形象地展示设计者想要表达的内容。制作图表的关键在于了解需要向观众传达的内容,并选择能最有效表达该内容的图表类型。

因此,在演示文稿中使用表格与图表并不是简单地插入,更重要的是设计出最恰当的表现形式,把最想表达的内容清晰地呈现在学习者的面前。

1）表格的设计

表格适用于罗列最基本的数据资料。在 PowerPoint 中插入和管理表格的方法基本和 Word 中的操作类似。但与 Word 不同的是：PowerPoint 幻灯片中的表格不宜太复杂,一张表格的大小最好能控制在 7 行、7 列以内,因为过多的数据挤占在一张幻灯片里必然会影响信息的正常传递。

为了更加突出不同行数据间的对比,可以采用以下两种常用的方法对表格进行美化设计。

(1) 每行的文字采用不同的颜色：对不同行的字体设置成不同的颜色,使每行之间的信息加以区别,让传递的信息更加一目了然。

(2) 每行表格的底色采用不同的颜色：如图 5.15 所示,每行表格的底色采用不同的颜色使呈现的信息较第一种方法更加美观和明了。

2）图表的设计

除了表格外,在演示文稿中还可以借助于图表直观、形象地展示数据内容,揭示隐藏在数据背后的规律。常用的图表类型有柱形图、折线图和圆饼图。

簇状柱形图(图 5.16)适于展示不同数据项间的对比关系,而堆积柱形图则适于展示特定类别中各数值间的比例关系。

数据点折线图既可以展示数据的变化规律,也可以精确地展示特定数值的大小,而三维折线图则更适合于对比展示不同数据项的演变趋势。

饼图最适合展示各数据项在总和中的占比,或展示整体与部分之间的关系,而分离型三维饼图则适于强调某一个或几个数据项在数据总和中的占比。

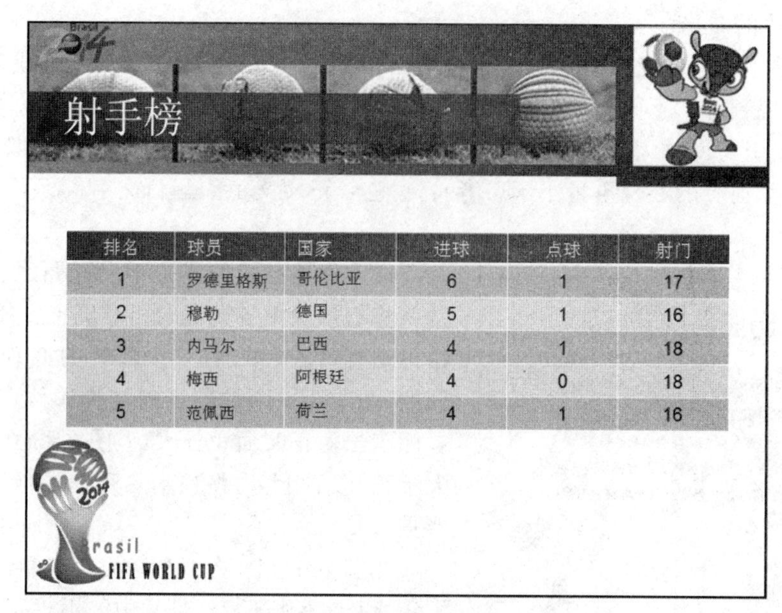

图 5.15　行间底色采用不同的颜色图

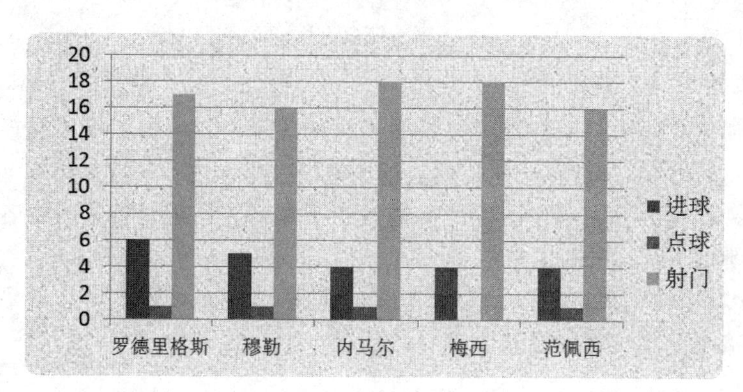

图 5.16　簇状柱形图

4. 超链接的种类

1）链接到本文档中的位置

链接到本文档中的位置是指通过给文字、图片等对象添加超链接，可以实现文档内任意幻灯片之间的跳转，利用此种链接可以实现很好的导航、跳转功能。

2）链接到现有文件或网页

链接到现有文件或网页是指通过给图片或文字添加超链接，使其链接到相关的文件或网页。利用此种链接可以在不退出演示文稿放映的情况下，直接打开网页或现有文件（如 Word、Excel、视频等），当关闭网页或原有文件的时候，会回到演示文稿放映界面。这样的形式可以让使用者在放映演示文稿时更顺畅、方便。

3）链接到电子邮件地址

链接到电子邮件地址是指将链接指向电子邮件，浏览者可以直接通过单击相关的按钮、文字或图片给某人发电子邮件。该类型的链接使用较少。

5.2.3　插入新幻灯片

1. 启动演示文稿

新建一个演示文稿，在标题和副标题占位符中输入类似图 5.17 中的文字，选择字体和文字的颜色，制作出封面幻灯片。

2. 增加新幻灯片

在“开始”选项卡的“幻灯片”组中单击“新建幻灯片”按钮，列出若干版式供用户选择(图 5.18)，单击所列的其中某一种版式，即可在当前的演示文稿中添加一张套用了某种版式的幻灯片。版式套用分两种情形：当插入新幻灯片时，套用版式即可指定当前幻灯片所包含对象及其布局；对旧幻灯片套用版式时，则会调整已有对象的布局，并根据新版式补充对象。要更改现有幻灯片的版式，请在“开始”选项卡的“幻灯片”组中单击“幻灯片版式”按钮，从列表中选择新的版式即可。

图 5.17　制作标题幻灯片

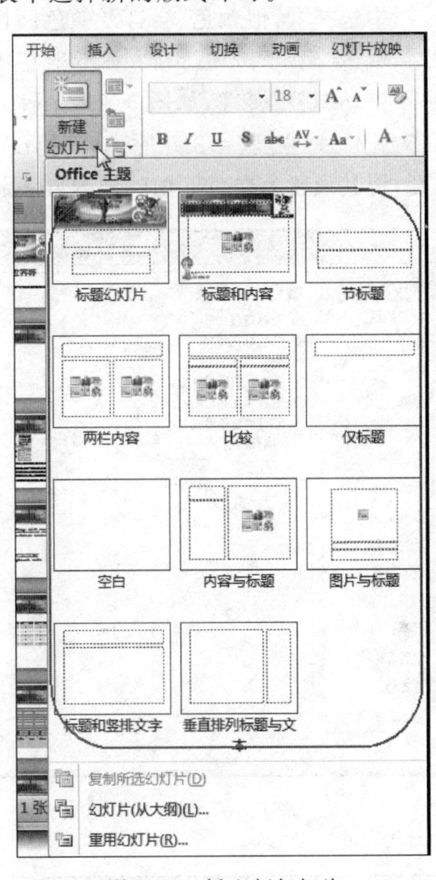

图 5.18　插入新幻灯片

小贴士：

(1) 在 Windows 系统安装 Microsoft Office 2010 软件后，可以选择下列方法之一来启动 PowerPoint 2010。

- 若桌面上有 PowerPoint 快捷方式图标，则双击。
- 执行“开始”→Microsoft office→Microsoft PowerPoint 2010 命令。
- 双击已有的 PowerPoint 文件名。

(2) 启动 PowerPoint 2010 后，会自动新建一个 PowerPoint 文档，且首张幻灯片的版式为文字版式中的“标题幻灯片”版式。所谓版式就是指幻灯片中各对象的布局。

5.2.4　插入文字和图片

1. 插入文字

下面完成第 2 张、第 3 张幻灯片的制作。

（1）新建幻灯片：在“开始”选项卡的“幻灯片”组中单击“新建幻灯片”按钮，选择“标题和内容”版式，插入一张新幻灯片，删除文本占位符，并在标题占位符中输入“世界杯集锦”。

（2）在“插入”选项卡的“文本”组中单击“文本框”按钮，选择“横排文本框”命令，在幻灯片的左上方拖曳鼠标，画出一个文本框，然后在文本框中输入“2014 世界杯小组赛 48 场赛事已打进 136 粒进球”并设置文字为“宋体”、16 号，两端对齐，最后调整文本框的大小和位置。

（3）右击文本框，选择“设置形状格式”命令可以对文本框的相关属性进行设计。打开的“设置形状格式”对话框，如图 5.19 所示。在左侧导航栏中选择“填充”，选中“纯色填充”单选按钮，然后从“颜色”下拉框中选择“其他颜色”会打开颜色面板，如图 5.20 所示。设置“红色”＝142、“绿色”＝180、“蓝色”＝227，单击“确定”按钮。在左侧导航栏中选择“文本框”，在“垂直对齐方式”中选择“中部对齐”，并选中“不自动调整”属性，如图 5.21 所示。在左侧导航栏中选择“大小”选项卡，设置文本框的“高度”＝3.5 厘米和“宽度”＝3.5 厘米，其他设置如图 5.22 所示，单击“确定”按钮。最后为了提高文字的易见度，将其设置为白色。用同样的方法制作其他三个文本框。

图 5.19　设置形状格式

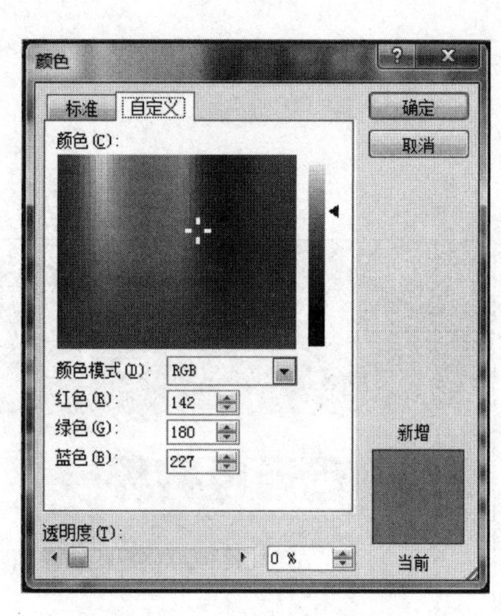

图 5.20　“颜色”对话框

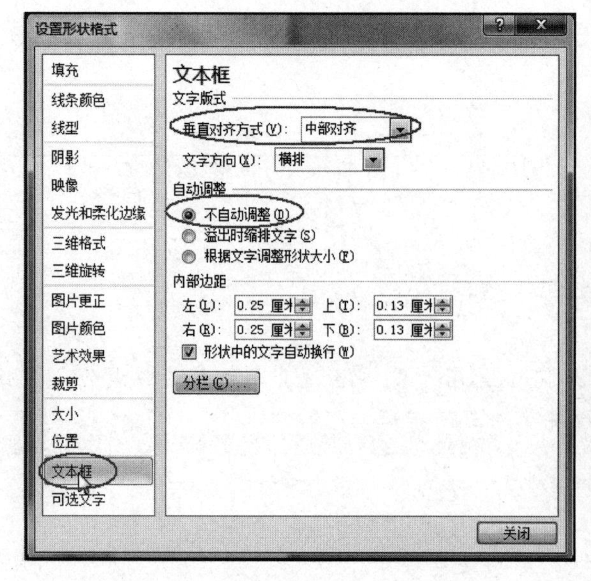

图 5.21　设置文本框文字的对齐方式

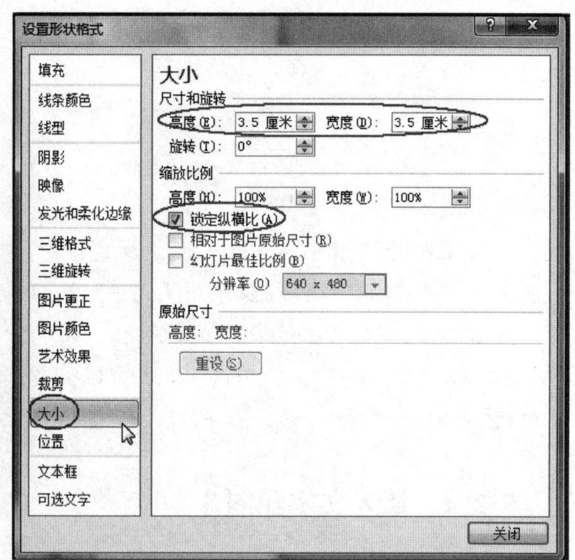

图 5.22　设置文本框的大小

(4) 按照图 5.23 所示调整好文本框间的相对位置，单击中间“精彩回放”文本框，在“绘图工具”“格式”选项卡的“排列”组中单击“上移一层”按钮并选择“置于顶层”命令。

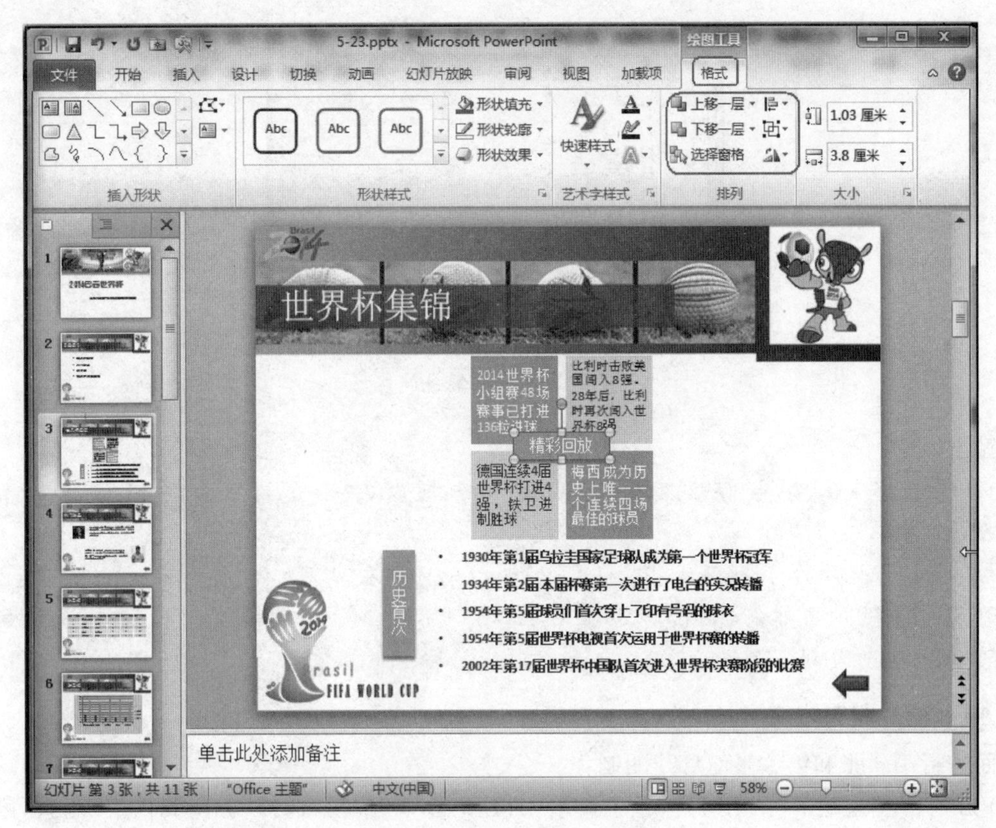

图 5.23　调整文本框的位置

(5) 在“插入”选项卡的“文本”组中单击“文本框”按钮，选择“垂直文本框”命令，在幻灯片的左下方位置拖曳鼠标，画出一个文本框，然后在文本框中键入“历史首次”的文字。其他操作与第三步相同。

(6) 插入一横排文本框，并输入相应的文字，每一句话要独占一行，并设置文字为“宋体”、15 号、加粗、左对齐。通过“开始”选项卡的“段落”组，打开“段落”对话框，设置行距为 1.5 倍行距，段前为 3.6 磅，如图 5.24 所示。

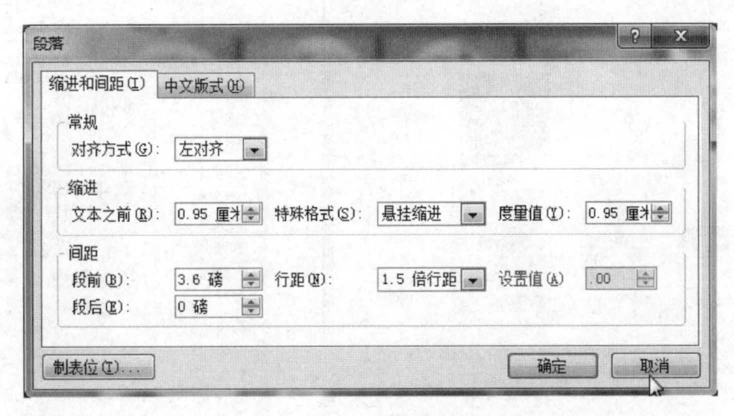

图 5.24　设置行距

(7) 选择所有文字，通过“开始”选项卡的“段落”组，添加项目符号，选择菱形为项目符号，在颜色下拉框中选择深蓝色，如图 5.25 所示。

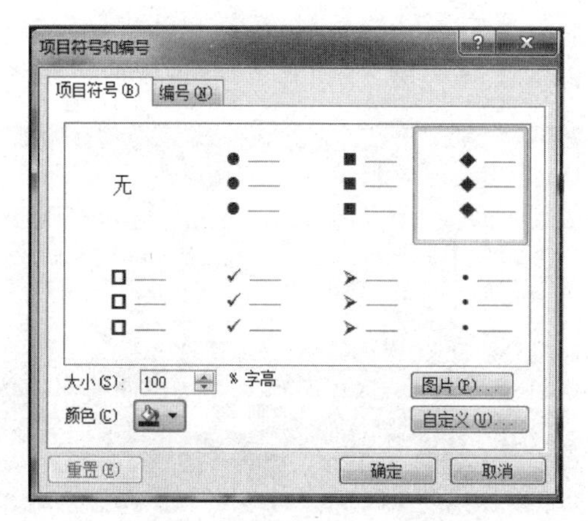

图 5.25　添加项目符号

小贴士：

(1) 对于文字字体、字号、字体颜色等的基本操作都可以在“开始”选项卡的“字体”组中完成，设置方法与 Word 相似。

(2) 要完成幻灯片的剪切、删除、复制、粘贴等操作，可以在窗口左侧“视图窗口”中，直接右击要操作的幻灯片，在弹出的快键命令中选择相应的操作。要移动幻灯片只要选中该幻灯片，按住鼠标左键，就可以拖动幻灯片到指定位置了。

2. 插入图片和艺术字

下面进行第 4 张和第 5 张幻灯片的制作。

(1) 在“开始”选项卡的“幻灯片”组中单击“新建幻灯片”按钮，选择“标题和内容”版式，删除文本占位符，并在标题占位符中键入标题文字为“世界杯吉祥物”。

(2) 在“插入”选项卡的“图像”组中单击“图片”按钮，打开“插入图片”对话框，如图 5.26 所示，打开文件夹，选择图片“透明吉祥物.tif”，单击“插入”按钮。然后右击吉祥物图片，在快捷菜单中选择“大小和位置...”，打开“设置图片格式”对话框，如图 5.27 所示，选择“大小”选项卡，输入“高度”＝9 厘米；“宽度”＝12 厘米，单击“确定”按钮，然后将图片拖动到合适的位置。用同样的方法在第 5 张幻灯片中插入 C 罗.jpg 和内马尔.jpg 两张图片，并调整大小和位置。

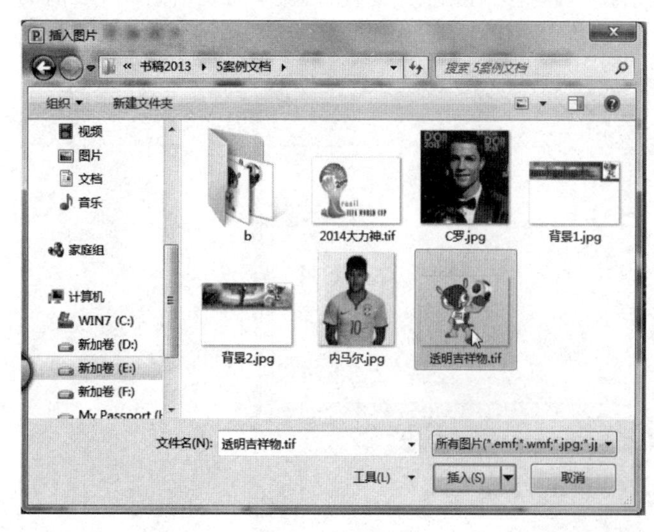

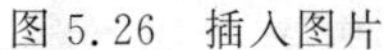

图 5.26　插入图片

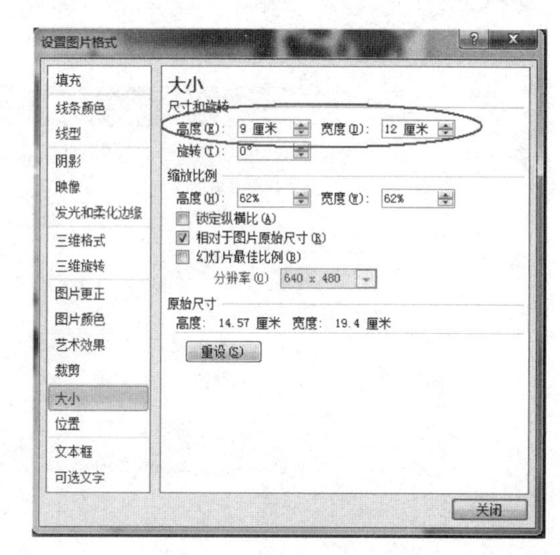

图 5.27　设置图片格式

(3) 依次插入两个横排文本框，并输入相对应的文字，并设置文字为“宋体”、18 号、左对齐。最后调整文本框的大小和位置。

(4) 在“插入”选项卡的“插图”组中单击“形状”按钮，从“标注”类别中选择“椭圆形标注”命令，如图 5.28 所示，然后在幻灯片中拖动鼠标，画出一个椭圆形标注。单击该标注符的尖端，会出现一个黄色的方形，拖动此方形到吉祥物足球上，如图 5.29 所示。通过设置形状对话框设置“线条颜色”，在其下拉列表中选择橙色，如图 5.30 所示。

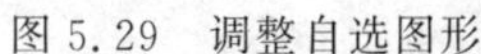

图 5.28　插入自选图形命令

图 5.29　调整自选图形

图 5.30　设置自选图形线条颜色

(5) 在“插入”选项卡的“文本”组中单击“艺术字”按钮，设置艺术字的方法和 Word 相同，输入“我叫犰狳”，如图 5.29 所示，单击“确定”按钮。最后调整艺术字的大小和位置。

5.2.5　插入表格和图表

1. 插入表格

下面进行第 6 张幻灯片的制作。

(1) 在“开始”选项卡的“幻灯片”组中单击“新建幻灯片”按钮，选择“标题和内容”版式，删除文本占位符，并在标题占位符中键入标题文字为“射手榜”。

(2) 在“插入”选项卡的“表格”组中选择“表格”→“插入表格”命令，打开“插入表格”对话框，输入“列数”=6，行数=6，单击“确定”按钮。在弹出的表格中输入对应的文字和数据，并适当调整文字的字体、大小，表格的大小位置。关于表格的基本操作，请看回 Word 中相关操作，这里不重复介绍。

(3) 选择表格，通过“表格工具”“设计”选项卡下的各组功能区，可以直接套用表格样式，本案例选择了“中度样式 2-强调 3”样式，如图 5.31 所示。

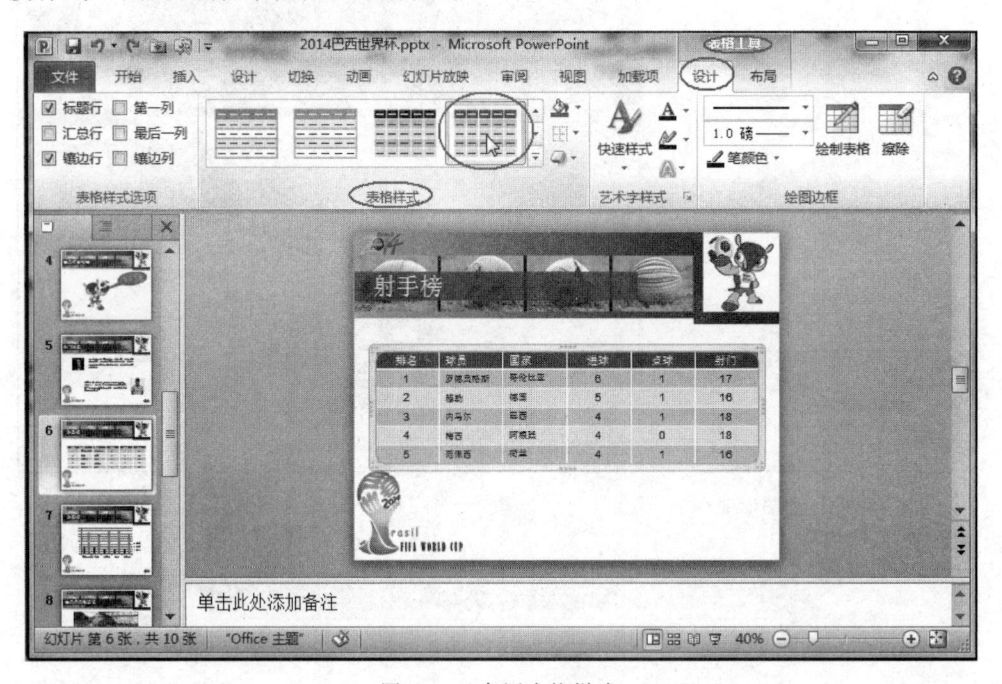

图 5.31　套用表格样式

(4) 通过“表格工具”“布局”选项卡下的各组功能区，对表格进行一系列的美化操作。例如对齐方式的设置等。

2. 插入图表

下面进行第 7 张幻灯片的制作。

1) 创建图表

(1) 单击“插入”选项卡“插图”组中的“图表”按钮，在弹出的“插入图表”对话框中选择“柱形图”→“簇状柱形图”类别，如图 5.32 所示。随即系统会打开一个 Excel 表格。如图 5.33 所示。

(2) 编辑数据表。在打开的数据表中将数据更改为实际需要展示的数据内容，数据表的编辑如同 Excel 的操作，可以根据需要增加或删除单元格，并对单元格的数据进行修改。在本例中，其数据表如图 5-34 所示。

对数据表的编辑完成后，关闭 Excel，马上就可以看到工作区中显示了如图 5.35 所示的图表。

2) 设置图表

(1) 设置坐标轴格式。在图表坐标轴上右击，在弹出快捷菜单中选择“设置坐标轴格式”命令，打开“坐标轴格式”对话框，如图 5.36 所示。

(2) 设置绘图区格式。在图表中右击，在弹出快捷菜单中选择“设置绘图区格式”命令，打开“设置绘图区格式”对话框，如图 5.37 所示。

(3) 设置数据系列格式。将光标移动到方柱上右击，弹出快捷菜单，选择“设置数据系列格式”命令，打开“设置数据系列格式”对话框，如图 5.38 所示。

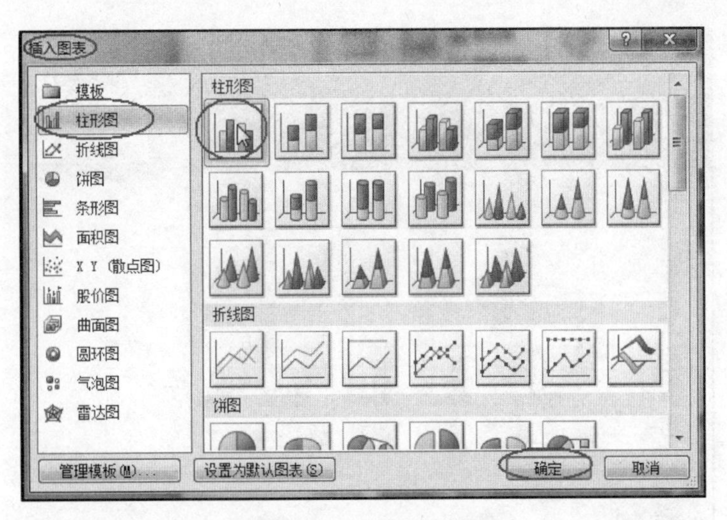

图 5.32 选择图表类型

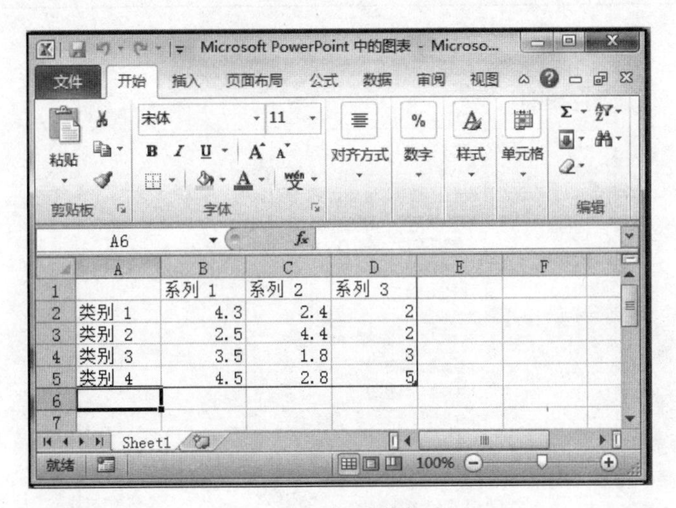

图 5.33 打开数据表

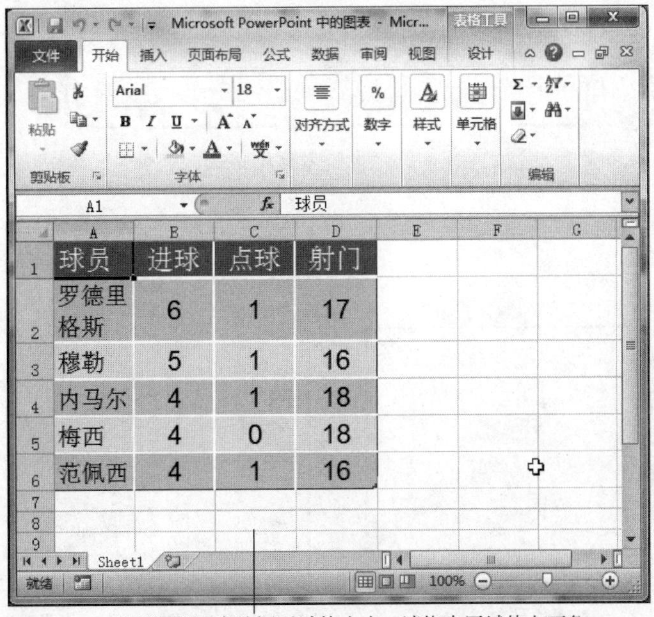

图 5.34 数据表的编辑

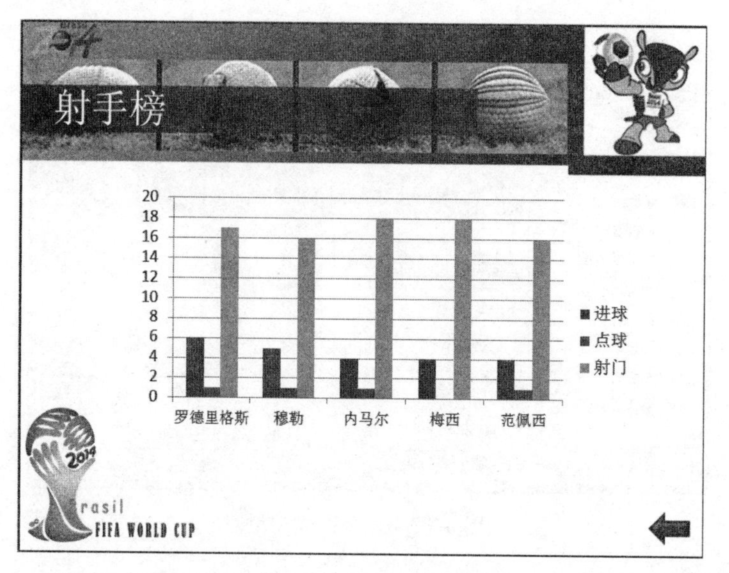

图 5.35　插入图表

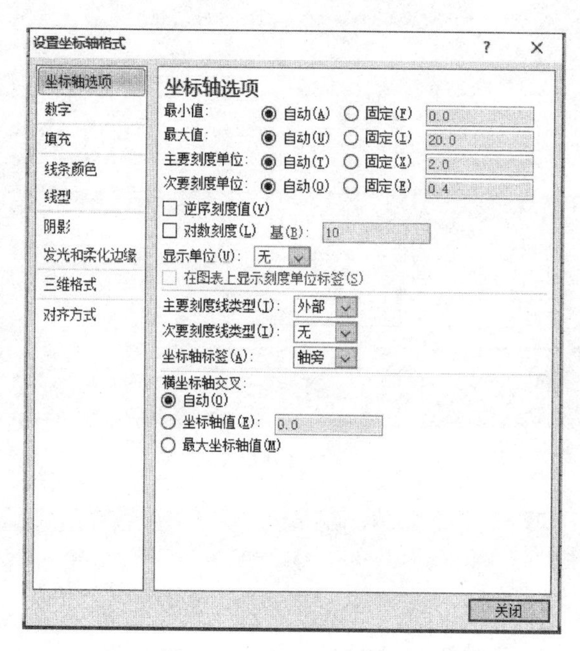

图 5.36　设置坐标轴格式

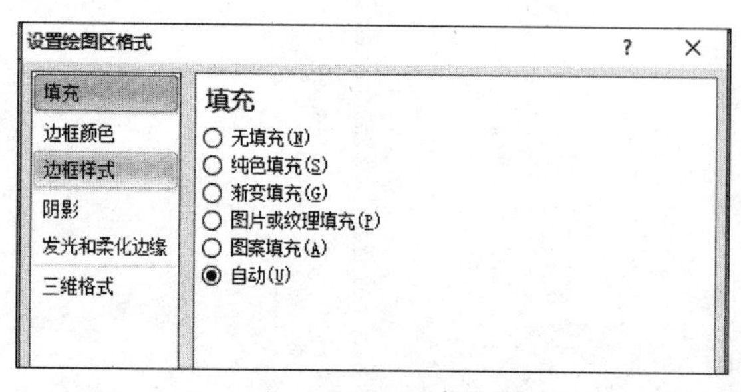

图 5.37　设置绘图区格式

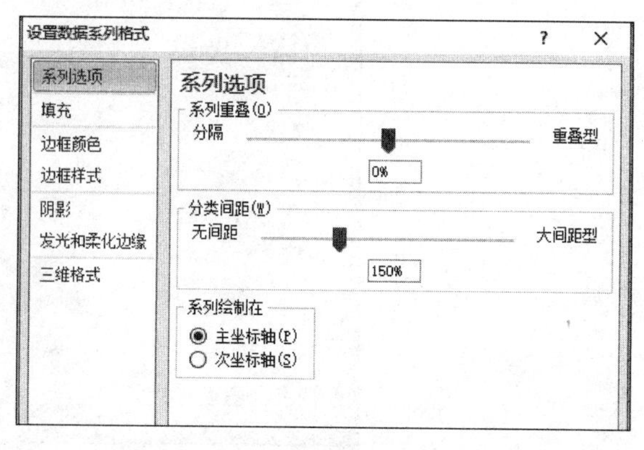

图 5.38　设置数据系列格式

5.2.6　插入多媒体文件

1. 插入声音

单击需要插入音频的幻灯片，按如下步骤操作。

(1) 插入背景音乐：在“插入”选项卡的“媒体”组中单击“音频”按钮，从列表中选择“文件中的音频”，会调出“插入音频”对话框，如图 5.39 所示。找到声音文件，插入，在当前幻灯片中会出现一个喇叭图案和音乐播放条，如图 5.40 所示。用鼠标拖动该小喇叭到幻灯片的右下方。

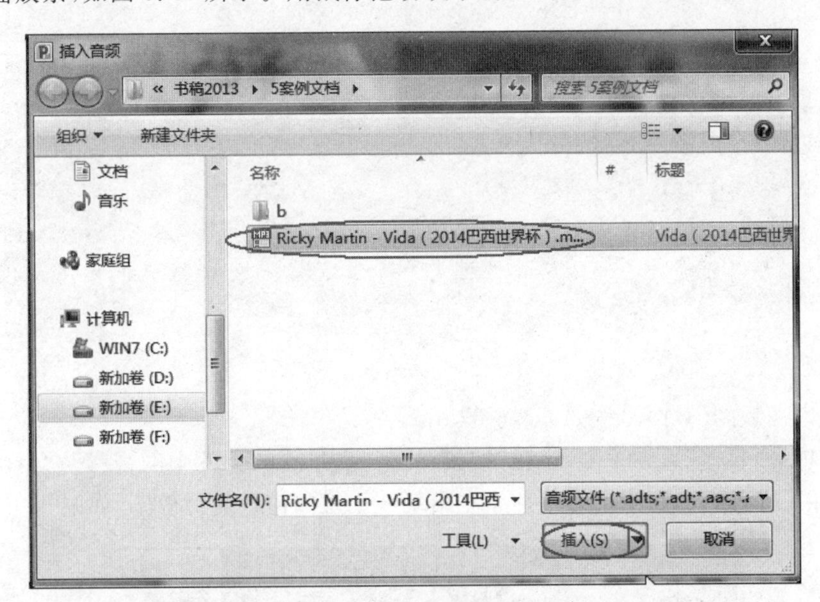

图 5.39　选择背景音乐

图 5.40　插入音乐

(2) 设置背景音乐播放参数：在插入声音后，通过“音频工具”“播放”选项卡的“音频选项”组设定音乐是自动播放还是单击才开始播放，播放时是否需要隐藏喇叭等，如图 5.41 所示。

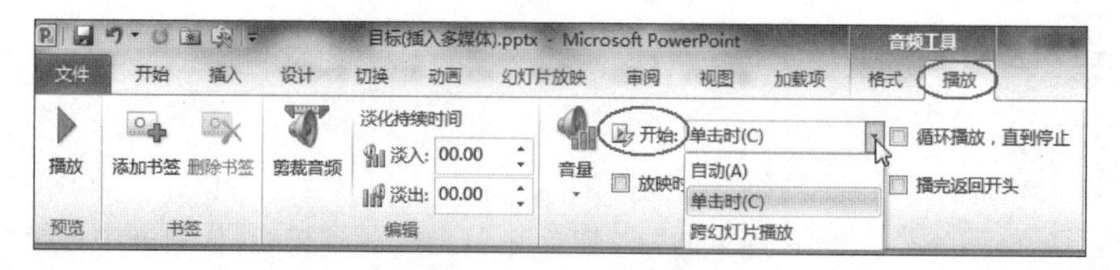

图 5.41 设置播放模式

小贴士：

(1) 如果 PowerPoint 演示文稿中需要插入多媒体元素，则必须先将该多媒体素材存放在与演示文稿相同的目录中。因为多媒体元素并不会嵌入 PowerPoint 文件中，而是链接在 PowerPoint 文件中，为了保证链接路径的完好一致性，必须进行这样的操作。

(2) 虽然 PowerPoint 的剪辑管理器中也内置了一些声音文件，当一般说来，在制作演示文稿时最好事先准备好背景音乐文件，这样能和演示文稿的主题配合得更加完美。PowerPoint 中可以插入多种格式的声音文件，可以先通过音频编辑软件把背景音乐处理好，然后把音乐文件放在与该演示文稿同一个目录中。

2. 插入视频

单击需要插入视频的幻灯片，按如下步骤操作。

在"插入"选项卡"媒体"组中单击"视频"按钮，从列表中选择"文件中的视频"，会打开"插入视频"对话框，找到视频文件，插入，在当前幻灯片中会出现一个视频窗口和播放条，如图 5.42 所示。

图 5.42 插入视频

需要再次提醒，视频、音频文件存放的路径必须与演示文稿存放在同一个目录，这样才便于接下来的演示文稿发布操作。

5.2.7 插入超级链接

1. 链接到本文档位置

(1) 打开之前编辑的演示文稿，例如上述文档，单击第 2 张幻灯片。右击文字"世界杯集锦"，在弹出的快捷菜单中选择"超链接"命令，弹出"插入超链接"对话框。

(2) 在"插入超链接"对话框中，单击窗口左侧的"链接到"列表框中的"本文档中的位置"图标，选择超链接的目标幻灯片"3. 世界杯集锦"，如图 5.43 所示，单击"确定"按钮。用同样的方法可以完成其他行文字甚至图片的跳转。

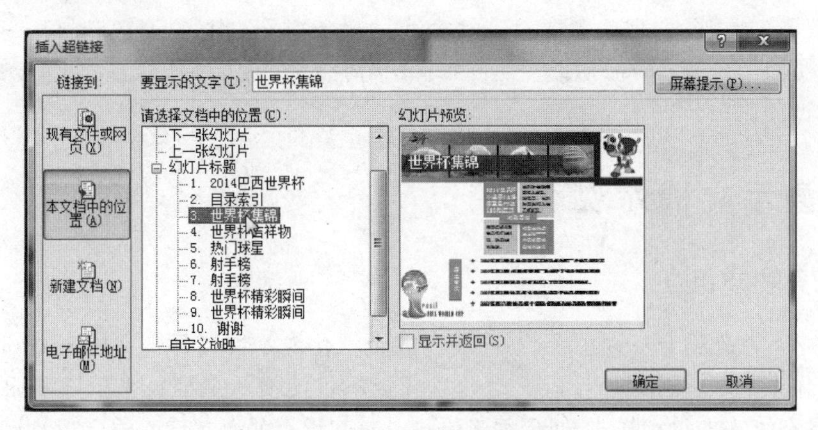

图 5.43　“插入超链接”对话框

2. 链接到原有文件或网页

如果需要链接到某个文件或网页，在“插入超链接”对话框中，在“链接到”列表框中单击“现有文件或网页”图标，在其右边选择需要链接的文件，最后单击“确定”按钮即可。如果要链接到网页，则直接在地址栏中输入要链接的网址即可。

小贴士：给文字设置超链接以后，文字会出现下划线，并改变字体颜色。当演示文稿放映时，单击该文字，打开超链接后，文字的颜色将会再次改变。但使用者经常会发现，设置超链接或打开超链接后的文字，文字的颜色与背景色相似，不易识别。为了解决这个问题，需要更改文字的颜色。

在“设计”选项卡的“主题”组中单击“颜色”按钮，在下拉列表中选择“新建主题颜色”选项，如图 5.44 所示。弹出“新建主题颜色”对话框，如图 5.45 所示，在这个对话框中可更改文本颜色、超链接颜色、已访问的超链接颜色等。例如在超链接项目左侧色板中，如果选择红色，那么幻灯片中超链接文本的颜色就更改为红色了。

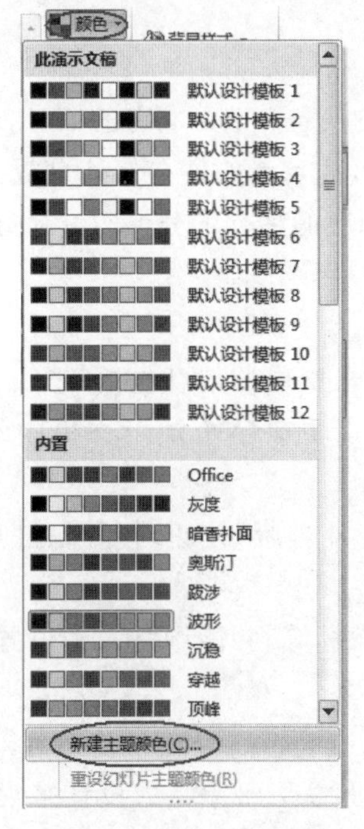

图 5.44　新建主题颜色

图 5.45　更改主题颜色

要制作精美、实用的 PowerPoint 演示文稿，插入文字、图片、表格和图标、视音频文件等对象是最基本的操作，但要做到美观、合理就需要对这些插入的对象进行精心的设计和布局——从文字的颜色、字体、大小到版面的色调、布局，所以在熟练掌握幻灯片对象插入操作的基础上，要反复练习，仔细体会演示文稿的设计原则。

5.3 美化演示文稿外观

5.3.1 任务和知识点

下面我们将学习制作适合不同主题，不同场合的个性化演示文稿外观。PowerPoint 提供了强大的个性化外观制作工具——幻灯片母板。幻灯片母板不仅使演示文稿披上了吸引眼球的个性化外衣，更使幻灯片具有统一的设计样式，便于编辑更改。本知识单元以制作出适合“2014 巴西世界杯”主题的演示文稿外观为例，如图 5.46 所示。

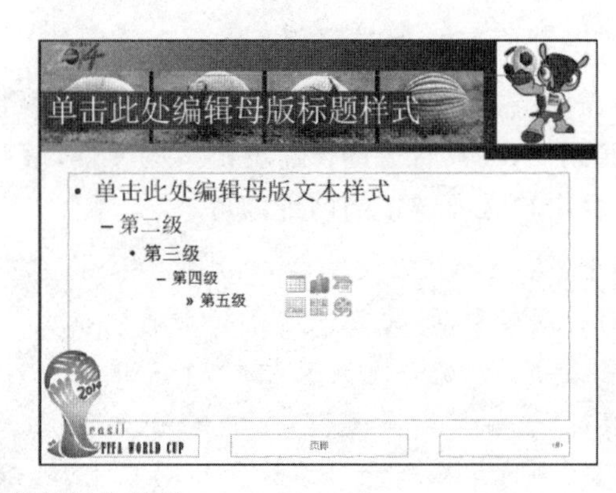

图 5.46 个性化幻灯片母版

5.3.2 基础知识

1. 母版

PowerPoint 为每一个演示文稿创建了一个母板集合，母版中的信息一般是共有的信息，改变母版中的信息可统一改变演示文稿的外观。例如，把公司的标志、网址、演示者的姓名等信息放到幻灯片母版中，使这些信息在每一张幻灯片中以背景图案的形式出现。母版的种类可分为幻灯片母版、讲义母版和备注母版几种。

1）幻灯片母版

幻灯片母版是存储模板信息的设计模板的一个元素。幻灯片母版中的信息包括字形、占位符大小和位置、背景设计和配色方案。用户通过更改这些信息，就可以更改整个演示文稿中幻灯片的外观。

在功能区切换到“视图”选项卡，在“母版视图”组中单击“幻灯片母版”按钮，打开幻灯片母版视图，如图 5.47 所示。

幻灯片母版可以插入应用于幻灯片正文的背景图片、页脚及徽标等，并能调整文本位置、指定文本样式。

2）讲义母版

因为讲义是打印版的纸质材料，比起插入背景图片使界面看上去华丽漂亮的设计来说，输入标题、添加徽标或页脚的简洁设计更为合适。

讲义母版是为制作讲义而准备的，通常需要打印输出，因此讲义母版的设置大多和打印页面有

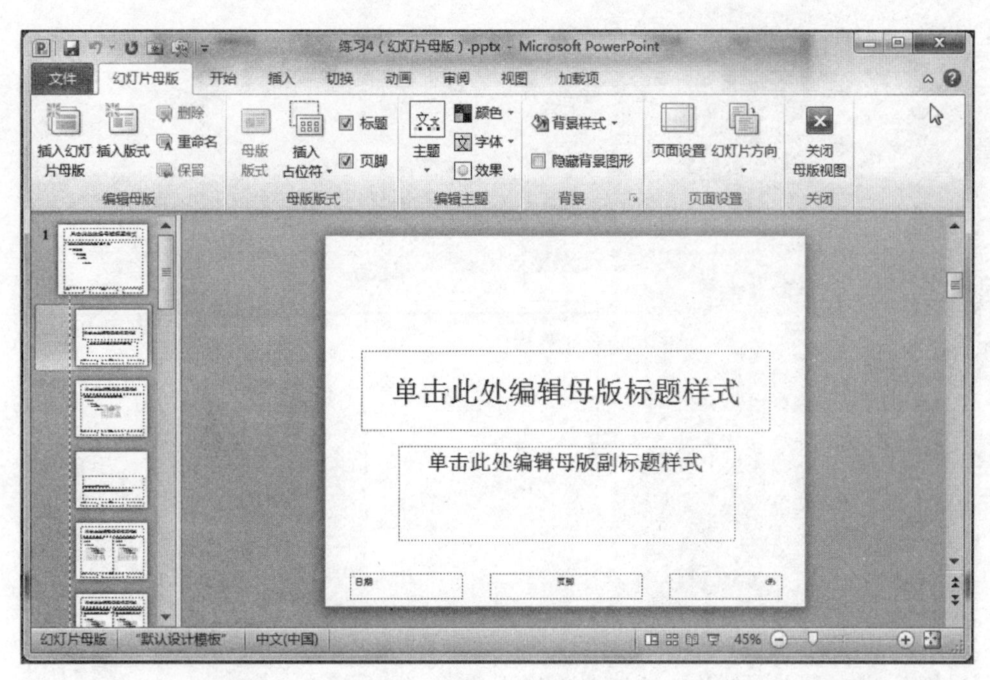

图 5.47　编辑幻灯片母版

关。它允许设置一页讲义中包含几张幻灯片，设置页眉、页脚、页码等基本信息。在讲义母版中插入新的对象或者更改版式时，新的页面效果不会反映在其他母版视图中。

在功能区切换到“视图”选项卡，在“母版视图”组中单击“讲义母版”按钮，打开讲义母版视图，如图 5.48 所示。

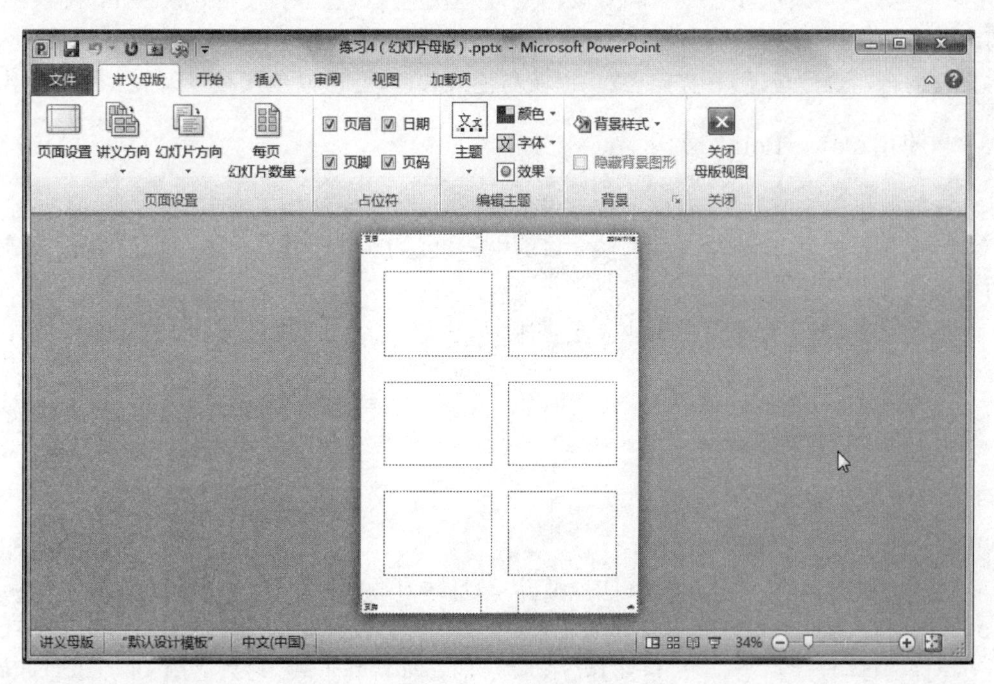

图 5.48　讲义母版

3）备注母版

在“视图”选项卡的“母版视图”组中单击“备注母版”按钮，打开幻灯片母版视图，如图 5.49 所示。对备注内容进行打印后，既可用作演示时的参考文稿，也可发放给观众作为讲义。与其他母版一样，备注母版也能编辑背景、字体及插入对象等。

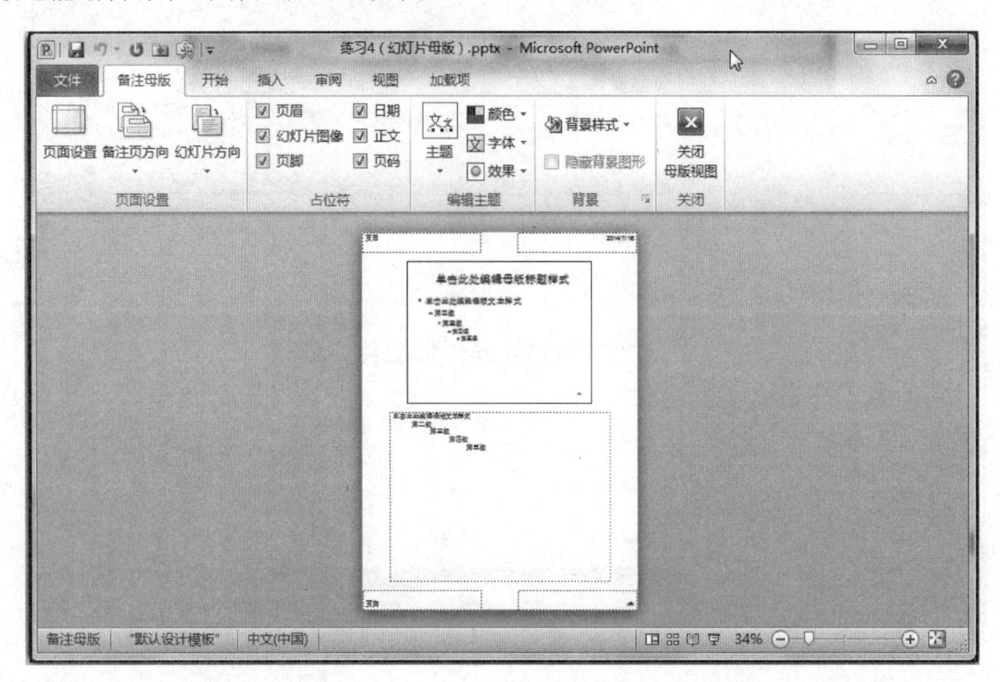

图 5.49 备注母版

2. 模板

模板是指预先定义好格式的演示文稿，是一张幻灯片或一组幻灯片的图案或蓝图。模板可以包含版式、主题颜色、主题字体、主题效果和背景样式，甚至还可以包含内容。PowerPoint 提供了多种不同类型的内置免费模板，也可以在 Office.com 和其他合作伙伴网站上获取数百种免费模板，当然还可以创建自己的自定义模板，然后存储、重用以及与他人共享，合理使用模板可以大大提升工作效率。

5.3.3 使用 PowerPoint 模板

通过已有的模板创建演示文稿，可以省却很多设计时间，大大加快了演示文稿制作的速度。

在“文件”选项卡中单击“新建”按钮，在窗口的中部出现了可用的模板和主题的列表，从列表中选择合适的模板即可。

在实际的使用中，当现有的模板无法满足需求时，我们可以自己设计模板，也可以在现有模板上进行修改以符合自己的实际需要。

5.3.4 自定义母板

1. 自定义演示文稿的背景

(1) 新建一张空白演示文稿。

(2) 在“视图”选项卡的“母版视图”组中，单击“幻灯片母版”按钮，于是进入了幻灯片母版编辑状态，如图 5.50 所示。现在可以开始设计母版了。

(3) 选择标题母版。“标题母版”是“幻灯片母版”的一种特殊形式，它只适用于“标题幻灯片版式”的演示文稿幻灯片(提示：图 5.50 所示左侧视图的第二张幻灯片为标题幻灯片，鼠标停留在该幻灯片时有提示)，在“插入”选项卡的“图像”组中单击“图片”按钮，选择首页背景图片所在的路径文件，单击“插入”按钮。

(4) 调整图片大小与幻灯片匹配，指向图片右击，弹出快捷菜单，选择“置于底层”选项，于是标题幻灯片的背景图就设计好了，如图 5.51 所示。

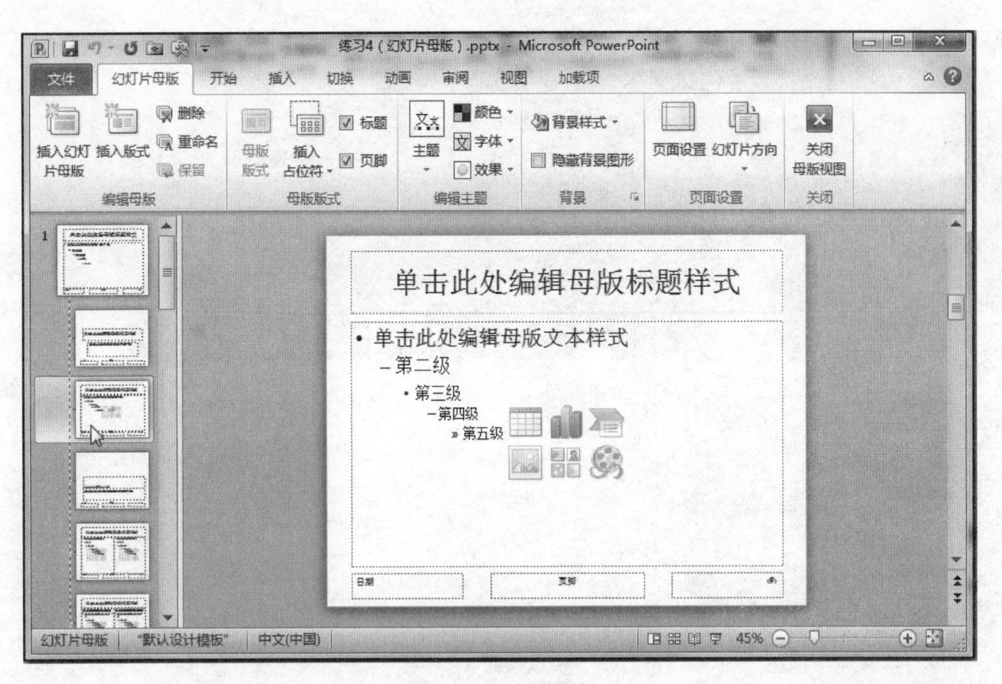

图 5.50　编辑母版

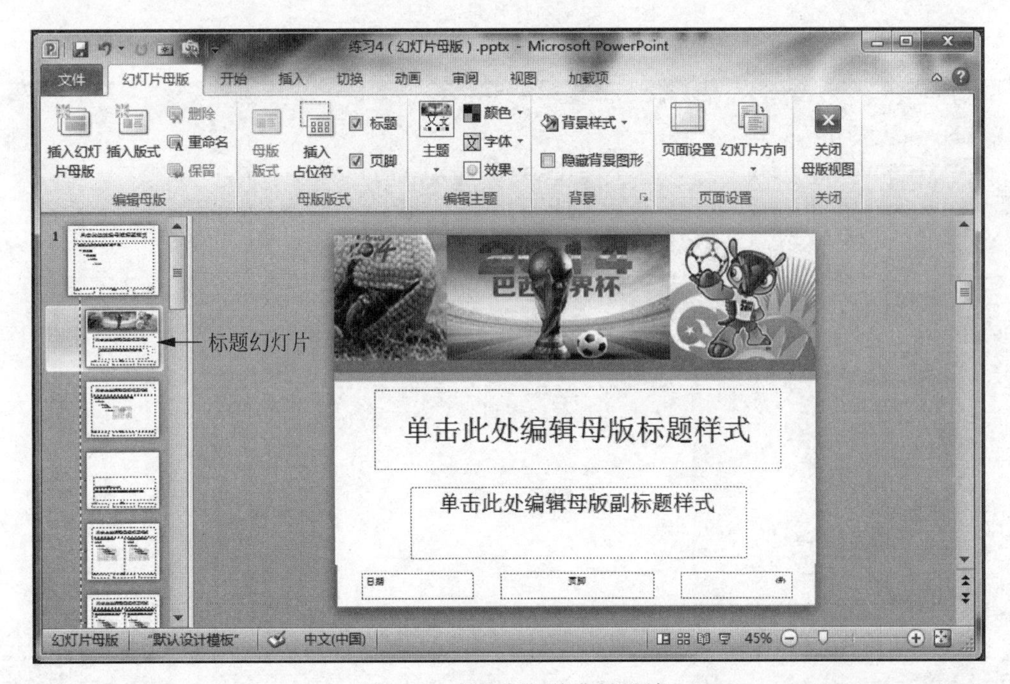

图 5.51　标题幻灯片背景设计

(5) 用同样的方法为幻灯片母版添加背景图片，适当调整占位符的位置，将标题文字改为白色，如图 5.52 所示。

(6) 如果想使用多个母版，那么可以继续设计更多的母版，在“幻灯片母版”选项卡的“编辑母版”组中单击“插入幻灯片母版”按钮，即可添加另外一组标题母版和幻灯片母版，继续进行设计，如图 5.53 所示。

2. 格式化演示文稿的文本

制作 PowerPoint 时，文字和布局的设计直接影响着幻灯片的信息展示效果。为了让 PowerPoint

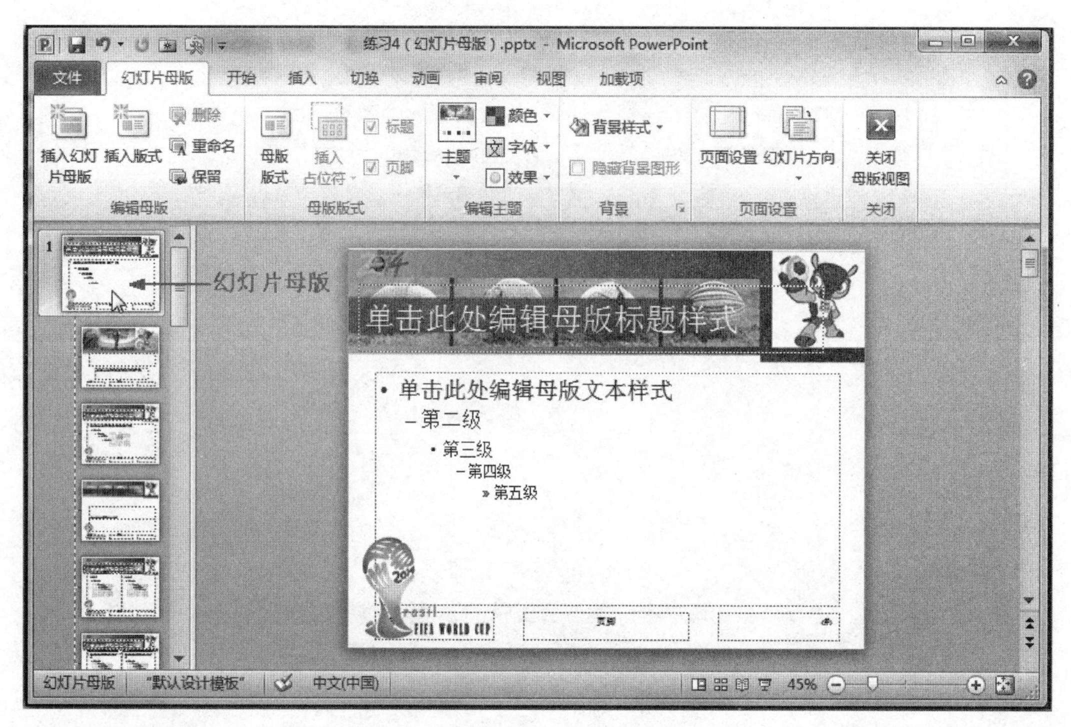

图 5.52　幻灯片母版背景设计

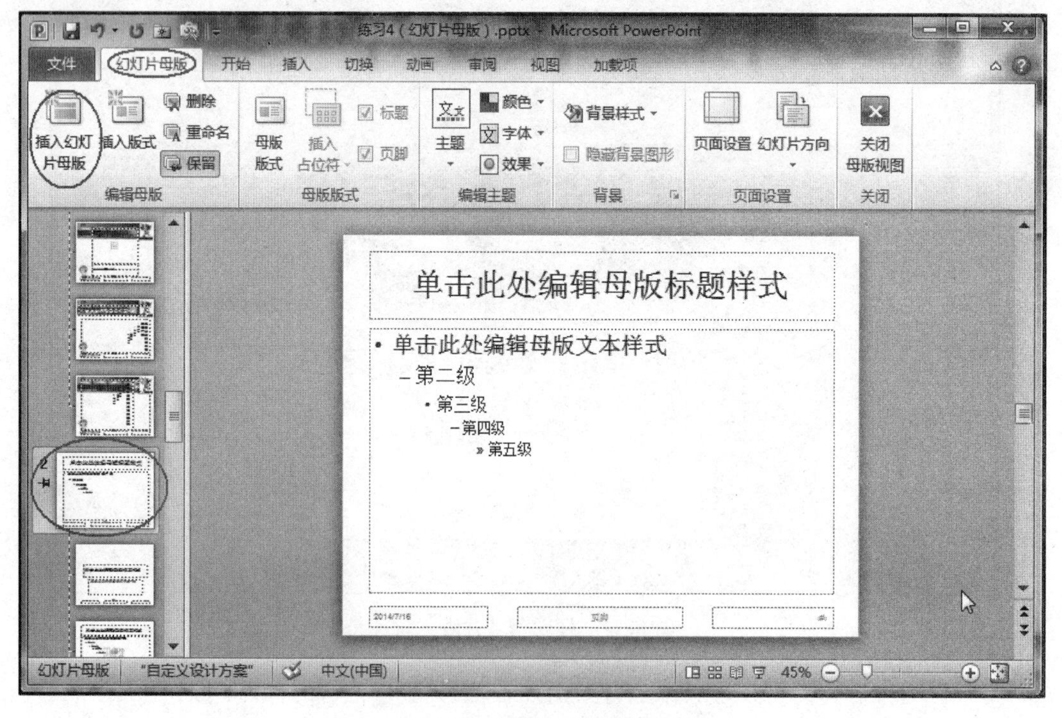

图 5.53　插入新母版

展示的信息更加醒目，必须对文本的位置、颜色、字体、字号进行修改，更加突出重要信息。

1）调整文本框的位置

幻灯片母版中自动生成的文本框与刚才插入的背景所预期的文本出现位置并不一致，如图 5.54 所示的幻灯片母版。故此，需要选中“母版标题样式”文本框与“母版文本样式”文本框，拖动到适合的位置，最终的效果如图 5.55 所示。使用同样的办法，调整幻灯片母版的文本框位置。

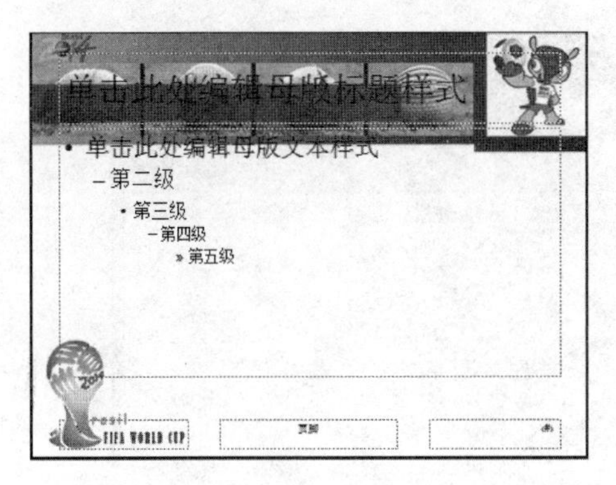

图 5.54　幻灯片母版自动生成的文本框图

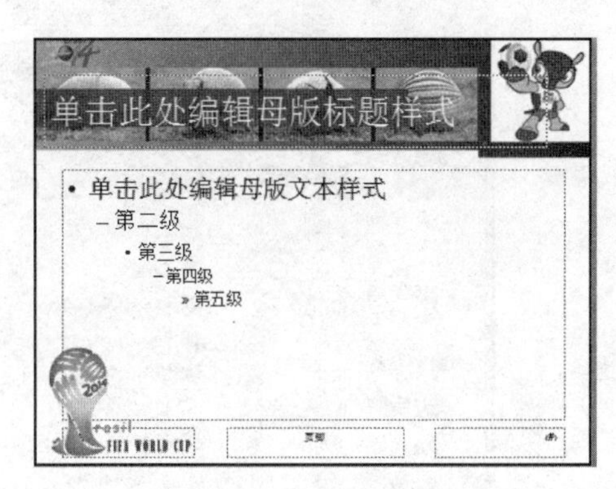

图 5.55　调整后的幻灯片母版文本框位置

2）调整文本的字体、颜色与字号

添加背景后，发现部分文字的格式需要调整，如图 5.54 所示，可通过“开始”选项卡的“字体”组对文本进行自定义，重新定义后的效果如图 5.55 所示。

母版都定义完后，可单击“关闭母版视图”按钮，返回到幻灯片设计界面中。

返回到幻灯片设计界面后，可以发现刚才所定义的母版样式会出现在“设计”选项卡“主题”组的最前面，如图 5.56 所示。

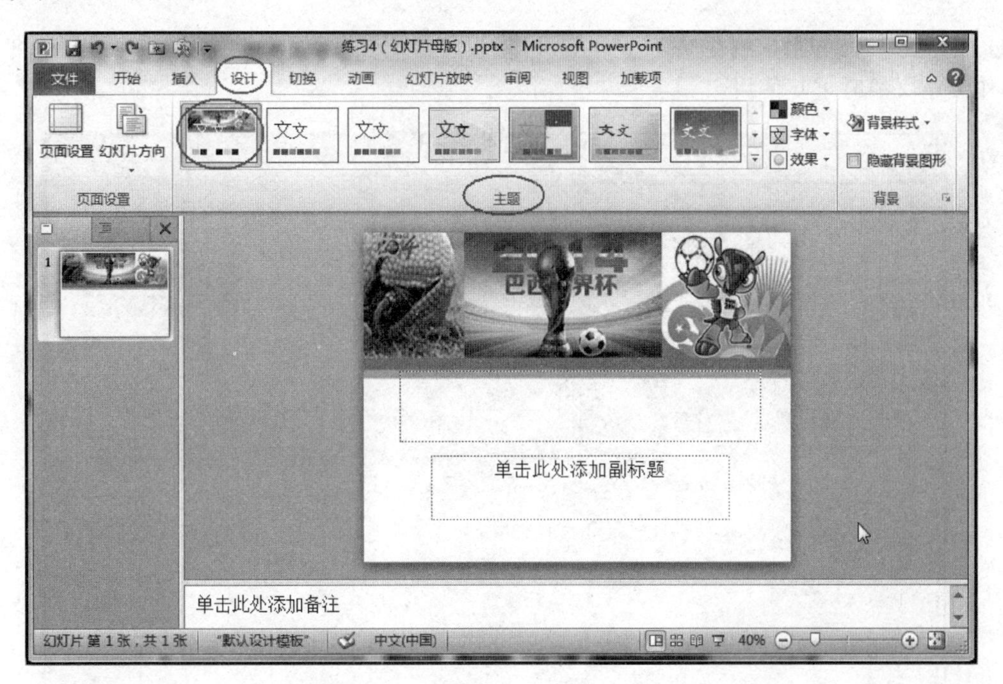

图 5.56　自定义母版出现在“主题”组中

在“主题”组中还可根据需要套用不同主题使 PowerPoint 外观变得美观、生动，而且随需应变。把鼠标停留在某个主题上，即可预览套用后的效果。

如果对刚才所设计好的母版满意，并想该母版能应用到日后新设计的演示文稿中，则可以把母版保存为演示文稿设计模版。其操作步骤如下。

(1) 选择“文件”→“另存为”命令，弹出“另存为”对话框，在该对话框中，选择保存类型为“PowerPoint 模板(*.potx)”，输入文件保存名称“世界杯”，如图 5.57 所示。

(2) 单击“保存”按钮完成保存后，模版会自动存放在如图 5.57 所在的位置，该文件夹统一存放着 PowerPoint 的模板。

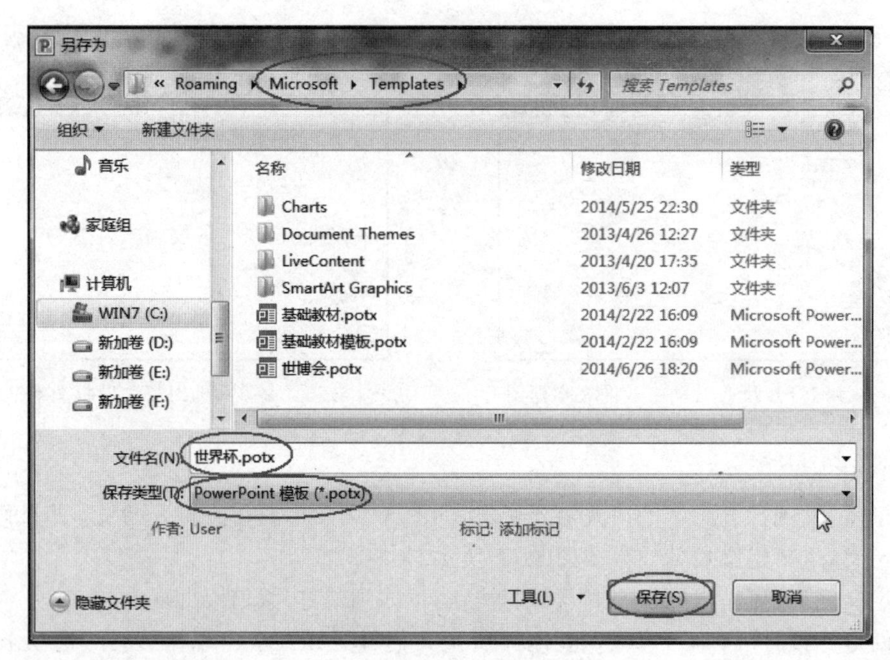

图 5.57 保存为模板

(3) 当新建文件的时候,刚存放好的“世界杯”模板将出现在“我的模板”类别中,如图 5.58 所示,可供再制作演示文稿时重复使用。

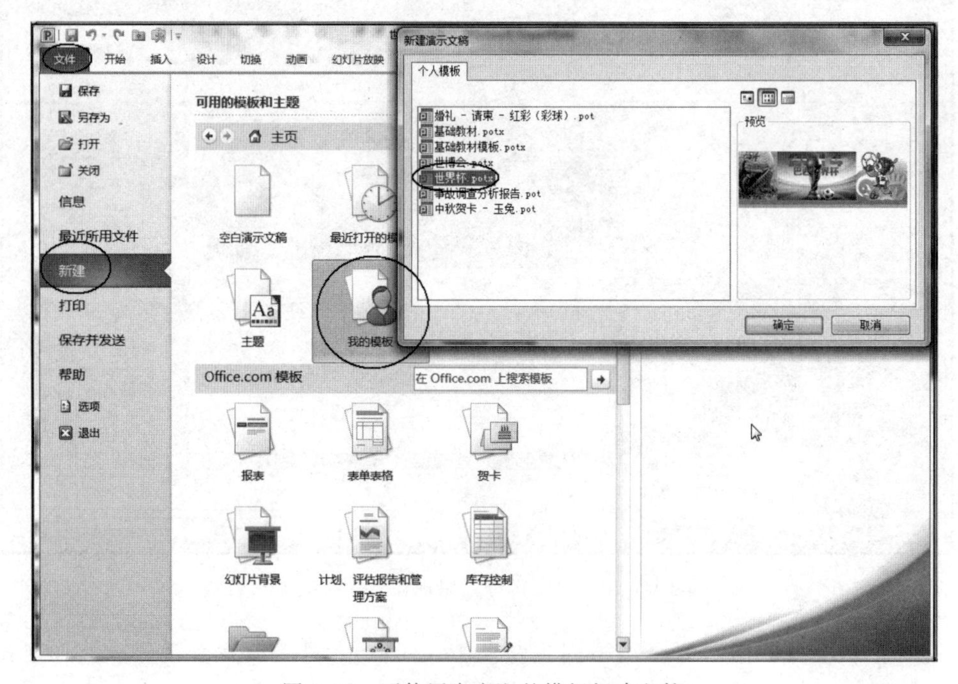

图 5.58 可使用自定义的模板新建文件

5.3.5 套用主题

1. 套用模板

新建一个 PPT 文档,或者打开一个已有的文档,在“设计”选项卡的“主题”组中可以看到已经安装了的所有的模板,如图 5.59 所示单击右边的下拉箭头,会看到更多,喜欢哪个,就选择哪个吧! 当前的演示文稿就快速地套用了一个模板。

2. 应用多个幻灯片模板

用第一种方法，幻灯片只能应用同一种模板，如果觉得整个幻灯片都用同一个模板有点单调，那么可以给演示文稿中的幻灯片选用各种模板：在“普通”视图下选中要应用模板的幻灯片（如果有多个幻灯片要应用同一模板，则可以按住 Ctrl 键逐个选择），再将鼠标指向“设计”选项卡“主题”组中显示的某个模板，单击右侧的下拉按钮打开菜单，如图 5.60 所示，选择其中的“应用于选定幻灯片”即可。

图 5.59 模板列表

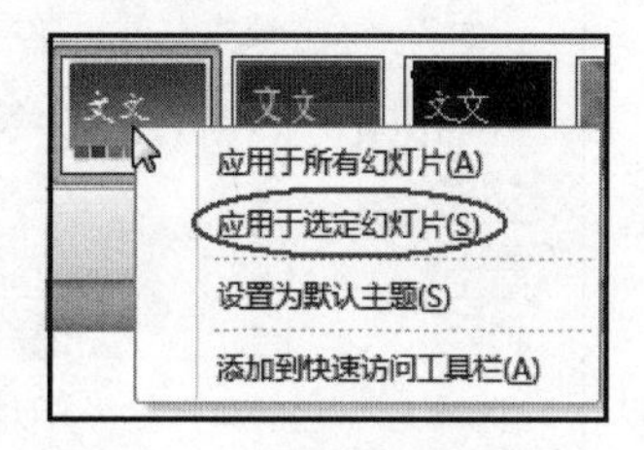

图 5.60 应用于选定幻灯片

3. 快速使用其他的幻灯片模板

首选打开希望更改模板的演示文稿，然后在“设计”选项卡的“主题”组中，单击下拉箭头，单击“浏览主题”。然后就可以在弹出的“选择主题或主题文档”对话框中选择想要借用的模板文件 POTX 或者是 PPTX、PPS 文件。模板即可套用在当前演示文稿中。

4. 将外部模板安装为 PowerPoint 内部模板

模板是以文件的形式存放的。因此，如果从网上或光盘上找到一些 PPT 模板，只要把它们复制粘贴到安装目录 Microsoft\Templates 文件夹下即可。

5.3.6 小结

演示文稿的模板就像是橱窗里的衣服，当我们出席不同的场合、参加不同主题的宴会时，就需要换上不同的衣服。但是幻灯片的内置模板却不足以满足这样的需求，因此要自己动手设计这些个性化的模板，就像专门订制一些场合的衣服一样。用这样的模板作为演示文稿的外观，不仅美观、个性，更贴切主题、场合。当然为了表现衣服主人的某些特质，可以加入特有的标志，例如校徽、电子邮箱、网址等。除此之外，模板可以统一整个演示文稿的样式和风格，例如可以在幻灯片母版中一次设置所有幻灯片中标题栏的字体、大小、动画效果等。因此，多做几套模板保存起来，以备不时之需是很有必要的。

5.4 放映演示文稿

5.4.1 任务和知识点

适当的动画效果不仅可以让演示文稿生动活泼，还可以控制演示流程并重点突出关键信息。动画效果的应用对象可以是整个幻灯片、某个画面或者某一幻灯片对象(包括文本框、图表、艺术字和图画等)。不过应该记住一条原则,那就是动画效果不能用得太多,而应该让它起到画龙点睛的作用;太多的闪烁和运动画面会让观众注意力分散甚至感到烦躁。

5.4.2 基础知识

幻灯片动画方案包括页与页之间切换的动画和同一页不同对象中的动画两种不同形式。

1. 幻灯片切换动画

幻灯片切换效果是指从上一张幻灯片切换至下一张幻灯片时采用的效果,目的是在幻灯片切换时吸引观众的注意力,提醒观众新的幻灯片开始播放了。幻灯片切换效果可在"切换"选项卡的"切换到此幻灯片"组中进行设置,如图 5.61 所示。

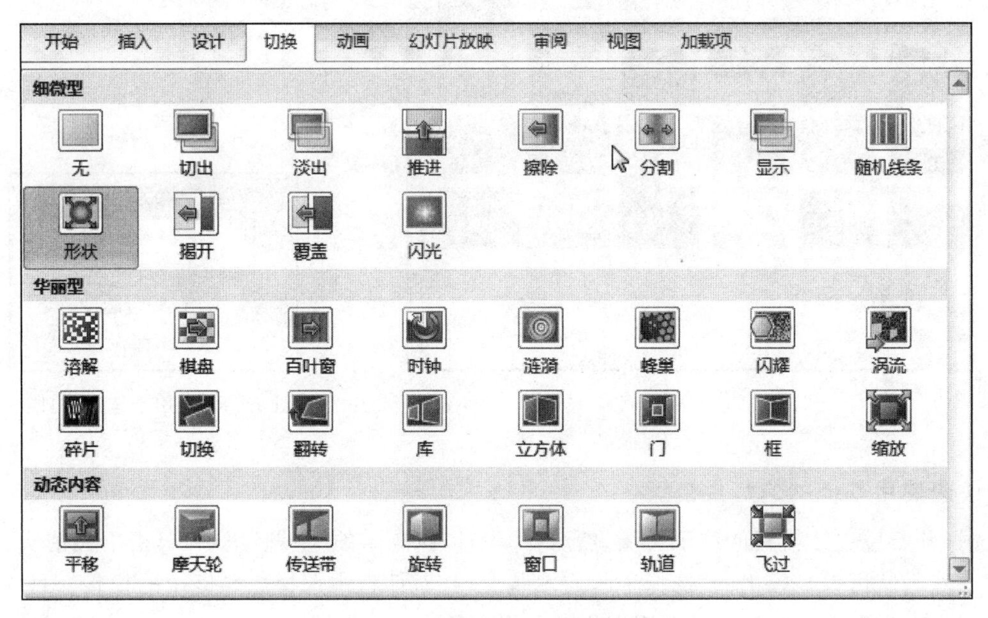

图 5.61 设置幻灯片切换效果

"切换到此幻灯片"组中提供了许多种不同的切换风格,如图 5.61 所示,选择切换风格后,通过"效果选项",可以选择不同的切换效果,如图 5.62 所示。

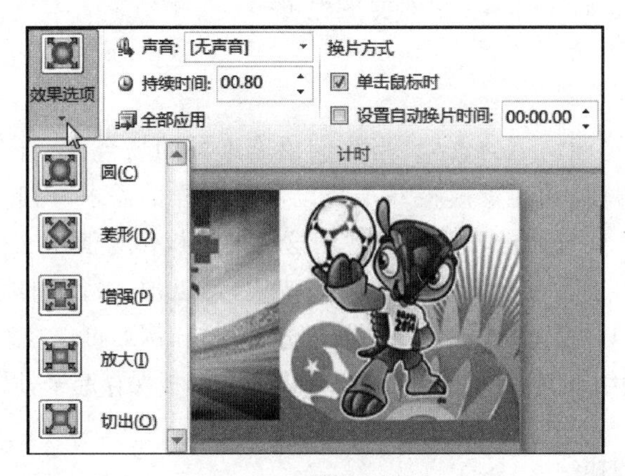

图 5.62 切换效果设置

还可选择切换幻灯片时是否需要添加切换声音。设置后,播放幻灯片时就会自动播放用户选择的声音效果。单击"声音"下拉菜单,在弹出列表中选择想要的声音效果,如图 5.63 所示。

设置好一种切换效果后，只需单击“全部应用”按钮，即可将这种效果应用到所有的幻灯片中。

在“换片方式”选项区域中，可以设定是单击鼠标时还是一定的时间后自动换片。

> **小贴士**：一般情况下，一个演示文稿的所有页面的切换方式应该是统一的，幻灯片的切换效果一般不宜太花哨，且不宜选择刺耳的声音作为切换声音，同时建议切换效果“全部应用”于所有幻灯片。

2. 页内对象自定义动画

制作幻灯片的时候，加入动画切换效果，便能在展示幻灯片的时候，使自己的幻灯片更加绚丽夺目。

PowerPoint 2010 演示文稿中的文本、图片、形状、表格、SmartArt 图形等都能拥有自定义动画方案，可以赋予它们进入、退出、大小或颜色变化甚至移动等视觉效果。而且同一个对象是可以多次定义其动画效果的。在设计动画方案前，先认识一下四种不同类型的动画效果。

PowerPoint 2010 中有以下四种不同类型的动画效果，如图 5.64 所示。

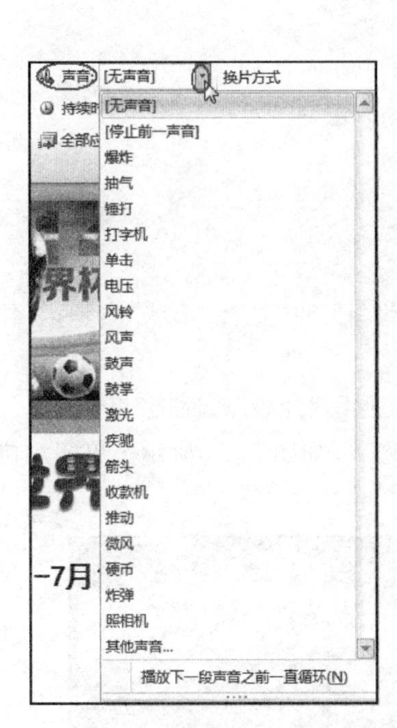

图 5.63 添加切换声音

图 5.64 动画效果

(1) “进入”效果。例如，可以使对象逐渐淡入焦点、从边缘飞入幻灯片或者跳入视图中。

(2) “强调”效果。这些效果的示例包括使对象放大缩小、透明或陀螺旋等。

(3) “退出”效果。这些效果包括使对象飞出幻灯片、从视图中消失或者从幻灯片旋出。

(4) 动作路径。使用这些效果可以使对象上下移动、左右移动或者沿着星形或圆形图案移动(与其他效果一起)。

5.4.3 设计动画方案

1. 设计幻灯片切换动画

任务 1：设置幻灯片切换效果为“形状”类别“圆”。操作步骤如下。

(1) 在“切换”选项卡的“切换到此幻灯片”组中,选择“形状”。如图 5.65 所示。

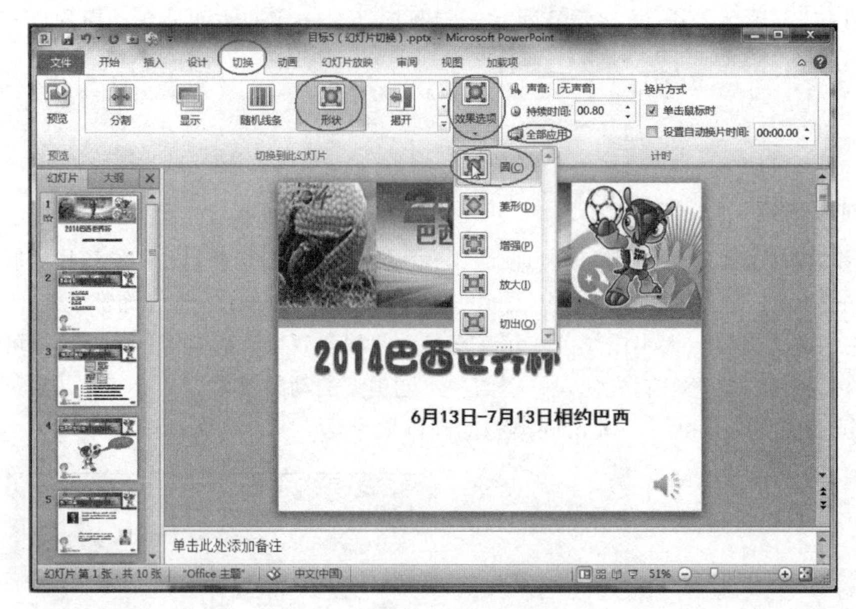

图 5.65 设计幻灯片切换动画

(2) 在“效果选项”下拉列表中选择“圆”。

(3) 单击“全部应用”按钮。单击“预览”按钮可以预览动画效果。

2. 设计自定义动画

1) 插入自定义动画

任务 2:给某张幻灯片的设置动画效果。操作步骤如下。

(1) 选择某张幻灯片。选取文字,在“动画”选项卡的“动画”组中选择“形状”类别,下拉列表中提供了更多的选择。

(2) 在“效果选项”下拉列表中选择方向“放大”,形状“菱形”,“开始”属性选“单击时”。单击“动画窗格”按钮,可以在右侧动画窗格中看见定义好的动画效果列表,如图 5.66 所示。更多动画属性的修改也将在动画窗格中完成。

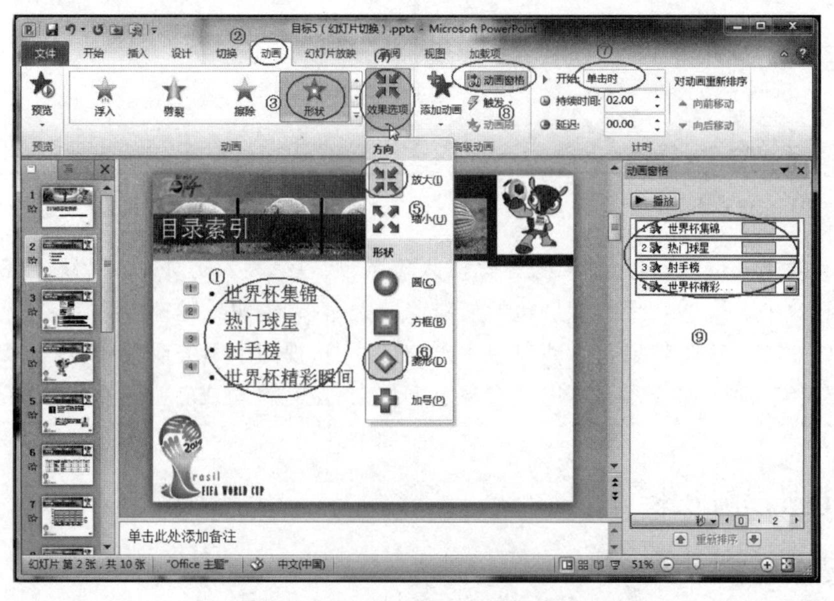

图 5.66 添加自定义动画

2）调整自定义动画

当添加动画效果完成后，在动画窗格中就可以看到该张幻灯片已经添加的动画效果列表，如图5.67所示。窗格下方或"计时"组有个重新排序的上下箭头，用于更改动画的播放次序。

3）自定义动画的高级设置

除了上面介绍的设置外，还可以对自定义动画进行更高级的设置（本章案例的幻灯片动画效果不做高级设置）。在动画窗格中选择需要编辑的动画效果，下拉列表中列出了更多编辑功能，如图5.68所示。单击"删除"命令可以删除某个动画效果，还可打开"效果选项"做更多的编辑修改。

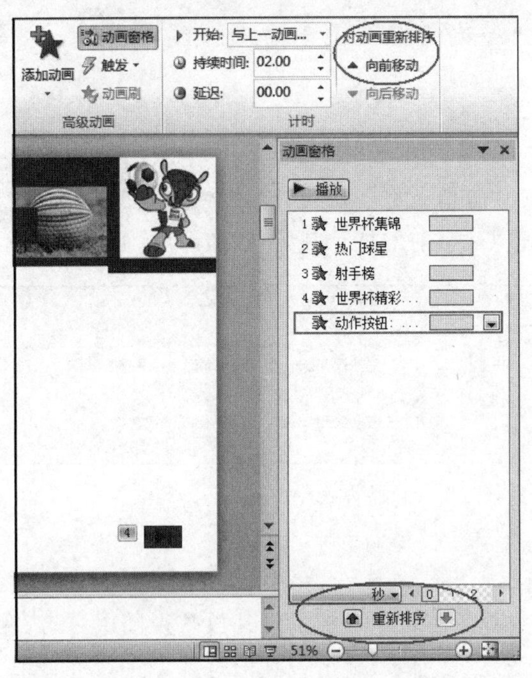

图5.67　调整自定义动画

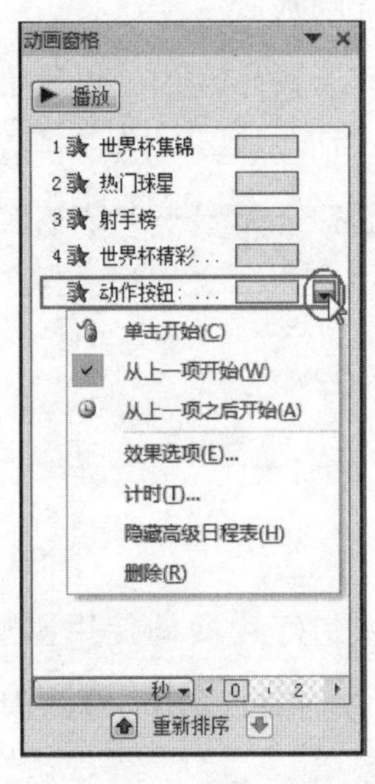

图5.68　动画高级设置

选择"效果选项..."选项，打开对应的对话框，如图5.69所示。在"效果"选项卡中，可以进行以下的设置。

- "方向"：放大缩小。
- "声音"：设置动画效果出现时的声音，可以播放自定义的声音，但只支持WAV格式。
- "动画播放后"：选择动画效果播放后动画对象的颜色是否有变化。
- "动画文本"：可选择文本动画的出现方式是整批发送、按字/词出现或按字母出现。

在"计时"选项卡中，如图5.70所示，可以进行以下的设置。

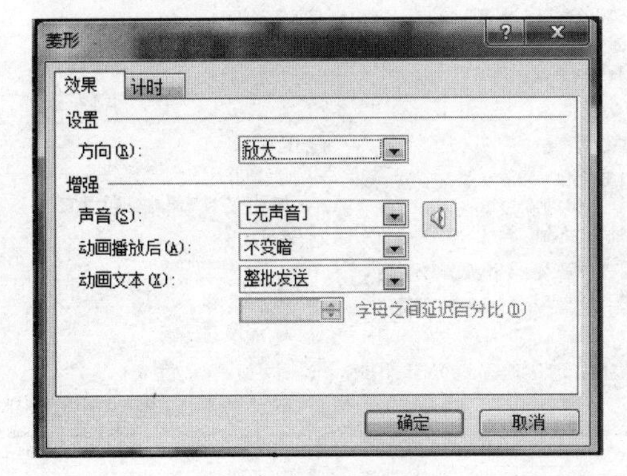

图5.69　效果

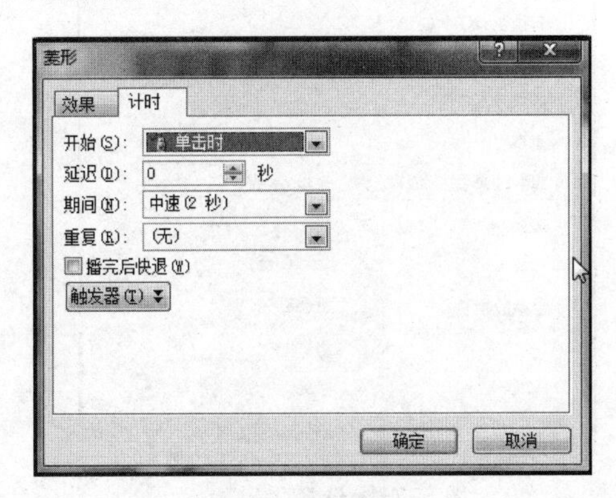

图5.70　计时

- “开始”：确定动画什么时候开始播放，有三种选择，即单击时、与上一动画同时、上一动画之后。
- “延迟”：动画效果延时出现的时间。
- “期间”：动画效果播放的速度。
- “重复”：是否重复播放动画效果。

小贴士：
（1）对于同一个对象，可以多次定义其动画的效果，使动画方案变得更加强大。
（2）对于不同的动画效果，“效果选项”对话框会有差异。

5.4.4 演示文稿的放映

1. 幻灯片的放映

在“幻灯片放映”选项卡的“开始放映幻灯片”组中，单击“从头开始”按钮，可以从首张幻灯片开始放映。若要从当前幻灯片开始放映，则只要单击“从当前幻灯片开始”按钮即可，如图 5.71 所示。

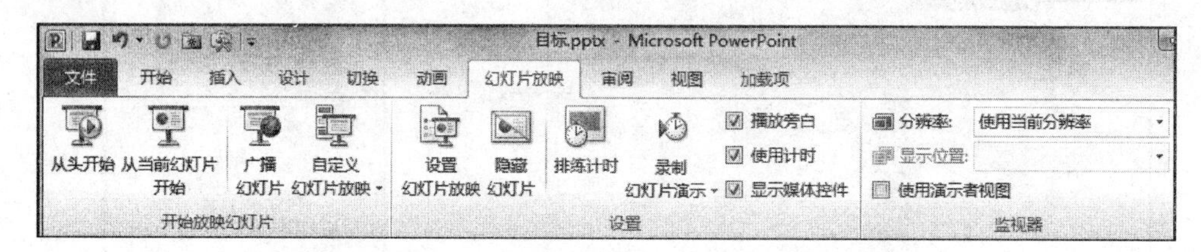

图 5.71 选择幻灯片放映方式

2. 在放映幻灯片期间使用墨迹

放映幻灯片时，可以在幻灯片的任何地方添加手写备注。在幻灯片放映视图中右击，在快捷菜单中选择“指针选项”→“笔”或“荧光笔”命令，如图 5.72 所示，就可以在幻灯片上进行书写了。选择“箭头”命令即可使鼠标指针恢复正常，选择“擦出幻灯片上的所有墨迹”命令可以删除刚才手写的墨迹。

3. 设置放映方式

若想设置从第几张幻灯片开始放映，直到第几张幻灯片结束，则可在“幻灯片放映”选项卡的“设置”组中，单击“设置幻灯片放映”按钮，弹出“设置放映方式”对话框，然后根据需要进行设置，如图 5.73 所示。

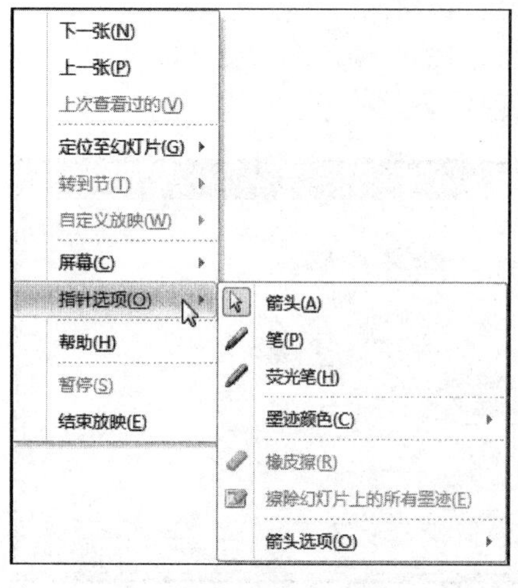

图 5.72 选择手写笔

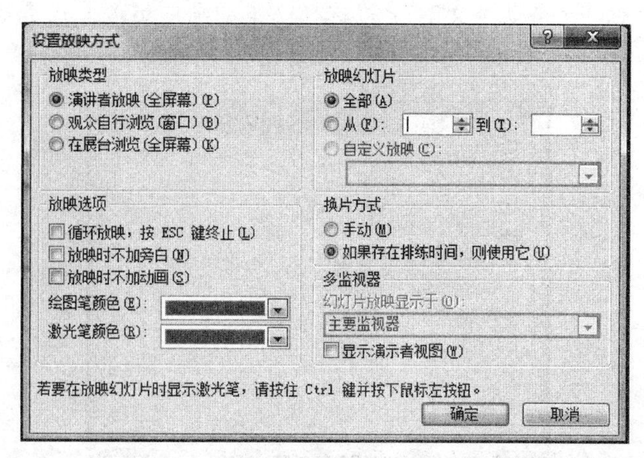

图 5.73 设置放映方式

4. 排练计时

在"幻灯片放映"选项卡的"设置"组中，选择"排练计时"命令，按需要的速度把幻灯片放映一遍，到达幻灯片结尾时，单击"是"按钮，接收排练时间，或单击"否"按钮，重新开始排练。设置排练时间后，幻灯片在放映时，若没有单击鼠标，即按排练时间放映。

5. 录制旁白

在播放幻灯片的时候，对于一些重点问题需要阐述，如果用文字的方法介绍可能要在幻灯片中写很多文字才能概括清楚，遇到这种情况可利用 PowerPoint 的录制旁白给文稿加入声音介绍。要录制语音旁白，需要有声卡、话筒和扬声器。在"幻灯片放映"选项卡的"设置"组中，单击"录制幻灯片演示"按钮，选择开始录制的位置，如图 5.74 所示，接着弹出"录制幻灯片演示"对话框，在保证话筒正常工作的情况下，单击"开始录制"命令，图 5.75 所示进入幻灯片放映视图。此时一边控制幻灯片的放映，一边通过话筒输入语音旁白。直到放映完所有幻灯片，遇到黑色的"退出"屏幕时单击鼠标。

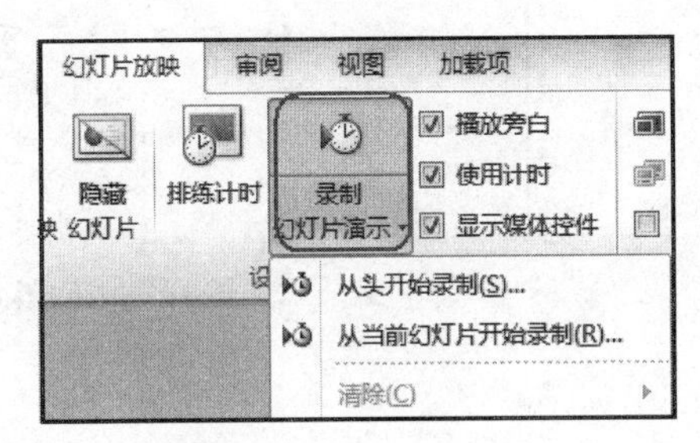

图 5.74　录制幻灯片演示

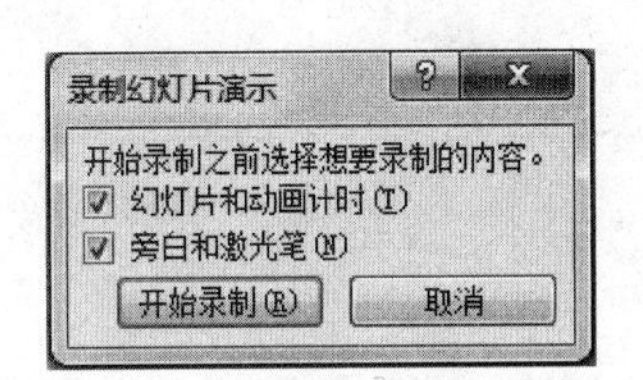

图 5.75　选择开始录制

旁白是自动保存的，而且会出现提示框询问是否要保存放映时间。需要保存可单击"保存"按钮，否则单击"不保存"按钮。

小贴士：在演示文稿中每次只能播放一次声音，因此如果已经插入了自动播放的声音，则语音旁白会将其覆盖。

5.4.5　演示文稿的发布

演示文稿制作完成后，就需要根据使用的需要保存并发布演示文稿，常用的发布方式有四种。

1. 直接复制演示文稿

此种方法最简单、方便，只要将制作完成的演示文稿整个目录复制到 U 盘上进行携带就行了。但需要注意以下几点。

(1) 必须保证演示文稿中超链接所有外部文件(文档、视频、音频)放在演示文稿同一个目录中，这点在制作的过程中已经反复提醒过多次了。

(2) 确保运行该演示文稿的计算机所安装的 PowerPoint 版本与制作版本一致，不然可能会出现自定义动画不能正常播放的情况。

(3) 如果在演示文稿中使用了其他一些艺术字体，则必须保证运行该演示文稿的计算机也安装了对应的字体，不然艺术字体将无法正常显示。

2. 打印演示文稿

在"文件"选项卡下选择"打印"命令，如图 5.76 所示，在右侧设置区中，通过"整页幻灯片"下拉列表可以选择打印的版式(整页幻灯片、备注页、大纲)，如图 5.77 所示。

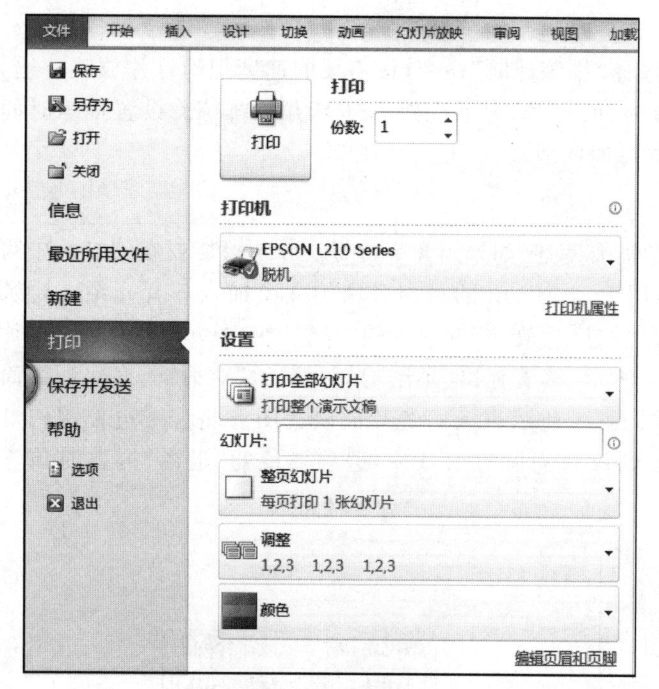

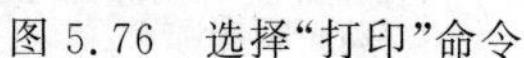
图 5.76 选择"打印"命令

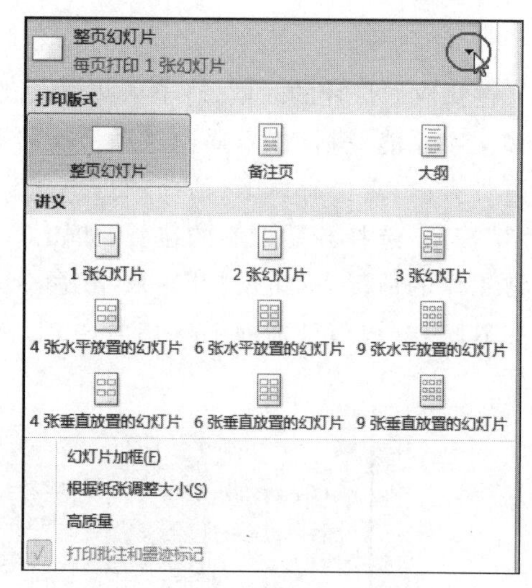

图 5.77 选择打印的版式

5.4.6 任务总结

演示文稿与 Word 的一个重要区别就是,演示文稿中可以设置多种动画效果,这些动画效果的设置可以突出关键信息,起到画龙点睛的作用。但是动画效果的使用切忌不可乱而繁杂,过多、过于花哨的动画效果在吸引观众注意力的同时,也会分散观众对主题内容的关注,因此动画效果的使用要恰到好处。演示文稿的放映有多种方式,可以根据需要选择。同时,使用者在演示时,为了使观众有一个整体的、更详细的了解,也可以提前打印演示文稿,发给观众。

第6章

计算机网络基础

主要内容

- 网络的形成和发展
- 局域网、广域网的概念和基本组成
- 常见的网络拓扑结构
- 网络协议的基本概念
- TCP/IP 网络协议的基本概念
- IP 地址、网关和子网掩码的基本概念
- 域名系统的基本概念
- Internet 的发展历史、作用与特点
- Internet 提供的常规服务
- Internet 的常用接入方式
- 网络检测的简单方法

在计算机网络飞速发展的今天，许多计算机都接入了林林总总的网络里面，没有接入网络的计算机就如一座信息孤岛，不能与外界进行信息交互，资源共享。本章将介绍计算机网络的相关基础知识，包括其发展历史，网络种类，网络协议，各类网络的特点及如何接入到网络等。

6.1 计算机网络的形成与发展

所谓的计算机网络，顾名思义是特指与计算机紧密结合的，用以在计算机之间传递信息的网络。1946 年 2 月 14 日，全球第一台计算机(ENIAC)在美国的宾夕法尼亚大学诞生如图 6.1 所示。然而这个占地面积达 139 平方米重 30 吨的庞然大物并没有与计算机网络扯上半点关系，因为以它每秒可以执行 5000 次加法运算的速度来说在当时已经是一个质的飞跃，人们除了赞叹它的运算能力之外并没有对它有其他要求。

图 6.1　第一台计算机 ENIAC

随着计算机技术的不断发展，尤其是半导体和集成电路的使用，使得计算机的运算能力以几何级数的方式增长，而其体积则在相应地缩小。不过与此同时，计算机应用规模以及用户需求的增长速度却远

远地超过了计算机技术的发展速度，计算机单机运算处理能力已经无法满足人们的要求。在这样强烈的社会需求下，计算机网络诞生了。

6.1.1 面向终端的计算机通信网

在20世纪60年代，这类只有一台计算机主机，各地终端围绕中心计算机分布在各处的远程联机系统风靡一时。各终端机器并不具备自主处理能力，它们只是通过通信线路使用中心主机的硬件和软件资源来完成任务，如图6.2所示。当时美国航空公司与IBM联合开发了一个基于这种计算机网络的飞机票订票系统，全国各地的订票终端均将需要处理的订票信息通过网络传到中心计算机，然后中心计算机将处理好的数据显示到各终端上。

6.1.2 面向资源子网的计算机网络

随着技术和社会的发展，越来越多机构和组织甚至个人能拥有自己的计算机主机，多台主机互联的通信系统也随之应运而生，形成一个以众多主机组成的资源子网，在网上的用户可以彼此共享网内的软件和硬件资源。这个时期最典型的代表就是美国国防部开发的ARPANET。1969年，在当时“实验室冷战”的国际大环境下，美国国防部为了避免军事指挥中心在遭受苏联核武器攻击后全国军事指挥处于瘫痪状态而设计了这样一个分散的指挥系统——它由一个个分散的指挥点组成，当部分指挥点被摧毁后剩余的指挥点仍能正常工作，而这些分散的指挥点又能通过某种形式的通信网互相联系，如图6.3所示。ARPANET从最初的4个节点一直发展下来，到了1975年，APRANET已经拥有遍布全美的100多个节点。除了发展规模之外，APRANET在技术上带动了TCP/IP协议簇的开发和利用，为日后全球互联网(Internet)的诞生打下了坚实的基础，因此ARPANET一直被认为是Internet的前身。

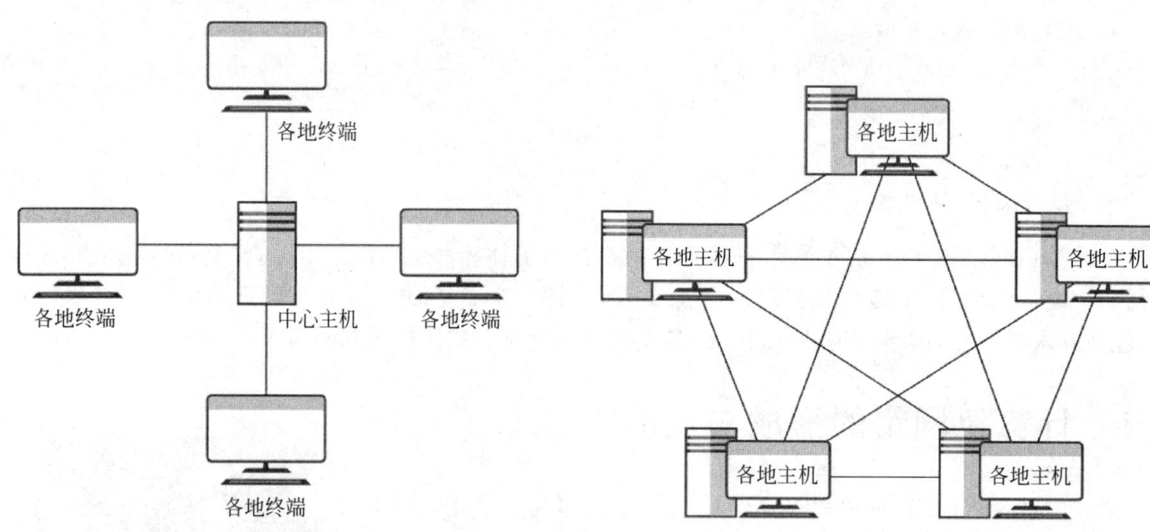

图6.2 面向终端的计算机通信网示意图

图6.3 面向资源子网的计算机网络示意图

6.1.3 国际化、标准化的计算机网络

早期的各种网络在许多方面都是很混乱的，彼此的兼容性成了限制计算机网络发展的瓶颈，为了使不同类型的网络能够互联互通，国际标准化组织ISO在20世纪80年代早期提出了一个能使各种计算机在世界范围内互联成网的标准框架——开放系统互连参考模型OSI/RM(Open System Interconnection Reference Model)。OSI把网络的不同功能细分成7层，把网络的组成部件标准化，让不同类型的网络硬件和软件相互通信，为日后计算机网络的高速发展奠定了基础，如图6.4所示。

现在覆盖全球范围的互联网(Internet)所使用的 TCP/IP 协议集便是参考 OSI 模型而开发出来的。

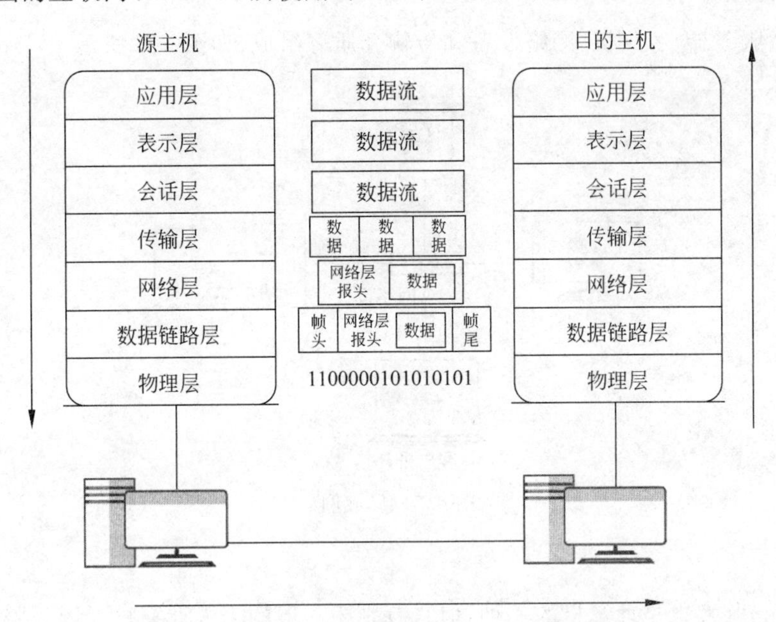

图 6.4　OSI 参考模型中的网络工作流程示意图

6.1.4　以下一代互联网为中心的新一代网络

现在的计算机网络虽然已经取得了空前的成功,但是各种设计上的缺陷也不断暴露出来。比如 IPv4(Internet Protocol version 4)地址资源的消耗殆尽,严重影响了互联网的拓展。所以解决现有问题,采用更高速、更智能网络技术的下一代互联网成为新一代计算机网络的发展重心。现在,随着 IPv6 (Internet Protocol version 6)的研发及网络设备对其兼容的广泛性不断提高,新一代更高效、更易管理、更安全的计算机网络已经面世,新摩尔定律的传奇将会继续上演甚至在日后很有可能被超越和打破。

6.2　计算机网络的分类

计算机网络的分类有很多种,按网络连接介质分类可以分为有线网络和无线网络。有线网络经常使用的介质包括同轴电缆、双绞电缆和光纤等。而常用的无线网络技术有红外线、蓝牙、Wi-Fi、GPRS、3G、4G 和 5G 等。

按网络覆盖的地理范围大小分类,计算机网络可以分为局域网 LAN(Local Area Network)、城域网 MAN(Metropolitan Area Network)、广域网 WAN (Wide Area Network)和互联网(Internetwork)等。下面将详细介绍几种按覆盖范围来分类的计算机网络。

6.2.1　局域网

1. 局域网的概念和特点

局域网通常是指那些规模不大的,覆盖范围不超过十几公里的计算机网络。绝大部分的局域网都是从属于某一个机构、单位或个人的,它们由拥有者完全管理及控制,使用的线路基本上都是独立的、专用的,所以局域网一般能够提供 10Mbps 或以上的高数据传输速率和低误码率的高质量数据传输效果。

小贴士：现在市面上能采购到的绝大多数局域网设备已经支持 100Mbps 的传输速率,还有相当一部分是 100/1000Mbps 自适应的。如果想使用高速局域网,一方面要注意购买支持该速度的网络设备,另一方面则是按规范铺设高速双绞电缆(CAT5E 支持 100Mbps; CAT6 支持 1000Mbps)。

2. 局域网的组成

局域网一般由服务器、客户机、网络设备和传输介质等组成,如图 6.5 所示。

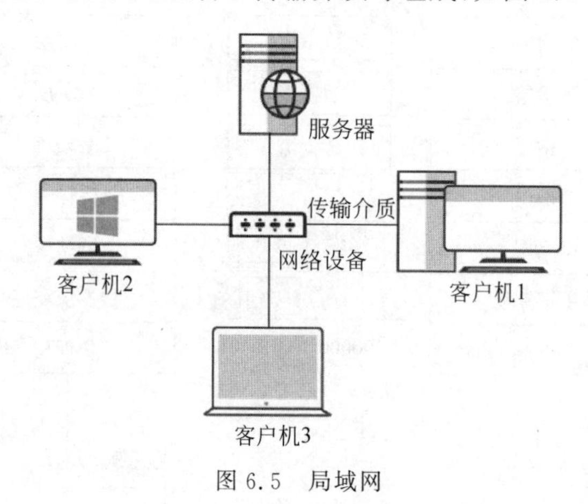

图 6.5 局域网

1) 服务器

服务器(Server)其实也是计算机的一种,但它有别于一般的个人计算机。因为服务器需要同时向网络上的多个用户提供各种网络服务,对机器处理能力和稳定性的要求比个人计算机高很多,所以早期的服务器更多为硬件架构与微型计算机有很大区别的小型机甚至大型机。但是随着 x86 架构微型计算机的不断发展,在机器处理能力、稳定性、易用性、扩展性和设备价格之间取得了一个很好的平衡点,所以目前很大一部分中小型应用都已经改用 x86 架构的服务器。在局域网中,服务器通常会提供文件服务、打印服务和数据库服务等,而在 Internet 上,服务器还会提供更多不同种类的服务,包括 IM 服务、Web 服务、FTP 服务以及电子邮件服务等。

2) 客户机

客户机又称用户工作站(Workstation)对比起服务器,它直接接受各个使用者的控制和操作,所以更注重使用者的使用感受。常见的客户机主要安装 Windows 和 Linux 操作系统,也有一部分使用 Apple 公司的 Mac OS 操作系统,这些不同的操作系统均能通过网络互相通信,访问服务器上的资源。

3) 网络设备

常见的局域网网络设备有集线器、交换机、路由器、网络适配器等,根据不同的网络拓扑和对网路性能要求的不同应选用不同的网络设备。例如,若要求网络达到 100Mbps 传输速率,就不应该选用 10Mbps 的网络设备,同时还要保证网络中另一端的设备也同样支持该传输速率;若要求高安全性、网络带宽高利用率,就应该选用交换机而不应该选用集线器,同时应该选用有线网络而不应该选用无线网络。

4) 传输介质

如前面所述,网络的传输介质有很多种类,不同拓扑不同功能要求的网络应配以不同的网络介质。局域网目前常用的传输介质有同轴电缆、双绞线、光纤和无线 Wi-Fi 等,用户应选用与网卡和网络设备相匹配的传输介质,以充分发挥网络的性能。

3. 在 Windows 10 环境下设置共享资源

Windows 10(由于 Windows 10 已历经多次大版本升级,每次升级均有可能带来操作上的改变,请读者们着重理解 Windows 共享操作的原理,日后 Windows 即使再次更新换代也只是万变不离其宗。本章节所演示的 Windows 10 版本是 Windows 10 专业版 21H1 版本)的共享操作与 Windows 7 大同小异,我们应该将重点放到学习并理解 Windows 10 不同的网络类型配置上。

Windows10 提供了两种网络类型的配置供用户选择,分别为"专用网络"和"来宾或公开网络"。

对比 Windows 7，Windows 10 在 1803 版本之后便不再提供“家庭组”共享功能。与此同时，Windows 10 也不再提供“家庭网络”这一网络类型配置。所以在默认的设置下，Windows 10 的用意是把比较安全和值得信任的网络环境统一归类为“专用网络”；相对地，Windows 10 把公开的、不太安全的网络环境归类为“来宾或公开网络”。无论是哪一种网络环境配置，我们都可以单独设置操作系统允许还是不允许向其所在网络共享资源。

1）设置 Windows 10 网络类型

单击“Windows 开始菜单”→“设置”→“网络和 Internet”命令，出现网络配置窗口应如图 6.6 所示。通过配置窗口可以看到本机正在通过网络配置类型为“公用网络”的以太网连接到 Internet。接下来单击窗口左边的“以太网”，然后在窗口右侧选中对应名称的以太网来设置其网络配置类型，如图 6.7 所示（如果本机是通过其他物理连接方式连接的，那么应该选中对应的连接方式来设置其网络配置类型），然后把名称为“网络 2”的以太网从“公用”网络类型配置选择成为“专用”网络类型配置。由于 Windows 10 默认设置“专用”网络类型是对其所在网络开放共享资源的，所以这个步骤完成后，再设置一下网络共享资源即可完成整个共享资源操作。

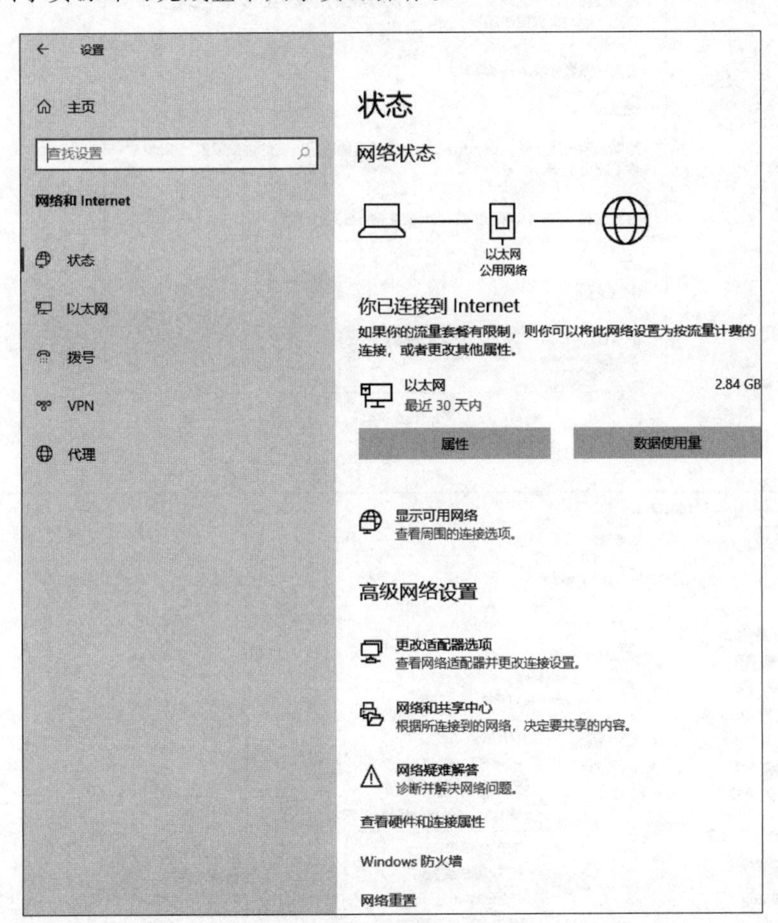

图 6.6　“Windows 10 网络和 Internet”配置窗口

2）设置共享资源

下面继续使用 test 文件夹作为例子来完成 Windows 10 的资源共享操作。

（1）右击 test 文件夹，在弹出菜单中选择“授予访问权限”→“特定用户...”命令，如图 6.8 所示。

（2）在“网络访问”对话框中添加授权使用共享文件的用户，编辑其访问权限，然后单击“共享”按钮。例如，在这里添加 Everyone 用户组，其权限为“读取/写入”，意思是在本机上的所有用户均可通过网络来读写该文件夹（默认设置下，在网络上访问该共享资源需要提供用户名及其对应的密码来确认授权），如图 6.9 所示。

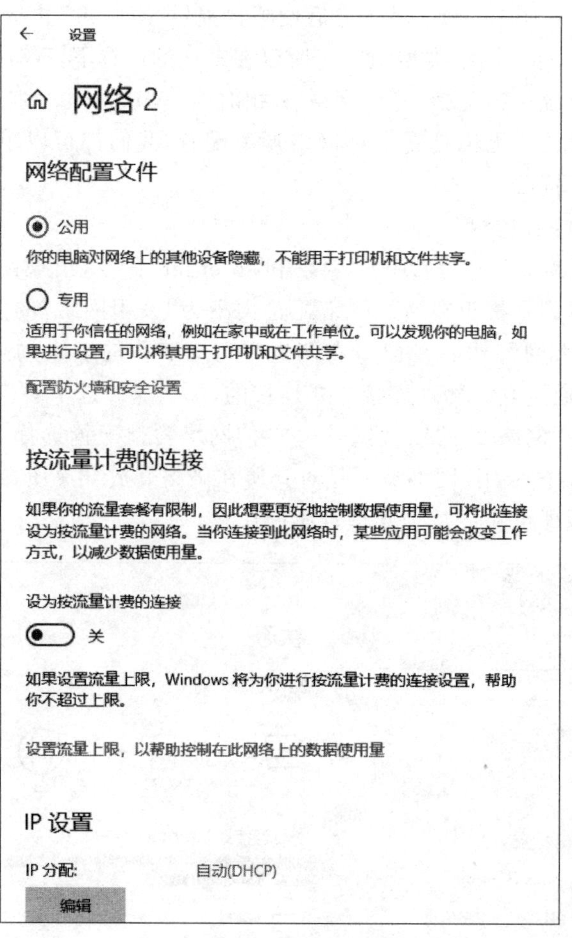

图 6.7　网络类型配置窗口

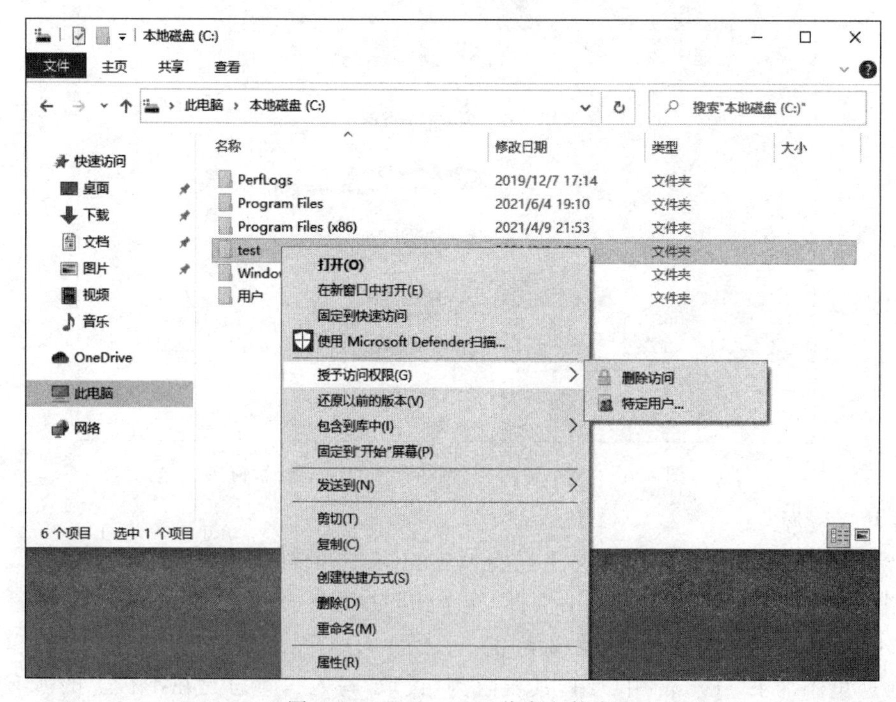

图 6.8　Windows 10 共享文件夹

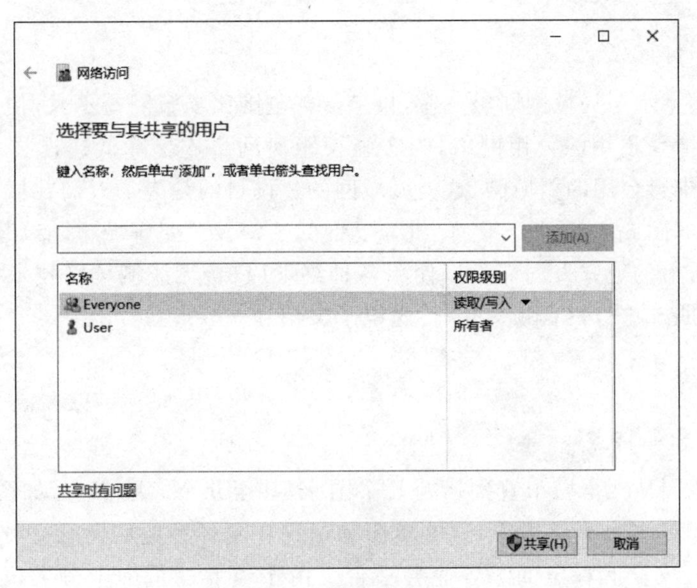

图 6.9 “网络访问”对话框

3）高级共享设置

如果需要在“公用”网络类型配置下向网络共享资源，又或是想更改共享资源的具体设置，例如是否启用公用文件夹、加密的位数和是否使用密码保护共享的资源等，都可以在计算机“控制面板”→“网络和共享中心”→“高级共享设置”对话框中进行设置，如图 6.10 所示。

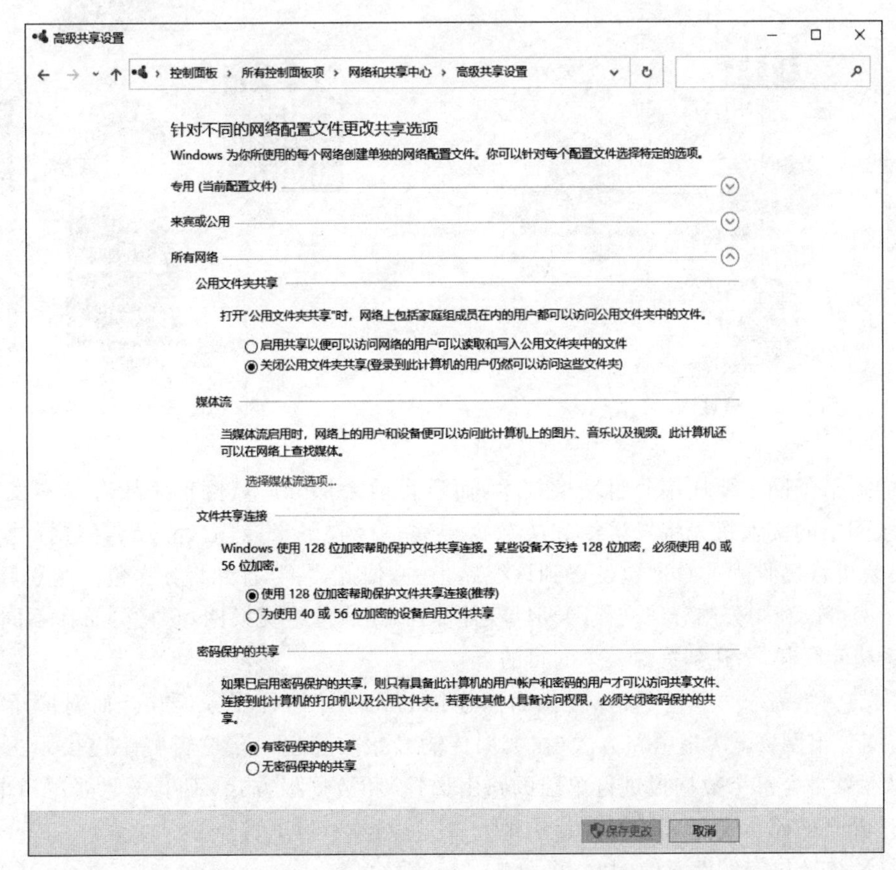

图 6.10 Windows 10 高级共享设置

6.2.2 城域网

私有的城域网基本上与局域网同出一辙，只是覆盖范围比局域网要更大，使用的线路除了是专用的之外，也有部分可能是租用的公用网络，为实施长距离网络连接降低建设技术难度及成本。近年来，越来越多大城市推行公用的城域网，这类城域网的建设目的是为了人们在城市里面更方便地享受公共网络接入服务，如图 6.11 所示。例如，北京、天津、上海及广州等城市陆续建成无线城域网，只要有无线城域网信号覆盖的地方人们都可以使用各种终端（符合无线城域网技术标准的智能手机及笔记本电脑）轻松地与朋友进行视音频交互，传送电子文档和获取最新资讯。

6.2.3 广域网

1. 广域网的概念和特点

广域网覆盖的范围从几个城市直到横跨几个国家，甚至几个大陆都有，如图 6.12 所示。广域网通常服务于跨国集团或者世界性组织，这些集团和组织在全球各地均拥有分支机构，广域网为它们提供了一个相对比较安全和稳定的综合业务平台。由于覆盖的范围十分大，各地地理特征纷繁复杂，所以广域网使用到的网络技术十分广泛，各类铜线、光纤、无线信号及卫星信道均有应用到广域网里面。

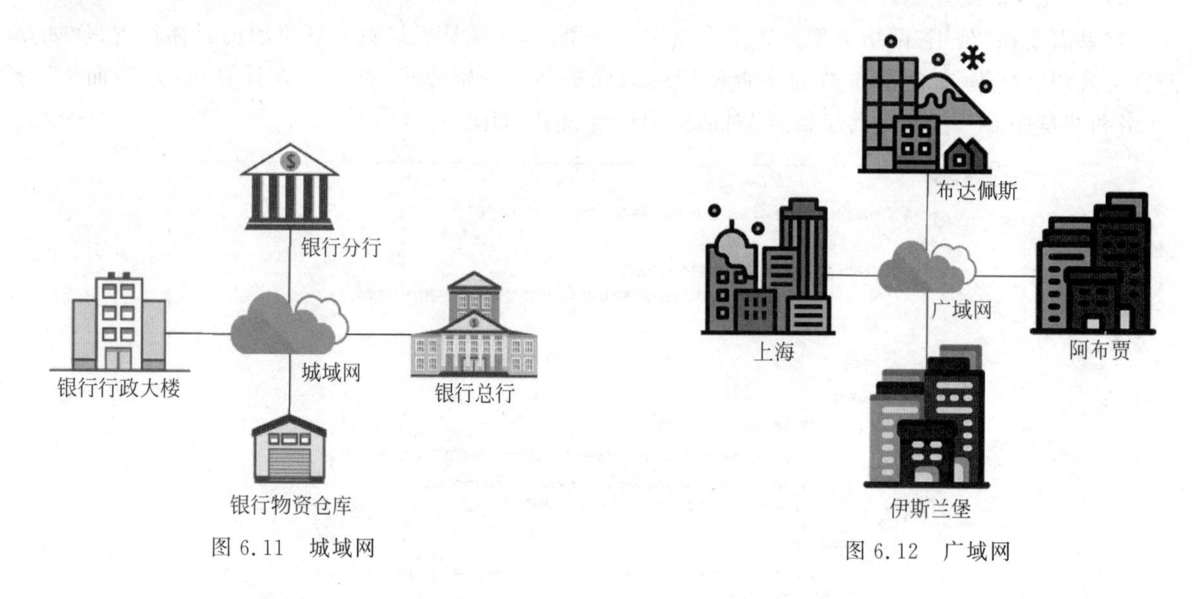

图 6.11 城域网　　图 6.12 广域网

广域网的通信子网主要使用分组交换技术，而且目前大部分广域网都采用存储转发方式进行数据交换。广域网中的交换机先将发送给它的数据包完整接收下来，然后经过路径选择找出一条输出线路，最后交换机将接收到的数据包发送到该线路上去，依此类推，直到将数据包发送到目的节点。广域网的通信子网可以利用公用分组交换网、卫星通信网和无线分组交换网，它将分布在不同地区的局域网或计算机系统互联起来，达到资源共享的目的。

根据不同的网络需求，广域网可以提供面向连接和无连接两种服务模式。而对应于两种服务模式，广域网有两种组网方式：虚电路方式（在数据传输开始前建立一条逻辑电路连接源主机和目的主机，传输过程不需要为每个数据报进行单独的路由选择）和数据报方式（不事先建立逻辑电路，每个数据报都要经过独自的路由选择才能到达目的地）。广域网具有以下特点。

（1）适应大容量与突发性通信的要求。

（2）适应综合业务服务的要求。

（3）开放的设备接口与规范化的协议。

(4) 完善的通信服务与网络管理。

通常广域网的数据传输速率比局域网低，信号的传播延迟比局域网要大得多。广域网的典型速率是从 56Kbps 到 155Mbps，现在已有 622Mbps、2.4Gbps 甚至更高速率的广域网；传播延迟可从几毫秒到几百毫秒，尤其是使用卫星信道的时候，受云层及天气情况的影响，传播延迟会变得更长。

2. 广域网的组成

广域网是由许多交换机组成的，交换机之间采用点到点线路连接，几乎所有的点到点通信方式都可以用来建立广域网，包括租用线路、光纤、微波、卫星信道，广域网一般只包含 OSI 参考模型的底下三层。另外，也可以说广域网是由多个处于不同地域的局域网通过多种不同的网络连接技术连接组合而成的。

6.2.4　互联网

互联网在这里并不是特指国际互联网(Internet)，而是指一个连接了多种不同标准、不同规模、不同所属、不同使用目的的计算机网络的网络分类。因为目前全球并存着许多不同的网络，互联网作为这些网络的网关，实现了不同网络间的物理连接及网络协议转换，使得不同的网络平台能够实现互联互通，所以互联网又叫作网际网，意思为存在于网络之间的网络。现今世界上最成功最广为人知的互联网当然就是国际互联网了，它是一个使广大用户能够相互交流、相互沟通、相互参与的互动平台。互联网的技术特性使得国际互联网并不是以某个个人、机构、组织或者国家的意志而存在的，它反映了人类所共赏的无私精神，同时也使人们学会如何更好地和平共处。据中国互联网络信息中心 CNNIC 的统计，截至 2021 年 6 月，中国互联网网民规模为 10.11 亿，居全球第一。

6.3　常见的网络拓扑

网络中各台计算机连接的方式叫作“网络拓扑结构”(Topology)。网络拓扑是指用传输媒体互连各种设备的物理布局，特别是计算机分布的位置以及网络连接线缆如何通过它们。由于每种拓扑都有它自己的特点，所以在设计一个网络的时候，应根据自己的实际情况选择正确的拓扑方式。常见的网络拓扑有下面几种。

6.3.1　总线型

总线型拓扑使用一根线缆来连接网络中的所有设备，布局简单明了，使用方便，但是在这个网络上的设备不得不共享同一条线缆，在同一时刻只能允许一对网络上的节点使用网络进行通信，效率低下。总线型拓扑在早期的局域网中很常见，通常是使用一根同轴电缆作为网络中的总线，并且会在总线的末端加上一个终结器，用来吸收已到达线缆末端的信号，减少误码，如图 6.13 所示。但是近年来得益于网络交换机的成熟和星型拓扑的极大发展，已经很少有局域网使用总线型拓扑了。

6.3.2　星型

星型拓扑是目前以太网中使用得最普遍的物理拓扑结构，网络中各个节点都会与网络的中心节点(通常是集线器、交换机或路由器)单独连接起来，呈辐射状排列在中心节点周围，如图 6.14 所示。由于网络中的每台主机都是通过独立的线缆连接到中心设备，所以网络上的单点故障(除了中心点外)并不会影响网络上其他节点正常使用网络。中心节点的存在，既是星型拓扑的优点，同时也是其缺点。对中心节点进行合理的配置和管理，能够提高网络的传输效率及安全性，但同时中心节点一旦出现故障，则整个网络都无法连通。

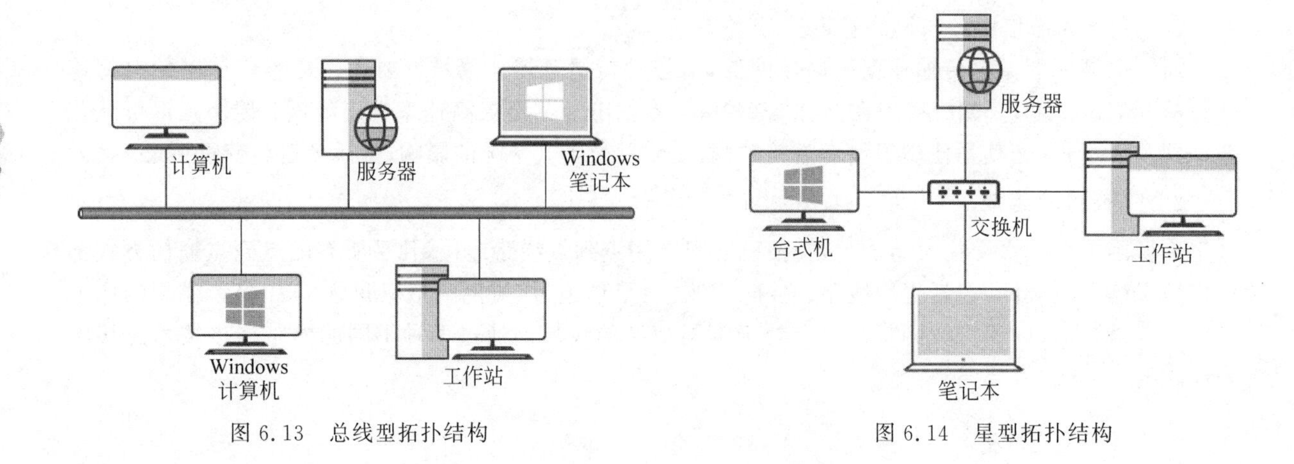

图 6.13 总线型拓扑结构

图 6.14 星型拓扑结构

6.3.3 环型

顾名思义，环型拓扑就是把网络中所有节点结成一个环型，如图 6.15 所示。在物理结构上，环型拓扑与总线型拓扑有一个很明显的区别，就是环型网络拓扑没有始端和末端。而在传输方式上，环型拓扑也有其独特之处。在环型网络上的各节点都循着同一个方向传递数据，数据在环里面传输过程中，在每个节点处都会停留。在某节点停留时，该节点会检查传入的数据里面有没有其他节点传给自己的数据，同时把自己想要传输的数据和目的地址添加上去，然后让数据继续沿着环传输，直到到达目的节点为止，这种传输方式的优点就是网络中不会有任何冲突。但是由于环型网每个节点以及通往各个节点的线缆都是网络上不可或缺的一部分，所以如果网络有任何地方的单点故障，将会导致整个环型网络瘫痪。

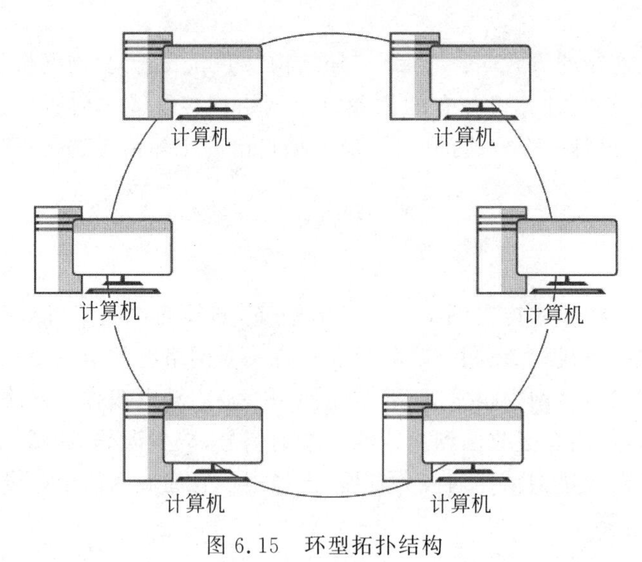

图 6.15 环型拓扑结构

6.3.4 树型

树型拓扑从拓扑图上看就如一棵圣诞树，树的顶点为整个网络的根节点，如图 6.16 所示。根节点的作用非常重要，它会接收树上任何一个节点需要发送到另一个节点的数据，然后进行全树范围的广播。所以树型拓扑的根节点与星型拓扑的中心节点一样关键，假如根节点遭遇故障，将会导致整个树型网络瘫痪。树型拓扑的优点在于扩展十分方便，易于进行故障隔离，但是对根节点的依赖性太大。

6.3.5　网状型

网状型拓扑是指在网中每个节点与其他节点之间都两两相连，整个网络编织成一个网状的结构，如图 6.17 所示。这种布线方式提供了冗余连接，即便任何一个节点或任何一条线路出现故障，也不会影响整个网络的正常运作，但是随着节点的增加也会带来高昂的管理成本和铺设线路的费用，所以网状型结构只在大型广域网的骨干层才会使用。

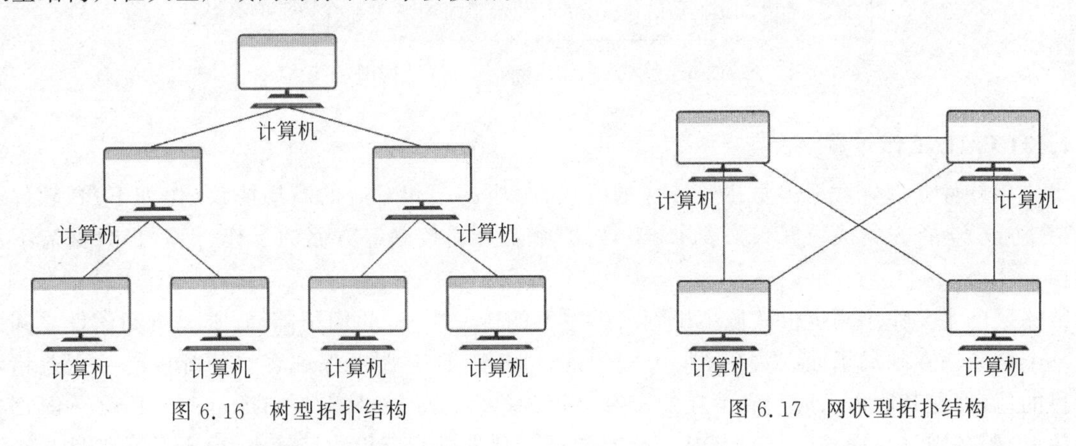

图 6.16　树型拓扑结构　　图 6.17　网状型拓扑结构

6.4　常见的网络协议

前面的章节介绍了网络是怎样连接起来的，但是连到网络上的计算机又是怎样交换信息的呢？由于在网络上存在着许多使用不同硬件不同操作系统的计算机，在这些不同的计算机之间需要使用同一种"语言"才能实现互相通信、资源共享的目的，而这种"语言"就是网络协议。网络协议是网络上所有设备（网络服务器、计算机及交换机、路由器、防火墙等）之间通信规则的集合，它规定了通信时信息必须采用的格式和这些格式的意义。

早期的计算机网络基本上都是只考虑在特定的环境条件下完成特定的任务，设计目标清晰明确，所以网络的设计也显得相对简单。但随着网络不断发展，为了使不同系统实体间能进行通信，网络的设计变得异常复杂，假如把整个过程作为一个整体来处理，那么任何一点小小的改变都可能导致整个系统的修改。所以网络的设计不可能按照传统的方法，只能根据一定的结构模型，将整个体系进行分层，将所有相关的功能进行分类，在不同层次中予以实现。这种分层的结构和各层协议的集合成为网络体系结构。当中最广为人知的便是由 ISO 提出的，现今作为网络通信准则的 OSI 参考模型。下面即将介绍的 TCP/IP 协议集便是参考 OSI 模型开发出来的。

6.4.1　TCP/IP 协议集

1. TCP/IP 简介

在前面介绍互联网的时候我们已经知道，现在的国际互联网 Internet 中使用的基本协议就是 TCP/IP 协议集，它起源于军事用途的 ARPANET，所以它能适应各种不同的连接方式，同时又能在艰苦的战争和恶劣的自然环境下完成传输任务。TCP/IP 协议集中，有两个协议占据了最重要的位置，即用来命名 TCP/IP 协议集的 TCP（传输控制协议）和 IP（互联网协议）。TCP/IP 分 4 层，从上到下分别是应用层、传输层（也叫 TCP 层）、网络层（也叫 IP 层）和物理链路层，如图 6.18 所示。除了 TCP 和 IP 外，TCP/IP 协议集还包含了很多其他协议，例如后面会介绍到的 HTTP、SMTP 和 FTP 协议等，它们都是面向特定作用的应用层协议。

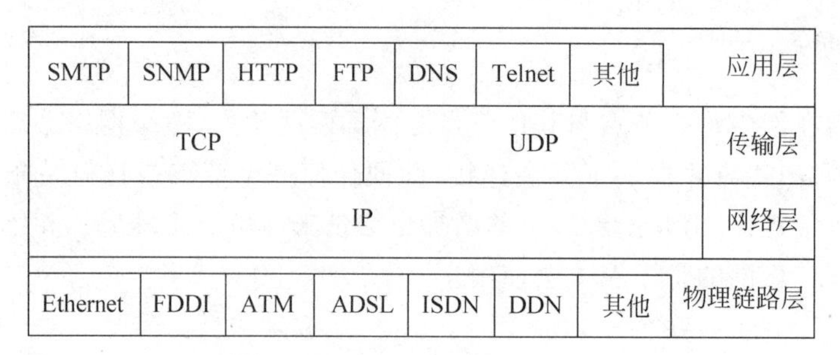

图 6.18　TCP/IP 协议集分层结构图

2. TCP/IP 工作过程

当应用软件处理好数据需要往外传递的时候，与应用层相对应的高层协议（比如 FTP 软件会使用 FTP 协议）会首先完成数据有关表示、编码、加密及会话控制等方面的工作，然后将数据流下放到传输层。

传输层的主要作用是提供从源主机到目的主机的传输服务，我们用邮局、邮递员和信件之间的关系来举个例子。在邮局里面有两个不同方式的邮递服务，TCP 服务保证客户的邮件能够无差错地传输到目的地，但是其所需的时间和消耗的资源会相对较多；而 UDP（User Datagram Protocol，用户数据报协议）服务则迅速很多，因为 UDP 不会对传递的邮件进行分组顺序检查，也不会对邮件是否顺利到达目的地做一个差错控制，它把这些任务都交给了收件人，即是应用层协议去完成。所以通常把数量大的、重要的、不能丢失的数据用 TCP 来传递，把小量的、不太重要的、需要快速完成传送的数据用 UDP 来传递。当选择好用什么服务之后，它们会把数据流按照各自的传输特点来分成若干段并将每段数据套上一个相对应的信封，这个过程称为协议封装，被封装好的数据称为数据报。稍后介绍的 HTTP、SMTP 以及 FTP 这些应用层协议都是基于 TCP 协议作为其传输层协议的。

被封装好的数据报继续往下被送到网络层，在网络层有 IP 邮递员，它负责把传输层送下来的数据报再套上一个 IP 信封，并且在 IP 信封上标识好目的主机的地址。这些经过 IP 协议封装之后的数据称为数据包，又叫数据分组。

这一切都准备好了之后，数据包便可以开始经过物理链路层成为各种信号发送出去，就如邮件给搬上了汽车、轮船和飞机一样，经过不同的道路和航线送抵目的地邮局。到了目的地邮局之后邮件又从 TCP/IP 的最底层开始，一层一层往上解封装，并最终还原成为数据，如图 6.19 所示。

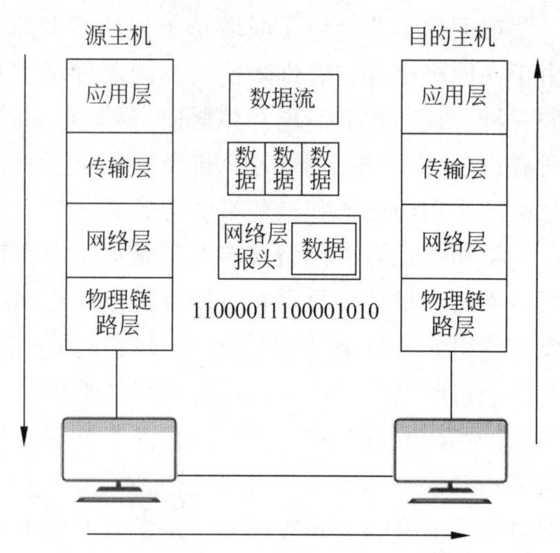

图 6.19　TCP/IP 协议工作简图

3. IP 地址、网关和子网掩码的基本概念

1）IP 地址

在上述的例子中提及 IP 协议需要把数据封装并标识上目的主机的地址，这个地址能够帮助源主机在广阔的网络世界里面识别和定位目的主机，这个地址称为 IP 地址。

IP 地址的形式与我们平时使用的地址形式很不一样，它由 32 位二进制数组成，为了方便人们阅读和记忆，计算机显示的 IP 地址会把 32 位二进制数转换成 4 段的十进制数。由于每段 IP 地址是由 8 位二进制数转换而来的，所以在以十进制形式显示时，IP 地址的数值范围只能是从 0 到 255，然后每段使用“.”分隔，例如：211.66.111.254。每个 IP 地址由两部分组成：第一部分称为网络标识，第二部分称为主机标识。上述例子里面的 IP 地址的网络标识为 211.66.111，主机标识为 254，可以简单地理解为该主机是位于 211.66.111 网段上的 254 号主机，就如现实地址那样区分街道号码和门牌号码。根据两个部分长短的不同，IP 地址被分成 A、B、C、D、E 五类。A 类地址是 IP 地址第一段数值从 1 到 126；B 类地址则是从 128 到 191；C 类地址是从 192 到 223；D 类地址是从 224 到 239；余下的 E 类地址则是从 240 到 255。不同分类的 IP 地址网络标识部分长度并不相同，A 类的网络标识部分是 IP 地址的第一段数值，B 类则是前两段数值，而 C 类则是前三段数值，D 类和 E 类用途比较特殊，在这里就不作详解了，如有兴趣可以查阅相关资料。

IP 地址的作用很重要，目前 IPv4 能生成和分配的 IP 地址总数约为 40 亿个，每台接入国际互联网的计算机或设备均需要一个独一无二的 IP 地址，但是由于 IP 地址的分配极其不合理，所以导致目前 IP 地址资源十分紧张。而 IPv6 作为 IPv4 的替代版本则最多能提供 3.4×10^{38} 个 IP 地址，足以满足我们现在能设想到的需求。

2）网关

简单来说，网关就是将两个或者两个以上的网络连接在一起，并带有路由功能的设备。它可以是一台配置好路由功能并带有多网卡的计算机，也可以是一台路由器，也可以是一台具有三层路由能力的交换机。一个计算机可以同时拥有多个网关，就好比一栋大厦同时有若干个出口一样，但是默认网关则只有一个，就如大厦的正门也只有一个一样。默认网关是在无其他特别条件情况下使用的网关，除非所处的网络环境比较复杂，否则现在的主机大多数只使用默认网关来与其他网络的计算机进行通信。由于网关是通往其他网络的“关口”，所以有效的网关地址肯定是与主机地址处于同一个网段上的 IP 地址。

3）子网掩码

为了节省 IP 地址资源和方便管理网络，需要把某些大网络细分成若干个小网络，这个时候就需要另一组由 32 位二进制的数值组成的子网掩码来对网络进行标识。比如说在默认的一个 A 类网络里面，从 126.0.0.1 至 126.255.255.254，有 16777214 个 IP 地址，但实际使用环境上并不可能把这样数量规模的主机都放在这个网段里面。假如使用 C 类地址的默认子网掩码 255.255.255.0 来对这个 A 类网络进行划分，那么这个 A 类网络就会被划分成 65536 个网络，每个网络能容纳 254 台主机。子网掩码的术语是扩展的网络前缀码，它并不是一个地址，不能独立使用，但它可以确定一个 IP 地址哪一部分是网络标识，哪一部分是主机标识，其中子网掩码二进制 1 的部分对应到 IP 地址上代表网络标识，二进制 0 的部分对应到 IP 地址上代表主机标识。其中 A 类地址的默认子网掩码为 255.0.0.0；B 类地址的默认子网掩码为 255.255.0.0；C 类地址的默认子网掩码为：255.255.255.0。

4）在 Windows 中 TCP/IP 的参数设置

如图 6.20 所示，在 Windows 中设置 IP 地址、子网掩码、默认网关和 DNS(Domain Name System，域名系统)服务器地址等参数有两种方式，一种是操作系统自动获得 IP 地址，另一种则是手工设置。在计算机数量不多以及 IP 地址和子网划分等参数基本不会发生变化的情况下，网络管理员通常会手工地去为在网络上的每台计算机设置这些参数。但是如果网络上的计算机数量很多，网络管理员则会在网

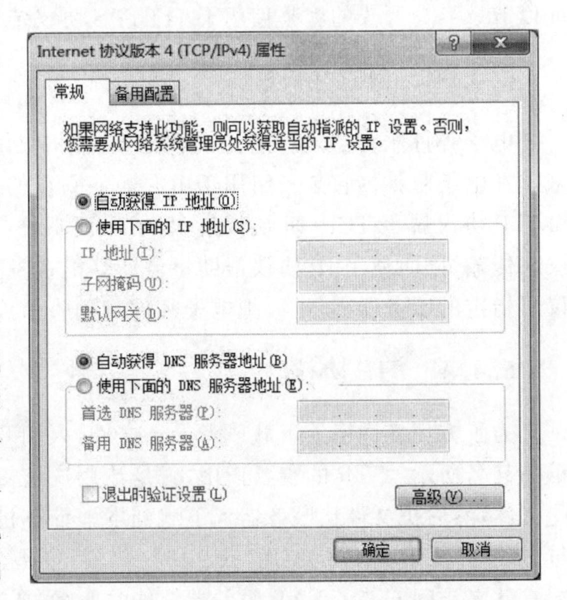

图 6.20　Internet 协议(TCP/IP)属性对话框

络上部署一台DHCP(Dynamic Host Configuration Protocol,动态主机配置协议)服务器,然后通过这个服务器来给网络中设置了“自动获得IP地址”的计算机分配IP地址、子网掩码、默认网关和DNS等参数。在这种配置场景下,即使已设置好的网络参数发生了变化,网络管理员也只需要更新DHCP服务器的相应设置就能使网络上的计算机自动获得新的网络参数,节省下大量的人力和时间。

6.4.2 HTTP协议和HTTPS协议

当我们在浏览器上输入www.scnu.edu.cn并按下Enter键(回车)之后,就能够访问华南师范大学的网站,但是与此同时在浏览器的地址栏里面出现的却是https://www.scnu.edu.cn,这行字符称为URL(Uniform Resource Locator,统一资源定位器)。其中https://的意思是使用https协议传输;www表示这是一个www(World Wide Web,万维网)站点;scnu.edu.cn表示的是华南师范大学的域名。这几个要素组合起来就成了一个完整的URL,就像清晰地标识了目的地的门牌号码一样,知道目的地之后就可以通过网络去访问它了。

HTTP协议(Hyper Text Transfer Protocol,超文本传输协议)是用于从www服务器传输超文本到本地浏览器的传送协议。它可以使浏览器更加高效,使网络传输减少。它不仅保证计算机正确快速地传输超文本文档,还确定传输文档中的哪一部分,以及哪部分内容首先显示(如文本先于图形)等。HTTP协议的特点是无状态连接,简单快速,灵活,使用明文传输,不会对通信方进行请求和响应的确认。

HTTPS协议(Hyper Text Transfer Protocol over Secure Socket Layer,加密超文本传输协议)是为了解决HTTP协议以明文数据传输导致的安全问题而诞生的。大家试想一下,在人人都能网上购物的今天,用户所填写的个人资料和支付信息都通过明文方式在网络上传输,任何一个网络节点被非法监听和嗅探都会导致用户隐私泄密,这种体验是大家都无法接受的。HTTPS协议通过对数据加密实现数据的保密性,并且通过证书及签名确认传输双方的身份和确保传输数据的完整性。从2017年1月开始,Chrome 56版本的浏览器开始把涉及收集密码或信用卡数据的HTTP页面标记为“不安全”页面,而Chrome 62版本更是把所有带输入数据功能的HTTP页面标记为“不安全”页面。HTTPS协议的最大特点是比HTTP协议安全,尽管它不能保证100%的安全性,但是已极大幅度地增加了用户数据在传输过程被截取盗用的难度。不过与此同时,安全的代价也是显而易见的,在相同的网络环境下HTTPS协议会使页面加载时间延长近50%。同样地,在浏览器地址栏中看到网页地址以https://开头的就是使用了HTTPS协议传输的网站。

6.4.3 SMTP协议

电子邮件服务器之间通过SMTP(Simple Mail Transfer Protocol,简单邮件传输协议)进行通信来收发电子邮件。它是一组用于由源地址到目的地址传送邮件的规则,由它来控制信件的中转方式。SMTP协议属于TCP/IP协议集,为了保证邮件能完好无缺地到达目的服务器,SMTP使用TCP协议来传输,同时使用IP协议帮助每台计算机在发送或中转信件时找到下一个目的地。通过SMTP协议所指定的服务器,就可以把电子邮件寄到收信人的服务器上了。

6.4.4 FTP协议

为了方便在网络上下载或者上传文件,人们开发了FTP(File Transfer Protocol,文件传输协议),正如其名所示:FTP的主要作用,就是让用户连接上一个FTP服务器并查看这个FTP服务器上有哪些文件,然后把文件从服务器上下载到本地计算机,或把本地计算机的文件上传到服务器上去。FTP与SMTP类似,同样是使用TCP协议传输,也是客户端/服务器应用,它需要在主机上运行一个客户端软件来访问安装了FTP服务端软件的服务器。FTP以明文传输数据,难以保密,近年来已逐渐被安全的SFTP(Secure File Transfer Protocol)协议所代替。

6.4.5 DNS协议

通过对IP地址的学习,大家都知道IP地址由一组32位二进制数值组成的,虽然计算机操作系统已经将其转换成十进制显示,但对于人们的记忆来说依然还是一个大麻烦。据调查,截至2016年,世界上约有10亿个网站,人们不可能记下每一个他们需要访问的站点服务器IP地址,而且有些时候网站因技术原因需要调整服务器的IP地址,所以使用域名(Domain Name)来记忆和表示站点将解决这些烦恼。把特定网站的域名与其服务器IP地址对应起来,并把这些记录存放到DNS服务器上,当人们在浏览器上输入站点域名的时候,用户的计算机便会通过网络连接到DNS服务器上查询该域名所对应的IP地址,得知结果后再凭对方的IP地址进行访问。由于DNS所需传递的数据量十分少,而且需要尽快得出结果,所以DNS是使用UDP协议来传输的。

域名系统采用层次结构,它按地理域或按机构域进行分层,书写中采用圆点将各个层次隔开,分成层次字段。常见机构性域名和常见地理性域名如表6.1所示。例如www.scnu.edu.cn,最右边一段为最高域名cn(China),表示该机构是一个中国机构;次高域名edu(education),表示这是一个教育机构;而最后一段域名scnu(South China Normal University),表示的是这个机构的名字——华南师范大学;最左边一段www为主机名,意思是提供WWW服务的主机。

表6.1 常见机构性域名和常见地理性域名表

常见机构性域名		常见地理性域名	
域名	含义	域名	含义
com	商业机构	cn	中国大陆
edu	教育机构	hk	中国香港
net	网络服务提供者	tw	中国台湾
gov	政府机构	mo	中国澳门
org	非营利组织	us	美国
mil	军事机构	uk	英国
int	国际机构,主要指北约组织	ca	加拿大
nfo	一般用途	fr	法国
biz	商务	in	印度
name	个人	au	澳大利亚
pro	专业人士	de	德国
museum	博物馆	ru	俄罗斯
coop	商业合作团体	jp	日本
aero	航空工业	kr	韩国

6.5 国际互联网(Internet)

6.5.1 Internet的发展历史

1. Internet的发展

1) Internet的诞生

在冷战时代,美国军方担心军事指挥中心一旦受到苏联的核弹攻击便无法控制全国军队,所以美国国防部下属的高级计划研究署(ARPA)出资赞助大学的研究人员开展网络互联技术的研究,目的是构建一个全国性的作战指挥系统,即使某一节点被核弹攻击受到摧毁也不至于整个指挥网络瘫痪。很快,研究人员在美国4所大学之间组建了一个实验性网络,名为ARPANET。ARPANET利用了数据包这一新概念,能够使数据经过不同路径到达目的地,重组后得到原数据。日益深入的研究促使了TCP/IP协议的出现和发展，并由于TCP/IP成功的技术特性，使得随后不断发展壮大的ARPANET均使用TCP/IP协议，从此标志着Internet的正式诞生。

2）Internet名称

在前面我们已经提到所谓的互联网internetwork是一种网络分类，它把许许多多不同的网络连接到一起，所以也被称为网际网。而ARPANET实际上就是一个internetwork，研究人员简称为internet。同时研究人员用Internet这一称呼来特指为研究所建立的网络原型，这一称呼一直沿用至今。所以在书面上使用internet表示的是internetwork，而使用Internet则是特指现在的国际互联网。

3）Internet的发展

进入20世纪80年代后冷战时代，苏联陷入经济危机，国家实力已经被美国远远抛开，美国成为当时全球唯一的超级大国，不少为军事目的开发的技术也逐渐开始向民用过渡，ARPANET也不例外。当时美国国家科学基金会(NSF)希望把ARPANET扩充到全国每一位科学家和工程人员，使他们可以利用网络方便开展科学研究。但是军方强硬的态度使NSF放弃了初衷，后来NSF成功地游说了国会，获得资金重新组建了技术规格与ARPANET一样的NSFNET。NSFNET通过分层接入的方式扩大了网络的容量，把美国的大学和科研机构纳入网中，最后NSFNET取代了ARPANET成为Internet的主干网。由于当时NSFNET还是美国政府出资建设的，所以NSFNET还没有进行商业化。

到了20世纪90年代，接入Internet的计算机远远超出了网络的负荷，同时美国政府也意识到自己无力承担网络扩展所需的全部费用。后来NSF鼓励MERIT、MCI和IBM三家商业公司接管了NSFNET，自此商业机构开始大举进入Internet。Internet的商业化开拓了其在通信、资料检索和客户服务等方面的巨大潜力，促成了Internet发展的飞跃，并最终走向全世界。

从20世纪90年代后期至今，下一代互联网的研究开发正进行得如火如荼，世界各国均积极响应并投身于此，希望能成为新一代互联网的受益者。

2. 中国的Internet

我国从1994年4月20日开始正式通过64Kbps的专线连入Internet，被国际上正式承认为接入Internet的国家。自此，Internet在中国发展十分迅猛，CNNIC在2020年4月的互联网发展报告中显示，目前中国的国际出口带宽已达8.8Tbps。我国Internet规模的不断发展壮大，在社会、经济、文化、军事等各个领域发挥着重要的作用。我国的主要国际出口骨干网如表6.2所示。

表6.2 主要国际出口骨干网

出口骨干网	英文简称
中国宽带互联网	CHINANET
中国科技网	CSTNET
中国教育和科研计算机网	CERNET
中国移动互联网	CMNET
中国联通互联网	UNINET
中国国际电子商务网	CIECNET

1998年，清华大学依托CERNET建设了全国第一个IPv6试验床，标志着我国开始了对下一代互联网的技术研究。近年来与下一代互联网相关的实验项目不断启动，并取得了不少成绩。例如，我国下一代互联网研究标志性项目CNGI核心网CERNET2正式开通，引起了世界各国的高度关注，对全面推动我国下一代互联网研究及建设有重要意义。

6.5.2 Internet的特点

1. Internet的开放性

Internet对接入的计算机并没有类型上的要求，它是对所有种类的计算机均开放的，只要安装了

TCP/IP 协议就能通过不同的物理连接手段随时随地接入 Internet。这个就是 Internet 设计上的最大优点。

2. Internet 的平等性

Internet 不属于某一个个人、某一个机构甚至某一个国家,所以任何人对于 Internet 来说都是平等的,任何人都可以自由地与 Internet 连接起来或者从 Internet 上断开连接。

3. Internet 技术通信性

得益于 TCP/IP 协议集的技术特性,Internet 允许使用各种通信介质,包括电话线、专用数据线、光纤、无线 Wi-Fi 和卫星信号等。

4. Internet 专用协议

Internet 专用协议 TCP/IP 简洁而实用,当年正是使用了 TCP/IP 协议,由于其高效和通用,使得 Internet 的规模迅速发展,达到今天空前庞大的规模。

5. Internet 内容广泛

Internet 非常庞大,海纳百川,包罗万象,信息内容有学科技术的各种专业信息,也有与大众日常工作与生活息息相关的信息;有严肃主题的信息,也有体育、娱乐、旅游、消遣和奇闻逸事一类的信息;有历史档案的信息,也有现实世界的信息;有知识性和教育性的信息,也有消息和新闻类的传媒信息;有学术、教育、产业和文化方面的信息,也有经济、金融和商业信息等。

6.5.3 Internet 常见的接入方式

由于 Internet 遍布全球,为了为用户提供接入服务,全球各地均有不少 Internet 服务提供商(Internet Service Provider,ISP)。ISP 能提供各种各样的接入方式来满足不同环境和不同需求的用户的接入需要,现在常见的接入方式有蜂窝网络接入、光纤接入、局域网接入,如表 6.3 所示。

表 6.3 接入 Internet 的方式

接入方式	速度/bps	特点
电话拨号	56K	方便、速度慢
ISDN	128K	较方便、速度慢
ADSL	512K～24M	速度较快
Cable Modem	8～48M	利用有线电视的同轴电缆来传递数据信息、速度快
局域网接入	10～1000M	需要附近有 ISP、速度快
光纤接入	大于 50M	技术要求高、速度快
无线局域网	11M～11G	方便、速度快
GPRS、CDMA、3G、4G、5G	从几十 K 到几百 M 不等	方便、速度快

1. 电话拨号

电话拨号是个人用户最早接入 Internet 的方式之一,也是最广泛使用的接入方式之一。因为比起其他接入方式,电话拨号方式只需要依托普通的电话线路和一台调制解调器(Modem)就可以轻松方便上网了。上网的具体方式就如个人计算机与 ISP 之间在通电话一样简单,但是电话拨号接入互联网的最高速度一般只有 56Kbps,所以这种接入方式目前已经被淘汰。

2. ADSL

ADSL(非对称数字用户线路)是宽带接入服务,接入带宽从 512Kbps 到 24Mbps 不等。接入 ADSL 需要首先到当地 ISP 注册登记,并开通属于用户个人专有的账号。ADSL 是从 ISP 局端通过电话线连接到用户的数据语音信号分离器,然后再从分离器的数据接口连接到 ADSL Modem,最后从

ADSL Modem 通过双绞线连接到用户计算机的网卡，连接方式比电话拨号复杂。ADSL 曾经是家庭常用的宽带接入方式，现在已逐渐被光纤接入方式代替。

3. 局域网

电话拨号和 ADSL 拨号连接都使用了公共电话线作为长距离的传输介质，尽管 ADSL 的带宽是电话拨号带宽的 10 倍至 160 倍，但与网卡和双绞线所组成的局域网相比还是有明显差距，为了满足不同环境使用群体的需求，ISP 还直接提供通过局域网接入 Internet 的服务。

1）通过局域网直接接入

这种情况通常是 ISP 提供一条宽带线路接入某机构的局域网中，并且提供该机构所需数量的 IP 地址，通过该局域网网络设备的路由和交换，桌面计算机直接接入互联网，实现 10Mbps/100Mbps/1000Mbps 甚至更高的宽带接入。比如我国的 CERNET，ISP 把光纤拉到各所学校的中心机房，教师和学生的计算机通过各自的校园网接到学校中心机房，再由学校中心机房接入 Internet 中去。

2）通过局域网内的代理服务器（或称网关）接入

这种情况和上述的情况基本一致，唯一不同的是由于 IP 地址资源的匮乏，ISP 没办法提供足够多的 IP 地址给用户，所以用户只能在局域网内搭建一台代理服务器，让更多用户通过代理服务器来访问 Internet。使用代理服务器接入 Internet 能够节省 IP 地址，同时由于内部用户的计算机只是使用私有的 IP 地址，Internet 上的用户无法主动地连接到它们，所以增加了计算机使用网络的安全性。但是需要注意的是，代理服务器的带宽、数据处理能力和稳定性直接影响到局域网内用户的连接质量。

4. 无线网络

无线网络是一个范围很广泛的技术名词，当中涉及的技术林林总总，但按照终端接入距离来划分的话，常见的无线网络接入 Internet 的方式主要有两大类。

1）终端接入距离在半径几十米范围以内的——WLAN

WLAN（Wireless Local Area Networks）无线局域网，也经常被称为 Wi-Fi，是一种使用 2.4GHz 和 5GHz 射频信号进行数据传输的网络技术。WLAN 主要针对的是楼宇内终端无线接入方案。单个 WLAN 的网络设备，如无线路由器和无线访问接入点，建成的无线局域网覆盖范围只有半径几十米，适用于普通家庭。而由多个无线网络设备组成一个覆盖整栋大楼的大型无线局域网则适用于企业或作为移动服务运营商的扩展服务。

WLAN 只负责终端接入网络的最后一部分，至于用户接入 WLAN 后是否能连接 Internet 则不是 WLAN 所需要解决的问题。比如说现在有相当多的家庭都是使用光纤接入 Internet，在这个接入方案里，光纤负责连接 Internet，无线路由器则负责在家庭内部发射射频信号，让无线终端，如计算机、笔记本电脑、平板电脑和智能手机等接入 WLAN，然后通过光纤连接到 Internet。

WLAN 有以下几种常用的标准。

- IEEE802.11a 使用 5GHz 频率，最大支持 54Mbps 的接入速率。
- IEEE802.11b 使用 2.4GHz 频率，最大支持 11Mbps 的接入速率。
- IEEE802.11g 使用 2.4GHz 频率，最大支持 54Mbps 甚至 108Mbps 的接入速率，同时向下兼容 802.11b 设备。
- IEEE802.11n 使用 2.4/5GHz 频率，最大支持 600Mbps 接入速率，同时兼容 802.11a/b/g 设备。
- IEEE802.11ac 使用 5GHz 频率，俗称 5G Wi-Fi（第五代 Wi-Fi 技术），能提供 1Gbps 的接入速率，同时兼容 802.11a/b/g/n 设备。
- IEEE802.11ax 使用 2.4/5GHz 频率，最大支持 11Gbps 接入速率，同时兼容 802.11a/b/g/n/ac 设备，常称为 Wi-Fi 6 的标准。

WLAN 的接入方法十分方便简单，在终端搜索相关无线网络的 SSID，然后单击连接，输入相应的接入密码便可以完成连接。

2）终端接入距离比较远，几百米甚至几公里——GPRS、3G、4G和5G等

这种接入方式通常都是由移动网络运营商提供的Internet接入服务，终端多为智能手机、平板电脑和笔记本电脑等设备。使用这种接入方式的终端都有一个共同点，就是要使用移动网络运营商提供的sim卡作为身份标识，并且以流量或在线时长作为计费单位付费。

GPRS(General Packet Radio Service)通用分组无线服务，它是GSM移动电话用户可用的一种移动数据业务，由于其处于2G和3G时代之间，GPRS通常被形容为“2.5G”。GPRS接入速率从56Kbps到114Kbps，特殊情况下可以达到171.2Kbps。

我国的3G业务分为中国移动的TDS-CDMA、中国联通的WCDMA和中国电信的CDMA 2000 EVDO三种。它们的技术各有特点，接入速率最高可达21.6Mbps。当中TDS-CDMA为我国自行研发的3G标准，具有自主的知识产权，标志着我国在移动通信领域已进入世界领先之列。

4G移动通信技术结合了3G和WLAN的技术优势，接入速率比3G移动通信技术高几倍。4G移动通信技术大体分为TD-LTE和FDD-LTE两大类，理论环境下TD-LTE的下行速率和上行速率分别为100Mbps和50Mbps，而FDD-LTE的下行速率和上行速率分别为150Mbps和40Mbps，在实际使用环境中两者速率相差并不明显。

5G是第五代移动通信技术的简称，峰值速率在10～20Gbps，频谱效率要比LTE技术高三倍，空中接口延时低至1ms，可以满足自动驾驶及远程医疗的使用需求，连续广域覆盖和高移动性下，用户体验速率达到100Mbps。2019年为我国的5G商用元年，但任何新技术都需要时间去积累和发展，5G到底能走多远，发挥多大的功效，就让我们拭目以待吧。

5. 光纤宽带

近几年来，随着光通信领域的技术发展和光纤制作成本的大幅下降，各大电信运营商逐步使用通过光纤入户活动而实现的PON(无源光纤网络)组网方式替换掉沿用多年的ADSL。PON的优势在于它是一个纯介质网络，意思是在靠近用户端的那方完全不需要部署任何使用电源的设备，有效地避免了设备受到的电磁干扰和雷电影响，降低了线路和设备的故障率，提高了整个PON网络系统的可靠性，节省运维成本。而在用户使用体验方面，运营商提供入户的“光猫”(光调制解调器)基本已经自带了自动PPPoE拨号和无线路由等功能，使得用户可以享受插上室内网线或连接WLAN便可立即使用高速宽带网络的高级服务。2021年的广州市，中国电信面向普通家庭的光纤宽带套餐已经有100Mbps、300Mbps和500Mbps三个级别，资费从每月100多元到300元不等。

6.5.4　Internet常见的服务

前面我们提及Internet上的内容十分广泛，包罗万象，无所不有，为了使用户更方便地获得各种各样的信息，Internet提供了非常丰富且与时俱进的服务。下面列举一些最常见的服务。

1. WWW(World Wide Web，万维网)

万维网是一种高级的、标准的、通过Internet为用户传递超级文本(Hyper Text)的方法，它通过各种浏览器就能访问到里面包含文字、图像、音频、视频及其他所有的电子化信息。www使用HTML(Hyper Text Mark-up Language，超文本标记语言)作为描述语言。通过HTML文本，配以多种媒体便能制作出内容丰富，绚丽多彩的Web页面。现在，众多ICP(Internet Content Provider，互联网内容提供商)已经不再停留在通过Web来提供资讯和多媒体信息阶段了，网页邮箱、网页游戏、网上购物等均可通过Web页面形式提供。不过有一件事是没有改变的，就是www依然主要采用我们之前介绍过的HTTP协议和HTTPS协议来访问。

2. E-mail(电子邮件)

电子邮件是Internet上应用最广泛、最古老的服务之一。通过Internet电子邮件系统，可以与世

界上任何一个角落的网络用户互通电邮，内容从普通文本到图像、声音甚至视频均可，同时还无须支付邮寄实物的邮费(只需支付互联网使用费)。电子邮件使用简易、投递迅速、收费低廉、易于保存、收发地点遍布世界任何一个有能接入互联网的硬件终端的角落，使得电子邮件被广泛使用。

从之前的章节我们了解到，电子邮件是使用SMTP协议在邮件服务器之间发送投递的。而大多数的电子邮件客户端则使用POP3(Post Office Protocol 3，邮局协议的第3个版本)协议从电子邮件服务器下载邮件，比如我们将介绍到的Outlook，它就可以使用POP3从邮件服务器下载电子邮件。当然，除了POP3之外，还有不少邮件服务器让用户通过Web方式和IMAP向其收发邮件，使得用户只需要一个浏览器就能完成电子邮件的收发。

3. FTP(文件传输)

在前面的章节我们已经介绍过FTP协议，它是Internet上最古老的最传统的服务之一。FTP最大作用就是使用户能在两个联网的计算机之间传输文件，它是Internet上传输大文件的主要方法之一。近年来，P2P下载(Point to Point，点对点下载)方式大行其道，使用P2P技术的下载软件，如BT、eMule之类，其优点非常明确，因为采取多源传输的关系，所以下载相同文件的人越多下载速度就越快。但其缺点也是相当明显：多源传输对硬盘损伤大，缩短硬盘寿命；对内存占用较多，影响计算机整体运行速度；文件的安全性没法保障。

4. Search Engines(搜索引擎)

搜索引擎其实也是一种Web应用，只是搜索引擎在后台使用某些程序把Internet上的大量信息归类然后按用户输入的关键字进行检索，再以Web的形式把这些信息展示出来，帮助人们在茫茫网海中搜寻到所需要的信息。目前比较流行的搜索引擎有www.google.com、www.baidu.com和www.bing.com等。

5. IM(Instant Messaging，即时通信)

即时通信可以分为两种不同的方式，一类是进入某个Web聊天室或特定软件直播间和其他进入同一个聊天室、直播间的人们通过文字或视音频进行通信；另一类则是通过特定的IM客户端，如QQ和IRC之类的应用软件透过对应的服务器与同样使用这些客户端的朋友或陌生人交流，同样可以采用文字或视音频等方式进行通信。即时通信的优点在于通信费用便宜方便，无论通信双方相隔多远，只要接入Internet就能相互交流，而且不需要像电话那样实时应答，交流双方甚至可以在各自空闲的时候留言通信。

6. BBS(Bulletin Board System，电子公告板，讨论区)

对比起IM，BBS更侧重于一种非即时的通信交流。BBS就如一块很大的黑板报，每个人都可以在上面根据不同分类和不同主题发表自己所经历的事情，发表对某些问题的个人看法，或者就某些问题提出疑问，寻求其他人浏览并答复，解决问题。现在大部分的BBS都是Web形式的，它没有特定的交流目标，也不需要参与交流的人同时在线，只要看到自己有兴趣的话题，都可以参与交流。

7. Blog(博客)

"博客"一词是从英文单词Blog翻译而来。Blog是Weblog的简称，而Weblog则是由Web和Log两个英文单词组合而成。简单地说，就是用户在Web上记录心情、兴趣、想法和心得，包括对大至时事新闻、国家大事，小至一日三餐的个人观点、个人看法，是人们通过互联网发表各种思想的虚拟场所。

8. 社交应用

随着Facebook和Twitter在国外声名大噪，国内的开心网和微博紧随其后占领国内暂时空白的市场。社交网站和社交软件糅合并改进了Internet上提供的几种常用服务，并且在计算机、平板电脑和智能手机等各种终端上实现了跨平台提供服务，目的是为了让人们随时随地分享各自的感受，与朋友们互动。

9. 远程学习

远程学习是近年新兴的一种利用网络、多媒体、计算机设备等技术，克服传统教学的局限性而形成的新型教学模式。它不仅打破了传统的时空限制，也能充分利用高质量的教育资源，最大限度地发挥教育功效，是现在也是未来的重要学习方式。

6.6　网络故障的简单诊断

微软公司在 Windows 操作系统中配备了一些命令，用于检测和帮助用户排除网络连接方面遇到的问题，如 ipconfig 和 ping 命令等。

1. ipconfig 命令

ipconfig 主要作用是显示当前计算机的 TCP/IP 参数信息，让用户检查关于对 TCP/IP 的配置有没有出错。尤其是在 DHCP 的环境下，可以让用户了解到 DHCP 服务器有没有把连接到网络所必需的参数成功地配置到本地计算机上。

我们首先要打开命令提示符，在任务栏的搜索框中输入 cmd 或者“命令提示符”，在匹配栏里单击“命令提示符”图标或“打开”命令打开“命令提示符”窗口。在命令提示符窗口中输入“ipconfig /all”后回车。得到的结果便是本地计算机详尽的 TCP/IP 配置信息。如图 6.21 所示，该计算机并没有使用 DHCP 服务而是手工配置了固定有效的 IP 地址，通过局域网直接接入互联网。在 ipconfig 命令返回的信息中，最关键的莫过于 IP 地址、子网掩码、默认网关和 DNS 服务器这几个，因为这几项的其中一项出错都将会影响用户正常访问 Internet。

图 6.21　ipconfig 命令的使用结果 1

如果用户是处于 DHCP 环境下，使用 ipconfig /all 之后，发现 DHCP 服务器并没有将正确的 TCP/IP 参数配置到本地计算机，那么可以使用 ipconfig /renew 来请求 DHCP 服务器再次对本机的 TCP/IP 进行配置。如果已经成功地从 DHCP 服务器获得相关配置，那么 ipconfig 将会显示 DHCP 的 IP 地址和本地计算机所获得的地址的预计失效日期时间，如图 6.22 所示。

```
管理员: 命令提示符
Microsoft Windows [版本 6.1.7601]
版权所有 (c) 2009 Microsoft Corporation。保留所有权利。

C:\Users\Pat>ipconfig/all

Windows IP 配置

   主机名  . . . . . . . . . . . . . : patvmware
   主 DNS 后缀 . . . . . . . . . . . :
   节点类型  . . . . . . . . . . . . : 混合
   IP 路由已启用 . . . . . . . . . . : 否
   WINS 代理已启用 . . . . . . . . . : 否
   DNS 后缀搜索列表  . . . . . . . . : localdomain

以太网适配器 本地连接:

   连接特定的 DNS 后缀 . . . . . . . : localdomain
   描述. . . . . . . . . . . . . . . : Intel(R) PRO/1000 MT Network Connection
   物理地址. . . . . . . . . . . . . : 00-0C-29-1E-43-46
   DHCP 已启用 . . . . . . . . . . . : 是
   自动配置已启用. . . . . . . . . . : 是
   本地链接 IPv6 地址. . . . . . . . : fe80::4981:b0ee:eb90:e61a%11(首选)
   IPv4 地址 . . . . . . . . . . . . : 192.168.72.128(首选)
   子网掩码  . . . . . . . . . . . . : 255.255.255.0
   获得租约的时间  . . . . . . . . . : 2013年6月19日 10:06:05
   租约过期的时间  . . . . . . . . . : 2013年6月19日 12:21:03
   默认网关. . . . . . . . . . . . . : 192.168.72.2
   DHCP 服务器 . . . . . . . . . . . : 192.168.72.254
   DHCPv6 IAID . . . . . . . . . . . : 234884137
   DHCPv6 客户端 DUID  . . . . . . . : 00-01-00-01-18-E6-A3-C3-00-0C-29-1E-43-46

   DNS 服务器  . . . . . . . . . . . : 192.168.72.2
   主 WINS 服务器  . . . . . . . . . : 192.168.72.2
   TCPIP 上的 NetBIOS  . . . . . . . : 已启用
```

图 6.22　ipconfig 命令的使用结果 2

2. ping 命令

ping(Packet Internet Grope,互联网包探索器)命令是一个使用频率极高的实用程序,除了在 Windows 之外,各种版本的 Linux、Unix,甚至连网络设备的系统上都配有这个程序。它的工作原理能够简单理解为主机通过 UDP 协议向目的主机发送出一些 ICMP(Internet Control Message Protocol,互联网控制报文协议)数据包,请求目的主机的回应,目的主机收到请求之后就会返回一个同样大小的数据包,根据返回的数据包就可以确定源主机和目的主机之间的网络连接正常,两台主机相关的 TCP/IP 配置也正确。假如网络连接有异常,通过 ping 一系列特定的目的主机,也可以帮助我们对问题进行诊断。

(1) 按照之前的步骤打开命令提示符,然后输入 ping 127.0.0.1(回送地址:127.0.0.1,表示本地计算机,一般用于测试使用),按 Enter 键确认。如果有应答,如图 6.23 所示,表示本机 TCP/IP 已正常被安装;否则,则表示 TCP/IP 的安装或者运行存在某些最基本的问题,解决方法是重装 TCP/IP 协议,并重启计算机。

```
管理员: 命令提示符
Microsoft Windows [版本 6.1.7601]
版权所有 (c) 2009 Microsoft Corporation。保留所有权利。

C:\Users\Pat>ping 127.0.0.1

正在 Ping 127.0.0.1 具有 32 字节的数据:
来自 127.0.0.1 的回复: 字节=32 时间<1ms TTL=128
来自 127.0.0.1 的回复: 字节=32 时间<1ms TTL=128
来自 127.0.0.1 的回复: 字节=32 时间<1ms TTL=128
来自 127.0.0.1 的回复: 字节=32 时间<1ms TTL=128

127.0.0.1 的 Ping 统计信息:
    数据包: 已发送 = 4，已接收 = 4，丢失 = 0 (0% 丢失)，
往返行程的估计时间(以毫秒为单位):
    最短 = 0ms，最长 = 0ms，平均 = 0ms

C:\Users\Pat>_
```

图 6.23　ping 命令的使用结果

(2) ping 本机的 IP 地址，正常情况下本地计算机应该始终都能对 ping 命令做出应答，假如没有则表示可能在网络上存在着另一台与本机 IP 地址相同的计算机。此时可拔下网线再进行测试，如果发现测试通过，则应该与网络管理员协商解决 IP 地址冲突问题。

(3) 通过上述两个测试之后，基本可以证实本地计算机的安装和配置是没有问题的。接下来，可以尝试 ping 一下局域网内其他计算机的 IP 地址。这个测试可以排除局域网的线缆是否存在问题，或者局域网的子网划分是否正确。

(4) ping 网关 IP 地址，如果测试通过，则表示本机到网关之间的连接是正常的，否则应该好好检查两者之间的网络连接和相关配置。有些时候，为了保障网关的网络安全，网络管理员可能会在网关部署防火墙，防火墙配置失当也会导致本机无法与网关连通。

(5) ping 远程 IP 地址，如果测试通过，则表示从本地计算机能正常通过默认网关连接到 Internet。

(6) ping 某个网站域名，比如 ping www.qq.com，假如 ping 命令不能正常解释该域名对应的 IP 地址，则表明可能是 DNS 服务器配置的 IP 地址不正确或 DNS 服务器有故障。

当本地主机出现网络连接问题的时候，通过上述几个测试，可以简单地进行诊断，对其进行针对性的维护或修复。但是，即使上述的测试全部通过了，也并不能表示所有的网络配置都正常，某些子网掩码的错误就可能无法用这些方法检测出来。

第7章

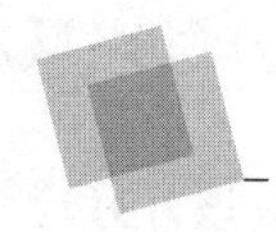

浏览器与其他网络应用

主要内容

- 文本、超文本、Web 页的超文本结构和 URL 的基本概念
- Internet Explorer 基本操作
- 信息搜索的基本方法和常用的搜索引擎的使用
- 博客和社交网站介绍
- 电子邮件和 Outlook 的基本操作
- FTP 的基本概念和 FileZilla 的基本操作

通过前面章节的学习，我们了解了计算机网络发展的历史，掌握了它的基本原理和连接方法。在连接到 Internet 之后，就可以通过 WWW、E-mail、FTP 等各种服务获取国际互联网上丰富的资源了。但想熟练地在网上“冲浪”，我们还必须先了解 Internet 的特性，掌握各种服务工具的基本使用方法与技巧。本章将重点介绍万维网浏览器 Internet Explorer、电子邮件客户端 Outlook 和 FTP 客户端 FileZilla 等的使用方法。

7.1 浏览网页

7.1.1 浏览网页的基本知识

1. 超文本标记语言

首先来区分两个概念：文本与超文本。所谓文本，指的就是可见字符（文字、字母、数字和符号等）的有序组合，又称可见文本；而超文本，指的就是除了普通文本外，还包括了一些具体的链接，这些包含链接的文本就被称为超文本。HTML（Hyper Text Mark-up Language，超文本标记语言）是 WWW 的描述语言，由 Tim Berners-lee 提出。设计 HTML 语言的目的是为了能把存放在一台计算机中的文本或图形与另一台计算机中的文本或图形方便地联系在一起，形成有机的整体，人们不用考虑具体信息是在当前计算机上还是在网络的其他计算机上。这样只要使用鼠标在某一文档中单击某一链接，就会马上通过 Internet 转到与此链接相关的内容上去，而这些内容信息很可能是存放在 Internet 上的另一台计算机中的。

HTML 文本是由 HTML 命令组成的描述性文本，HTML 命令可以包含文字、表格、图形、动画、音频、视频和链接等。HTML 的结构包括头部（Head）、主体（Body）两大部分。头部描述浏览器所需的信息，主体则包含所要说明的具体内容。

2. 统一资源定位器

URL(Uniform Resource Locator,统一资源定位器)是 WWW 中各类资源的定位信息,即所谓的网址。URL 地址格式排列为:<服务类型>://<主机 IP 地址或域名>:<端口(http 协议服务类型,默认情况下是 80,而 https,默认端口是 443)>/<资源在主机上的路径>。例如,http://news.qq.com/omn/20220215/20220215A0C20T00.html 就是一个典型的 URL 地址。客户端程序首先看到 http(超文本传送协议),便知道处理的是 HTML 链接。接下来的 news.qq.com 是站点地址,再接着是目录/omn/20220215/,最后是超文本文件 20220215A0C20T00.html。

3. 浏览器

浏览器是用户浏览网页时使用的客户端软件,用户通过它可迅速及轻易地浏览 WWW 上的各种资讯。网页一般是由通用的 HTML 组成,但有些网页因为包含了特别的组件,所以需使用特定的浏览器才能正确显示。常见的网页浏览器除了与 Windows 捆绑发售的 Microsoft Internet Explorer(微软于 2021 年 5 月 20 日宣布停止支持 Internet Explorer,Internet Explorer 桌面程序将会在 2022 年 6 月 15 日退役)和 Edge 外,还有 Mozilla 的 Firefox、Apple 的 Safari 以及 Google 的 Chrome 等。

7.1.2 Internet Explorer 的使用

由于本书重新修订时,国家对试点高校网络教育的《计算机应用基础》课程统考依然参照 2013 年修订版的考试大纲,所以本章节会按照考试大纲要求着重介绍 Internet Explorer 浏览器的使用方法,其他浏览器的主要功能和使用方法大同小异。

1. Internet Explorer 简介

为了快速掌握 Internet Explorer(下文简称为 IE)的使用方法,用户首先应对 IE 窗口有所了解。打开 IE 的通用方法如下,单击开始菜单,输入 Internet Explorer,在匹配栏里单击 Internet Explorer 应用图标。打开 IE 后程序界面结构如图 7.1 所示。IE 窗口主要由地址栏、标签栏、菜单栏、工具栏、功能区、工作区和状态栏等组成。

图 7.1　Internet Explorer 界面结构

(1) 地址栏：位于IE工作窗口的顶部，使用地址栏可查看当前打开的Web页面的地址，也可查找其他Web页。在地址栏中输入地址后按Enter键，就可以访问相应的Web页。例如，在地址栏中输入www.gdou.com，按Enter键之后就可访问华师在线的主页。用户还可以通过地址栏上的下拉列表框直接选择曾经访问过的Web地址，进而访问该Web页。

(2) 标签栏：位于地址栏下方，用来存放显示当前正在浏览的网页名称或当前浏览网页的地址的选项卡，方便用户了解Web页面的主要内容。

(3) 菜单栏：位于标签栏下面，显示可以使用的所有菜单命令。

(4) 工具栏：也叫命令栏，位于菜单栏下面，存放着用户在浏览Web页时常用的工具按钮，使用户可以不用打开菜单，而是单击相应的按钮来快捷地执行各种命令。

(5) 功能区：为用户提供查看"历史记录""收藏夹"等相应的操作功能，通常状态下并不默认打开显示，用户可以从菜单栏的"查看"中的"浏览器栏"或工具栏的"工具"中的"浏览器栏"里选择其中一个选项开启。

(6) 工作区：用户查看网页的地方，也是用户与各种Web应用程序交互的地方。

(7) 状态栏：位于IE窗口的底部，显示当前用户正在浏览的网页下载状态、下载进度、页面缩放比例和区域属性。

2. Internet Explorer 的基本操作

1) 浏览网页

(1) 如图7.2所示，在浏览器地址栏中单击，使地址栏中的字符成反色显示。

(2) 输入要浏览的网站的URL地址，然后按Enter键即可。

图7.2 Internet Explorer 地址栏

2) IE的常用工具和操作使用

(1) 返回按钮可以使IE返回到上一Web页面，而如果要转到下一页，可单击工具栏上的前进按钮。

(2) 如果要中断正在浏览的Web页面链接，可以点击工具栏上的停止按钮。

(3) 如果Web网页看到的信息是过期的信息，或者网页的图片、音乐和视频等加载不正常，可以单击刷新按钮重新载入该页面。

(4) 主页按钮是打开浏览器时浏览器自动加载的页面。主页的设置在后面的章节会提及。

(5) 如果要在Internet上查找某些资源，可以单击搜索按钮，通过设定搜索服务提供商和输入要搜索的关键字进行搜索，浏览器默认的搜索服务提供者可能是必应(Bing)、百度(Baidu)或其他。

(6) 单击收藏夹按钮之后，IE会出现一个下拉菜单，然后选择"固定收藏中心"命令后IE会在工作区左方出现功能区，显示收藏夹里的内容，方便用户在收藏的网页中进行选择。

如果在Web页面上遇到想设置为计算机桌面墙纸的图片，可以在工作区中右击该图片，在弹出的菜单中选择"设置为背景"命令。

如果想把某个网页保存在本地磁盘以方便日后脱机时浏览，可以在"文件"菜单中选择"另存为"选项。在"保存网页"对话框中可以选择保存的路径、文件名和保存的类型等。如果"保存类型"选择了"网页，全部"，即保存下来的网页会连同页面上的图像、音频和其他文件一并保存下来，并按照网页里面HTML语言描述的路径生成对应的文件夹；如果选择了"Web档案，单一文件"，那么IE会把该网页上所有信息下载下来，集成到一个文件里面；如果选择了"网页，仅HTML"，那么IE就只会保存Web页信息，但不会保存其他多媒体类别的文件；如果只需要保存当前网页的文本信息，可以选择"文本文件"。

3. Internet Explorer 的基本设置

Internet Explorer 浏览器的基本设置对话框包括“常规”“安全”“隐私”“内容”“连接”“程序”和“高级”7 个选项卡，如图 7.3 所示。在 IE 的菜单栏中单击“工具”命令，然后在下拉菜单中单击“Internet 选项”命令，便能打开“Internet 选项”对话框。

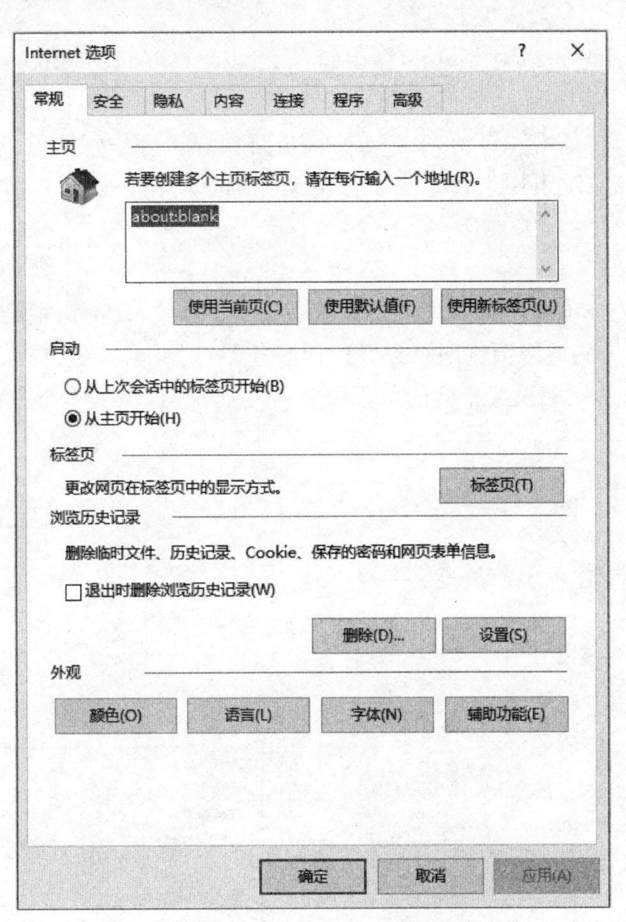

图 7.3　Internet Explorer 属性的基本设置

1）“常规”选项卡

该选项卡可以更改 IE 默认主页、设置 Internet 临时文件夹的属性和更改访问历史记录的保存设置等。

在启动 IE 浏览器的同时，IE 会自动打开其默认主页。如果用户想修改默认主页，则可以参考以下步骤。

(1) 启动 IE 浏览器。

(2) 打开要设置为默认主页的 Web 页面。

(3) 选择“工具”菜单，然后选择“Internet 选项”命令，打开“Internet 选项”对话框，在“主页”选项组中单击“使用当前页”按钮即可将启动 IE 时打开的默认主页设置成当前打开的 Web 页面；如果单击“使用默认值”按钮，则可以恢复回浏览器初始默认设置；若单击“使用新标签页”按钮，则 IE 启动时不会打开任何网页。

在 IE 中，用户只要单击工具栏上“收藏夹”的按钮中的“历史记录”选项卡就可以查看曾经浏览过的网站的记录，时间久了之后历史记录会越来越多。这时候如果用户觉得有需要清理一下，可以在“常规”选项卡的“浏览历史记录”选项组中单击“删除”按钮，还可以设置历史记录的保存时间。

2）“安全”选项卡

“安全”选项卡是关于用户在浏览 Web 内容时所涉及的安全设置，其中包括 Internet、本地 Intranet、受信任的站点、受限制的站点的设置。除此之外，在这里还可以对“该区域的安全级别”进行单独设置，其中包括“自定义级别”和“默认级别”。

3）“隐私”选项卡

在“隐私”选项卡中用户可以对 Cookie 做限制，还可以对“弹出窗口阻止程序”选项组进行设置。

4）“内容”选项卡

“内容”选项卡可以对“证书”“自动完成”等方面进行设置。“证书”选项组可以用来管理用户获得的电子证书；“自动完成”选项组用于设置是否保存浏览网页时留下的用户名和密码之类的个人信息以便下次访问时自动填写。

5）“连接”选项卡

如图 7.4 所示，在该选项卡中除了可以设置或者添加一个 Internet 网络连接，还可以设置连接的代理服务器。如果需要为局域网浏览网页设置代理服务器，则可以单击“局域网设置”按钮，在弹出的“局域网(LAN)设置”对话框中设置相应的代理服务器地址及端口号等，如图 7.5 所示。

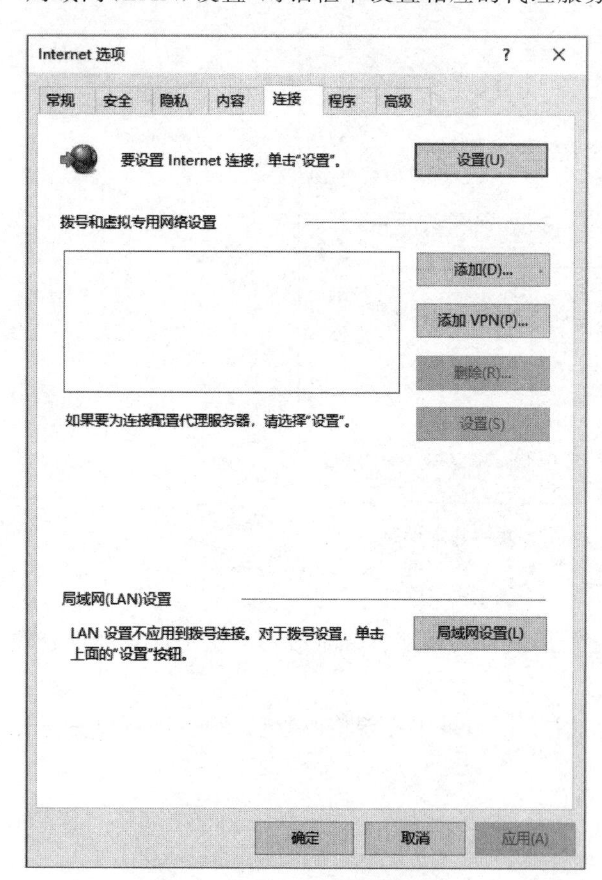

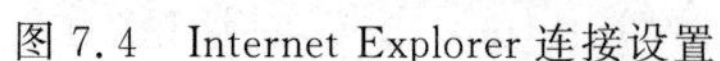
图 7.4　Internet Explorer 连接设置

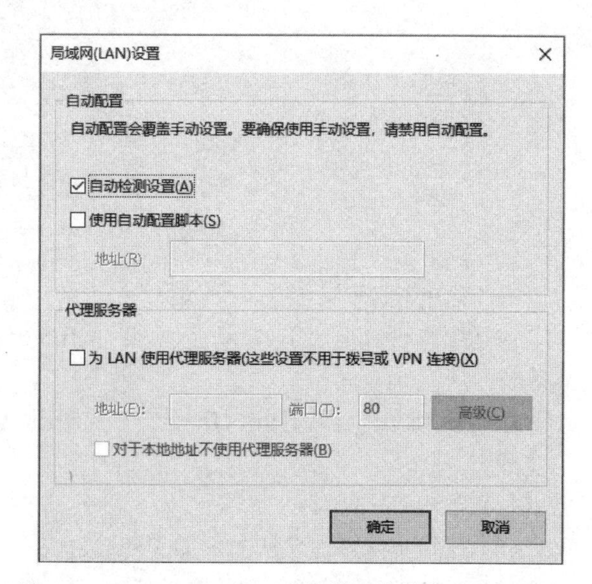

图 7.5　Internet Explorer 连接设置中的代理服务器设置

6）“程序”选项卡

该选项卡可以指定 Windows 自动用于每个 Internet 服务的程序，其中包括 HTML 编辑器、电子邮件等。可以通过单击“设为默认浏览器”按钮，将 IE 重新设置为系统默认使用的浏览器软件。单击“管理加载项”按钮则可以对加载到 IE 的插件和扩展进行管理。

7）“高级”选项卡

“高级”选项卡中的设置有很多，主要是对 IE 个性化浏览进行设置，其中包括 HTTP 1.1 设置、安全、多媒体、辅助功能、国际、加速的图形和浏览等多方面的设置，如图 7.6 所示。

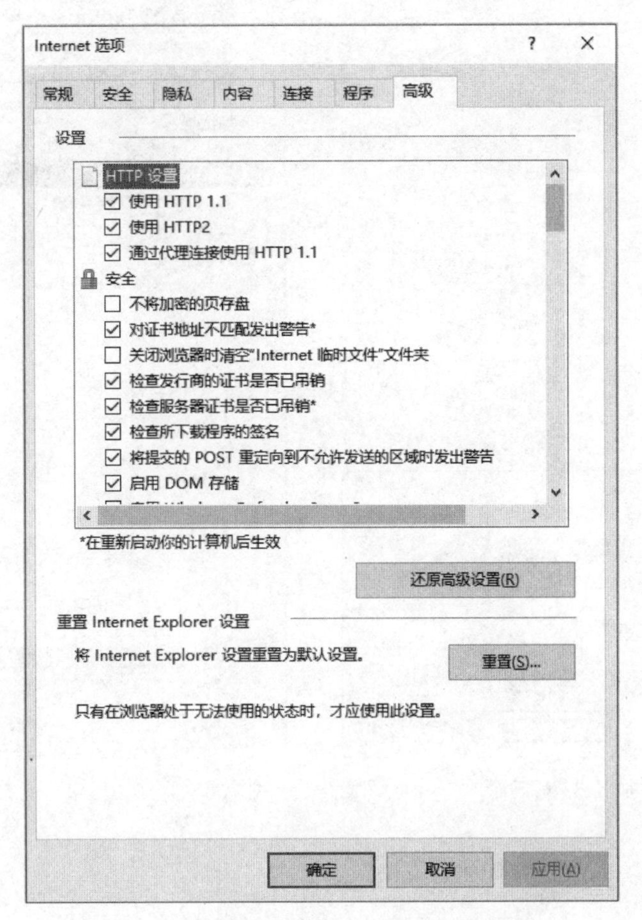

图 7.6 Internet Explorer 属性的高级设置

4. Internet Explorer 浏览器收藏夹的基本使用

1) 收藏夹的功能

用户可以将喜爱的网页添加到收藏夹中并对它们进行分门别类保存，以后有需要时就可以通过收藏夹快速访问所需的网页。

2) 添加到收藏夹

将某个 Web 页添加到收藏夹的方法如下。

(1) 转到要添加到收藏夹列表的 Web 页。

(2) 打开“收藏夹”菜单，单击“添加到收藏夹”选项，打开“添加收藏”对话框，如图 7.7 所示。

(3) 在“添加收藏”对话框的“名称”文本框中输入该网页的新名称，然后单击“添加”按钮。如果想把该页收藏到某个特定类别的目录下，则可以单击“创建位置”下拉列表框或“新建文件夹”按钮，然后把页面添加到指定的文件夹下。

3) 添加到收藏夹栏

为了方便用户使用，收藏夹中还有一个“添加到收藏夹栏”的便捷功能，它的原理就是把用户需要添加的页面链接直接保存到“收藏夹栏”目录中，这样用户便马上可以在 IE 的收藏夹栏中看到刚刚添加的网页链接了，如图 7.8 所示。

4) 整理收藏夹

当收藏的 Web 页不断增加时，用户可以将它们组织到文件夹中，也可以创建新的文件夹来组织收藏的项目。具体操作步骤如下。

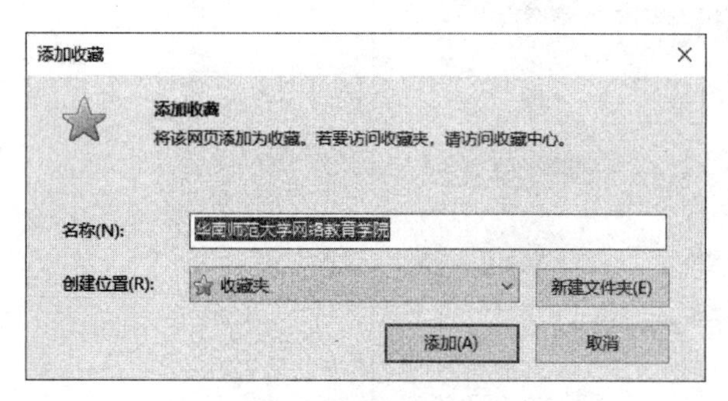

图 7.7 “添加收藏”对话框

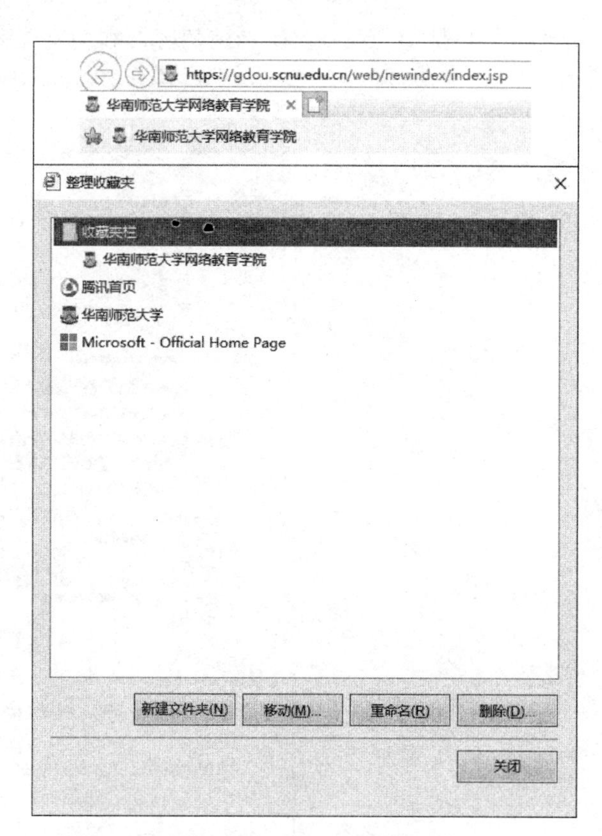

图 7.8 收藏夹栏跟收藏夹栏文件目录的相互关系

(1) 打开“收藏夹”菜单，选择“整理收藏夹”选项。

(2) 在弹出的“整理收藏夹”对话框中，如图 7.8 所示，单击“新建文件夹”按钮，然后键入文件夹的名称，最后按 Enter 键。

(3) 将列表中的快捷方式拖放到合适的文件夹中。如果因为快捷方式或文件夹太多而导致无法拖动，可以先选择要移动的网页，然后单击“移动”按钮，在弹出的“浏览文件夹”对话框中选择合适的文件夹，最后单击“确定”按钮即可。

(4) 如果有某些需要删除的网页，可以直接选择要删除的网页，然后单击“删除”按钮。

5) 使用已收藏网页

收藏夹列出了收藏的网页以便快速查看。每次需要打开该页时，只要单击 IE 工具栏上收藏夹按钮★，然后在出现的下拉列表菜单中单击需要的网页地址即可。

7.1.3 Edge 浏览器

1. Edge 浏览器简介

Internet Explorer 1.0 版本从 1995 年开始服役，它使用 Trident 作为其排版渲染引擎(也俗称为浏览器内核，主要负责对网页语法的解释并显示网页；而不同的浏览器内核对编写网页的语法解释不尽相同，所以使用不同内核的浏览器对同一个页面的显示效果也会有所不同)。凭借着 Windows 在操作系统的市场占有率，与其捆绑发售的 IE(从 Internet Explorer 4.0 开始与对应的各版本 Windows 捆绑发售，IE 成为 Windows 的默认浏览器一直延续到 2015 年)也一直在浏览器市场占据着“垄断”地位，一家独大使得微软这艘软件业昔日的“银河战舰”没有投放太多资源到 Trident 引擎的更新上。老旧的 Trident 引擎很长时间没有得到微软的更新，导致其在一段比较长的时间内与 W3C(万维网联盟)标准脱节，同时其存在的大量错误漏洞等安全性问题也没有得到及时解决。在 2006 年，IE6 更是被评为“史上第八糟糕科技产品”。在饱受恶评之后，微软才不断加紧对 IE 的版本更新，几乎是做到每一个新的操作系统都搭配一个全新升级的 IE 浏览器。

时间来到 2015 年，微软在经历了 Windows 8 和 Windows 8.1 的惨败后，祭出了广受用户欢迎的 Windows 7，以及可以通过不断进行版本升级获得更多新功能、更高安全性的 Windows 10。伴随着 Windows 10 的到来，垂垂老矣的 IE 更突显其与新系统的不和谐性。尽管 IE 的 Trident 引擎后来不断被微软升级和修补，大幅提升了用户的使用体验，但要求一个已经存在 20 年的浏览器既兼容老旧代码，又对 HTML5 这个全新的技术展示充足的友好度显然是强人所难的。为了解决这一困境，微软在 Windows 10 中捆绑推出了一个全新的浏览器 Edge。

Edge 浏览器最开始时使用 EdgeHTML 引擎，该引擎是微软在 Trident 引擎的基础上删除了过时的旧技术支持代码，增加对现代浏览技术支持开发而来，是一个注重实用和极简主义的全新自研引擎。微软希望通过全新的 EdgeHTML 引擎和 Edge 浏览器以及转到“地下工作”的 IE 浏览器(IE 浏览器被直接存放在 Windows 10 的特定文件夹中，而没有显示在桌面或者开始菜单上)这一组合重铸其昔日浏览器市场上的辉煌。理想是美好的，但现实往往是残酷的，微软为了保全 IE 而错过了浏览器更新换代大发展的那几年，导致现如今 EdgeHTML 引擎的开发生态环境与 Google Chrome 的 Chromium 引擎对比过于单薄，各种 Edge 浏览器功能插件陷于无人开发的境况。微软痛苦地发现如果再坚持走自研发的 EdgeHTML 引擎道路，势必陷入自身浏览器品牌付诸一炬、市场份额进一步萎缩的困境。2018 年 12 月，微软正式确认 Edge 浏览器将使用 Chromium 引擎；2020 年 1 月，微软正式发布了基于 Chromium 开源项目的 Edge 浏览器；2020 年 8 月，微软宣布在 2021 年 3 月结束对 EdgeHTML 引擎版本 Edge 浏览器的桌面应用支持。自此，微软放弃了自研的 EdgeHTML 引擎，后面的 Edge 浏览器已基于 Chromium 引擎，如图 7.9 所示。

图 7.9 使用 Chromium 引擎的 Edge 初次打开时的提示

2. 在 Edge 浏览器中使用“在 Internet Explorer 模式下重新加载”功能

由于新版 Edge 浏览器使用的是 Chromium 引擎，所以它的基本使用方式与其他 Chromium 引擎浏览器大致一样，大家可以带着探索精神在日常使用过程中慢慢感受和发掘，此处不再一一赘述。除此之外，Edge 浏览器还有一个微软的独门功能必须跟大家在这里分享。如本章节所述，IE 昔日叱咤浏览器江湖 20 年，导致现在很多政府部门或者企业基于 IE 浏览器开发的各式 Web 应用还在服役中，所以当大家遇到一个没有 IE 浏览器可用的操作系统环境的时候可以尝试一下 Edge 浏览器的“在 Internet Explorer 模式下重新加载”功能，看看是否能解决燃眉之急。具体使用该功能的步骤如下。

(1) 打开 Edge 浏览器。

(2) 单击 Edge 右上方的 ··· 按钮，然后在弹出的下拉菜单中单击选“设置”命令。

(3) 单击设置页面的左上方的 ☰ 按钮，然后在弹出的菜单中单击选“默认浏览器”命令，把设置页面转换成设置默认浏览器页面，如图 7.10 所示。

(4) 打开“允许在 Internet Explorer 模式下重新加载网站”选项开关并按提示重启 Edge 浏览器。

(5) 遇到需要使用该功能的网页时单击 Edge 右上方的 ··· 按钮，然后在弹出的下拉菜单中选择“更多工具”→“在 Internet Explorer 模式下重新加载”选项，如图 7.11 所示。

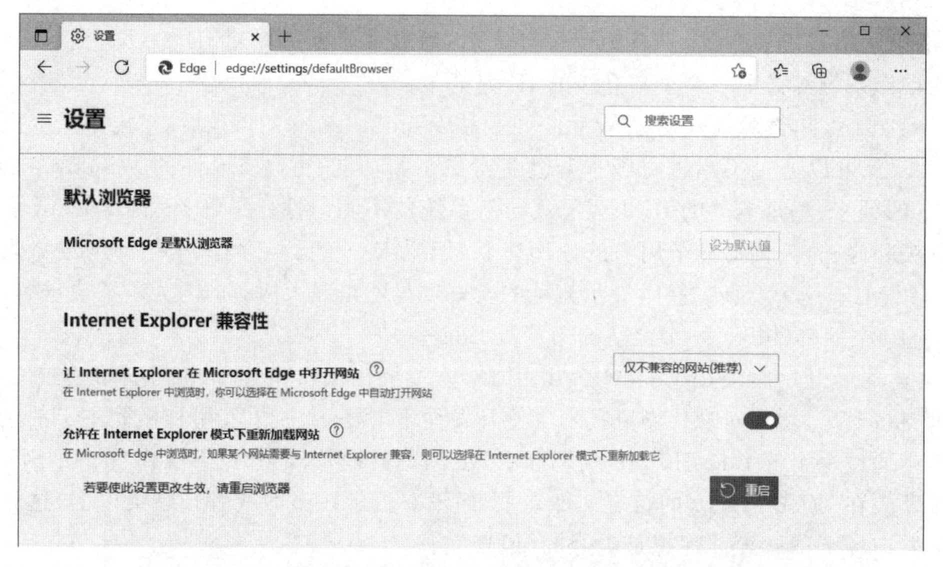

图 7.10 设置 Edge 允许在 Internet Explorer 模式下重新加载网站

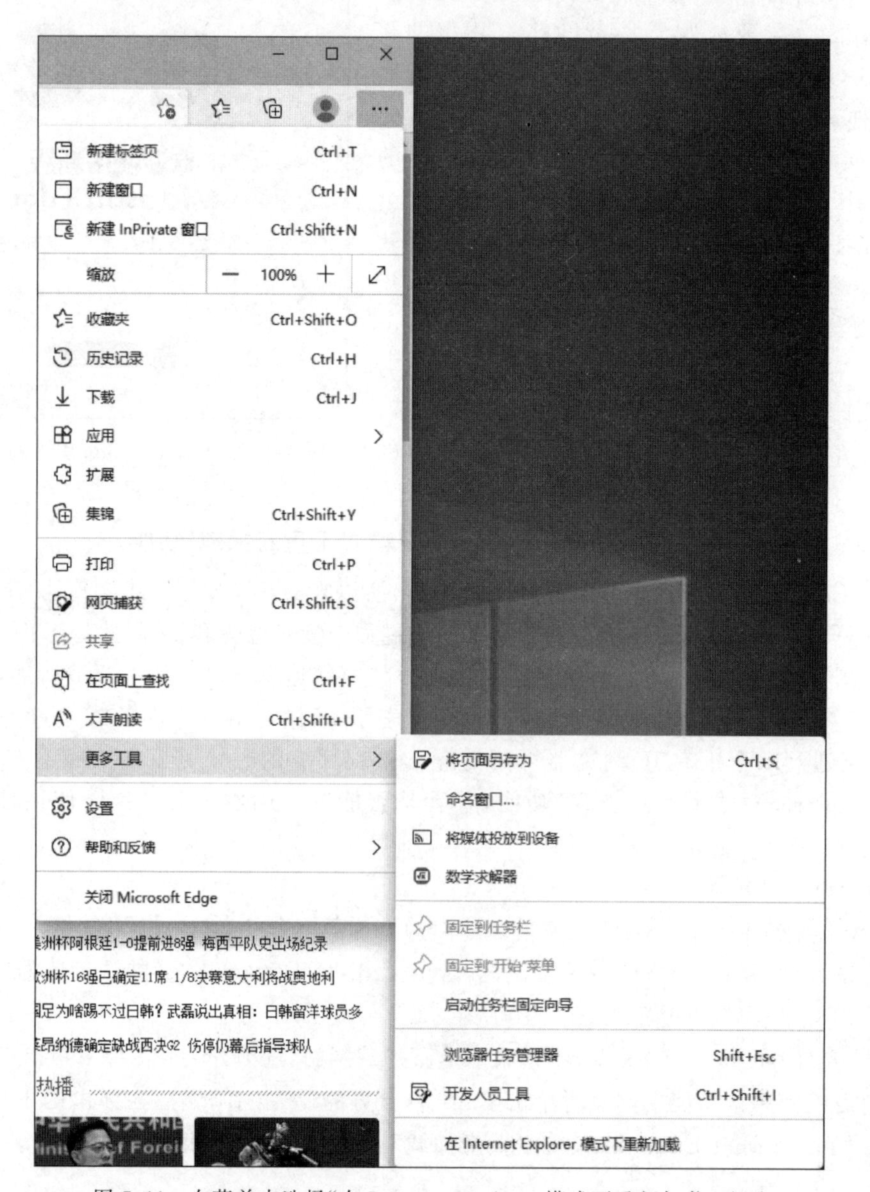

图 7.11 在菜单中选择“在 Internet Explorer 模式下重新加载”选项

7.1.4　搜索引擎

在互联网发展初期，网站相对较少，信息查找比较容易。随着互联网爆炸式地发展，网上的信息越来越多，Internet 用户想找到所需的资料如同大海捞针。为满足大众信息检索的需求，一种被称之为“搜索引擎”的网站便应运而生了。这类网站能够通过 Internet 接受用户的查询指令，并向用户提供符合其查询要求的信息资源网址。

搜索引擎使用下面两种方法自动地获得各个网站的信息，并将这些信息分类整理保存到自己的数据库中。一种是定期搜索，即每隔一段时间，搜索引擎主动派出“机器人”程序，对指定范围的互联网站进行检索，一旦发现新的网站，就自动提取网站的网页信息和网址加入自己的数据库。另一种是靠网站的拥有者主动向搜索引擎提交网址，它在一定时间内向提交的网站派出“蜘蛛”程序，扫描该网站并将有关信息存入数据库，以备用户查询。

当用户以关键词查找信息时，搜索引擎会在数据库中进行搜寻，如果找到与关键字相符的网站，便采用特殊的算法(通常根据网页中关键词的匹配程度、出现的位置/频次等)计算出各网页的信息关联程度，然后根据关联程度高低，按顺序将这些网页链接返回给用户。

搜索引擎分为全文搜索引擎和分类目录搜索引擎，其中全文搜索引擎的代表有 Google(www.google.com)和百度(www.baidu.com)；分类目录搜索引擎的代表有搜狐、新浪等。不过现在这些站点一般都同时提供全文搜索和分类目录两种服务。每个搜索引擎都有自己的一套复杂查询算法，但这些算法对用户是透明的，下面主要介绍使用关键字进行查询的基本操作。

1. 关键字查询

关键字查询是最常用的检索方法。在搜索引擎中输入关键词，然后单击“搜索”按钮就行了。当需要用到多个关键词以缩小搜索结果时，只需要在多个关键词之间加个空格符号，搜索引擎自动默认为 AND 运算，搜索到的网页将包含所有输入的关键词。

2. 使用逻辑符号

使用双引号(" ")：利用双引号查询完全符合关键字串的网站。例如，输入“"女足"”找出包含“女足”的网站，而不会找出包含“男足”的网站。

使用加号(+)：在关键词的前面使用加号，也就等于告诉搜索引擎该单词必须出现在搜索结果中的网页上，例如，输入“电脑+电话”。

使用减号(−)：在关键词的前面使用减号，也就意味着在查询结果中不能出现该关键词。

使用通配符(*和?)：前者表示匹配的数量不受限制，后者匹配的字符数为一个，主要用在英文搜索引擎中。例如，输入“c*puter”，“comp?ter”。

3. 使用布尔检索

布尔检索是指通过标准的布尔逻辑关系来表达关键词与关键词之间逻辑关系的一种查询方法。

and，称为逻辑“与”，用 and 进行连接，表示它所连接的两个词必须同时出现在查询结果中，例如，输入“computer and book”，它要求查询结果中必须同时包含 computer 和 book。

or，称为逻辑“或”，它表示所连接的两个关键词中任意一个出现在查询结果中就可以。

not，称为逻辑“非”，它表示所连接的两个关键词中应从第一个关键词概念中排除第二个关键词，例如输入“automobile not car”。

near，它表示两个关键词之间的词距不能超过 n 个单词。

4. 使用括号

当两个关键词用另外一种操作符连在一起，而又想把它们列为一组时，就可以对这两个词加上圆括号。

5. 使用元词检索

大多数搜索引擎都支持“元词”(metawords)功能,依据这类功能用户把元词放在关键词的前面,这样就可以告诉搜索引擎想要检索的内容具有哪些明确的特征。例如,在搜索引擎中输入“title:清华大学”,就可以查到网页标题中带有清华大学的网页。在键入的关键词后加上“domain:org”,就可以查到所有以 org 为后缀的网站。

其他元词还包括:image 用于检索图片,link 用于检索链接到某个选定网站的页面,URL 用于检索地址中带有某个关键词的网页,site 表示在指定网域/网站中搜索相关内容。

注意,以上是常见的元词,但不同搜索引擎的元词可能有差异。

6. 使用关键字母

仅搜索网站的网址 :在关键字前加“u:”,搜索引擎仅会查询网址,例如在网页中的搜索框中输入“u:yahoo.com”,单击“搜索”按钮,则统一资源定位器中包含 yahoo.com 字符的网址全部显示出来。

7. 使用高级搜索功能

高级搜索可以指定搜索结果包含哪些内容,指定搜索语言、指定文件格式、指定网域和日期等。

8. 了解各大搜索引擎产品

各搜索引擎有自己特别的产品,如 Google 地图搜索、百度的音乐搜索对我们都是很有用的。

7.1.5 社交网络

社交网络其实应该是社交网络服务(Social Network Service),因为中文使用习惯,人们将其简称为“社交网络”。社交网络服务是各种 Internet 服务的糅合和改进,目的是为了更好地将各种互联网提供的基础服务应用到人们的社交生活中去。目前社交网络服务中比较流行的有博客、微博、社交网站和各种即时通信应用。

1. 博客

博客(Blog)又有翻译为网络日志和部落格等,最开始的时候是作为个人日记网络化而设计出来的,后来逐渐发展成为交流个人观点和个人兴趣爱好的交互平台。博客的篇幅通常比较长,让用户可以完整叙述事情、描述事物和阐述观点等,同时可以调用图片、音乐和视频来润饰博客。

中国博客业务始于 2000 年,到了 2004 年开始大放异彩,各大门户网站包括新浪和搜狐等均提供博客服务。但随着微博的出现,博客的发展势头已大不如前。新浪、网易、腾讯、搜狐和百度等国内知名的大网站都曾提供过博客服务,到了现在唯有新浪和搜狐博客依然屹立不倒,而活跃用户数更是无法与当年相比。想要去体验一下的用户只需要登录这些网站注册一个用户即可获得免费博客服务。当前,在国内,注册个人微信公众号发布文章,也算是博客的一种形式,用户可以尝试订阅微信公众号阅读文章。

2. 微博

微博源于美国的 twitter,是一个基于用户关系信息分享、传播以及获取平台,用户可以通过计算机、平板电脑或智能手机等各种客户端组建个人社区,以 140 字左右的文字更新信息,并实现即时分享。新浪在 2009 年首先推出了中国的微博,腾讯紧随其后开展微博业务,还一度为“微博”这一冠名展开争夺,结果新浪斥资买下 weibo.com 域名,让其微博业务“名正言顺”。

微博与博客最大的区别在于微博利用人们零碎的时间,在片言只语之间交流,更实时、更便捷。现在,当人们需要长编大论地描述事物的时候才会去使用博客,无论是作者还是读者,均需要一段比较长的时间才能去完成写作和阅读。就如没有人会在博客上只写一句“我去上班了,今天天气真不错!”一样,也不会有人在微博上细细叙述今日一整天的工作,这就是博客与微博。

3. 社交网站

社交网站从广义上来说,凡是提供给人们进行社交活动的网站均可被认为是社交网站。但如果按照这样定义，那么以前各大门户网站提供的BBS讨论区也有专门给人们用来社交的版面，难不成它们也是社交网站吗？本文的“社交网站”狭义地特指那些以社交为目的而建立的，并提供网站API（Application Programming Interface，应用程序编程接口）给第三方开发组件的网站。国外最典型的代表为Facebook，而国内则为开心网（kaixin001.com）和人人网等一系列网站。

开心网建于2008年，因为当时移动智能终端还相对匮乏，大部分网民依然是靠计算机和浏览器来使用互联网，所以它最开始瞄准的对象是广大的工薪阶层、白领群体，为其打造一个庞大而活跃的线上社交圈。开心网成立之后陆续开发了几个脍炙人口的网站组件，如“卖朋友”“争车位”和“买房子”等，从此“种菜”和“偷菜”红遍全国，成为人们半夜起床的原因。经过几年的发展，目前开心网上共有440多个组件，其中开心网自有研发组件50多个，第三方组件300多个。现在，开心网和人人网已经没落，而抖音、快手等短视频社交软件则非常流行，老少皆知。

4. 即时通信应用

1999年，我国第一个网络即时通信软件腾讯OICQ诞生了。当时美国AOL公司的ICQ软件正是如日中天，所以腾讯在2000年就接到了AOL发来的律师函，要求OICQ更名，否则控诉其侵权。当时OICQ已经100%占领了国内的即时通信软件市场，迫于压力，腾讯把OICQ改名成QQ，标志依然是一只可爱的企鹅。即使时至今日，这只企鹅屹立依旧，而ICQ则因市场占有率太低而被AOL在2010年时出售给DST公司。腾讯QQ登录界面如图7.12所示。

后来随着智能手机快速发展，腾讯推出了手机版的QQ，让人们可以在手机上通过互联网来收发信息和图片，而且经过不断升级开发之后用户可在手机硬件和网络情况允许的前提下实现语音和视频交互。但是QQ的开发初衷毕竟是一个设计给计算机使用的软件，它主要针对和围绕的都是QQ软件上的“好友”来开展网络社交活动，在各种移动终端上的用户体验始终不尽人意。然而腾讯在受到国外whatsapp和国内米聊等手机通讯录社交软件的巨大压力后，于2011年推出了酷似whatsapp的微信。微信完全兼容手机通讯录和QQ好友相互通信，让用户不用登录QQ即可与QQ好友交流，同时又可以用类似手机短信形式与手机通讯录中的好友通信，而且支持文字、图片和语音片段等多种媒体形式。微信已经先后发布过iPhone版、Android版、Windows Phone版、Blackberry版、S60V3和V5版以及PC版，完美地实现了跨平台实时交互这一目标；另外由于微信起步时依托QQ基础用户群体数量巨大的相互带动效应，发展速度无出其右。截至2020年11月，微信用户已突破12亿，对比之下QQ用户只有6.17亿，微信青出于蓝而胜于蓝。

图7.12　腾讯QQ登录界面

社交网络种类繁复、多姿多彩，它并不是一个单纯的个体，而是一个多硬件、多应用、多服务和多平台的合集。

7.2　电子邮件

7.2.1　电子邮件概述

1. 电子邮件

电子邮件（E-mail）是用户或用户组之间通过计算机网络收发信息的服务。使网络用户能够发送或接收文字、图像和语音等多种形式的信息。目前电子邮件已成为Internet用户之间快速、简便、可靠且成本低廉的现代通信手段，是Internet上使用最广泛、最受欢迎的服务之一。相比上述的社交网络,电子邮件通常会出现在一些比较正式的场合,比如公司之间的商业联系,师生之间的学术讨论、提交作业和论文等情况。

2. 电子邮件协议

电子邮件在发送和接收过程中要遵循一些基本协议和标准,这些协议和标准帮助电子邮件在各种不同系统之间进行传输。常见的协议有:电子邮件传送(寄出)协议 SMTP、电子邮件接收协议 POP3 和 IMAP4 等。为了了解电子邮件传输系统,我们先了解以下几个基本概念。

- 邮件传输代理(Mail Transfer Agent,MTA)是一种在服务器端执行的软件,也就是邮件服务器,负责把邮件由一个服务器传到另一个服务器。广泛使用的 MTA 程序有 Sendmail、Postfix、Qmail 等。
- 邮件用户代理(Mail User Agent,MUA)是一种客户端软件,它可提供用户读信、回信、写信及处理邮件等功能,但和 MTA 不同的是,一个系统中可以同时存在多个 MUA 程序。一般常见的 MUA 程序有 Outlook、Foxmail 等。
- 邮件投递代理(Mail Delivery Agent,MDA)通常与 MTA 一同运行,将 MTA 接收的邮件,按照目的位置做出判断,以决定将该邮件放在本机账户下的邮箱,或是再经过 MTA 将此邮件转发到下个 MTA。

邮件从发送者到接收者的流程如下。

(1) 发件人 MUA 先利用 TCP 连接端口 25,将电子邮件传送到发件人隶属的邮件服务器,即本地 MTA,此时发件人必须正确定义本身与收件人的电子邮件地址,然后这些邮件会先保存在队列中。

(2) 经过服务器的判断,如果收件人与发件人属于本地邮件服务器的用户,则此邮件就会交由本地 MDA 进行处理,之后直接传送到收件人邮箱。如果收件人与发件人不属于同一个邮件服务器的用户,则此服务器会先向 DNS 服务器要求解析远程邮件服务器的 IP 地址。

(3) 如果名称解析失败,则无法进行邮件的传递。如果成功解析远程邮件服务器的 IP 地址,则本地的邮件服务器会利用 SMTP 将邮件传送到远程邮件服务器(这就是邮件转发功能)。

(4) SMTP 将尝试和远程的邮件服务器连接,如果远程服务器目前无法接收邮件,则这些信件则会继续停留在队列中,然后在过了指定的重试间隔后再次尝试连接,直到成功或放弃传送为止。

(5) 如果传送成功,则远程 MTA 就会将此邮件交由远程 MDA 进行处理,并放入用户邮箱。之后收件人即可利用 POP 或 IMAP 软件,连接到收件人隶属的邮件服务器下载或读取电子邮件,而整个邮件传递过程也随之完成。整个流程如图 7.13 所示。

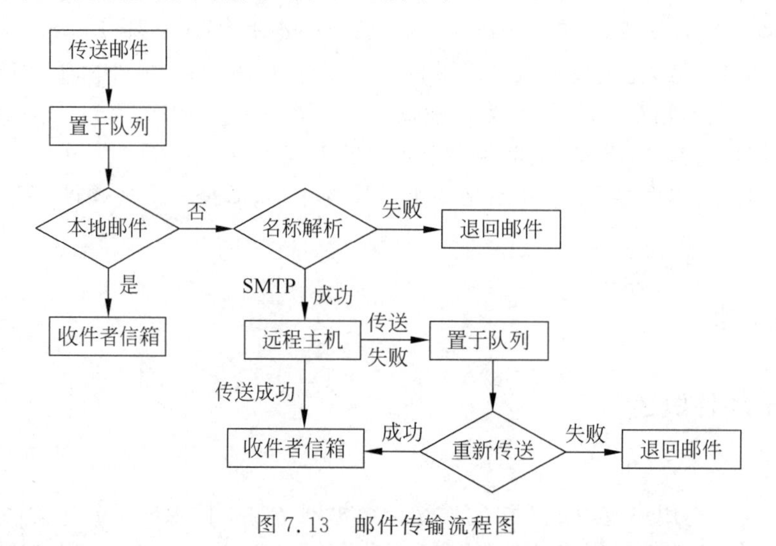

图 7.13 邮件传输流程图

3. 电子邮件地址的格式

使用 Internet 提供的电子邮件服务，用户首先要申请自己的电子邮箱，以便接收和发送电子邮件。每个用户的电子信箱都有一个唯一的标识，这个标识通常被称为 E-mail 地址。电子邮件地址的格式是：用户名@域名。

用户名是用户申请的账号，对于同一个邮件接收服务器来说，这个账号必须是唯一的；域名是用户信箱的邮件接收服务器域名，用以标志其所在的位置；这两部分中间用@隔开，例如，liming@gdou.com、zhangsan@126.com。

7.2.2　基于 Web 收发电子邮件

基于 Web 的电子邮件是通过浏览器提供电子邮件账户访问的技术，它使用起来与浏览网站一样容易。使用浏览器作为电子邮件客户程序，能够从任何连接到因特网的计算机访问电子邮件账户，不需要配置客户端软件。这种使用方式比较适合在别人的计算机上收发电子邮件。

目前国内免费提供 Web 电子邮件服务的知名网站有 www.qq.com、www.163.com、www.sohu.com、www.sina.com 等。这些网站也专门为高端用户推出了付费的 VIP 邮箱账号，与免费账号相比，这些 VIP 邮箱账号一般不会收到非定制的广告邮件或垃圾邮件，而且在邮箱容量和所能发送的附件大小方面也比免费账号大很多。申请免费 Web 方式电子邮箱的方法在各个提供免费邮箱的网站上都有详细说明，用户只需要访问相应的网站，如 www.163.com，单击"注册免费邮箱"或相关字眼的链接，然后按向导要求输入必填信息即可获得一个免费的电子邮箱。本文为了后续步骤演示的需要，在网易主页上注册了 textbook2013@163.com 邮箱。

7.2.3　配置 Outlook 收发电子邮件

目前用得比较广泛的电子邮件客户端软件有 Outlook、Foxmail 等。它们允许用户脱机阅读邮件，当设置成在服务器上不保留或保留指定时间段的邮件副本时可以避免邮箱空间不足而无法接收邮件。本节以 Outlook 为例说明电子邮件客户端软件的使用。

Outlook 是 Office 2010 标准版里自带的一个电子邮件收发程序，安装 Office 2010 标准版后打开方法如下，在任务栏的搜索框中输入 Microsoft Outlook 2010，在匹配栏里单击"Microsoft Outlook 2010"来启动 Outlook。Outlook 第一次启动之后会执行一个配置向导，用户可以直接把自己邮箱账号通过配置向导设置到 Outlook 中去。

(1) 如图 7.14 所示，启动 Outlook 2010，进入设置向导。

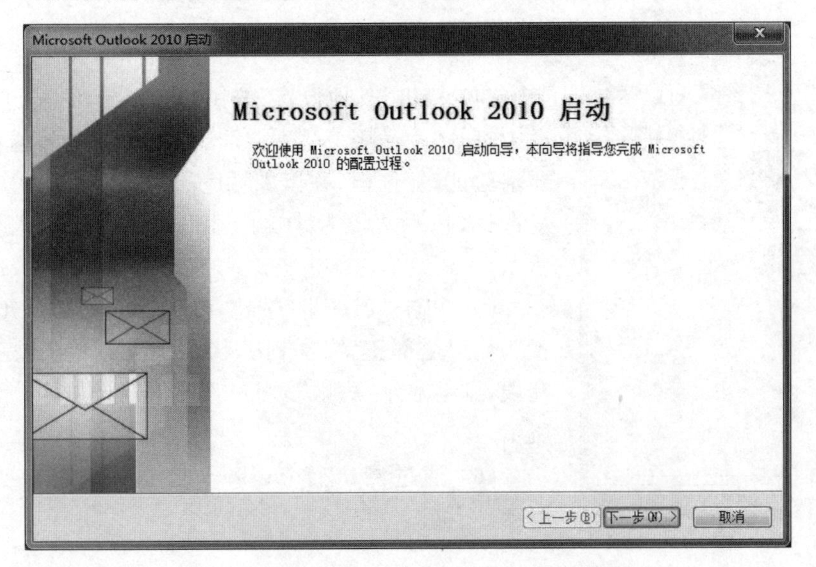

图 7.14　Outlook 2010 设置向导

(2) 进入“添加新账户”对话框后，由于电子邮件账户配置中会涉及 POP/IMAP/SMTP 协议设置，它们涉及电子邮件服务供应商的网络安全问题，所以通常直接输入电子邮件账户是很难通过设置向导并完成设置的，所以选中“手动配置服务器设置或其他服务器类型”单选按钮，如图 7.15 所示。

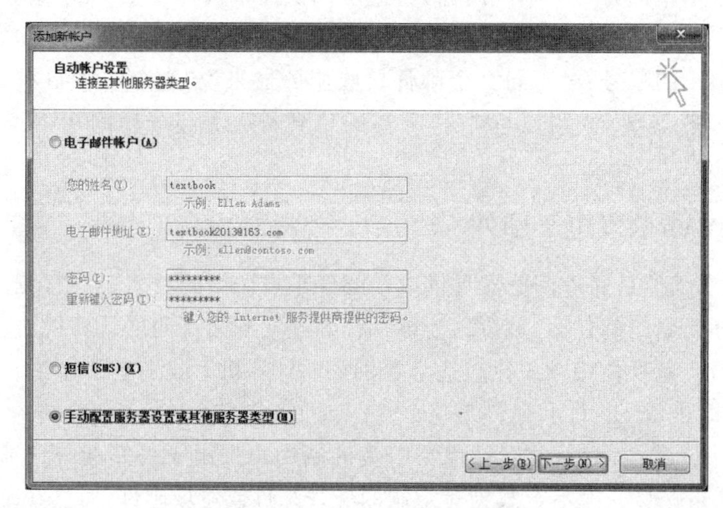

图 7.15 Outlook 2010 添加新账户

(3) 填入相应的邮箱和密码，文中使用 textbook2013@163.com 为例，如图 7.16 所示。

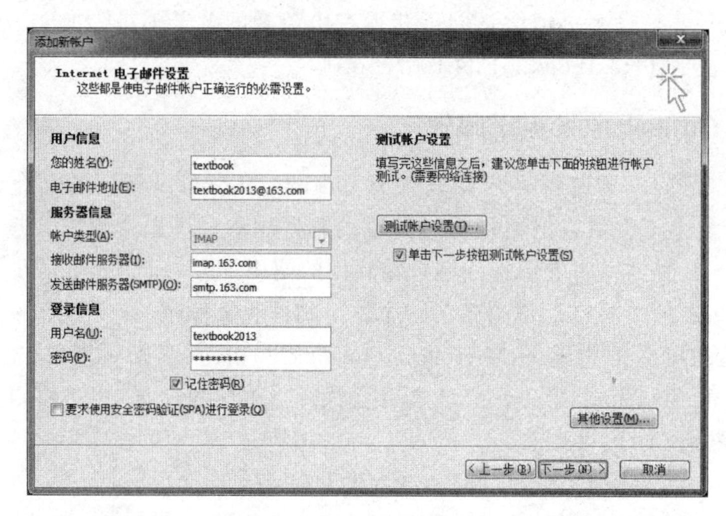

图 7.16 在 Outlook 2010 中手动配置服务器或其他服务器类型

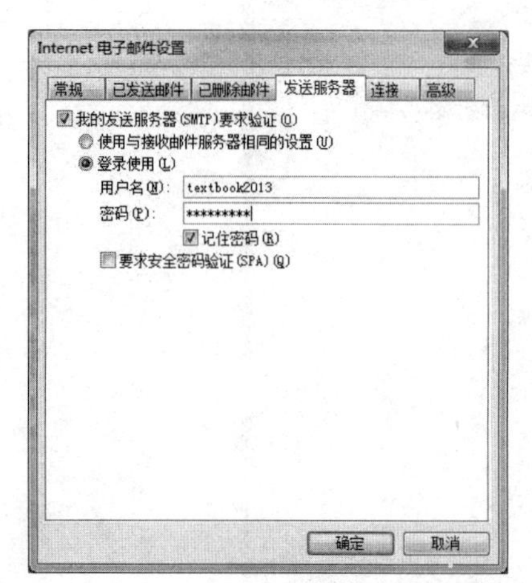

图 7.17 Internet 电子邮件设置

(4) 单击“其他设置”按钮，在“Internet 电子邮件设置”对话框中打开“发送服务器”选项卡，选中“我的发送服务器(SMTP)要求验证”复选框，并填入对应的用户名密码；选中“记住密码”复选框，以后发送邮件就不用每次再输入密码了，如图 7.17 所示。

(5) 单击“下一步”按钮，Outlook 会自动执行“测试账户设置”，如果全部正常，在任务状态中会显示“已完成”；如果设置有误，则会显示“失败”，用户需要重新设置账户信息，如图 7.18 所示。

(6) 通过测试后 Outlook 会进入它的主界面，如图 7.19 所示。

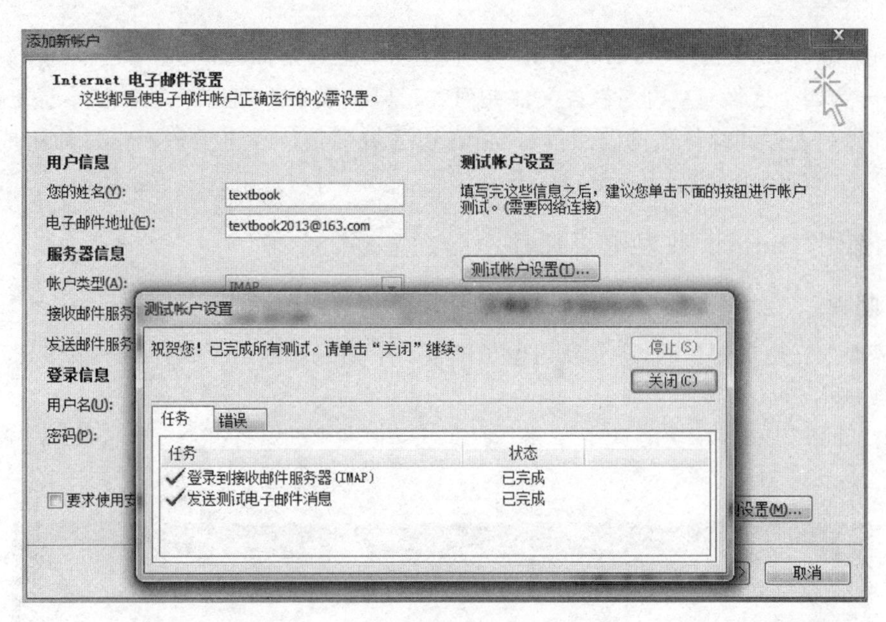

图 7.18　测试账户设置

小贴士：关于 POP/IMAP/SMTP 设置：POP 和 IMAP 均是用于接收邮件的协议，不同的地方是 POP 不会把用户对邮件的操作反馈到服务器上。比如用户通过客户端收取了邮箱中的 3 封邮件并移动到其他文件夹，邮箱服务器上的这些邮件是不会同时被移动的。而 IMAP 则提供与 Web 电子邮件一样的双向通信，客户端的操作都会反馈到服务器上。所以如果用户同时使用 Web 电子邮件、智能手机和计算机上的 Outlook 等来管理电子邮箱，使用 IMAP 是一个明智的选择。SMTP 则是发送邮件的协议，无论用户使用何种接收邮件的协议，SMTP 都是需要配置的。具体的配置参数可以在不同的邮件服务提供商的网页上查询。

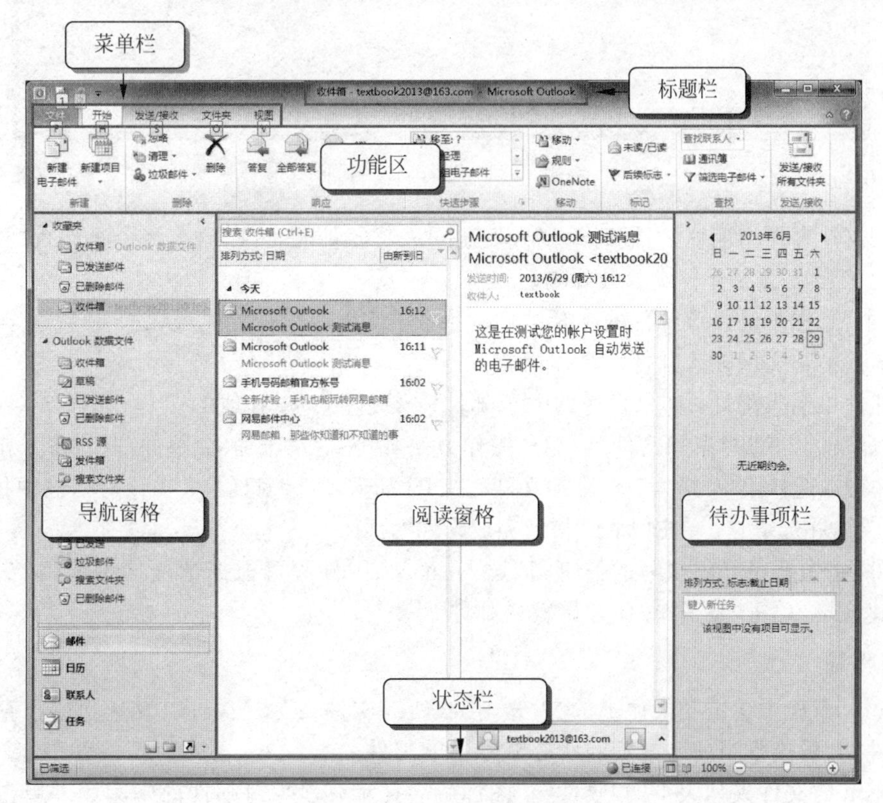

图 7.19　Outlook 2010 主窗口

进入 Outlook 2010 主窗口后，如图 7.19 所示，主窗口上面是标题栏、菜单栏、功能区，下面是状态栏，中间部分分为四个区域：左边是包含文件夹列表、日历、联系人和任务列表的导航窗格，中间两个区域是包含邮件列表栏和邮件预览的阅读窗格，右边区域则是待办事项栏。窗口的组成可以由用户在菜单"视图"→"布局"中定制，大部分设置与 Office 2010 一样，这里就不再累述。

7.2.4 使用 Outlook 收发电子邮件

1. 发送邮件

当用户需要发送电子邮件时，应先新建电子邮件。下面是新建电子邮件的一般步骤。

（1）启动 Outlook。

（2）单击"开始"菜单，在功能区上单击"新建电子邮件"图标打开"未命名-邮件"窗口，如 7.20 所示。

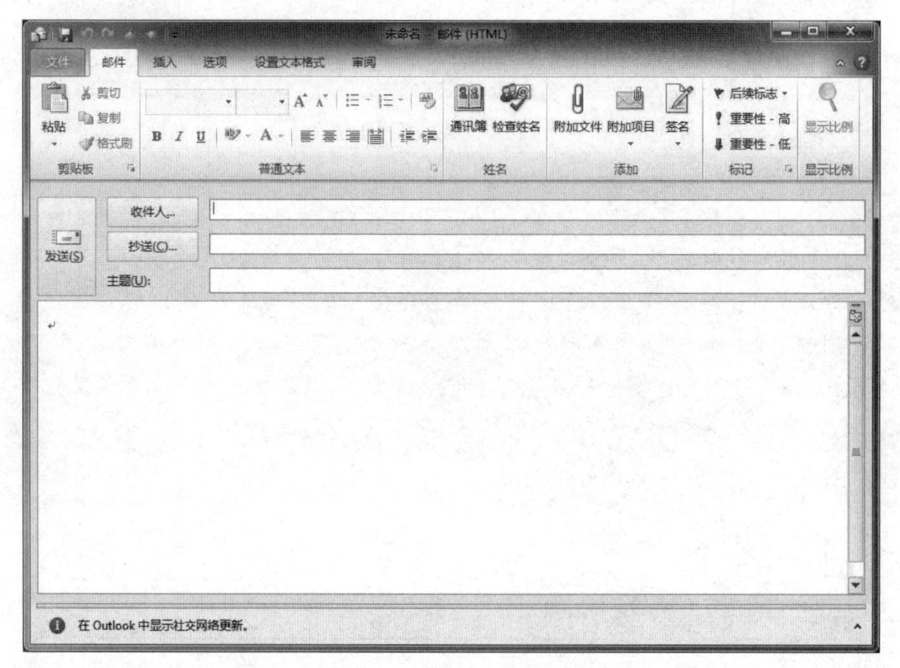

图 7.20 "新邮件"窗口

（3）输入收件人邮箱地址，当同时给多人发送同一封邮件时，可以输入多个收件人的邮箱地址，各个邮箱地址之间用英文的分号或逗号分隔。

（4）在"主题"栏中输入该邮件的主题。

（5）在邮件的正文区输入邮件的具体内容。

（6）在邮件中插入附件：如果发送的电子邮件需要捎带一些其他的信息，如程序文件、声音文件或图像、照片等，可以使用"附加文件"功能。操作方法如下：在"未命名-邮件"窗口中单击功能区上的"附加文件"按钮或选择菜单"插入"→"附加文件"，打开"插入文件"对话框；在该对话框中找到需要作为附件发送的文件，并选定它；单击"插入"按钮完成附件的插入。

其中收件人、主题是必须填写的信息，抄送人、正文、附件等可根据情况选用或留空。此时，一封电子邮件创建完毕，单击"发送"按钮开始发送邮件。

2. 接收邮件

在 Outlook 窗口中单击功能区上的"发送/接收所有文件夹"按钮，可以发送当前保存在发件箱中未发送的邮件，然后接收当前已配置的所有账号中的邮件。

在 Outlook 的文件夹列表中的"收件箱"图标后会提示有多少封邮件尚未阅读。单击"收件箱"图标，会在邮件列表栏中列出所有收到的邮件，从收件箱的邮件列表可以简单了解每封邮件的优先级、是否有附件、是否有标记、发件人、主题、接收时间等信息，用户可以单击相应的列名按列名排序。

3. 阅读邮件正文

Outlook 提供的阅读方式有两种：在预览窗口中阅读和在单独窗口中阅读。打开收件箱，在邮件列表中，未打开过的新邮件标题以黑体字显示，旁边有一个未打开的信封图标，打开过的邮件旁边是一个打开的信封图标。在邮件列表中单击某个邮件时，该邮件的内容将显示在邮件预览窗口；如果双击某个邮件，则打开一个新窗口显示邮件内容。

4. 查看附件

当用户通过 Outlook 接收一个带有附件的邮件后，附件文件名会排列在邮件主题下方，同时在邮件正文之后，会有附件文件名和下载链接显示，用户可以根据自己的需要单击链接然后将附件通过“另存为”命令保存到计算机的其他位置。

5. 删除邮件

在邮件列表中，选择要删除的邮件，单击功能区上的“删除”按钮，这时邮件被转移到“已删除邮件”文件夹。这些邮件并没有被真正删除，要彻底删除邮件，还要将“已删除邮件”文件夹里的邮件再次删除，在出现的询问框中单击“是”按钮，才能永久地(不可恢复)删除这些邮件。

6. 使用邮件规则

使用 Outlook 的邮件规则，可以将接收到的邮件自动分类并放入不同的文件夹中，以及以彩色突出显示特定的邮件、自动回复或转发特定的邮件等。

所谓的邮件自动分拣，就是设置邮件规则，然后根据设定的规则条件将邮件分别存放在不同的目录里以方便管理。详细步骤如下。

(1) 在没有选中任何邮件的状态下，单击功能区的“规则”按钮，然后选择“管理规则和通知”命令。

(2) 在“规则和通知”对话框中选择“电子邮件”，然后单击“新建规则”按钮打开“规则向导”对话框，如图 7.21 所示。

(3) 选择所需到达的目的，然后单击“下一步”按钮进入“规则向导”的条件选项，如图 7.22 所示。在这个选项卡中，用户要把选中的条件中带下划线部分填充完整。

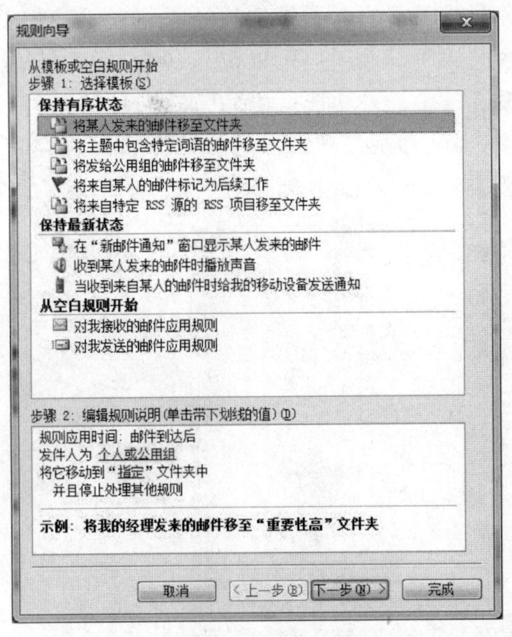

图 7.21　“规则向导”对话框

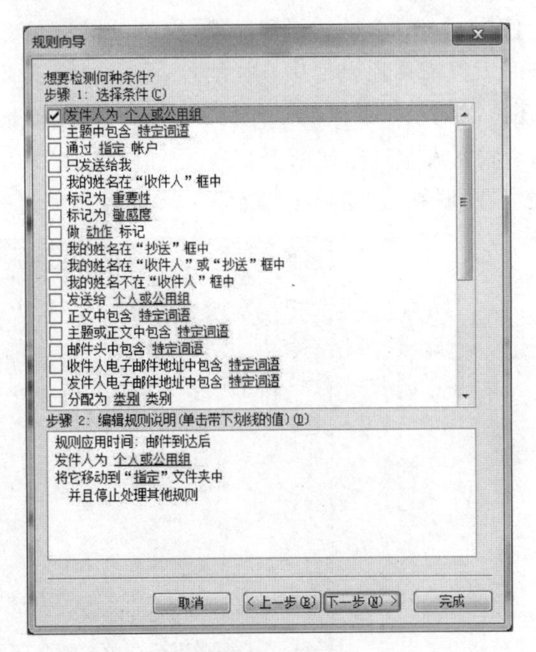

图 7.22　条件选项

(4) 完成条件选择之后单击“下一步”按钮进入“规则向导”的附加动作选项，如图 7.23 所示。如果没有需要附加的动作，可以直接单击“完成”按钮跳出“规则向导”，单击“确定”按钮生成规则。

(5) 按需要完成附加动作选项这一步骤之后单击“下一步”按钮进入“规则向导”的例外选项，如图 7.24 所示。如果规则没有例外的情况，则可以直接单击“完成”按钮跳出“规则向导”，单击“确定”按钮生成规则。

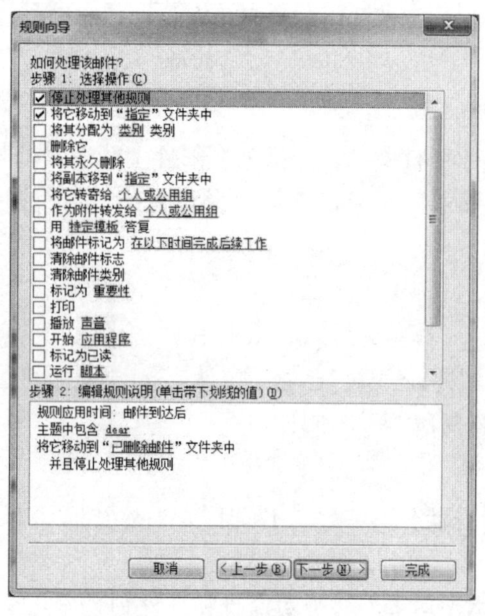

图 7.23　附加动作选项

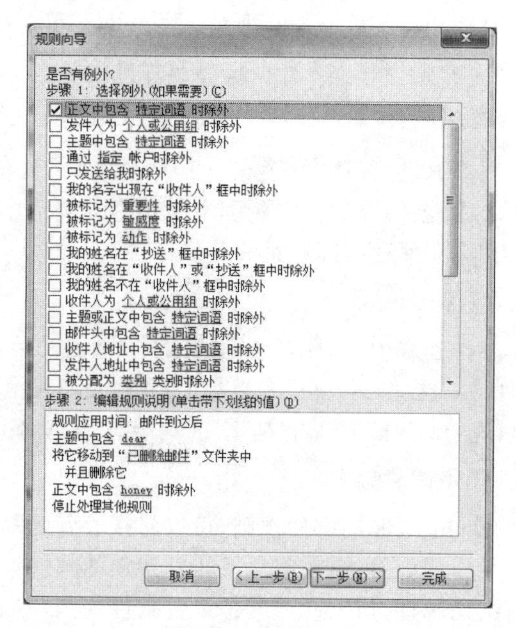

图 7.24　例外选项

(6) 确定好需要例外的情况后单击“完成”按钮生成规则。

由于 Outlook 邮件规则功能强大，涉及的选项多，用户可以根据自己的需求一一尝试，这里就不再重复介绍了。

7. 使用通讯簿

使用 Outlook 的通讯簿功能，用户可以将经常联系的朋友的电子邮件地址放在通讯簿中。发送邮件时就只需从通讯簿中选择地址，不需要每次都输入。通讯簿不但可以记录联系人的电子邮件地址，还可以记录联系人的工作信息、电话号码、地址等信息。单击功能区中的“通讯簿”按钮，打开“通讯簿：联系人”窗口，如图 7.25 所示，在“文件”菜单中选择“添加新地址”，然后选择“新建联系人”，用户便可在“联系人”窗口中输入联系人的各种信息并保存，如图 7.26 所示。

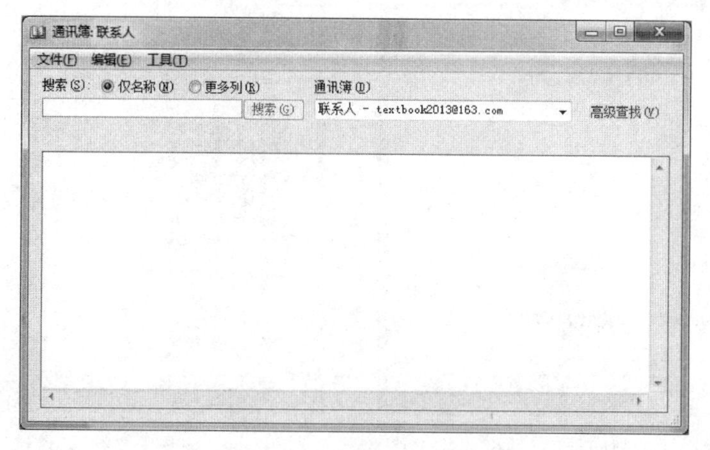

图 7.25　Outlook 通讯簿

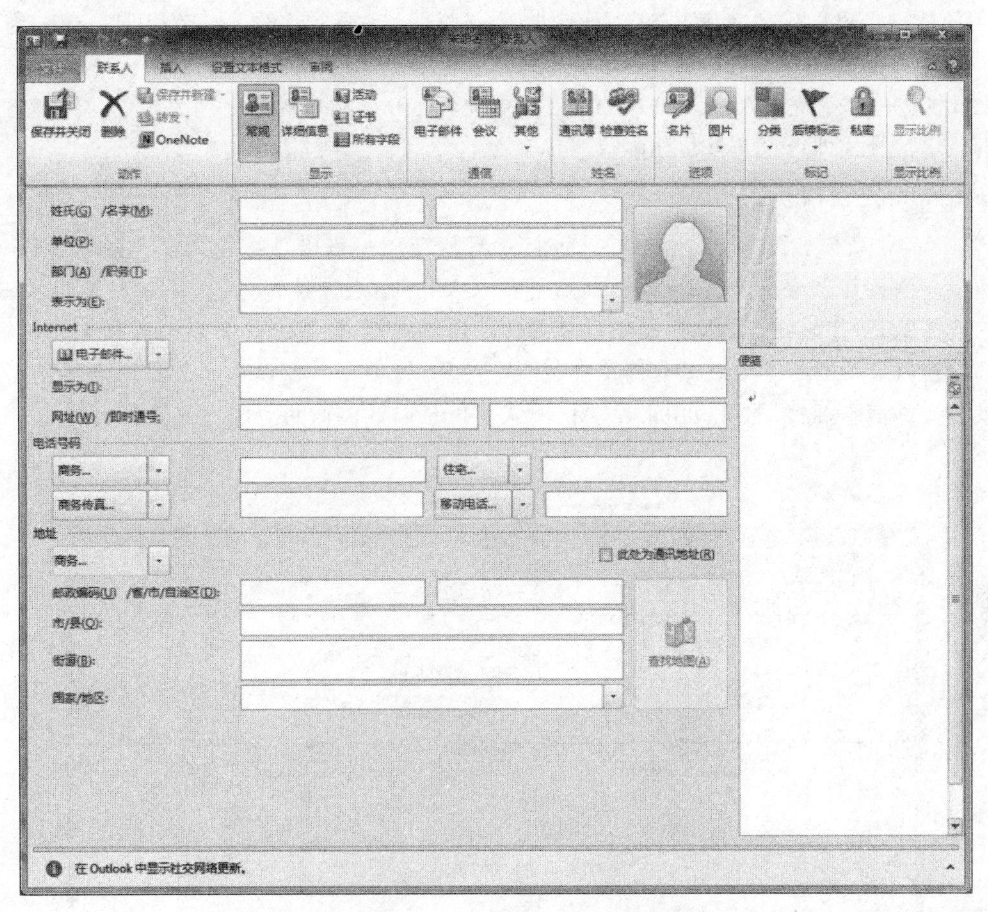

图 7.26 编辑联系人窗口

7.3 FTP

7.3.1 文件传输的概念

FTP(File Transfer Protocol)用于 Internet 上控制文件的双向传输，是文件传输协议的简称。同时，在很多操作系统上它也是一个使用 FTP 协议来传输文件的应用程序的名字。用户可以通过它把自己本地的计算机与世界各地所有运行 FTP 协议的服务器相连，访问服务器上的大量信息和资源。简单地说，FTP 的任务目的就是完成两台计算机之间的文件拷贝。从远程计算机复制文件至本地计算机上，称为下载(download)；将文件从本地计算机复制至远程计算机上，则称为上传(upload)。

访问 FTP 服务器下载或上传文件的用户一般分为实名用户和匿名用户。实名用户由 FTP 服务器的管理员建立，并分配了相应的权限(包括列表、读取、写入、修改、删除等)和登录密码。这样实名用户使用该账号和密码登录到服务器后，就可以在管理员所分配的权限范围内操作。

为了方便 Internet 上大量用户下载 FTP 服务器上的文件，大多数公开的 FTP 服务器都设置成允许匿名访问。这样，Internet 上的任何用户都可以通过匿名账号 anonymous 登录，同时用任意一个电子邮件地址作为密码。为了避免耗尽 FTP 服务器上的磁盘空间，匿名用户一般只允许从服务器下载而没有上传权限。

7.3.2 FileZilla

图形界面的 FTP 客户端软件种类繁多，常用的有 FileZilla、WinSCP 和 FlashFXP 等，一些非

FTP专用的软件也可以用来完成FTP操作,如IE浏览器、迅雷等软件。本节以FileZilla为例,介绍FTP客户端软件的使用。

FileZilla是一款免费软件,安装FileZilla后,一般会在开始菜单的程序列表中创建快捷方式,用户只需单击该快捷方式即可打开FileZilla程序。

1. FileZilla主窗口

FileZilla的主窗口如图7.27所示,快速连接工具栏让用户可以直接输入要连接的FTP信息,一键完成连接。消息日志窗口显示FTP命令及所登录FTP站点的连接信息,通过此窗口用户可以了解当前的连接状态,如该站点给用户的信息是否处于连接状态,是否支持断点续传和正在传输的文件等。中部左窗口显示的是本地硬盘上传及下载所在的目录,中部右窗口显示的是所连接的FTP服务器的目录和文件信息,底部的窗口用于显示传输队列信息以及传输的完成状况等。

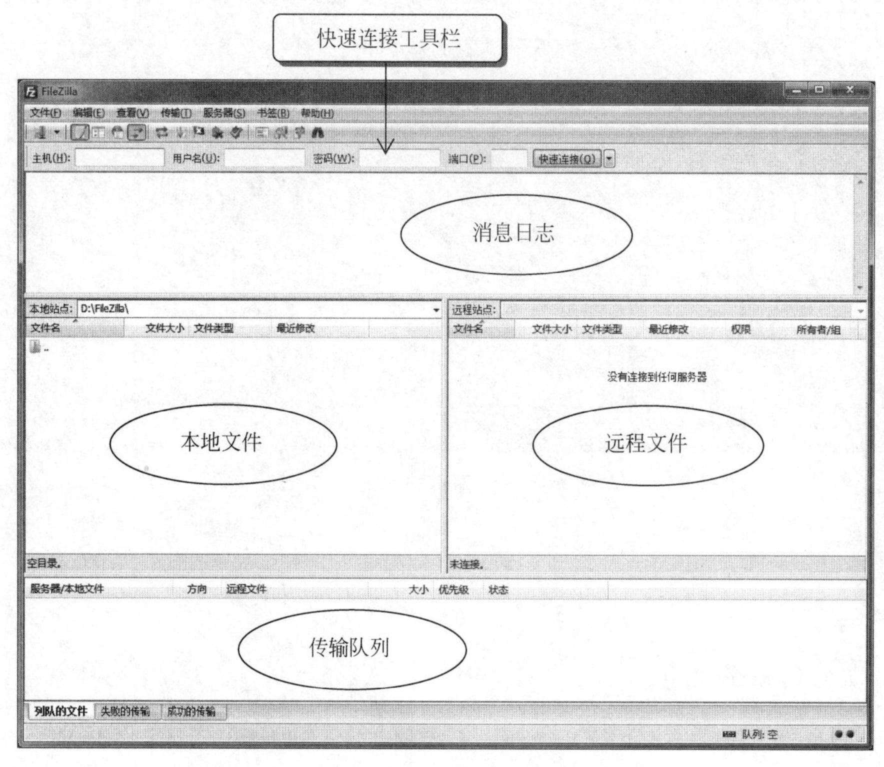

图7.27 FileZilla主窗口

2. 连接到服务器

连接到FTP服务器的方法主要有以下两种。

(1) 直接在快速连接工具栏的“主机”输入框中输入要访问的FTP服务器的IP地址或域名,在“用户名”和“密码”输入框中分别输入访问该FTP服务器所用的用户名和密码。如果没有特别说明,端口栏中留空或输入21。然后单击“快速连接”按钮或直接按Enter键。

(2) 在FileZilla主窗口中,单击“文件”→“站点管理器”菜单或单击工具栏中的“站点管理器”图标打开站点管理器,如图7.28所示。在站点管理器窗口中单击“新站点”按钮,为新站点起个有意义的名称;在“主机”输入框中输入要访问的FTP服务器的IP地址或域名;在端口栏中留空或输入21;在登录类型中如果是匿名用户登录FTP服务器则选择“匿名”,如果是实名用户登录则选择“正常”;然后在“用户名”和“密码”输入框中分别输入访问该FTP服务器所用的用户名和密码。设置好后直接单击“连接”按钮。用该方式建立的新站点信息会保存起来,下次再访问该FTP服务器时,无须输入任何信息,直接打开“站点管理器”窗口,双击相应的站点名即可。

连接成功后，在主窗口"远程站点"区域将显示 FTP 服务器上相应用户的文件和目录列表。

要断开连接可选择菜单"服务器"→"断开连接"。

要重新连接可选择菜单"服务器"→"重新连接"。

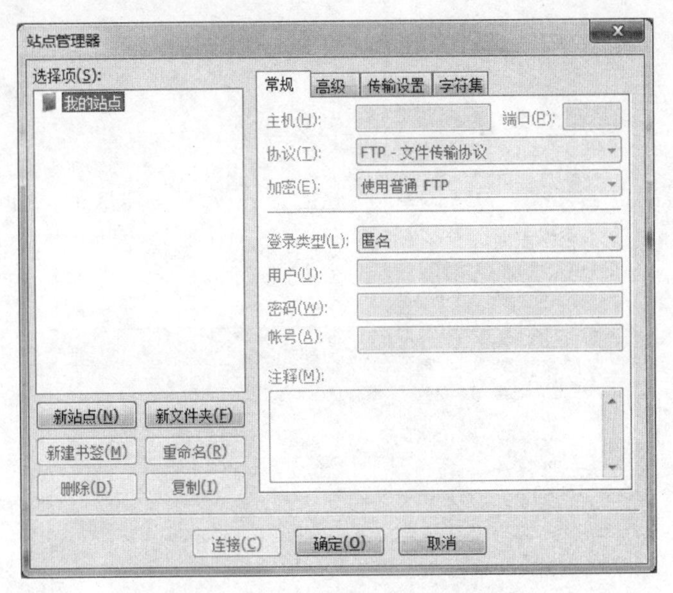

图 7.28 FileZilla 站点管理器

3. 文件传输

FileZilla 有几种方法可以实现文件的下载和上传。文件传输过程中，主窗口底部的传输队列窗口中会显示传输速度、剩余时间、已用时间和完成传输的百分比等信息。以下几种操作都需要登录用户拥有相应的权限才能执行。

1）用鼠标拖曳传输文件

在 FileZilla 主窗口中，单击选中要传输的文件，将文件从左窗口中拖曳到右窗口的指定目录中，实现上传；将文件从右窗口拖曳到左边窗口的指定目录中，实现下载。

2）双击文件实现传输

在选定文件上双击，可以实现文件传输，但每次只能传输一个文件。

3）使用快捷菜单传输文件

右击需要传输的文件，在弹出的快捷菜单中选择"上传"或"下载"选项。

4）修改文件名

通过 FileZilla 可以为服务器端的文件或文件夹重命名。方法是：在选定的文件或文件夹上右击，在快捷菜单中选择"重命名"选项，在文件或文件夹的名称反白显示后输入新的名称，然后按 Enter 键即可。

5）创建目录

FileZilla 也可以在服务器端创建新目录。在 FileZilla 主窗口中的远程站点区域右击，选择"创建目录"选项，在弹出的对话框中的反白区域内输入新目录名称，按 Enter 按钮即可在服务器端指定位置新建一个子目录。

6）删除已上传的文件

选定要删除的对象，在选定对象上右击，在弹出的快捷菜单中选择"删除"选项，在确认对话框中单击"是"按钮即可。

7.3.3 在 IE 浏览器中使用 FTP

使用浏览器不但能访问 WWW 主页，也可以访问 FTP 服务器，进行文件传输。但使用浏览器传输文件时,传输速度和对文件的管理功能要比专用的FTP客户软件差。

启动Internet Explorer浏览器,在地址栏中输入格式如下的地址:

```
ftp://[用户名]:[密码]@[FTP服务器地址]:[端口]
```

此处"ftp://"不能省略,否则浏览器会用默认的http协议访问服务器。

FTP地址示例:

```
ftp://temp:pmet@ftp.gdou.com
```

例子中的temp为用户名,pmet为密码,ftp.gdou.com为服务器地址,默认端口为21,使用默认端口时,可以不输入端口。如果用户名、密码不正确,则会弹出如图7.29所示的窗口,让用户再次输入用户名、密码信息。

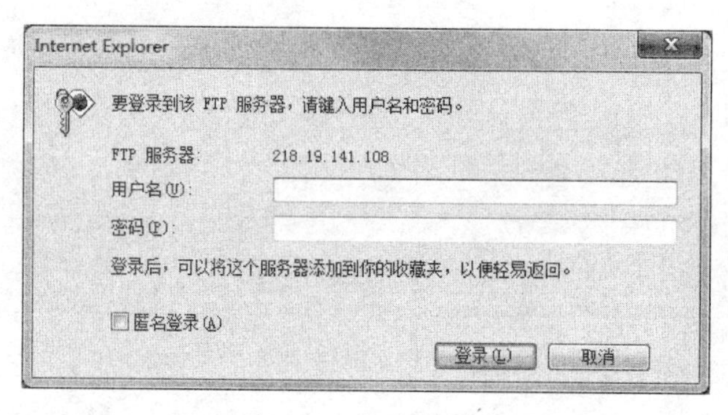

图7.29 登录对话框

连接到服务器后,在浏览器的窗口将显示FTP服务器允许该账号访问的文件和目录。文件管理方法与资源管理器类似。右击文件或文件夹,在弹出的快捷菜单中选择"复制到文件夹"选项,指定本地文件夹后点击"确定"按钮,就可以下载文件。如果登录的用户有权限执行快捷菜单中的其他命令,则可对文件和文件夹进行重命名、删除等操作。

同时使用多个浏览器窗口(或标签)可以连接到多个FTP服务器,要断开浏览器的FTP的连接,只需要关闭浏览器即可。

7.4 P2P

7.4.1 P2P概述

P2P中文名为对等网络,是Peer-to-Peer的简称。

1. P2P的特征

互联网最基本的协议TCP/IP并没有规定客户端和服务器,所有设备都是平等的通信端,从这个意义层面上说,P2P并不是新概念,而是互联网的基础架构。

小贴士:以往P2P被称为点对点技术,其实是笼统的说法。而我们常见的VPN中经常会提到点对点隧道协议(Point-to-Point Tunneling Protocol,PPTP)。为避免混淆,根据P2P无主从之分的实际含义,应将其称为对等网络或者对等计算。

P2P是依靠用户群(peers)交换信息的互联网体系,网络上的每台(或群)计算机既可以作为服务器,又可以作为客户端,称为节点。P2P一个重要的特征就是所有节点都能提供资源,包括带宽、存储空间和运算能力。

由于P2P不需依托服务器而运行,通过多节点上复制数据,增强了P2P防故障的健壮性,在这种结构下即使一个节点崩溃,也不会对整个系统造成影响。P2P 除了不需专门的服务器,也不需要其他组件来提高性能,组网成本很低,适合大范围分布,构建极其便利。

P2P 直接将人们联系起来,让个人计算机的工作方式得到了延伸,网络上的沟通也变得更容易、更直接,信息交流也更高效。

2. P2P 的运用

P2P 技术在文件共享领域得到了广泛的应用,传统 FTP 协议使用的是"客户端/服务器"(Client/Server,C/S)式的网络结构模型,在这种结构下客户端数量的增加会造成数据传输速度的下降,因为客户都在共同挤占服务器有限的带宽资源,而使用 P2P 技术则可以很好地解决这个问题。

P2P 已经在当今的互联网上占统治地位,大部分流量都来自于 P2P 应用程序。P2P 在视频、音频、数据交换方面的应用是非常普遍的,在即时通信(IM)和 VoIP 实时媒体业务领域已经成为主流。而在协同计算以及数据检索方面,P2P 也渗透其中。许多大型的网络游戏,依托 P2P 形成了百万甚至千万用户的同时在线,近年流行的比特币等虚拟化数字货币,也是建立在 P2P 网络上的。

采用纯粹 P2P 技术的应用并不多见,绝大多数 P2P 应用都或多或少混合了各种非对等单元,例如加入服务器架构、采用 DNS 解析等,这种混合技术模式的大量存在也是 P2P 成为互联网主流的主要体现。

3. P2P 的优缺点

1) 优点

由于 P2P 可以集合大量的节点进行资源处理,所以采用 P2P 技术可以拥有较佳的并发处理能力、更低的资源消耗以及更大的存储空间。

P2P 的分布特性显示,多个节点上数据是可复制的,能有效地防止节点离线后的故障,从而持续保持网络资源的提供。

P2P 不需要专人对每个节点进行维护,不用投资大量金钱来提高硬件设备的性能。采用 P2P 可以在现有网络环境的基础上使传输速度成倍增加,提高了资源获取的效率,节约了成本。

P2P 技术和非对等单元的混合使用,不仅可以建立完善的中心索引机制,还可以高效快速地定位可用资源,便于精确检索。

2) 缺点

P2P 一个明显的缺点就是会占用大量的网络带宽,对因特网服务提供商(Internet Service Provider,ISP)造成极大压力。许多 ISP 为了保障网络顺畅运行,会推出针对 P2P 的限制措施。

P2P 技术的使用需要开发专门的客户端,安装在节点计算机上,例如后面将会介绍的 μTorrent。相对来说,P2P 技术的运用会稍显复杂,需要专门的应用开发。

P2P 尚没有一个统一的标准,各个 P2P 应用开发都是根据自身的需要加入 P2P 功能,如果一个节点运行两个或以上 P2P 应用,就会造成资源争抢的局面。

另外,由于 P2P 资源分布极其分散,即使混合了中心索引服务器,依然会有资源分布紊乱、管理较难以及存在法律和安全隐患等问题。

4. 法律和安全问题

P2P 的发展过程总伴随着诸多法律问题,客观上说 P2P 技术本身并不存在法律问题,但由于该类技术的自主性和开放性,使得 P2P 网络上共享的内容大多数为具有版权的流行音乐、电影和软件等,多数发行公司据此对 P2P 进行指责,认为是这种技术的发展对现有的发行模式造成了巨大的威胁。

一方面唱片协会和电影业者通过法律手段去维护自己的版权作品,甚至美国有机构花费大量金钱去游说立法者为此订立法律限制 P2P 传播;另一方面则是匿名 P2P 网络发布的资源因无法判断其发布目的而无法判定其行为是否合法,也难于在法律上追究相关责任。

P2P技术在国内处于法律真空状态，只是各大ISP采取了针对P2P的限制措施，例如封锁协议、限制带宽和限制连接数等。在国外，已经有国家政府开始监控用户是否下载盗版资源，一旦下载则视为侵权，并追究其法律责任。有些国家甚至已经展开针对个别软件的信息侦听（例如eMule）以此阻止盗版行为发生。

尽管存在各种问题，但是P2P长足的发展已是不争的事实。在合法领域，P2P也取得了瞩目的成果。即时通信领域的QQ和旺旺等软件，就是通过P2P实现文件共享、语音对话、文字交流和用户桌面共享等。VoIP实时媒体业务领域例如Skype等软件，则把视频会议和语音通话带到了互联网，降低使用专线的比例，节省成本。

从长远来看，除了法律在逐步完善之外，P2P业务也会为媒体从业者带来新机会，众多版权官司的背后就是合作和妥协，已经有不少的发行商就开始逐步利用P2P网络发行有版权内容。这种方式低成本、传播速度快的发行方式将逐渐成为新的媒体渠道。

在安全方面，P2P网络容易受到持续的攻击，这些攻击体现在以下几个方面。

首先最常见的就是仿冒资源攻击，攻击者提供内容与其描述不相符的资源，让资源的获取者误以为通过P2P得到了想要的资源，却不小心被恶意程序感染，造成安全问题。其次就是过滤攻击，不管是ISP还是小型局域网的管理者，都会因担忧P2P占用大量网络带宽而对其进行直接过滤，这种攻击主要体现在禁止P2P数据的传递，从而达到让P2P无法使用的目的。还有利用P2P占用大量网络带宽的特性，对被攻击者采取拒绝服务攻击。而一些P2P软件本身就带有病毒或者木马，又或是在传输的数据中插入病毒、木马，这些情况也是颇为常见的。此外，P2P网络上只获取而不提供资源的行为，也被认为是吸血（Leech）攻击，有违对P2P的使用初衷。

虽然P2P有各种各样的安全问题，但是配合使用加密技术（如SSL）和文件校验技术（如MD5、SHA1等）就可以改善其资源的安全状况。对于吸血者，则可通过其下载/上传比例来限制其获取资源的速度。

小贴士：在获取P2P资源的时候，一般都能看到资源提供者或者其他获取者对资源的评价，可以将这些评价作为参考从而避免安全问题。也可以在资源获取之后，通过MD5或者SHA1进行文件校验，使其与提供者提供的内容保持完整一致。

5. 标志性软件和事件

P2P的概念早在互联网的发展早期已经被提及，但是获得长足发展却是缘起于美国的一场著名版权官司。1999年底，美国唱片协会（RIAA）以违反版权保护法为由将Napster公司告上法庭。当时Napster公司利用P2P网络提供的下载软件，在最高峰时拥有8000万注册用户，这场官司被视为P2P进入互联网视野的标志事件。

2002年，BitTorrent（简称BT）发布，这是架构在TCP/IP协议之上的P2P应用，它能大大降低服务器的网络资源负担。BT采用了信息服务器（Tracker）和种子文件（.torrent）结合的方式，使下载者之间互相连接，互相交换各自所需资源的部分，增加传输文件速度。BT最具争议的地方就是一方面使用者利用BT传播盗版文件造成了版权问题，另外一方面BT又能为商业发行商（特别是游戏服务商）提供文件传输便利。

2004年，eDonkey2000（简称eD2K）成为互联网上最普遍的文件共享网络，这是一种基于服务器的P2P文件分享网络，用户可以在其服务器上方便地检索自己想要的资源。2005年RIAA再次进行版权控告，MetaMachine公司被迫关闭eD2K网络，并被法庭禁止继续开发。

从2002年就开始开发的eMule，能够支持eD2K和Kad这两种P2P网络，而且成为开源的免费软件，影响逐渐扩大。截至2009年9月，eMule的官方下载点击数已超过5亿次。

需要特别指出的是，人们对P2P的认识其实就是从一部分有名的P2P软件客户端开始的。在文件共享领域，比较出名的P2P软件有以下几种。

(1) BT 客户端：BitTorrent、BitComet、μTorrent。

(2) eD2K 客户端：eMule 及其各种改版(Mod)。

(3) 融合各种传输协议的客户端：快车、迅雷。

除了 PC 端的 P2P 应用得到了长足发展外，在移动网络发展的今天，智能手机端的 P2P 软件也逐渐增加，在此不再赘述。

现在，很多软件已经嵌入了 P2P 传输协议在默默无闻地工作。高速网络带宽的普及让用户很少需要使用单纯的 P2P 下载软件。下面仅以 μTorrent 为例，介绍基本的使用方法和关键术语。

7.4.2　μTorrent

μTorrent 又被称为 uTorrent，是一款基于 BT 的 P2P 下载客户端。

1. 软件主窗口

启动 μTorrent 后，界面如图 7.30 所示，主要包含了工具栏、侧边栏、任务区、详细信息和状态栏。

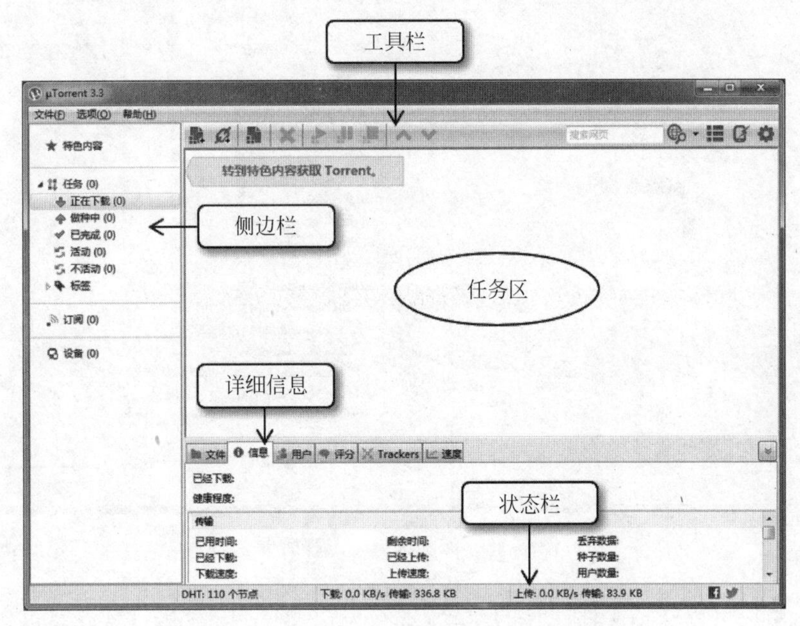

图 7.30　μTorrent 主窗口

1) 工具栏

工具栏包含“添加 Torrent”按钮，也包含“添加 Torrent 链接”按钮，用户还可以自行“制作 Torrent”文件。如果下载的是视频资源，μTorrent 内嵌了一个播放器支持预览观看。搜索框用于搜索互联网上的 Torrent 文件。用户可以“切换任务视图”，在工具栏直接打开“设置”选项。

2) 侧边栏

侧边栏包含“特色内容”，相当于推广性质的 BT 资源。“任务”按钮下则是显示各种任务的状态。“标签”相当于给下载的内容分类。“订阅”则是提供一个 RSS 订阅的选项，让用户通过不打开网站而获得 Torrent 信息。

3) 任务区

任务区用于显示每一个任务的详细信息，包括文件名称、大小、状态、健康度、下载速度、上传速度、剩余时间、评分、播放(如果可以的话)、种子数、标签、添加日期和完成时间。

4) 详细信息

详细信息包含了 6 个选项卡，分别是文件、信息、用户、评分、Trackers、速度。每个选项卡下面都有对任务区选中的文件所做的详细说明。

5）状态栏

状态栏用于显示有多少个 DHT 节点，上传下载的速度和已经下载了多少内容。同时还能显示当前机器的网络状况是否健康，如果网络不通则会出现感叹号。

2. 种子(.torrent)文件

一般来说，一个 Torrent 文件就被称为一个种子，种子文件以“.torrent”作为文件后缀名。种子文件是信息文件，并不包含要下载的资源本身。种子的文件信息可以是一个文件的下载信息，也可以是多个文件下载信息的集合。

当单击“添加 Torrent”按钮，或者把种子文件拖放到任务区，则会弹出“添加 Torrent”的对话框，如图 7.31 所示。

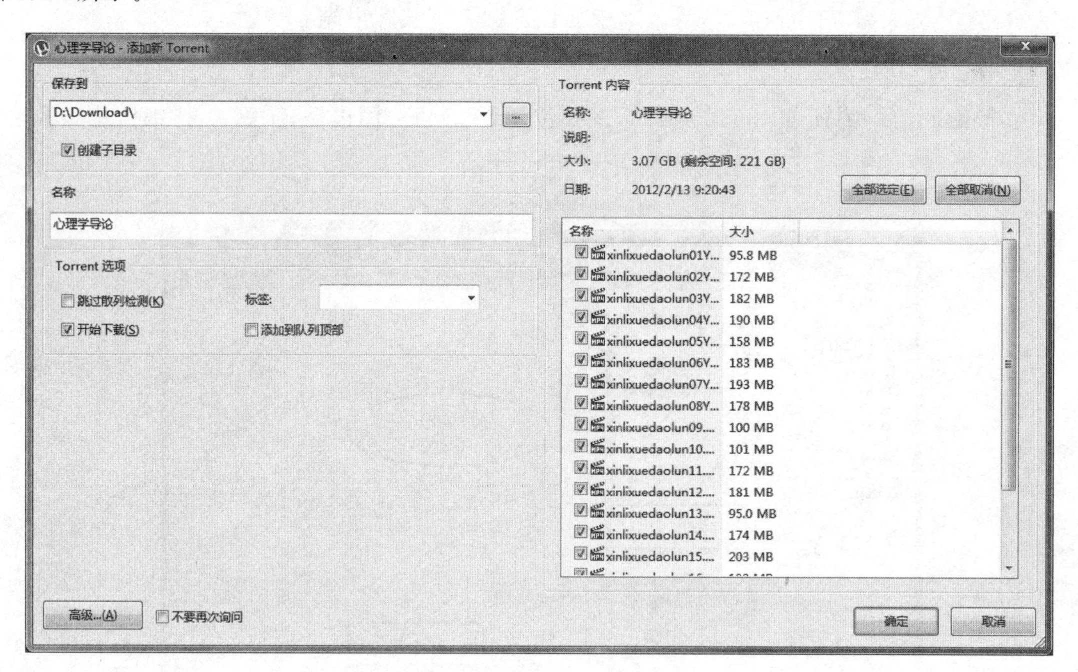

图 7.31　添加 Torrent 对话框

在对话框中，用户可以选择文件保存的位置，重新设定文件目录的名称，以及可以看到即将下载的内容的文件列表和大小，多个文件合集的情况下还可以只选择某几个需要的文件进行下载。

3. Tracker 和 DHT

Tracker 是 BT 网络上的一种应用程序或脚本，可以传输特定 Torrent 的用户连接信息。Tracker 的形式通常与 Internet 网址相似。如果没有 Tracker，BT 客户端将不知道如何找到其他共享相同资源的客户端。μTorrent 通过读取 Torrent 文件中公告的 URL 来获知要连接到哪个 Tracker。

DHT(Distributed Hash Table，分布式散列表)，用来将一个关键值(key)的集合分散到所有在 P2P 网络的节点，并且可以有效地将消息转送到唯一一个拥有查询者提供的关键值的节点。μTorrent 可以通过它在无 Tracker 的情况下查找更多的共享用户。

使用 μTorrent 可以添加更多的 Tracker 和连接到 DHT 网络，来连接更多共享同样资源的用户。图 7.32 显示 Tracker 和 DHT 在 μTorrent 中的设置。

4. 文件下载

用户需要获得“.torrent 文件”来进行 μTorrent 的下载。通过搜索引擎(如百度或 Google)，添加“torrent”一词进行搜索，就有机会获得自己需要的资源。因为 μTorrent 已经支持磁力链接(Magnet URL)，所以也可以通过搜索引擎找到磁力链接，直接添加到 μTorrent 下载。

图 7.32　Torrent 属性对话框

磁力链接示例：

magnet:?xt = urn:btih:RGQLTKLAN6YDDYGIIZ6TPL2R4MJHDLA7

“做种”的意思是当 μTorrent 客户端处于打开状态，用户需要下载的资源已经下载完成后，该种子文件会处于“做种”状态，这种状态显示用户在下载完成后继续帮助分发该资源。用户可以选择删除 Torrent 文件以取消“做种”。

第8章

计算机安全

主要内容

- 计算机安全的概念和内容
- 计算机病毒和恶意软件的定义和常见表现
- 计算机病毒和恶意软件的预防和删除
- 网络安全的特征、主动攻击和被动攻击的区别
- 数据加密、身份认证、访问控制技术的基本概念
- 防火墙的基本知识

8.1 计算机安全的基本知识

8.1.1 计算机安全的内容

国际标准化组织对“计算机安全”的定义为“为数据处理系统建立和采取的技术、管理的安全保护,保护计算机硬件、软件、数据不因偶然的或恶意的原因而遭破坏、更改、显露”。我国公安部计算机管理监察司对计算机安全的定义是“计算机安全是指计算机资产安全,即计算机信息系统资源和信息资源不受自然和人为有害因素的威胁和危害”。

从这些定义中可看出计算机安全不仅涉及技术和管理问题,还涉及有关法学、犯罪学和心理学等方面的问题,本文用五部分来描述计算机安全的内容。

1. 实体安全

实体安全主要是指系统设备及相关设施运行正常,包括环境、建筑、设备、电磁辐射、数据介质安全及灾害报警等。

2. 运行安全

运行安全主要是指系统资源和信息资源使用合法,包括电源、空调、人事管理、机房管理、出入控制、数据与介质管理、运行管理等。

3. 数据安全

数据安全主要是指系统拥有的和产生的数据或信息完整、有效,使用合法,不被破坏或泄露,包括输入/输出数据安全、进入识别、访问控制、加密、审计与追踪、备份与恢复等。

4. 软件安全

软件安全主要指软件(网络软件、操作系统、资料)完整,包括软件开发规程、软件安全测试、软件的修改与复制等。

5. 通信安全

通信安全主要指计算机通信和网络的安全,包括线路、传输、接口、终端与工作站、路由器的安全。

8.1.2 信息安全的属性

计算机安全的核心体现的是信息安全,在ISO/IEC 27002：2005标准中,信息安全是保持信息的保密性、完整性和可用性；另外也可包括真实性、可核查性、不可否认性和可靠性。

保密性、完整性、可用性是信息安全最重要的三个属性,国际上称之为信息的CIA属性。

保密性(Confidentiality)：确保信息在存储、使用、传输过程中不会泄漏给非授权用户或实体。

完整性(Integrity)：确保信息在存储、使用、传输过程中不会被非授权用户篡改,同时还要防止授权用户对系统及信息进行不恰当的篡改,保持信息内、外部表示的一致性。

可用性(Availability)：确保授权用户或实体对信息及资源的正常使用不会被异常拒绝,允许其可靠而及时地访问信息及资源。

小贴士：个人计算机预防信息泄露的措施如下。

(1) 台式机主机机箱应该上锁,避免被随意打开机箱盖拆走内存和硬盘等容易取走的部件。

(2) 携带外出的笔记本电脑尽量不要使用专用笔记本提包,可考虑用普通背包,充分伪装。

(3) 计算机BIOS设置中启用密码保护,包括BIOS setup密码、BIOS user密码和硬盘加密保护密码。

(4) Windows操作系统本身的用户密码也要启用,超级管理员用户的密码要定期更换。

8.1.3 计算机安全服务的主要技术

1. 网络攻击

网络攻击可以分为主动攻击和被动攻击。

1) 主动攻击

主动攻击通常会威胁信息完整性和可用性,同时主动攻击还可能改变信息或危害系统。主动攻击多种多样,虽易于探测但却难于防范。

2) 被动攻击

威胁信息保密性的攻击,如窃听和流量分析都属于被动攻击。在被动攻击中,攻击者的目的只是获取信息,不会篡改信息或危害系统,但攻击可能会危害信息的发送者或接收者。被动攻击较难察觉但可通过对信息进行加密而避免。

2. 网络安全技术

为保护网络资源免受威胁和攻击,计算机专家开发出一系列的安全技术,常见的有数据加密、身份认证、访问控制、入侵检测和防火墙技术。

1) 数据加密

数据加密是网络中最基本的安全技术,主要是通过对网络中传输的信息进行数据加密来保障其安全性,这是一种主动安全防御策略,用很小的代价即可为信息提供相当大程度上的安全保护。例如,网络银行交易都是通过加密技术进行的。

"加密"是一种对传输的数据限制访问权的技术。原始数据(也称为明文)被加密设备(硬件或软件)

和密钥加密产生经过编码的数据(也称为密文)。将密文还原为明文的过程称为解密,它是加密的反向处理,但解密者必须利用相同类型的加密设备和对应的密钥对密文进行解密。

2) 身份认证

身份认证是计算机系统用户在进入系统或访问不同保护级别的系统资源时,系统确认该用户的身份是否真实、合法和唯一的过程。

身份认证的主要目的是验证信息的发送者或接收者是否真实,同时还可验证信息的完整性。用户名和密码认证是最常用的一种身份认证方式。

3) 访问控制

访问控制是对信息系统资源进行保护的重要措施。访问控制决定了谁能够访问系统,能访问系统的何种资源以及如何使用这些资源。适当的访问控制能够阻止未经允许的用户有意或无意地获取数据。访问控制的手段包括用户识别代码、口令、登录控制、资源授权、授权核查、日志和审计。

4) 入侵检测

顾名思义就是对入侵行为的发觉。它通过对计算机网络或计算机系统中若干关键点收集信息并对其进行分析,从中发现网络或系统中是否有违反安全策略的行为和被攻击的迹象。

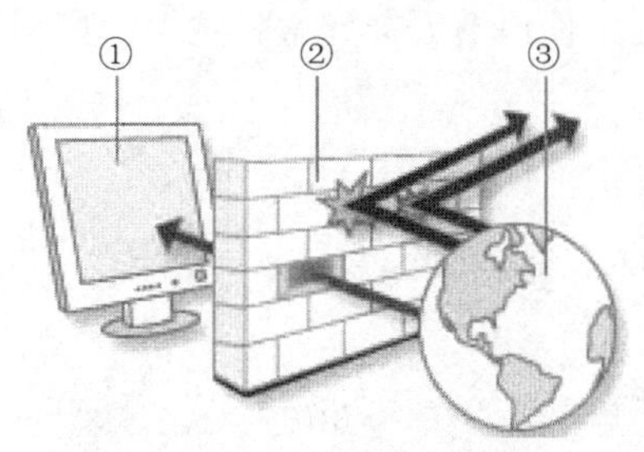

图 8.1 防火墙工作原理
①—计算机;②—防火墙;③—Internet

5) 防火墙

防火墙又称为网络防火墙,是指安置在不同网络(如可信任的企业内部网和不可信的公共网)或网络安全域之间的一系列部件的组合。它通过监测、限制和更改通过防火墙的数据流,尽可能地对网络外部屏蔽网络内部的信息、结构和运行状况,由此实现网络的安全保护,防止非法闯入。

防火墙可以是软件,也可以是硬件,它能够检查来自 Internet 或网络的信息,然后根据防火墙设置阻止或允许这些信息通过。图 8.1 显示了防火墙的工作原理。

与砖墙可以创建物理屏障一样,防火墙可以在 Internet 和计算机之间创建屏障。注意,防火墙并不等同于防病毒程序。为了帮助全面保护计算机,用户可能需要同时使用防火墙以及防病毒等反恶意软件。

8.2 计算机病毒

8.2.1 病毒的定义和特征

“计算机病毒”这一术语通常与“恶意软件”替换使用,尽管这两个词的含义并不真正相同。

恶意软件是专门用来控制并危害设备或网络的不良软件。恶意软件包括以下几点。

- 病毒,一种可自我复制并感染计算机造成破坏的程序。
- 蠕虫,一种可自我复制的恶意计算机程序,它会通过计算机网络向网络上的其他计算机发送自身副本。
- 间谍软件,可在用户不知情的情况下收集一些与用户相关信息的软件。
- 广告软件,可在计算机中自动播放、展示或将广告下载到计算机的软件。
- 特洛伊木马,一种伪装成有用应用的破坏性软件。该软件最初表现为可执行一些有用功能,一旦安装,它就会窃取信息或控制并危害系统。

计算机病毒主要的特征是传染性和破坏性,其他特征有隐蔽性、潜伏性、寄生性、欺骗性和表现性。

1. 传染性

它能自我复制并感染一台计算机，从一个文件传播到另一个文件，然后随文件被复制或共享而从一台计算机传到另一台。

2. 破坏性

某些威力强大的病毒，运行后直接格式化用户的硬盘数据，还有些病毒会破坏引导扇区甚至硬件，某些病毒会对 Windows 操作系统或部分程序造成损坏。

3. 隐蔽性、潜伏性、寄生性、欺骗性

有些病毒很小巧，仅有 1KB 左右，这样除了传播快速之外，隐蔽性也极强。部分病毒使用“无进程”技术或插入某个系统必要的关键进程当中，在任务管理器中找不到它的单独运行进程。而病毒自身一旦运行后，就会自己修改自己的文件名并隐藏在某个用户不常去的系统文件夹中，这样的文件夹通常有上千个系统文件，如果单凭手工查找很难找到病毒。病毒在运行前的伪装技术也值得用户注意，将病毒和一个对用户有吸引力的文件捆绑合并成一个文件，那么运行这个文件时，病毒也在操作系统中悄悄运行了(具有寄生性和欺骗性)。部分病毒还有一定的“潜伏期”，在特定的日子，如某个节日或者星期几按时爆发，如同生物病毒一样，这样可令计算机病毒可以在爆发之前广为散播。

4. 表现性

病毒运行后，可能会有一定的表现特征，如 CPU 占用率高导致系统反应缓慢，用户无任何操作下读写硬盘数据，蓝屏死机，鼠标键盘无法使用等。但这样明显的表现特征，反倒让用户意识到计算机可能感染病毒，隐蔽性就不存在了。

8.2.2　预防计算机病毒

在计算机上打开运行被感染的程序或附件后，用户可能不会意识到已感染了病毒，直到他们注意到一些东西不对劲。

以下是计算机可能被感染的一些表现。

(1) 计算机的运行速度比平常慢。

(2) 计算机经常停止响应或死机。

(3) 计算机每隔数分钟就会崩溃，然后重新启动。

(4) 计算机会自动重新启动，然后无法正常运行。

(5) 计算机上的应用程序无法正常运行。

(6) 无法访问磁盘或 USB 闪存盘。

(7) 无法正确打印。

(8) 看到异常错误消息。

(9) 看到变形的菜单和对话框。

这些是计算机感染病毒的常见信号，但是它们也可能表示计算机有与病毒完全没有任何关系的硬件或软件问题。

虽然我们无法完全保证计算机的安全，但是可以做很多事情，以降低被病毒感染的机会。最关键的是保持使用最新版本的防病毒软件，及时更新其防病毒定义，这样能够识别和删除最新的威胁。遵循以下一些做法，可以继续提高计算机的安全性。

小贴士：由于任何安全方法都无法 100% 保证计算机上的数据安全，因此最好定期备份重要文件。

1. 安全地浏览网页和下载

防范恶意软件和其他不需要的软件的最好办法是一开始便不去下载它们。用户可采取以下一些简单的措施来保护自己免受恶意软件的危害。

(1) 仅从信任的网站下载程序。如果用户不确定是否应该信任正在考虑下载的程序,则可将该程序的名称输入搜索引擎中查询看是否有人举报它包含恶意软件。

(2) 下载共享文件时请小心谨慎。许多网站对恶意软件的监管力度很低,因此,假如从这些网站下载内容时请小心谨慎。恶意软件可以伪装成热门的电影、音乐或程序。

(3) 恶意软件可能还会以浏览器插件的形式出现,因此应只安装可信任的扩展程序。

(4) 请勿相信电子邮件中任何看似可疑的内容。即使电子邮件来自认识的人,也有可能包含恶意软件链接或附件,因为他们的账户很可能已经被黑客入侵了。点击电子邮件中的链接时请务必小心谨慎。

(5) 有一种名为流氓安全软件的恶意软件,它会导致用户的计算机上弹出假病毒警报窗口,或声称用户计算机处于危险状态,以诱导用户做出一些损害用户利益的操作。

(6) 如果文件类型未知或者浏览器显示了不熟悉的提示或警告,则勿随意打开该文件。

(7) 检查安装程序的数字签名,阅读相关安全警告、许可证协议和隐私声明。

(8) 切勿点击弹出式窗口内的"同意"或"确定"等按钮来关闭可疑窗口,可疑窗口右上角的红色"X"也不要点击,稳妥的做法是按键盘上的 Alt+F4 组合键关闭可疑窗口。

(9) 有时恶意软件可能会在用户打开某个页面后阻止用户离开当前页面,例如不断提示用户进行下载。如果出现这种情况,则可使用计算机的任务管理器来结束浏览器进程。

小贴士:用户可能会收到某电子邮件,警告说"用户发送了包含病毒的电子邮件",这不一定意味着计算机感染了病毒,因为该邮件可能是欺骗性邮件,用户的电子邮件地址也可能经过伪造。

2. 预防间谍软件和广告软件

有时用户认为是病毒的东西实际上可能是间谍软件或广告软件。

间谍软件是一个概括性的术语,用来描述未事先适当征求用户同意便执行某些行为的软件,如发布广告、收集个人信息和更改计算机的配置等。间谍软件通常与显示广告的软件或者跟踪敏感信息的软件相关。

这并不意味着所有提供广告或跟踪用户在线活动的软件都是不良软件。例如,用户安装了某个软件,但是通过同意接收针对性的广告来"支付"服务的费用。如果用户了解相关的条款并且同意,那么这就是一个公平的交易。用户可能还同意让该公司跟踪自己在线活动以便确定向用户显示哪些广告,这是以跟踪换取服务。

此时这些"间谍软件"是有益的,因为它们有助于一些不错的软件按照预期的方式运行,或者使一些优秀软件能够在含广告的前提下免费使用。所以,安装免费软件之前,请仔细阅读用户协议和隐私声明。

其他类型的间谍软件会对用户的计算机进行更改,这可能非常令人讨厌并且可能会导致计算机速度变慢或发生崩溃。这些程序可能会更改网络浏览器主页或搜索页,或者在浏览器中添加用户不需要的组件,它们还使得用户很难将设置改回原来的状态。所以,应了解将要安装的软件和内容,在一般情况下,关键在于用户是否了解该软件的作用并同意在计算机上安装该软件。一种常见的欺骗方式是在用户安装想要的软件(如中文输入法、音乐或视频播放器等)的同时偷偷地安装了广告间谍软件。

每次在计算机上安装程序时,应确保仔细阅读了所有的披露信息,包括许可证协议和隐私声明。有时候,在指定的软件安装过程中已经注明包含"不需要的软件",但可能是出现在许可证协议或隐私声明的末尾。有些软件安装过程中,复选框已默认选中"不需要的软件""更改浏览器主页"等,如果用户没有手工"取消"复选框而直接单击"下一步"按钮,就会自动安装这些不需要的软件和更改浏览器主页或搜索页。

注意：有些免费软件默认安装过程不直接显示能取消"用户不需要的软件或设置"复选框界面，这些复选框仅出现在"自定义安装"过程中，需要用户选择"自定义安装"才显示。

8.2.3 Windows的安全

用户应该利用 Windows 系统的全部安全功能使计算机尽可能安全。

1. Windows 安全中心

在 Windows 10 的"安全中心"项目中，应确保"病毒和威胁防护"处于正常状态，"防火墙和网络保护"已打开，安全中心可让用户了解计算机的总体安全状态。

当受监视项的状态发生更改时（如遭遇病毒威胁），安全中心将在任务栏上的通知区域中通知用户，安全中心上受监视项的状态颜色也会改变以反映该消息的严重性，同时还会建议用户应采取的操作。

Windows 安全中心的"病毒和威胁防护"会自动在后台运行，一般用户不需要再安装第三方安全软件。

默认情况下，Windows 防火墙也是处于开启状态，有助于防止计算机黑客和恶意软件（如蠕虫等）通过内部网络或 Internet 访问计算机。同时，防火墙还有助于防止计算机因受恶意软件控制而向其他计算机发出网络攻击。

2. 用户账户控制

"用户账户控制"（UAC-User Account Control）会在计算机安装软件或者打开某些可能会危害其安全的程序之前进行提示，然后在确认得到用户的许可之后才会让计算机执行相关的操作。Windows 10 默认的 UAC 设置会在程序尝试对计算机进行更改时通知用户（图 8.2），用户也可以自行更改 UAC 的通知频率。

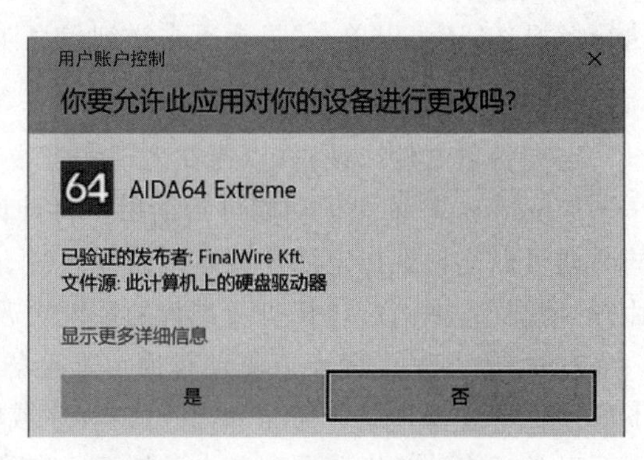

图 8.2　UAC 用户账户控制通知

以下操作可更改用户账户的控制设置。在任务栏的搜索框中输入"用户账户控制设置"，在匹配栏里单击"更改用户账户控制设置"图标打开"用户账户控制设置"窗口，如图 8.3 所示。

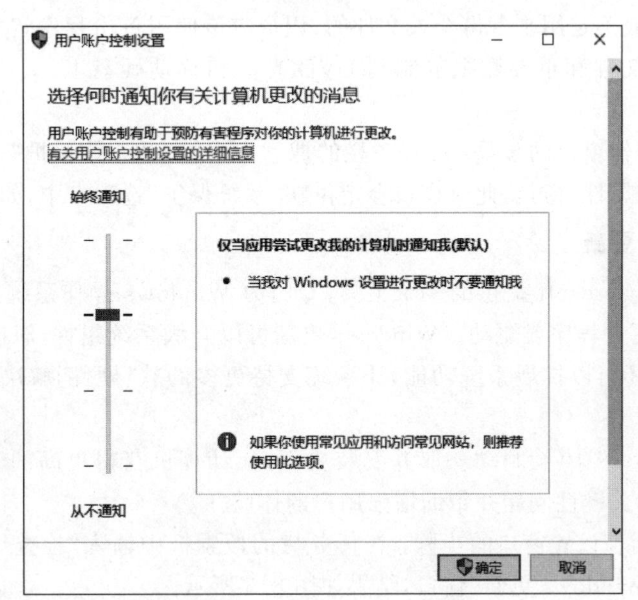

图 8.3　用户账户控制设置

表 8.1 描述了 UAC 设置以及其中每个设置对计算机安全的潜在影响。

表 8.1　UAC 用户账户控制设置属性

设　置	描述和安全影响
始终通知	在应用对计算机或 Windows 设置进行更改(需要管理员权限)之前,用户都会收到通知 发出通知后,桌面将会变暗,用户必须先批准或拒绝 UAC 对话框中的请求,然后才能在计算机上执行其他操作;变暗的桌面称为“安全桌面”,因为其他应用在桌面变暗时无法运行 这是最安全的设置,但发送通知频率很高
仅当应用尝试更改我的计算机时通知我(默认)	如果用户尝试更改 Windows 设置(需要管理员权限),将不会收到通知 在应用对计算机进行更改(需要管理员权限)之前,用户将收到通知 如果 Windows 之外的应用尝试更改 Windows 设置,那么用户将收到通知 发出通知后,系统会启动“安全桌面”(桌面将会变暗)
仅当应用尝试更改我的计算机时通知我(不降低桌面亮度)	是否收到通知与以上“默认”设置一样,收到通知时不会启用“安全桌面”且可以在计算机上执行其他操作
从不通知	在对计算机进行任何更改之前,用户都不会收到通知;如果用户以管理员的身份登录,则应用可以在用户不知道的情况下对计算机进行更改,这是“最不安全的设置!”

用户收到 UAC 通知(图 8.2)后,应该先仔细阅读对话框中的内容,然后才决定是否允许计算机执行此操作,还可以单击“显示更多详细信息”查看应用发布者证书等信息。

3. 备份和还原

定期备份文件和设置,以便在发现病毒或其他硬件故障时可以恢复文件,这一点非常重要。

Windows 系统保护功能可帮助用户将计算机的系统文件及时备份并设立还原点,在用户有需要的时候可以还原到指定的还原点以恢复系统。此方法可以在不影响个人文件(如电子邮件、文档或照片)的情况下,撤销对计算机所进行的系统更改。

有时,安装某个程序或驱动程序可能会导致意外地更改计算机系统设置,或导致 Windows 发生不可预见的错误。通常情况下,卸载该程序或驱动程序可以解决此问题。如果卸载并没有修复错误,则可以尝试将计算机还原到一个系统运行正常的日期。

系统还原使用“系统保护”功能定期在计算机上创建和保存还原点,这些还原点中包含有注册表设置和 Windows 系统还原所需要使用的信息。当然,用户也可以按需要自行手动创建系统还原点。

注意,系统还原一般不是用来备份个人文件的,用户应该使用备份程序定期备份个人文件和重要数据,例如可以将个人文件和重要数据复制到 DVD 光盘和移动硬盘上,又或者保存到云盘(网盘)中去。

打开“系统保护”操作窗口的步骤:在任务栏的搜索框中输入“系统保护”,在匹配栏里单击“创建还原点”图标打开“系统属性”窗口,此时窗口会定位在“系统保护”选项卡中,如图 8.4 所示。

4. 检查 Windows 更新

Windows 更新是 Microsoft 提供的一个工具,专门为 Windows 操作系统、Microsoft 软件和基于 Windows 的硬件提供更新程序或驱动。Windows 更新可以升级系统组件,解决已知的问题并可帮助修补已知的安全漏洞,还可以扩展系统功能,让系统支持更多的软、硬件,解决各种兼容性问题,让系统更稳定。

默认情况下,Windows 10 会自动获取并安装更新,让计算机获得更高的安全性和可靠性;其他“可选更新”可以处理非关键性问题并帮助增强用户的体验。

打开“Windows 更新”设置窗口的步骤:在任务栏的搜索框中输入“检查更新”,在匹配栏里单击“检查更新”图标打开“Windows 更新”窗口,结果如图 8.5 所示。

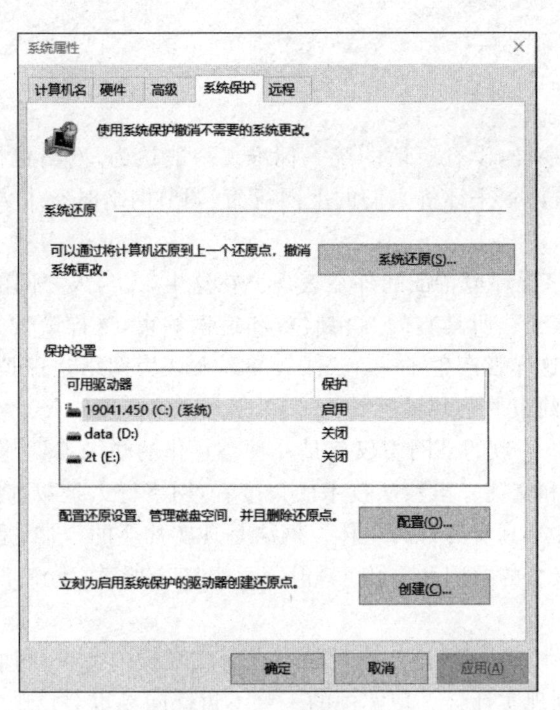

图 8.4　系统还原

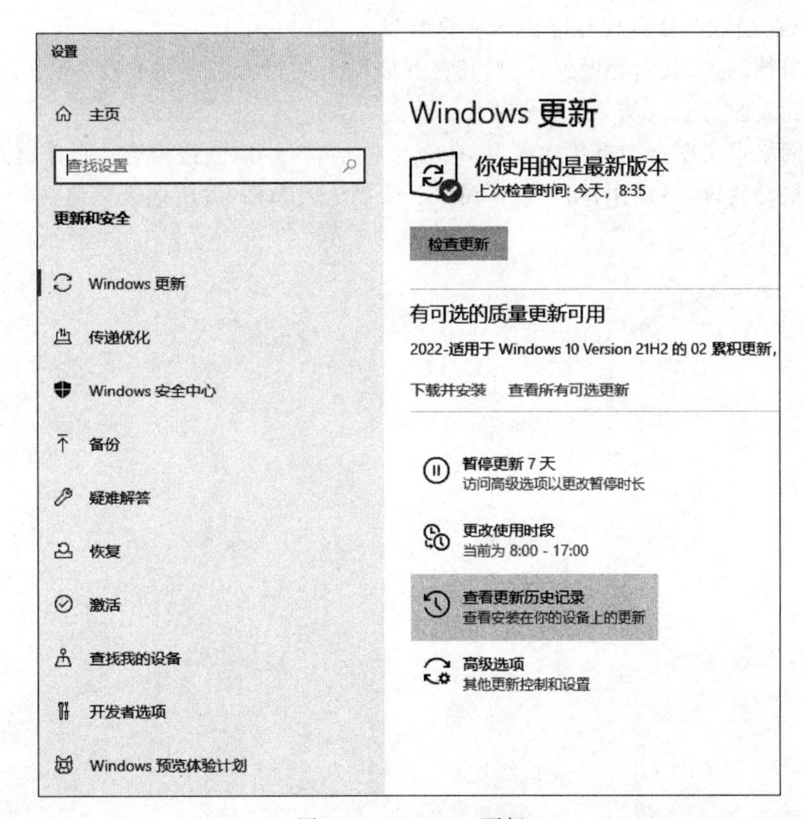

图 8.5　Windows 更新

单击“检查更新”按钮，会自动检查并安装更新。注意，有些更新安装后需要重新启动计算机才能成功。若需要更新其他 Microsoft 应用，应打开“高级选项”，开启更新选项“更新 Windows 时接收其他 Microsoft 产品更新”，可确保 Microsoft Office 办公软件等应用也会自动获得更新。

8.3 网络道德

网络道德与传统道德一样，没有所谓的统一标准。一般认为，网络道德是指以善恶为标准，通过社会舆论、内心信念和传统习惯来评价人们的上网行为，调节网络时空中人与人之间以及个人与社会之间关系的行为规范。

(1) 匿名性是网络数字化环境特征的外在表现。在这里，人与人之间的交往已不是面对面的直接交往，没有了现实社会直接交往所具有的互相监督和道德约束，这样就使一些人在网上随心所欲，可以干自己想干的任何事。这样就产生了一个误区，许多人认为网络是虚拟的，不是现实的，从而把网络看成是一个不需要任何约束的公共场所。

(2) 网络和现实应该是一致的。网络仅仅是一种信息化的联络工具，网络交往是现实社会的人借助互联网工具发生的行为和交往。虽然从技术的角度看，网络行为是数据的传递交换，但是每一个虚拟角色的背后，都隐藏着一个真实的行为主体。网络是现实社会的延伸，是现实社会的一个重要组成部分，网络虽然给了个人极大的空间和自由度，但不可以随心所欲，也绝不意味着网上个人行为与他人毫无关系。

(3) 网络与现实是互动的。因为现实与网络存在着相互作用关系，网上的不道德问题不仅影响网络空间，而且会直接影响到现实社会。现实中的一些不道德问题也会反映到网络上并被放大，网络空间的不道德现象反过来会对现实社会产生严重影响。如果网络空间允许存在与现实社会道德规范冲突的道德，那么最终会危及社会现有道德体系的维系。

(4) 一个有道德的人，就能够做到自律，其在互联网上的行为必定是自尊、自重、自爱的。一般认为，上网的道德底线是“于己无害、于人无损”。

(5) 常见的网络不文明行为有传播谣言、散布虚假信息，炒作低俗内容；制作、传播网络病毒，传播垃圾邮件；网络谩骂，网络欺诈，网络色情聊天；传播他人隐私，盗用他人网络账号；非法使用或复制商业软件等。

第9章

计算机多媒体技术

主要内容

- 多媒体计算机的基本组成和常见多媒体设备
- Windows 画图工具的基本操作
- Windows Media Player 的基本操作
- 图片、音频和视频文件的类别和格式
- 数据压缩的基本知识和 WinRAR 的基本操作

9.1 多媒体技术的基本知识

9.1.1 多媒体技术的概念

在计算机科学中，两种或两种以上媒体信息的组合称为多媒体，这些媒体包括文字、声音、图片、动画和视频等。个人计算机中，键盘、鼠标输入和控制信息，显示器呈现文字、图片、动画和视频信息，麦克风输入声音，音箱输出声音，打印机打印文档，各种各样的外设如扫描仪、数码相机、网络摄像头等的运行，都通过计算机程序来实现，因此，个人计算机也可称为多媒体计算机。计算机处理和呈现多媒体信息的应用技术称为多媒体技术。

目前为止，多媒体的应用领域已涉及艺术、教育、娱乐、工程、医药、数学、商业和科学研究等。利用多媒体网页，商家可以将单方向传播的静态广告变成有声音和画面的互动式广告，更吸引客户之余，也能够向准买家提供更多商品的消息。利用多媒体作教学用途，除了可以增加自学过程的互动性，更可以吸引学生学习、提升学习兴趣，以及利用视觉和听觉等反馈信息来增强学生对知识的吸收。网络教育就是依靠现代通信技术和多媒体技术发展起来的。

9.1.2 多媒体设备的种类

现在多媒体设备经常被叫作数码设备，常见的有数码相机、网络摄像头、摄像机、扫描仪、打印机、投影机和触摸显示屏，等等。多媒体设备拥有各种各样的接口，可能需要通过相应的数据线才能与计算机或其他设备连接，从而实现数据的输入和输出。常见的数据线有 USB 电缆，还有 VGA、DVI、DP 和 HDMI 电缆。

9.1.3 常用数码设备的连接

1. 数码相机

数码相机与传统胶卷相机相比有以下优势：不需要胶卷，可边拍边欣赏，不满意的随意删除而不必破费，一次可储存成百上千张的影像图片，还可以直接录制视频，导入计算机后就能长期保存。将数码相机的照片或视频导入计算机的方法一般有以下两种。

(1) 使用相机的 USB 电缆将数码相机连接到计算机。打开数码相机电源，选择浏览相片模式(有些相机可省略此步骤或必须切换到特殊连接模式)。计算机会提示发现新设备，等一会再打开"计算机"，会看到相机的图标，双击打开之后可以把相机存储器里面的所有文件复制到本地硬盘。有时计算机会弹出向导性的窗口引导用户将数据传输到计算机中。

(2) 若数码相机利用可移动存储卡(如 SD 或 CF 闪存卡)保存数据，拔出存储卡后插到读卡器中再连接到计算机，存储卡和读卡器的组合体会被计算机系统识别成"独立磁盘"，这样就可以复制数据了。

2. 网络摄像头

计算机上的视频会议系统或即时通信软件(如腾讯 QQ、微信)经常要用到网络摄像头。一般情况下，将摄像头的 USB 电缆插入计算机就能被 Windows 系统识别并直接使用。若要使用摄像头的所有功能则可能需要安装官方驱动程序。注意，在计算机中安装官方驱动程序之前最好先不要连接摄像头，这个要求在摄像头的使用说明书中会有提及。

9.2 多媒体基本应用工具的使用

9.2.1 画图工具的基本使用

画图是 Windows 中的一项功能，使用该功能可以绘制、编辑图片以及为图片着色。可以像使用数字画板那样使用画图来绘制简单图片，或者将文本和设计图案添加到其他图片中，如那些用数码相机拍摄的照片。通过"开始"→"Windows 附件"→"画图"菜单命令即可启动画图工具。打开后如图 9.1 所示。

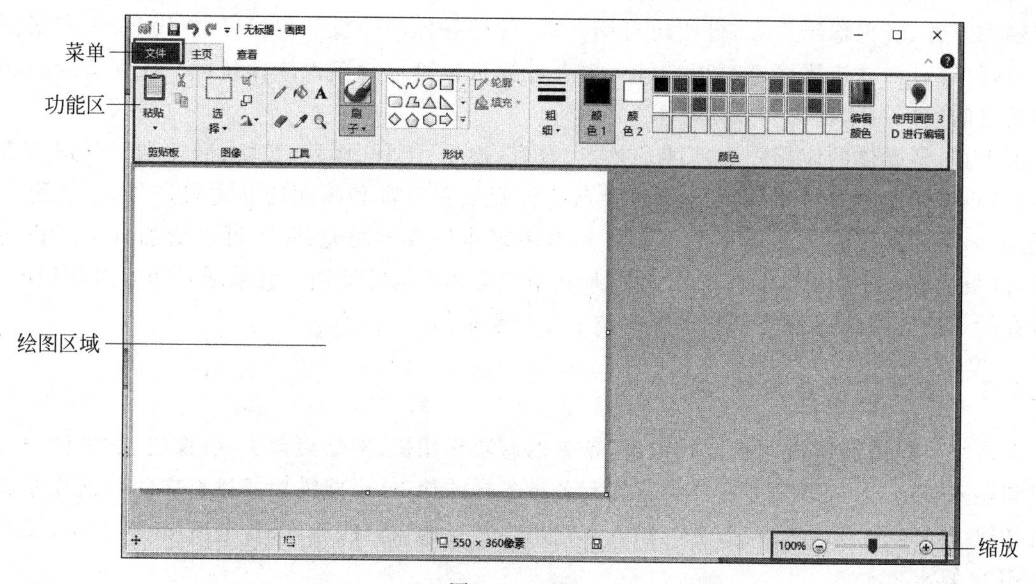

图 9.1 画图

画图中的功能区包括绘图工具的集合，使用起来非常方便。可以使用这些工具创建徒手画或向图片中添加各种形状。

1. 绘制线条

使用某些工具和形状（如铅笔、刷子、直线和曲线）可以绘制多种直线和曲线。所绘制的内容取决于绘图时移动鼠标的方式。例如，使用直线工具可以绘制直线。

(1) 在“主页”选项卡的“形状”组中，单击直线工具。

(2) 在“颜色”组中，单击“颜色 1”，然后单击要使用的颜色。

(3) 若要绘图，可在绘图区域拖动指针。

2. 绘制形状

使用画图可以绘制不同的形状。例如，可以绘制已定义的现成形状，如矩形、圆形、正方形、三角形和箭头。此外，还可以通过使用多边形工具来生成自己的自定义形状，该多边形可以具有任意数目的边。

(1) 在“主页”选项卡的“形状”组中，单击现成的形状，如矩形工具。

(2) 若要添加现成形状，请在绘图区域拖动指针生成该形状。

3. 添加文本

用户还可以将文本添加到图片中。使用文本工具，可以添加简单的消息或标题。

(1) 在“主页”选项卡的“工具”组中，单击文本工具。

(2) 在希望添加文本的绘图区域拖动指针。

(3) 在“文本工具”下，在“文本”选项卡的“字体”组中选择字体、大小和样式。

(4) 在“颜色”组中，单击“颜色 1”，然后单击某种颜色作为文本颜色。

(5) 输入要添加的文本。

4. 擦除图片中的某部分

如果有失误或者需要更改图片中的部分内容，可使用橡皮擦。默认情况下，橡皮擦将所擦除的任何区域更改为白色，但可以更改橡皮擦颜色。例如，如果将背景颜色设置为黄色，则所擦除的任何部分都将变成黄色。

(1) 在“主页”选项卡的“工具”组中，单击橡皮擦工具。

(2) 在“颜色”组中，单击“颜色 2”，然后单击要在擦除时使用的颜色。如果要在擦除时使用白色，则不必选择颜色。

(3) 在要擦除的区域内拖动指针。

5. 保存图片

单击“保存”按钮，将保存上次保存之后对图片所做的全部更改。首次保存新图片时，需要给图片指定一个文件名，在“保存类型”框中可选择需要的文件格式。

有关如何使用画图中不同工具的详细信息，可单击画图窗口右上角的帮助(F1)按钮。

小贴士：截图技巧：复制整个屏幕的内容只需按键盘上的 Print Screen(打印屏幕)按钮；复制当前活动窗口的内容可按键盘上的 Alt+Print Screen 组合键，之后粘贴到“画图”工具中就可以使用或者保存了。更多功能可用附件中的“截图工具”。

9.2.2 音频播放和视频播放

Windows Media Player 是 Windows 操作系统自带播放器，能够播放数字媒体文件，整理数字媒体收藏，刻录音乐 CD 等。

若要打开 Windows Media Player，可单击“开始”→“Windows 附件”→Windows Media Player 菜

单命令打开的窗口如图 9.2 所示。

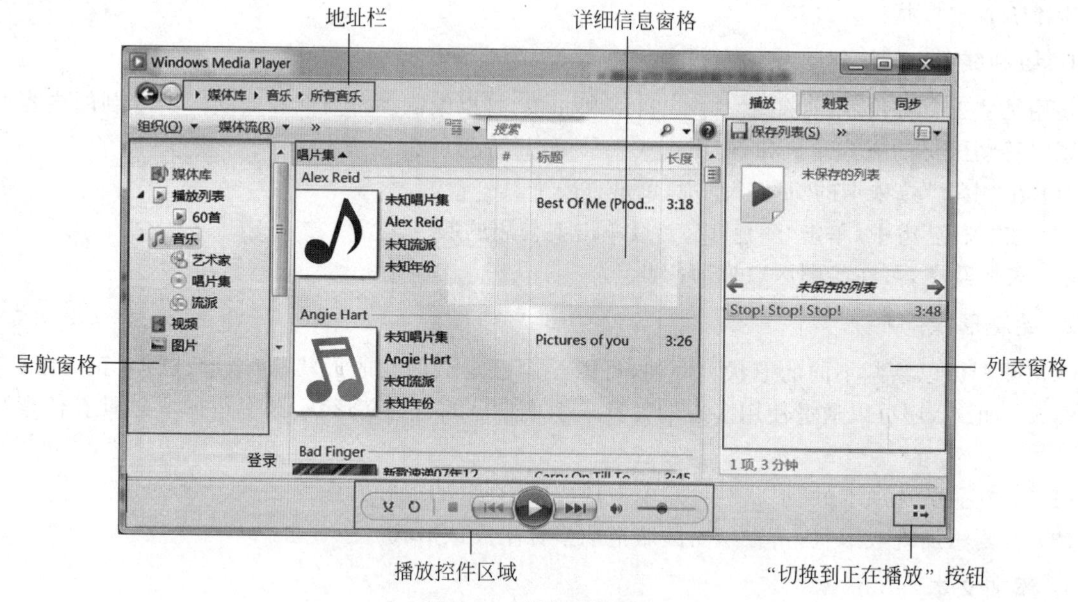

图 9.2 "媒体库"模式

用户可以选择两种模式来播放媒体:"媒体库"模式和"正在播放"模式。"媒体库"模式可以全面控制播放机的众多功能;"正在播放"模式可以简化媒体视图以适用于播放。通过"开始"菜单打开 Windows Media Player 默认是"媒体库"模式,此时单击播放器右下角的"切换到正在播放"按钮即可从"媒体库"模式转到"正在播放"模式,若要返回"媒体库"模式,可单击播放器右上角的"切换到媒体库"按钮,如图 9.3 所示。

图 9.3 "正在播放"模式

在播放器"媒体库"模式中,用户可以访问并整理数字媒体收藏集。在导航窗格中,选择要在细节窗格中查看的类别(如音乐、图片或视频)。例如,若要查所有按流派整理的音乐,双击"音乐",然后单击"流派"。然后,将项目从详细信息窗格拖动到列表窗格,以创建播放列表、刻录 CD 或 DVD 等。

在播放器媒体库中的各种视图之间进行转换时,可以使用播放器左上角的"返回"和"前进"按钮,以返回到之前的视图。

在"正在播放"模式中,可以观看 DVD 和视频,或查看当前正在播放的音乐。用户可以仅查看当

前正在播放的项目，也可以通过右击播放机，然后单击“显示列表”来查看可播放的项目集。

某些视频文件(大多来自互联网)在 Windows Media Player 上可能无法正常播放(如有声音无图像)，此时必须安装相应的解码器软件才能正常播放，或者直接安装内置多种解码器的第三方播放器。注意，这些“免费”播放器可能内置广告。

9.3 多媒体文件类别和格式

9.3.1 图片格式

Windows 系统中常见的图片文件类型包括 JPEG、PNG、GIF 和 BMP。

多数情况下，JPEG 是合适的图片文件类型，因为它通过压缩数据创建小体积的高质量图片文件。它是存储和共享图片的最好选择。

注意，每次以 JPEG 格式重新保存图片，视觉质量就会稍微降低一些，这就好比是在复制相片的复制品。质量降低多少取决于图像的压缩程度。通常这种质量的降低很难看出，但如果对同一图片重复进行更改并以中等质量级别保存，则最终可能会注意到清晰度和颜色精度有所降低。为获得最佳的视觉质量，应该以可能的最高质量级别保存 JPEG 图片或以其他无损方式保存图片。

9.3.2 音频格式

常见音频文件格式有以下几种。

1. MP3

MP3 能够在音质损失很小的情况下把文件压缩到更小的程度，由于历史原因，MP3 到目前为止还是最流行的音频文件格式。

2. WMA

WMA 全称 Windows Media Audio，此格式来自微软公司，它是以减少数据流量但保持音质的方法来达到比 MP3 压缩率更高的目的。音质好的 WMA 可与 CD 媲美，压缩率较高的 WMA 则可用于网络广播。

3. WAV

WAV 格式也来自微软公司，音质与 CD 相差无几，但 WAV 格式对存储空间需求太大，不便于交流和传播。

4. OGG

OGG 是一种先进的有损音频压缩技术，免费且开源。OGG 编码格式远比 20 世纪 90 年代开发成功的 MP3 先进，它可以在相对较低的数据速率下实现比 MP3 更好的音质。

9.3.3 视频格式

常见视频文件格式有以下几种。

1. AVI

AVI 全称 Audio Video Interleaved(音频视频交错)，是将音频和视频同步组合在一起的多媒体文件格式。AVI 对视频文件采用了一种有损压缩方式，压缩比较高，应用广泛。

2. ASF

ASF 全称 Advanced Streaming Format(高级流媒体格式)，是微软公司针对 Real 公司开发的一种使用了 MPEG-4 压缩算法的，可以在网上实时观看的流媒体格式。该压缩算法可以兼顾高保真以及网络传输的要求。

3. WMV

WMV 全称 Windows Media Video，是微软公司在 ASF 基础上推出的一种媒体格式，具有体积小、可进行高速网络传输等特点。

4. MOV

MOV 是 Apple(苹果)公司开发的一种流媒体文件格式，在某些方面来说 MOV 比 WMV 更优秀。MOV 早期使用在 MAC 机上，也可以在 Windows 中使用 QuickTime 等播放器来播放 MOV 文件。

5. MPEG

MPEG 全称 Moving Picture Experts Group(运动图像专家组)，是一种从数字音频和视频发展起来的压缩编码标准，包括 MPEG 音频、MPEG 视频和 MPEG 系统三个部分。在多媒体数据压缩标准中，采用比较多的 MPEG 标准有 MPEG-1(VCD 采用该标准)、MPEG-2(DVD 采用该标准)和 MPEG-4(近几年比较流行的标准，简称 MP4)。

6. Flash

Flash 是 Adobe 公司开发的流式视频格式，它不仅具有质量好、可在线播放、体积小巧等优点，还可整合到网页上，从而给视频传播带来了极大便利，大多视频网站的视频曾经都是通过 Flash 格式发布，但是，由于 Adobe 公司 2020 年开始就不再支持与开发 Flash 技术，安全得不到保障，已逐渐被人们弃用。

9.4 数据压缩

9.4.1 数据压缩的概念

在计算机科学中，数据压缩是按照特定的编码机制用比未经编码少的数据位(或其他信息相关的单位)表示信息的过程。数据的压缩和解压缩常被称为编码与解码。

1. 无损压缩

无损数据压缩指数据经过压缩后，信息不受损失，还能完全恢复到压缩前的原样。用 WinRAR、7-ZIP 等软件来压缩文件都是无损压缩，通常叫作“把文件打包”。

2. 有损压缩

有损数据压缩是指经过压缩、解压的数据与原始数据不同但是非常接近的压缩方法。有损数据压缩又称为破坏型压缩，即将次要的信息数据舍弃，牺牲一些质量来减少数据量，提高压缩比。有损数据压缩技术经常用于图像、声音以及视频。画图工具和 Photoshop 等图片编辑软件编辑图片后另存为 JPEG 文件的过程就应用了有损压缩方法。注意，图片、音频和视频格式本身也有无损压缩的技术。

9.4.2 WinRAR 的使用

WinRAR 是一个强大的压缩文件管理工具。它能减小文件的大小，以便占用更少的存储空间，更易于用电子邮件发送。WinRAR 可以解压缩从 Internet 上下载的 RAR、ZIP 和其他格式的压缩文件，并能创建 RAR 和 ZIP 格式的压缩文件。

1. 解压缩文件(提取文件)

从压缩格式解压缩文件或提取文件。提取文件时，该文件的解压缩副本会释放到指定的文件夹

中,原始文件仍位于压缩文件中。

快捷操作:在压缩文件上右击,在弹出的菜单中选择“解压到‘压缩文件名’”选项,文件会自动解压缩到以压缩文件原始名称命名的目录当中,这样就不会与当前文件夹的其他文件混淆。

高级操作:在压缩文件上右击,在弹出的菜单中选择“解压文件”选项,出现“解压路径和选项”窗口,其中“目标路径”可设定解压缩后的文件存放在磁盘上的位置,然后单击“确定”按钮即可。

2. 压缩文件(打包文件)

快捷操作:右击文件/文件夹,选择“添加到‘文件/文件夹名称.rar’”选项,会自动在当前目录生成压缩文件。

高级操作:右击文件/文件夹,选择“添加到压缩文件”选项,在“压缩文件名和参数”窗口设定“压缩文件名”等其他参数,然后单击“确定”按钮即可。

3. 压缩成 ZIP 格式

在“压缩文件名和参数”窗口的“压缩文件格式”中选择 ZIP 选项,即可压缩成 ZIP 通用格式。注意,一般文件压缩成 RAR 格式比 ZIP 格式更小,但是 ZIP 格式却比 RAR 格式更通用。

4. 存储压缩(最快的打包方法)

有些类型的文件本身就是以压缩格式存储的,很难对其再进行无损压缩,如 JPEG 图片文件、MP3 音频和 MP4 视频文件。在“压缩文件名和参数”窗口的“压缩方式”中选择“存储”选项,可大大节省压缩时间。例如,硬盘上有 1000 个 JPEG 数码照片文件共约 500MB,标准压缩需要 10 分钟左右且仅能压缩到 495MB,“存储”压缩仅需 1 分钟左右就能将这么多文件变成一个 500MB 的文件。把上述的 1000 个 JPEG 文件直接复制到 U 盘需要 8 分钟左右,把压缩后的一个 500MB 的文件复制到 U 盘仅需 1 分钟左右。综上所述,当需要传输大量很难再进行无损压缩的文件时,可考虑使用“存储”方式将它们打包成一个文件后再传输,可提高工作效率。

5. 创建自解压格式压缩文件

在“压缩文件名和参数”窗口的“压缩选项”中选中“创建自解压格式压缩文件”选项,生成的压缩包是一个 EXE 执行文件,此文件在任何 Windows 系统上运行都能自动解压缩文件,即使该系统没有安装 WinRAR 程序。

6. 加密压缩文件

在“压缩文件名和参数”窗口还可以“设置密码”加密压缩文件,生成的压缩文件要正常解压缩必须输入正确的密码。

7. 文件分割

在“压缩文件名和参数”窗口单击“切分为分卷,大小”下拉列表框,从中选择或输入分卷大小可将文件分割压缩成多个文件。例如,用户需要将 100 张 JPEG 数码照片共约 49MB 通过电子邮件发送给他人,而该邮箱系统仅支持最大单个 12MB 的附件。直接把每张照片分别添加到邮件附件中发送非常麻烦,若将这 100 个 JPEG 文件使用“存储”方式打包,输入每个分卷的大小为 10MB,单击“确定”按钮以后,WinRAR 将会生成 5 个压缩包,大小依次为 10MB、10MB、10MB、10MB、9MB,把这 5 个压缩包都通过邮件附件发送给对方,对方接收下载后放在同一目录下解压缩即可。

8. 把 WinRAR 当成文件管理器

WinRAR 是一个压缩和解压缩工具,同时也是一款相当优秀的文件管理器软件。只要在其主程序窗口的地址栏中选择一个文件夹,那其下的所有文件都会被显示出来,甚至连隐藏的文件和文件的扩展名都能够看见。

9.4.3 处理ZIP文件

WinRAR不是免费软件(免费版自带广告)。有些计算机没有安装WinRAR,用户可以安装开源免费的软件7-ZIP代替WinRAR管理压缩文件,7-ZIP支持的格式范围也很广,还有校验文件哈希值(SHA)的功能。如果仅仅是管理ZIP压缩文件,Windows系统内置的ZIP压缩管理工具使用起来也很方便,操作方法如下。

1. 压缩文件(打包为ZIP格式文件)

右击需要压缩的文件/文件夹,依次选择"发送到"→"压缩(zipped)文件夹"选项,就会在当前目录自动生成一个扩展名为ZIP的压缩文件。

2. 解压缩ZIP文件

在没有安装WinRAR或其他压缩软件的Windows 10系统中,双击ZIP文件,计算机会以"资源管理器"打开该文件,之后的操作与普通文件/文件夹操作方法一样,此时"资源管理器"菜单中会出现"(提取)压缩的文件夹工具"选项,单击"全部解压缩"图标,在弹出的对话框中单击"提取"按钮就自动解压缩了。

参考文献

[1] 叶惠文，杜炫杰，李丽萍，沈云云. 大学计算机应用基础[M]. 北京：高等教育出版社，2010.
[2] 恒盛杰资讯. Office 2010 高校办公三合一实战应用宝典[M]. 北京：科学出版社，2011.
[3] 全国高校网络教育考试委员会办公室组编. 计算机应用基础[M]. 北京：清华大学出版社，2013.
[4] 李丽萍，潘战生，等. 计算机应用基础[M]. 北京：科学出版社，2014.